JN447722

친환경
자동차 공학

ECO-FRIENDLY
AUTOMOTIVE
ENGINEERING

구민사

저자약력 | **김영일**
아주자동차대학교 친환경자동차과 교수
김권세
아주자동차대학교 친환경자동차과 교수

친환경 자동차 공학

초판 인쇄 | 2021년 9월 1일
초판 발행 | 2021년 9월 10일

저 자 | 김영일·김권세
발행인 | 조규백
발행처 | 도서출판 구민사
(07293) 서울특별시 영등포구 문래북로 116, 604호(문래동3가 46, 트리플렉스)
전화 | (02) 701-7421(~2)
팩스 | (02) 3273-9642
홈페이지 | www.kuhminsa.co.kr

신고번호 | 제2012-000055호 (1980년 2월 4일)
I S B N | 979-11-5813-937-7 93550

값 24,000원

※ 낙장 및 파본은 구입하신 서점에서 바꿔드립니다.
※ 본서를 허락없이 부분 또는 전부를 무단복제, 게재행위는 저작권법에 저촉됩니다.

PREFACE
머리말

하이브리드자동차는 전기자동차와는 달리 내연기관 엔진과 함께 전기모터를 같이 사용한다. 대개는 가솔린, 디젤, LPG를 사용하는 엔진을 채용한다. 하이브리드 자동차는 내연기관이 비효율적으로 움직일 때, 전기모터가 보충하는 원리이다.

순수 전기자동차(EV)는 내연기관 없이 배터리를 통한 전기에너지만을 동력원으로 사용하는 전기자동차이다. 충전된 전기에너지만으로 구동하여 이산화탄소 등 배출가스가 전혀 발생하지 않는다. 또한, 내연기관이 필요 없고 전기모터만 장착하면 되기 때문에 자동차 구조를 단순화할 수 있다.

수소연료 전지자동차는 전기자동차와 구조는 거의 같지만 배터리 대신 수소연료전지를 주전원으로 사용한다. 수소를 연료로 즉시 발전해서 전기로 구동력을 내므로 매연이 없고 성능도 우수하다. 부산물로 물을 배출하며 전기모터 구동으로 소음이 적고 주행거리가 순수 전기자동차(EV)보다 길다.

세계 자동차산업은 지구온난화와 자원고갈로 인해 위기에 직면해 있다. 경유차 1대가 1km를 운행하면 0.05g의 미세먼지가 배출된다. 반면 수소차는 똑같은 거리를 운행할 때 같은 양의 미세먼지를 정화하는 것으로 알려졌다. 각국은 온실 가스배출 억제를 위해 자동차 분야 규제를 강화하고 있으며, 석유자원 고갈에 대비한 '에너지 다변화 정책'이 현안 의제로 부각되고 있다.

세계 각국은 정부 주도로 친환경자동차 산업 육성을 전략적으로 추진하고 있다. 친환경자동차 산업은 미래 자동차시장의 판도를 좌우하게 될 것이며, 나라마다 자국의 현실에 맞는 주력 차종을 발굴하고, 기술개발 자금과 보조금을 지원하고 있으며, 세금 감경 혜택을 제공하고 있다.

이렇게 세계적으로 친환경자동차 산업이 빠른 속도로 발전함에 따라 본 책자는 친환경 자동차를 공부하려는 공학도에게 길잡이가 되도록 하이브리드자동차, 전기자동차, 수소연료전지 자동차에 대하여 이해하기 쉽게 집필하기 위해 최선을 다하였다.

부족한 점이 있거나 일부 미비한 내용이 있을 것으로 생각된다. 앞으로 지속적인 수정을 실시하여 완성도 높은 교재로 발전시킬 것이다.

이 책의 출판을 위해 적극적으로 도움주신 도서출판 구민사 조규백 대표님과 직원 여러분께 깊은 감사를 드립니다.

저자 씀

CONTENTS
차례

Chapter 01
친환경자동차 개요 및 종류

Chapter 02

하이브리드 전기자동차

Chapter 03

전기자동차(EV)

Chapter 04

수소연료 전기자동차 (FCEV)

Chapter

1

친환경자동차 개요 및 종류

1 자동차와 환경문제

인류의 삶을 풍요롭게 해준 산업화는 그 대가로 환경오염이라는 짐을 안겨주었다. 산업화의 핵심인 공업화로 인해 땅과 물이 오염되고 공기는 찌들어 건강을 위협하는 지경에 이르렀다. 특히 자동차는 생활에 편리함을 주는 필수품이기도 하지만 도시와 같은 인구 밀집지역에서는 배기가스에 의한 공기오염, 주행 중 발생하는 소음과 같은 심각한 환경문제를 발생시키고 있다. 이에 석유를 태우는 자동차는 대기오염의 주범으로 인식되어 왔다.

최근 자동차산업의 가장 큰 화두는 친환경자동차라고 할 수 있다. 2008년 유가급등으로 각국의 모터쇼에서 대부분의 주제가 친환경자동차 일색으로 변화했다. 특히 석유자원의 고갈, 지구온난화라는 전 세계적 과제와 더불어 자동차업계의 신 성장 동력 및 차세대 패권을 차지하기 위한 이해관계가 맞물리면서 더 이상 미래 일로 치부할 수 없는 현재 진행형 과제가 되고 있다.

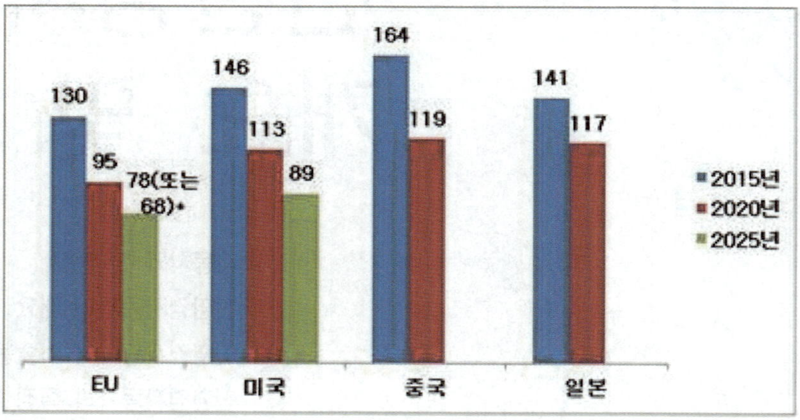

그림 1. CO_2 규제

1.1. 석유자원의 고갈

석유자원 고갈의 논리적 토대는 1956년 미국 지질학자 킹 허버트박사의 피크오일(Peak oil)이론이 유명한데, 석유 생산량이 기하급수적으로 확대되었다가 특정시점을 정점으로 급격히 줄어드는 현상을 말한다. 피크오일은 석유소비의 급증에 비해 새로운 유전발견이 부진하거나, 정유시설의 미흡한 투자, 전쟁 등으로 석유생산이 한계에 부딪혔을 때에 나타난다. 즉 석유의 부족보다는 공급량이 정해져 있기 때문에 발생한다고 보고 있다.

국제 에너지기구는 에너지 수요가 증가하는 반면, 석유공급량은 한정되어 있어 심각한 석유수급 불균형을 겪을 것으로 내다보았다. 수요량 대비 석유공급량이 2010년 85%에서 2020년 66% 수준으로 낮아질 것으로 전망한 바 있다.

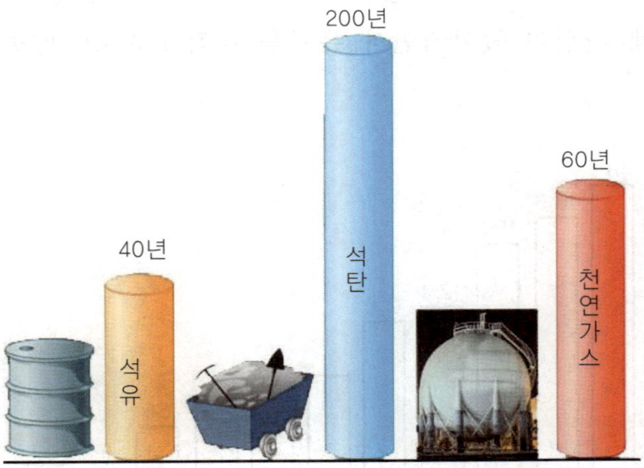

그림 2. 자원 가 채년수

1.2. 환경규제

자동차관련 환경규제는 미국, EU, 일본 등 선진국을 중심으로 규제가 강화되고 있으며 한국, 중국 등 주요 자동차 생산국들도 기술변화에 뒤처지지 않기 위해 규제강화에 동참하고 있다.

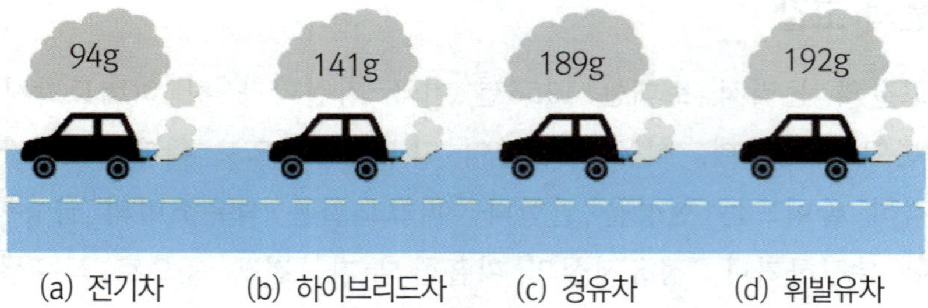

그림 3. 자동차별 온실가스 배출량 비교(1Km 당)

선진국일수록 환경보호에 관심이 많기 때문에 규제가 엄격할 수도 있다. 하지만 그 뒤에 숨겨져 있는 것은 이러한 배출가스 규제가 환경을 보호한다는 명목 하에 기술적 장벽으로 작용하여 자국의 자동차산업을 보호하는 수단이 될 수도 있는 것이다. 기존에는 HC, CO, NOx 등 인체에 해로운 3가지 배출가스에 대하여 규제를 해왔었지만, 최근에는 온실가스에 관심이 높아지면서 유럽을 시작으로 CO_2배출량 또한 규제가 되고 있다.

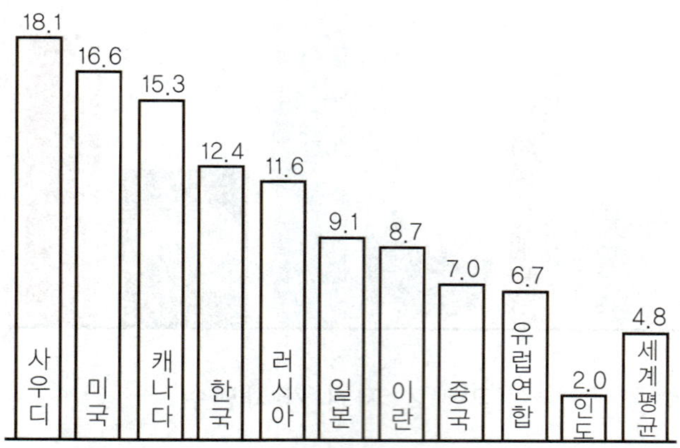

그림 4. 2018년 1인당 CO_2 배출량(단위 : t)

실제 우리나라에서도 그 흐름에 맞춰 자동차에 붙는 에너지 소비효율 등급스티커에 CO_2배출량도 표시하고 있다. 아무리 연료가 완전연소가 된다고 해도 배출되는 가스에는 CO_2와 H_2O가 포함되어 있기 마련이다. 그러므로 CO_2를 규제한다는 것은 최소한의 연료를 태우는 방법밖에 없으며, 이것은 결국 연비와 직결되는 문제이다. CO_2를 규제한다는 것은 연비, 결국 엔진의 총체적인 기술에 대한 기술적 장벽이 하나 생기는 것이다.

그림 5. 에너지 소비효율의 등급스티커

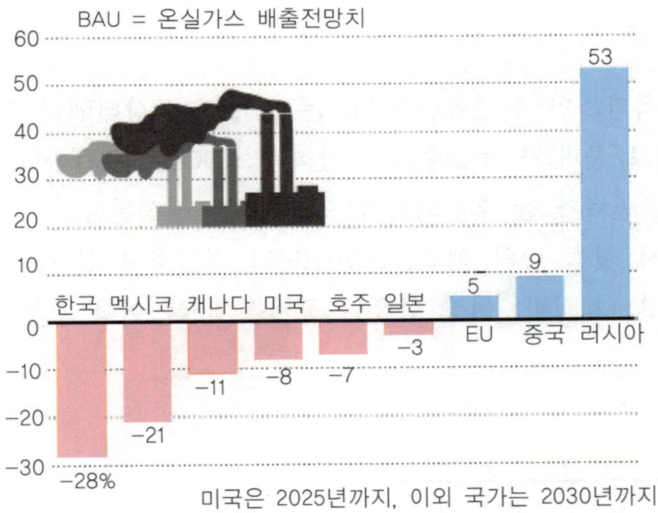

그림 6. 2030년 BAU대비 온실가스 감축율

1.3. 자동차 배출가스

자동차 연료인 휘발유나 경유 등 석유계 물질은 완전 연소한다면 산소와 결합하여 수증기(H_2O)와 이산화탄소(CO_2)만 생성한다. 그러나 실제로 완전 연소되지는 않는다. 불완전연소하면 수증기나 이산화탄소가 아닌 유해물질이 형성되어 배기가스에 섞여 나온다. 중간속도로 가솔린엔진을 운전할 때, 질소(70%), 이산화탄소(18%), 수증기(8.2%), 유해물질(1%) 정도로 배기가스가 이루어진다.

유해물질의 대부분은 일산화탄소, 탄화수소, 질소산화물이고, 디젤엔진의 경우에는 매연, PM 등이 여기에 추가된다.

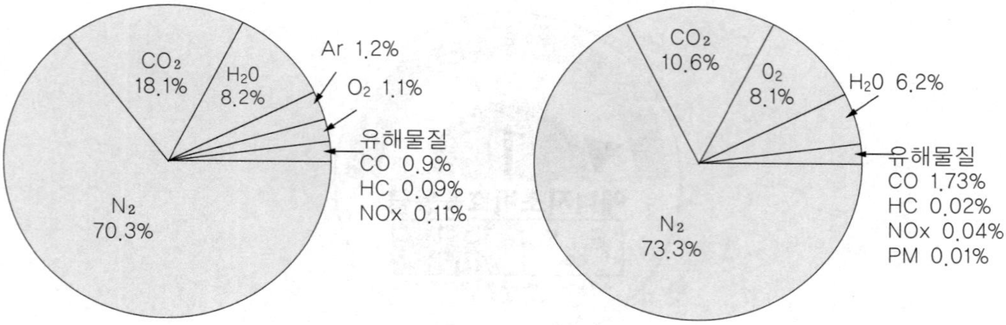

(a) 가솔린차　　(b) 디젤차

그림 7. 자동차 배기가스 평균조성(무게기준)

1.3.1. 일산화탄소(CO : Carbon-monoxide)

무색, 무취의 유독가스인 일산화탄소(CO)는 공기 부족상태에서 연소될 때 발생된다. 즉 혼합비(=연료/공기)가 높을수록 일산화탄소(CO)는 증가한다. 그러나 공기 과잉일 지라도 공기와 연료가 잘 혼합되지 않으면 CO가 생성된다.

CO는 인체 흡입시 혈액 중의 헤모글로빈(Hb)과 결합하여 혈액의 산소운반 작용을 방해한다. CO가 0.3%(체적비) 이상 함유된 공기를 30분 이상 호흡하면 목숨도 잃을 수 있다.

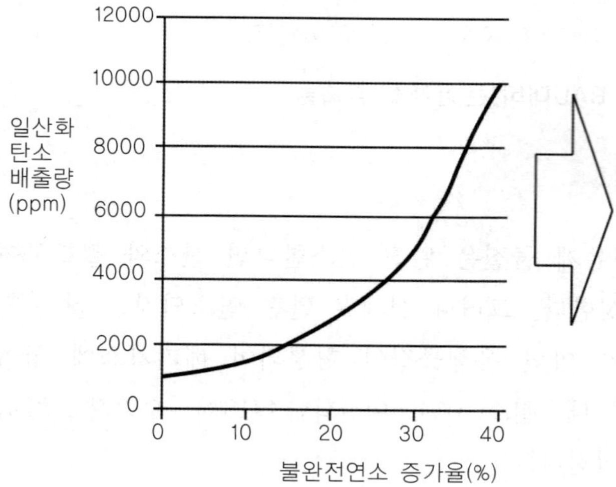

CO농도와 호흡시간	증 상
1600ppm	30분 내에 사망
3200ppm	20분 내에 사망
6400ppm	10분 내에 사망
12800ppm	3분 내에 사망

그림 8. 일산화탄소가 인체에 미치는 영향

1.3.2. 탄화수소(HC : Hydrocarbon)

탄화수소(HC)란 탄소(C)와 수소(H)로 조성된 화합물을 말한다. HC는 배기가스뿐만 아니라 블로바이가스나 증발가스 중에도 포함되어 있다.

불완전연소로 형성된 배기가스 중 탄화수소는 그 형태가 다양하다. 불완전연소로 인한 HC는 CO와 마찬가지로 공기가 부족한 상태이거나 희박한 상태에서 연소가 진행될 때 주로 발생한다. 또 연소실 표면근처와 같이 충분히 고온인 화염이 전달되지 않는 구석진 곳에서도 발생한다. HC는 호흡기계통과 눈을 심하게 자극하고, 암을 유발하거나 악취의 원인이 되기도 한다.

1.3.3. 질소산화물(NOx : Nitrogen-oxides)

일산화질소(NO), 이산화질소(NO_2), 일산화이질소(N_2O) 등 여러 가지 질소산화물을 말하며, NOx로 표기한다. NOx는 연소실의 온도와 압력이 높고, 동시에 공기가 과잉 상태일 때 주로 생성된다. 그중 90~98%를 차지하는 NO는 무색, 무미, 무취인 물질로서, 대기 중에서 서서히 산화되어 대부분 NO_2로 변환된다. NO_2는 적갈색이며, 독성이 있고 자극적인 냄새가 난다. 특히 호흡을 통해 점막 분비물에 흡착되면, 산화성이 강한 질산으로 바뀐다.

그림 9. 산성비 생성

이렇게 생성된 질산은 호흡기질환(기관지염, 폐기종 등)을 유발하고 폐에 수종이나 염증을 유발할 수도 있으며, 눈에 자극을 주는 물질이다. NOx는 이외에도 오존의 생성, 광화학 스모그발생, 수목의 고사에 영향을 미치는 것으로 알려져 있다.

질소산화물의 형태인 질산기(N_3)는 어두운 곳에서 형성되는데 이것이 대기에서 일어나는 화학반응을 조절하게 된다. 1차 오염에 의한 문제 외에 대기 중에서 반응하여 2차 오염원 생성에 기여하는 문제가 발생하게 되는 것이다. 물과 반응하여 질산(NHO_3)을 만들어 산성비의 주요원인이 되며 이로 인해 피부염이나 탈모 등을 유발하기도 한다.

1.3.4. 입자상 고형물질(PM : Particulate Matters)

가솔린엔진은 디젤엔진에 비해 입자상 고형물질(PM)이 무시해도 좋을 만큼 적게 생성된다(디젤엔진의 1/20~1/200 수준). 자동차용 디젤연료는 공기가 부족한 상태에서 연소되면 순식간에 고형의 탄소핵이 생성된다. 이 탄소핵은 수소/탄소의 원자수 비가 약 0.1 정도로서, 직경 0.02~0.03㎛의 입자 수백 개가 뭉쳐진 고형 미립자(평균 입경 0.1~0.3㎛)이다. 이는 머리카락 지름(100㎛)의 1/300~1/1000 크기이다.

1.3.5. 자동차 배출가스의 2차 오염물질

자동차 배출가스에 들어 있는 1차 오염물질은 대기 중에서 화학반응에 의해 2차 오염물질을 생성하며, 그 대표적인 것은 미세먼지와 오존이다.

[1] 미세먼지

미세먼지는 머리카락 굵기의 1/5 가량인 10㎛ 이하의 지름을 가지는 작은 입자다. 크기에 따라 지름이 10㎛인 미세먼지는 PM10이라고 하고 2.5마이크로미터인 미세먼지는 PM 2.5라고 한다. 여기서 PM은 Particulate Matter, 미세먼지를 뜻한다. 이렇게 작고 고운 미세한 입자는 이름과 반대로 우리 몸에 나쁜 영향을 미친다.

2002년에 발표된 한 연구결과에 따르면 미세먼지가 천식과 만성폐쇄성 폐질환, 기관지 확장증, 폐암, 특발성 폐섬유증 등의 발생과 악화에 영향을 미치며 상당량의 미세먼지(PM2.5)는 질소산화물(NOx), 휘발성 유기화합물(VOCs), 암모니아(NH_3) 등의 가스상 전구물질이 특정조건에서 화학반응을 일으켜 2차적으로 생성된다.

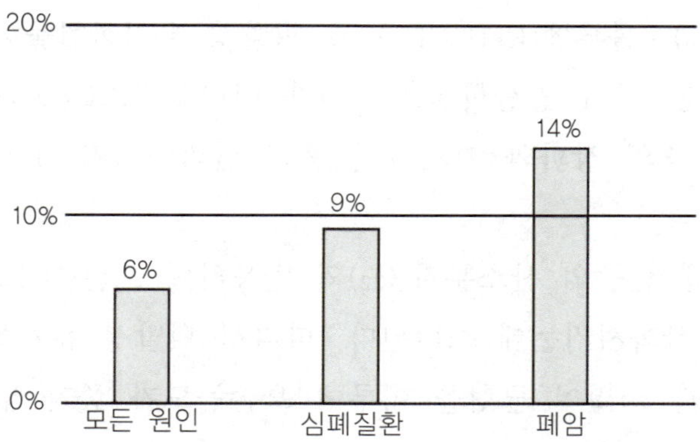

그림 10. PM2.5 10㎛ 증가시 사망율

[2] 오존

전체 오존(O_3)의 약 90%는 지상 20~40km사이의 성층권에 존재하면서 태양광선 중 생명체에 해로운 자외선을 흡수하여 지상의 생물들을 보호하는 이로운 오존이다. 반면, 나머지 10%는 지상 10km 이내의 대류권에 존재하여 지표오존이라고도 하는데 호흡기나 눈을 자극하는 해로운 오존이라 할 수 있다.

지표오존은 가정, 자동차, 사업장 등에서 대기 중으로 직접 배출되는 오염물질 이 아니라, 질소산화물(NOx), 탄화수소(HC), 메탄(CH_4), 일산화탄소(CO) 등과 같은 대기오염물질들이 햇빛에 의해 광화학반응을 일으켜 생성되는 2차 오염물질이다. 특히, 질소산화물(NO, NO_2)과 휘발성 유기화합물(VOCs)이 오존의 주요한 원인물질이다.

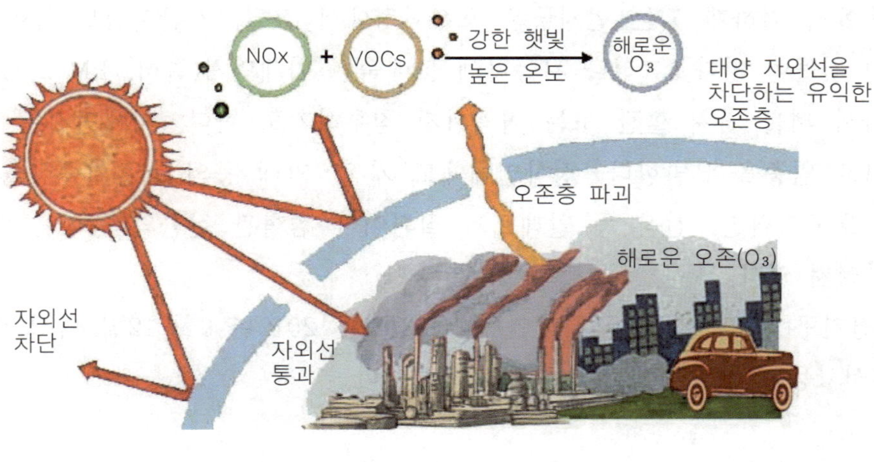

그림 11. 오존

대기 중에 벤젠(C_6H_6), 톨루엔($C_6H_5CH_3$) 등 휘발성 유기화합물이 없이 질소산화물만이 존재하는 경우라면 먼저 일산화질소(NO)가 이산화질소(NO_2)로 산화되고, 이산화질소가 햇빛(자외선 중의 장파와 가시광선 중의 단파에너지, hv)에 의해 산소원자(O)와 NO로 광 분해된다.

그리고 산소원자는 대기 중의 산소분자(O_2)와 반응하여 오존(O_3)을 만들며, 이 오존은 다시 NO를 NO_2로 산화시키는데 소비된다. 따라서 휘발성 유기화합물이 없는 대기 중에서는 오존의 생성과 소멸이 균형을 이루어 오존농도가 증가 없이 일정하게 유지된다.

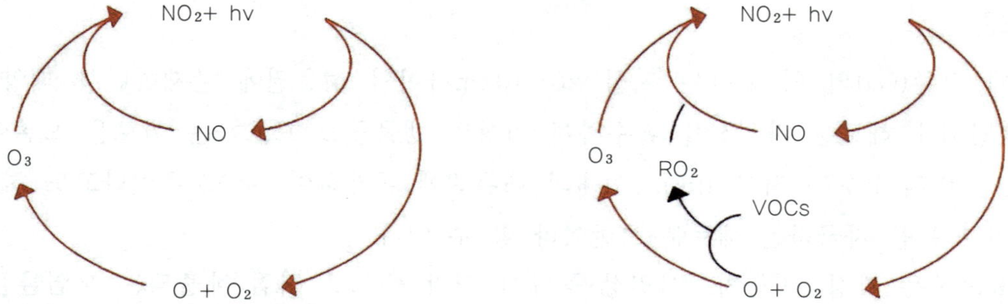

(a) VOCs없을 때(일정 오존농도 유지) (b) VOCs있을 때(오존농도 증가)

그림 12. 광화학반응에 의한 오존 생성반응

1.4. 대기오염에 따른 건강피해

생활 속에서 접하게 되는 먼지들은 호흡과정에서 코털, 기관지섬모 등에서 걸러지는 크기의 것들이 많다. 그러나 자동차에서 배출된 미세먼지(특히, PM 2.5)는 입자가 매우 작아서 폐를 거쳐 혈관 또는 혈액까지 침투하기도 한다. 미세먼지는 기도 점막을 자극하고 염증을 유발한다. 정상인에게도 기침·가래 등의 호흡기증상을 유발하지만, 특히 호흡기질환, 천식 등 알레르기 질환이나 심혈관 질환의 증상을 악화시키는 것으로 알려져 있다.

세계보건기구(WHO) 산하 국제암연구소(IARC)는 2012년 6월 12일 디젤 배기가스를 2A등급에서 1등급 발암물질로 바꾸어 지정하였다.

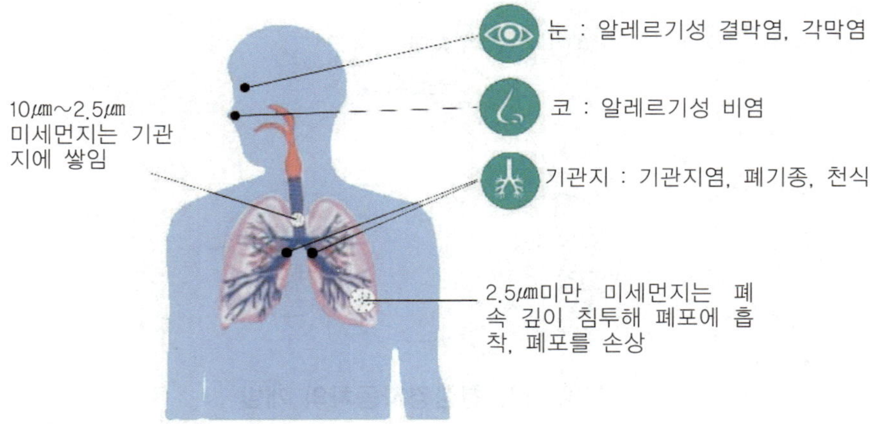

그림 13. 대기오염이 인체에 미치는 영향

IARC는 발암물질을 5개 등급으로 나눠 암발생에 충분한 증거가 있는 물질을 1등급, 발암 개연성이 있는 물질을 2A등급, 발암 가능성이 있는 물질을 2B등급으로 분류하고 있는데, 1등급에는 석면, 비소, 담배, 알코올, 카드뮴, 수은 등 100여 종이 있으며, 가솔린(휘발유)엔진 배기가스는 2B등급으로 분류되어 있다.

2 친환경자동차의 개요

2.1. 친환경자동차의 개발동향

유해 배출물을 감소시키기 위한 대책으로서 기존의 가솔린 및 디젤자동차보다 발전된 기술을 적용하는 방안 외에 석유계 연료가 아닌 대체연료를 사용하기 위한 연구가 진행되어왔다.

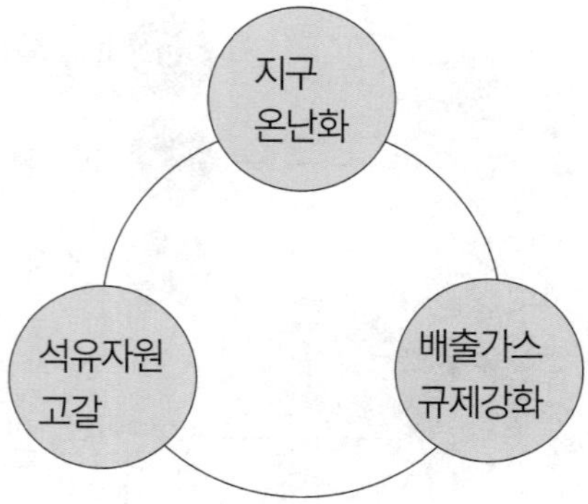

「그림」 14. 친환경자동차의 개발

현재 대체연료로는 가정용 및 산업용 연료로 널리 사용되고 있는 메탄올, 에탄올, 식물성 오일 등의 액체연료 외에 천연가스, 수소 등의 기체연료 등이 있으며, 전기자동차와 이를 응용한 태양광자동차, 연료 전지자동차, 하이브리드자동차와 같은 대체에너지기술로 대별된다.

「그림」 15. 환경오염

2.2. 친환경자동차의 정의

친환경자동차는 화석연료를 사용치 않아 배출가스, CO_2 등이 발생하지 않는 무공해 동력시스템의 활용 또는 장착, 이에 준하는 개선으로 기존 내연기관 대비 연비가 높고 배출가스나 CO_2 배출량도 적은차량을 말한다.

표 친환경자동차의 구분

구 분	비 고
하이브리드자동차(HEV)	내연기관과 전기모터 두 종류의 동력을 조합·구동하여 기존 내연기관 자동차보다 고연비·고효율 실현
플러그인 HEV(PHEV)	가정용 전기배터리에 충전해서 쓸 수 있는 하이브리드자동차
전기자동차(EV)	배터리와 전기모터의 동력만으로 구동하는 자동차
연료 전지자동차(FCEV)	수소탱크를 통해 수소와 산소를 반응시켜 전기를 생성하는 연료전지가 내연기관을 대체한 자동차
클린디젤차	일반 디젤차보다 배출가스를 현저하게 줄이면서도 동급 가솔린차 대비 20~30% 효율이 높은 초고효율 디젤시스템 장착

표 친환경자동차의 종류

	전기자동차(EV)	하이브리드 자동차(HEV)	플러그인 하이브리드(PHEV)	수소연료 전지자동차(FCEV)
동력발생 장치	모터	엔진+모터	모터, 엔진(방전시)	모터
에너지 (연료)	전기	화석연료, 전기	전기, 화석연료(방전시)	전기(수소로 생성)
구동형태		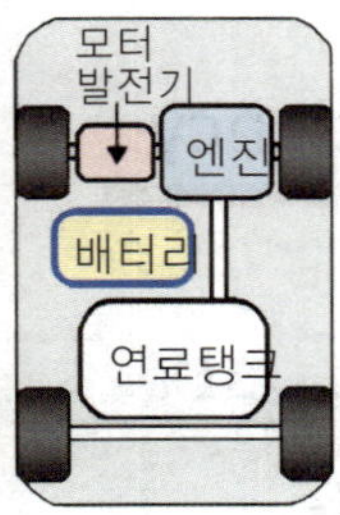	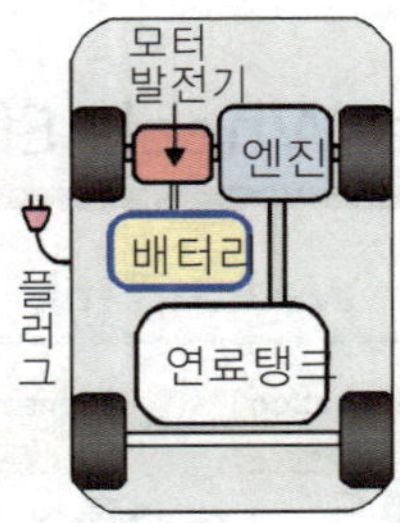	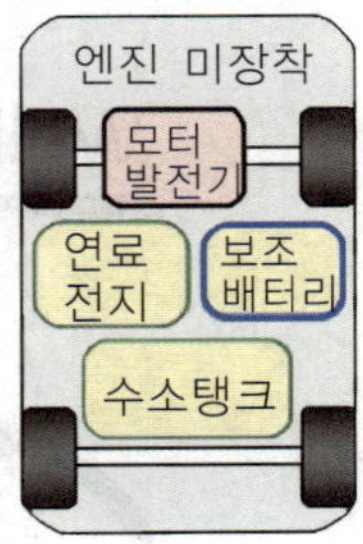
특징	무공해 차량	내연기관/모터를 적절히 작동시켜 연비향상	단거리는 전기, 장거리는 엔진사용	무공해 차량

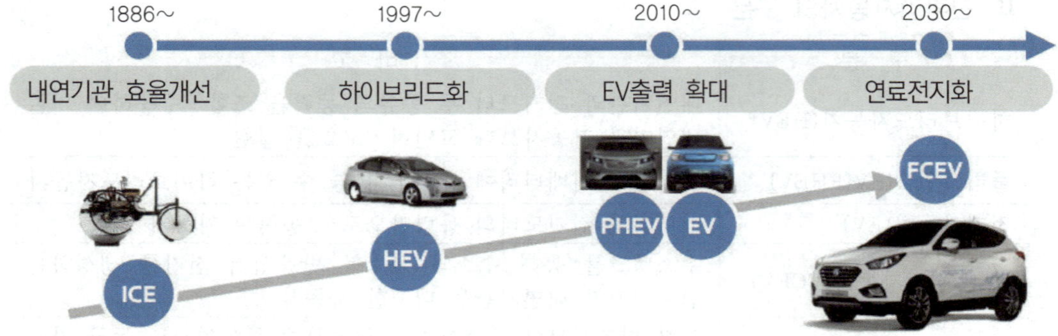

그림 16. 친환경차 · 고연비 친환경차의 기술발전 방향

2.3. 전기자동차 개발의 필요성

전기자동차란 내연기관 대신에 축전지에 저장된 전기에너지로 전동기를 작동시켜 동력을 발생시키고, 이를 동력전달장치를 통해 차륜을 회전시켜 주행하는 차량으로 1830년 프랑스에서 개발되어 19세기 중반에 실용화되어 교통수단으로 사용 된지가 1세기를 넘게 되었다.

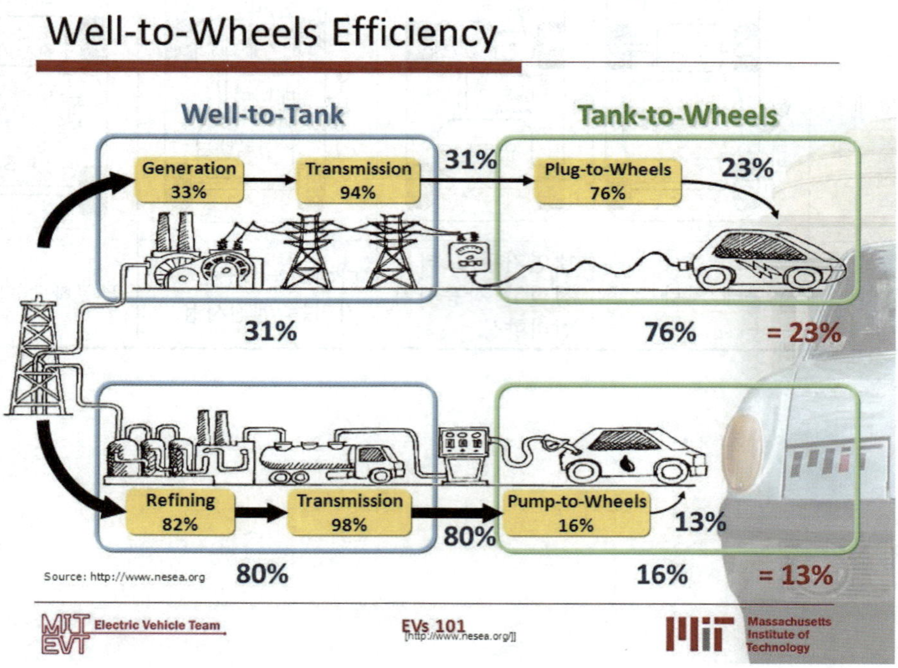

그림 17. Well to Wheel

전기자동차는 배기가스가 없어 무공해이며, 내연기관의 폭발음이 없어 저소음이고, 또한 에너지 이용효율이 좋은 등 많은 장점이 있다. 내연기관 자동차(ICV : Internal combustion vehicle)와 전기자동차(EV : Electric vehicle)의 대표적인 차이는 에너지원으로부터 출발한다. 내연기관 자동차는 탄화수소계 연료를 엔진의 내부에서 압축, 발화, 폭발, 팽창시켜서 나오는 에너지를 이용하는 것이다.

이에 대해 전기자동차는 축전지에 축전되어 있는 화학에너지를 방전될 때 전기에너지로 변환하여 모터를 구동시키는 운동에너지로 변환한다.

연료 전지자동차(FCV : fuel cell vehicle)나 태양 전지자동차도 모터에 전기를 공급한다는 것은 동일하다. 단 이 경우에는 전기가 연료전지나 태양전지 내부에 화학적 에너지 형태로 축전되는 경우가 아니라 알코올이나 수소 등의 연료 또는 태양광이나 태양열 같은 에너지원으로부터 생산되는 경우이다.

(a) 쉐보레 전기자동차 볼트(BOLT)

(b) 닛산 전기자동차 리프

(c) 테슬라 모델 3

그림 18. 전기자동차의 종류

한편, 전기자동차 기술은 전지, 전기, 전자, 재료, 차량 등 복합기술로 지금까지는 선진 각국이 기술을 보유하고 있고, 기술개발 경쟁이 심화됨에 따라 주요기술의 이전 기피 등 기술정보의 차단의 벽은 높아지고 있다. 이에 우리나라 정부는 전기자동차 기술개발을 핵심과제로 선정하여 핵심요소 기술을 집중개발하고 있다.

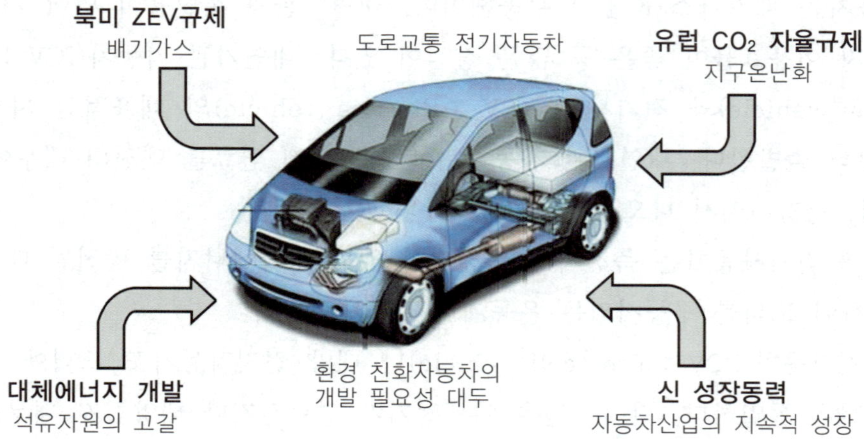

그림 19. 친환경자동차의 필요성

2.4. 친환경자동차의 보급

2.4.1. 친환경자동차의 시장변화

자동차시장의 패러다임이 급변하여 고효율 친환경자동차시장이 연평균 11.3% 성장하고 있다. 그리고 친환경자동차는 2014년도에 208만대, 2020년도는 950만대로 꾸준히 증가하고 있다.

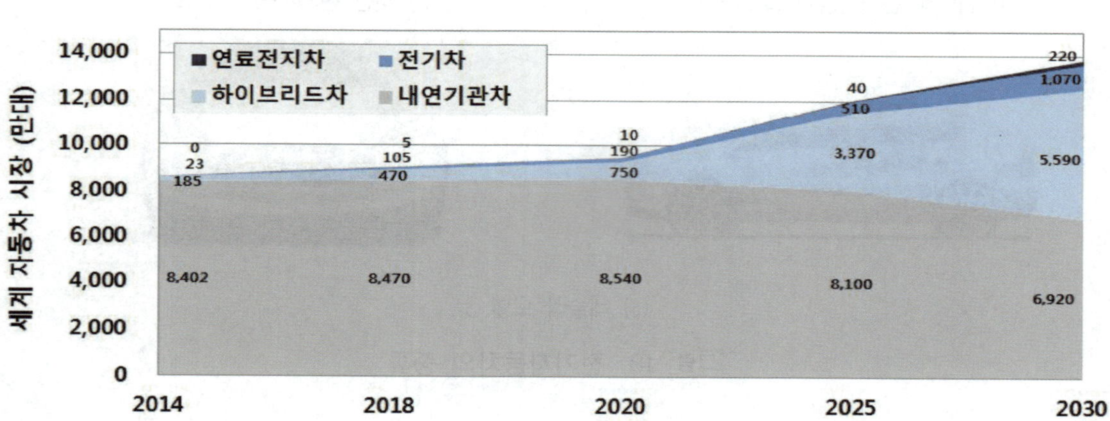

그림 20. 친환경차 시장 전망

2.4.2. 친환경자동차의 시장전망

EU는 환경문제 대응을 위해 EURO-6 배출가스 저감기준을 제시하고 있으며, 미국은 캘리포니아주를 중심으로 ULEV(Ultra Low Emission Vehicle), SULEV(Super Ultra Low Emission Vehicle)을 넘어서 ZEV(Zero Emission Vehicle) 프로젝트를 실행 중이다.

앞으로 자동차산업은 빠르게 고연비, 친환경자동차 중심으로 재편될 것으로 예상되며 하이브리드차, 전기차, 수소차로 대변되는 친환경자동차가 큰 비중을 차지하게 될 것으로 전망된다.

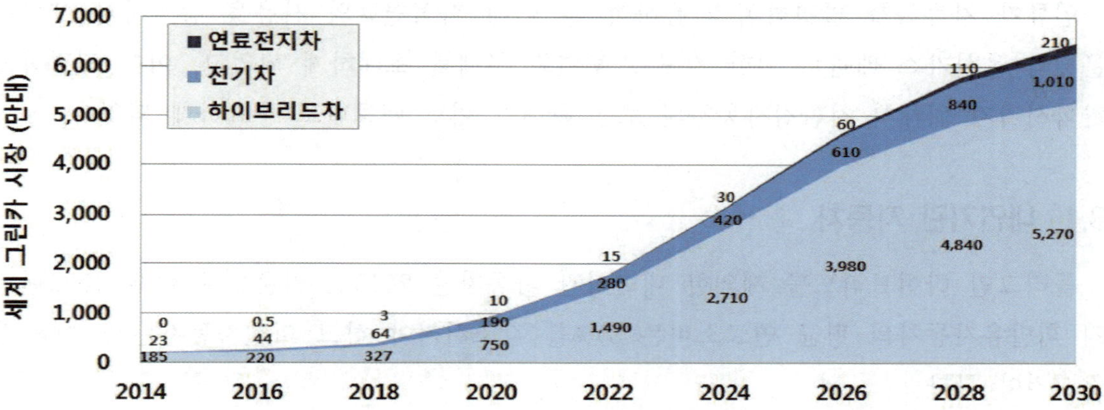

그림 21. 친환경차 구성전망

2.4.3. 친환경자동차 산업의 육성

세계 자동차산업은 지구온난화와 자원고갈로 위기에 직면해 있다. 각국은 온실가스 배출억제를 위해 자동차분야 규제를 강화하고 있으며, 석유자원 고갈에 대비한 "에너지 다변화 정책"이 글로벌 현안 의제로 부각되고 있다. 각국의 자동차 CO_2 배출기준을 보면 한국 2015년 140g/km · 2020년 97g/km, 미국 2015년 147g/km · 2020년 113g/km, 유럽 2015년 130g/km · 2021년 95g/km, 일본은 연비규제 2015년 17.0km/L · 2020년 20.3km/L이다. 세계 각국은 정부 주도로 친환경자동차 산업육성을 전략적으로 추진하고 있다.

친환경자동차 산업은 미래 자동차시장의 판도를 좌우하게 될 것이며, 나라마다 자국의 현실에 맞는 주력 차종을 발굴하고, 기술개발 자금과 보조금을 지원하고 있으며, 세금감경 혜택을 제공하고 있다.

3 친환경자동차의 기술동향 및 전망

인류가 자동차를 발명하여 사용하여 온 이래 화석연료의 사용을 증가시켜 에너지 문제와 온실가스 배출로 인한 지구 기후변화 문제를 초래하게 되었고, 이를 해결하고 완화시키기 위해서 친환경자동차의 보급 확대가 어느 때보다도 중요하게 되었다.

3.1. 내연기관 자동차

플러그인 하이브리드를 제외한 내연기관 자동차는 2015년 기준으로 향후 2035년까지 휘발유자동차의 평균 연료소비는 37%를 감소시켜야 하고 디젤자동차는 32%를 감소시켜야 한다.

단기 및 중기적 개선을 위해서는 성능이 향상된 내연기관과 전기 또는 유압모터 지원이 결합된 하이브리드화기술이 필요하기 때문에 하이브리드자동차는 2030년까지 전 세계시장 점유율이 11%로 피크에 이르게 된다. 2030년부터 하이브리드자동차는 내연기관 자동차와 함께 점진적으로 감소할 것으로 전망을 하고 있다.

[그림 22]와 같이 2020년 이후에 전기자동차의 보급이 급증할 것으로 예상이 되지만 2030년에도 90%가까이는 내연기관을 탑재한 차량(하이브리드자동차 포함)일 것으로 예상을 하고 있다. 화석연료의 사용을 급속히 줄이는 것이 지구 기후변화를 억제하기 위해서는 매우 중요하지만, 급속한 에너지의 전환은 어렵기 때문에 점진적인 전환이 필요하고 중단기적으로 내연기관의 효율을 높여 CO_2 배출을 줄여나가는 정책이 필요하게 된다.

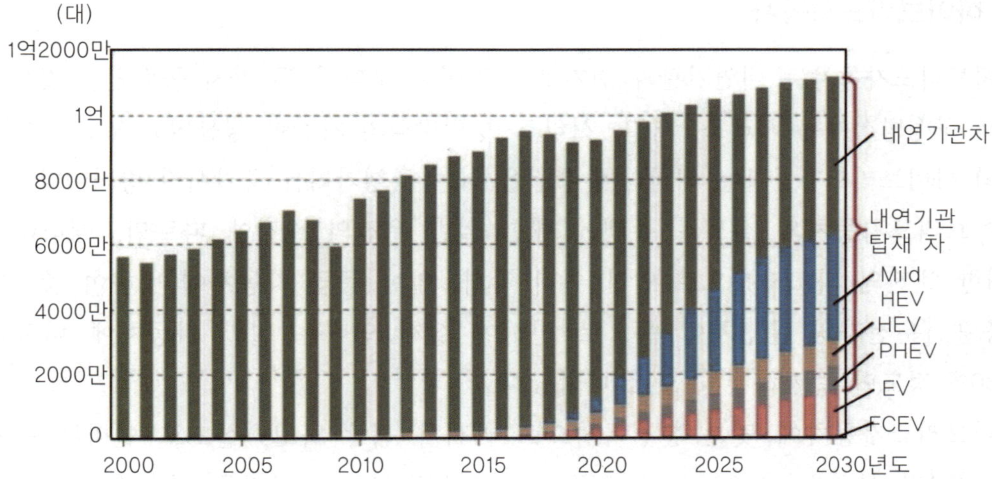

그림 22. 2030년까지 자동차의 구성비 전망

내연기관의 열효율을 높이기 위한 많은 연구결과 2019년 점화착화 내연기관의 효율은 최대 40%에 이르고 있고, 가까운 2025년경에 50% 달성이 가능할 것으로 예상이 되고 있다([그림 23]).

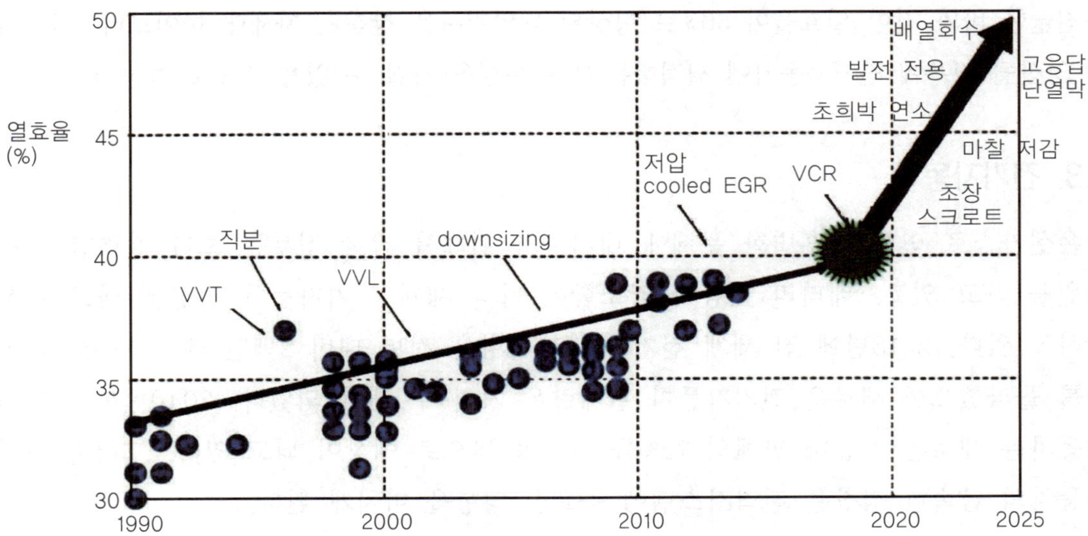

그림 23. 열효율의 증가전망

3.2. 하이브리드자동차

하이브리드자동차는 내연기관과 전기로 움직이는 모터의 두 가지 동력원을 갖는 자동차로서 구성방식에는 시리즈, 병렬, 시리즈-병렬방식의 차량이 생산되고 있고, 플러그인 타입의 하이브리드자동차는 배터리에 충전을 하여 주행거리를 증가시킨 방식이다.

하이브리드자동차의 실도로 주행에 대한 일반 운전의 소감에 따르면, 배터리 충전을 위한 엔진의 과도사용으로 인한 연비 악화, 일반 동급 자동차에 비하여 증가한 차량 중량, 운전자의 운전차이 등으로 인하여 실제 연비는 일반 자동차에 비하여 약 20~30% 정도만 증가하는 것으로 나타났다.

하이브리드자동차에 맞는 운전특성으로 바꿔서 해야 하고, 실도로 연비는 공인 연비에 미치지 못하고(약 66~70% 수준), 저연비로 인한 구입비용 회수에는 긴 시간이 소요되는 점(차종에 따라 4.5~11.9년) 등으로 인하여 보조금 없이는 시장 점유율이 답보 상태인점으로도 본격적인 친환경차라고 하기에는 어려움이 있다.

국내 승용차 시장에서 신차 판매 대수 가운데 하이브리드자동차의 점유율은 2019년 9월에 약 5.9%를 차지하고 있다. 내연기관 자동차와 비교하여 하이브리드자동차(재활용을 30%로 가정)의 CO_2 배출량에 큰 차이를 나타내고 있지는 않다. 현재 방식의 하이브리드자동차의 친환경성은 매우 높지는 않은 것으로 나타났다.

전술한 바와 같이 열효율이 50%로 향상된 내연기관을 장착한 차세대 하이브리드자동차가 양산될 경우에 전기자동차에 필적하는 CO_2 특성을 가질 수 있을 것으로 예상이 된다.

3.3. 전기자동차

온실가스로 인한 기후변화 문제에 대처하기 위해서 각국 정부는 보다 강력한 정책지원을 하고 있고, 배터리 비용이 감소함에 따라 세계 전기자동차 시장은 빠르게 성장하고 있다. 2018년에 전 세계 전기자동차 차량은 전년 대비 2백만 대 증가한 510만 대를 돌파했으며 새로운 전기자동차 판매량은 거의 두 배가 되었다. 2040년까지 전기자동차는 새로운 자동차 판매의 75%를 차지할 것으로 예상이 되고 있다. 그러나 전기자동차의 급속한 성장은 전력시스템에 중요한 영향을 미치게 된다.

전기자동차의 보급으로 기후변화 문제를 해결하기 위해서는 전력 생산방식을 현재의 화석 연료 위주에서 태양광 및 풍력 등 신재생 에너지로 전환을 해야만 하는 과제를 안고 있다.

현재 전 세계적으로 대부분 가정에서 전기자동차를 충전하고 있어 직장에서 돌아온 저녁에 충전이 집중되기 때문에 충전시기를 효율적으로 재배치하지 않으면 2040년 도로운송에서 CO_2 배출량의 증가는 전기자동차로 인하여 제일 높아질 것으로 예상하고 있다. 따라서 전기자동차의 충전시간 및 위치를 개선해야만 내연기관 자동차를 전기자동차로 전환해서 얻을 수 있는 CO_2 배출량 저감효과를 얻을 수 있게 된다([그림 31]).

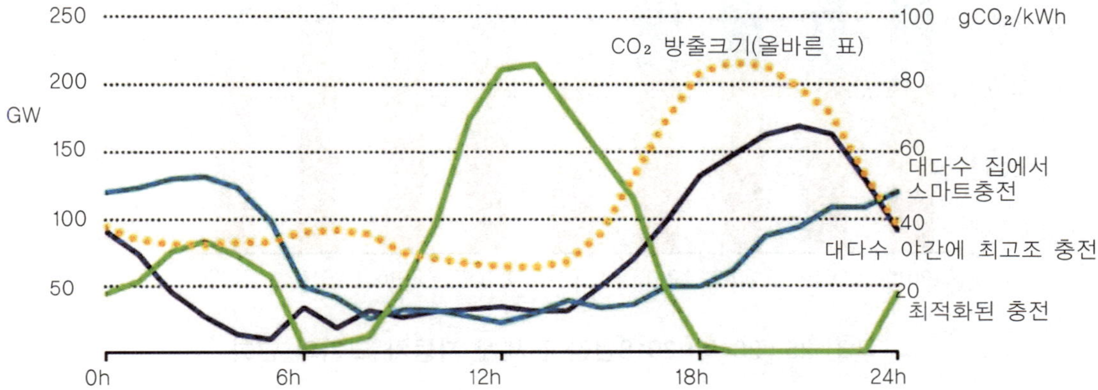

그림 24. 전기자동차의 충전패턴에 따른 CO_2배출량의 변화

가정에서의 스마트충전이 널리 보급되면 최대 전력 수요의 집중을 줄이고 전체 CO_2 배출량도 줄일 수 있게 된다. 또한 낮에 태양광 발전량이 가장 높은 작업장 또는 공동 충전장소에서 충전하는 차량의 비율이 증가하면 CO_2배출량을 더욱 줄일 수 있게 된다. 주간에 작업장 충전과 야간 주택 충전을 결합한 방식을 적용하여 CO_2배출량을 약 절반으로 줄일 수 있을 것으로 예상하고 있다. 또한 전기자동차를 전력 피크 타임 동안 그리드 또는 건물에 전기 및 기타 서비스를 공급하는 데도 사용할 수 있다. 이를 위하여 적합한 규제 체계와 인센티브를 도입하면 전기자동차의 대규모 도입으로 인한 CO_2배출량을 줄일 수 있게 된다.

전기자동차의 보급을 위해서 해결해야 하는 과제는, 전기차 충전인프라에 대한 우려뿐만 아니고, 소비자는 더 크고 무거운 자동차를 원하는 추세([그림 32])가 있는 점이다. 전기자동차의 보급을 위한 보조금의 지급과 전력생산의 증가로 인한 CO_2배출의 증가는 해결해야 하는 과제이다.

전기자동차가 내연기관 자동차를 대체하기 위해서는 높은 유가와 저렴한 배터리 가격의 조합이 필요하다. 따라서 전기자동차의 보급에 의하여 기후변화 문제를 해결하기 위해서는 탄소세를 높이는 것과 같은 정책의 병행이 필요하다.

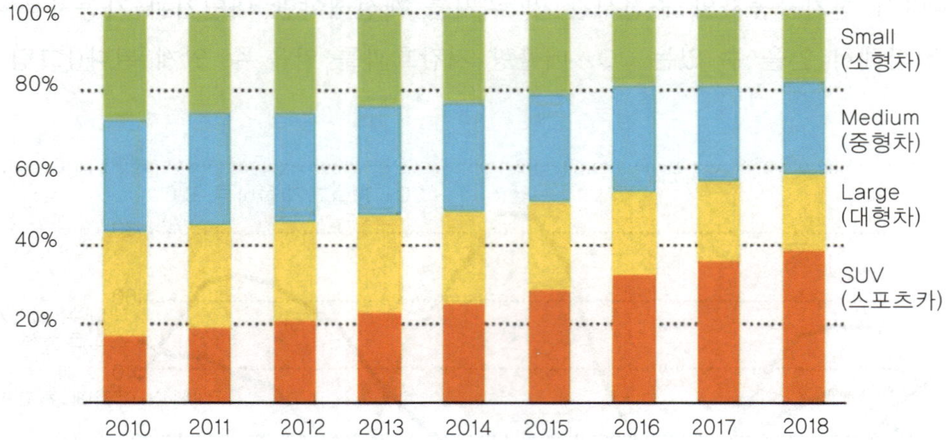

그림 25. 2010~2018년간 전세계 자동차 크기의 변화

3.4. 연료 전지자동차

연료 전지자동차(또는 수소자동차)는 내연기관 자동차에 비하여 배출가스가 없는 자동차이지만 연료보급을 위한 인프라구축 등 앞으로의 과제가 많은 자동차이다. 연료전지자동차는 연료전지에서 수소와 산소의 화학반응에 의해 생성된 전기 에너지를 사용하여 모터를 구동하여 주행을 하는 방식이다.

연료 전지자동차의 장점으로는 배출가스가 없는 점, 내연기관에 비하여 에너지 효율이 약 2배로 높고 저출력 영역에서도 고효율을 유지할 수 있는 점, 천연가스 및 에탄올 등 석유 이외의 다양한 연료를 사용할 수 있기 때문에 향후 석유 고갈 문제에도 대처할 수 있는 점, 또한 태양광, 풍력 및 바이오매스 등 재생 에너지를 이용하여 수소를 생산할 수 있는 점, 연료전지는 전기 화학반응에 의해 발전을 하기 때문에 소음이 매우 적은 점, 단시간의 연료 충전이 가능하고 1회 충전에 의한 주행거리도 전기자동차에 비하여 길은 점 등이다.

연료 전지자동차는 수소 충전소에서 직접 수소를 충전하는 방식과 수소 이외의 연료를 차량 내에서 개질(reforming)하여 수소를 생산하는 방식이 있고, 에너지효율, CO_2 저감 등으로 비교를 하면 직접 충전하는 방식이 더 효율적이다.

그림 26. 현대 수소연료 전지차

수소 충전소에서 효율적으로 수소를 저장하려면 기체를 액체로 압축하거나 액체 형태로 냉각시켜 가스에서 액체로 변환을 해야 하고, 이 과정에서 에너지가 필요하게 된다. 수소의 저장은, 수소(기체)를 고압(예 350기압)으로 차량용 고압탱크에 저장하여 사용하는 방식, 수소 흡장 합금에 수소(기체)를 흡장하고 저장하고 자동차에서 온도를 올려 수소를 꺼내 쓰는 방식, 그리고 액체 수소탱크 수소를 극저온(-253 ℃)으로 단열 탱크에 저장하여 사용하는 방식이 있다.

연료전지 전용의 방식은 시스템을 간단하게 하기 위해서 연료전지만으로 에너지 공급을 하는 방식이다. 수소를 생산하기 위한 가장 저렴하고 쉬운 방법은 메탄을 개질하는 것이지만, 이 과정에서 CO_2가 배출이 된다. 메탄올과 휘발유를 개질할 경우에는 각각 250℃ 및 800℃ 정도의 고온이 필요하다. 수소를 제조하는 훨씬 더 청정한 방법은 물을 전기분해하여 수소와 산소를 얻는 것이지만, 물 분자를 쪼개려면 많은 양의 에너지가 필요하기 때문에 재생 에너지에 만든 전기를 사용하는 것이 필요하다. 많은 양의 수소를 전기분해로 만들기 위해서는 전용공장이 필요하고 이로부터 수소의 운송이 필요하게 된다.

전체 수소 연료공정은 본질적으로 비용이 많이 들고 비효율적이고 효과적인 수소경제를 위해서는 재생에너지 전기를 사용하여 물을 수소로 전기분해하고, 확산이 빠른 수소를 장거리 운송을 하고, 자동차 연료탱크에 고압으로 압축하여 저장할 수 있는 인프라 설비가 필요하다. 연료전지에서 수소를 다시 전기로 변환하여 전기모터를 구동을 하는 과정에서 전기분해, 운송, 압축 및 연료전지 변환의 전체 프로세스는 모터를 구동하기 위해 원래의 전력의 약 20~25%만 사용하게 된다.

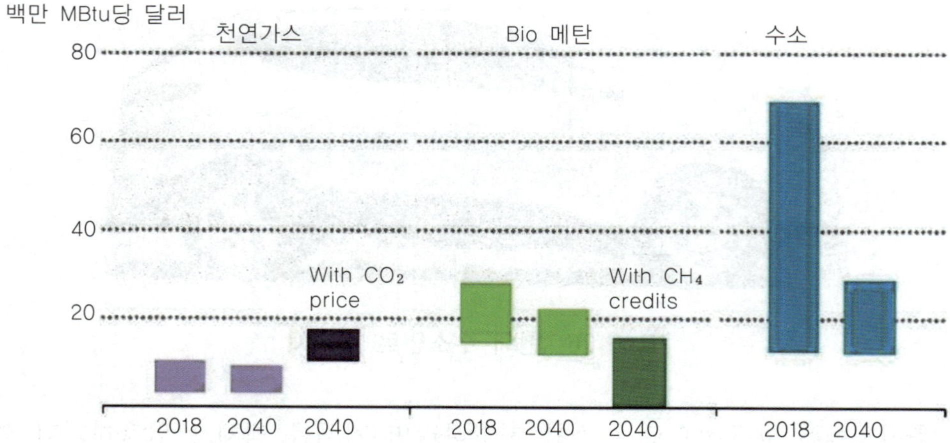

그림 27. 2018년 및 2040년 수소공급 비용의 전망

4 친환경자동차의 특징

친환경자동차 개발이라는 큰 과제는 그 저공해성, 에너지 대체 및 연비향상 측면뿐만이 아니라 공급 용이성, 생산 경제성 등을 종합적으로 고려하여 검토되어야 한다. 에너지 생산과정을 제외하면 완전 무공해자동차라고 할 수 있는 전기자동차 이전의 단계에 있어서는 가변연료 자동차, 천연가스자동차 등이 상기 목적을 위한 가장 유력한 후보로 알려져 있다.

그러나 현재까지 자동차시장을 장악해 왔던 가솔린 차량의 성능, 경제성, 편리성을 동시에 충족할 수 있는 대체연료 차량의 개발을 위해 자동차 제작업체의 상당한 노력을 하고 있으며 또 배기규제 만족을 위해 새로운 기술적용의 가솔린엔진 및 부가장치 개발에도 활발한 연구를 진행하고 있다.

4.1. 수소자동차

최근 들어 지구환경 보존에 대한 관심이 점점 높여지고 있는 가운데 일반적으로 널리 사용되고 있는 탄화수소계 연료와는 달리 탄소원자를 포함하지 않는 수소에 관한 중요성이 나날이 고조되고 있다.

4.1.1. 수소자동차의 장점

① 물을 이용하여 에너지를 얻기 때문에 공해가 없다.
② 최근 지구환경 보존문제를 계기로 미래의 에너지로서 수소가 주목을 받는다.

4.1.2. 수소자동차의 단점

① 에너지 효율성이 떨어진다(수소를 만드는 에너지가 차를 구동시키는 에너지의 3배).
② 수소를 저장, 공급하는 방법이나 공정상에 문제로 양산이 쉽지 않다.

4.2. 천연가스자동차

일반적으로 천연가스는 메탄(CH_4)이 약 90% 정도를 차지하고 기타 여러 성분이 혼합된 다성분계의 혼합물로 산지마다 연료의 조성이 다르다. 특히 열역학적 특성은 조성뿐 아니라 상태에 따라 변화하므로 정확히 정량화하기 어렵다. 땅에서 취출되는 천연가스는 여러 가지의 non-methane hydrocarbons, H_2S, CO_2, 수증기 N_2, H, Ar 등을 함유하고 있다. 대부분의 경우 파이프라인으로 공급하기 전에 배관의 부식을 방지하기 위해, 물과 H_2S는 제거되어야 하며 고 탄화수소도 고압에서 응축되는 것을 방지하기 위해 제거되어야 한다. 천연가스는 대부분 80~99%의 메탄(CH_4)이 주성분으로 되어 있으므로 대부분의 물성이 메탄의 물성과 비슷하다.

천연가스자동차란 천연가스를 사용하는 엔진으로 구동되는 자동차를 말하며, 천연가스를 차량에 탑재하는 방식에 따라 크게 CNG(compressed naturel gas)와 LNG(liquified natural gas)로 구분되어진다.

CNG는 천연가스를 압축하여 고압용기(200~250기압)에 충전하여 이용하는 방법이고, LNG는 상온, 상압에서 기체상의 천연가스를 저온화(-162℃ 이하)하여 액화시킨 후 단열용기에 저장하여 이용하는 방법이다. LNG는 CNG에 비해 연료의 에너지밀도가 높고 운반성 및 주행거리 측면에서의 이점이 있으나 단열용기의 제작, 연료공급장치의 동결 및 극저온 기술문제의 대두로 현재는 거의 CNG자동차가 대부분이다.

그러나 상온, 상압에서 기체이므로 연료의 운반성 및 엔진출력이 석유계 액체연료에 비해 열세이며, 1회 충전당 주행거리가 짧아 일일주행거리가 짧은 도시버스, 청소차 등에 국한되어 적용가능하다는 점 등의 단점이 있다.

그림 28. CNG 연료엔진

4.2.1. 천연가스자동차의 장점

① 연료공급의 안정성으로 인한 저렴한 연료가격이다.
② 낮은 CO_2 배출율로 인해 기구 온난화 방지할 수 있다.
③ 기존 석유계 연료의 연소기술의 활용이 가능하다.

4.2.2. 천연가스자동차의 단점

① 연료의 운반성 및 엔진 출력이 석유계 액체연료에 비해 열세이다.
③ 1회 충전당 주행거리가 짧아 일일 주행거리가 짧다.

4.2.3. 천연가스자동차의 종류

[1] 압축 천연가스자동차(CNG)

천연가스를 200~300bar의 고압으로 압축하여 연료 용기에 저장하여 사용하며 현재 대부분의 천연가스자동차가 사용하는 방식이다. 압축 천연가스자동차는 타 연료와의 혼용 여부에 의해 아래와 같이 구분할 수 있다.

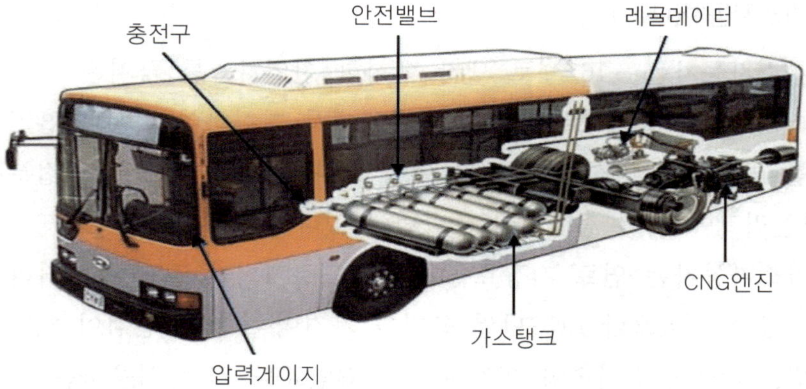

그림 29. CNG 버스

(1) 겸용(bi-fuel)

압축 천연가스와 휘발유를 동시에 자동차에 저장하고 그 중 한 가지를 선택하여 연료로 사용하는 방식이다. 천연가스 보급 초기에 천연가스의 충전환경이 좋지 않을 때 사용하기 적합한 장점이 있으나, 두 가지 연료를 동시에 사용하도록 되어 있으므로 차량성능이 다소 저하되는 단점이 있다.

(2) 혼소(dual-fuel)

압축 천연가스와 경유를 동시에 저장하여 두 가지 연료를 동시에 사용하는 방식이다. 디젤은 엔진시동 및 운전 중에 파이롯분사하여 점화원으로 활용하도록 구성되어 있다.

그러나 현실적으로 천연가스의 가격이 디젤 가격대비 가격 경쟁력이 가솔린에 비해 높지 않으므로 많이 보급되지 않고 있는 실정이다.

(3) 전소(dedicated)

압축 천연가스만을 저장하여 사용하는 방식으로, 천연가스 엔진으로 최적화할 수 있으므로, 출력성능 및 배출가스 저감능력이 우수하여 전 세계적으로 가장 많이 보급되고 있는 방식이다.

[2] 액화 천연가스자동차(LNG)

액화 천연가스자동차는 -162℃로 냉각 액화한 천연가스를 극저온 단열용기에 저장하여 연료로 사용하는 방식으로 LNG를 기화기에서 기화하여 믹서나 흡기다기관에 분사하여 연료를 공급하는 방식과 LNG를 액상 그대로 실린더 내로 직접분사하여 실린더 내의 점화플러그에 의해 점화시키는 방법이 있다.

액화 천연가스자동차는 연료 저장효율이 좋으므로 1회 충전당 주행거리를 3배 이상 늘릴 수 있는 장점이 있으나 LNG단열 용기의 가격이 고가인 단점이 있다. 현재 LNG 단열 용기개발, LNG 충전기술이 미진하여 LNG연료를 직접 사용하는 엔진개발 연구가 활발히 진행되어 실용화 단계에 접어들고 있으며, 특별히 미국과 유럽, 일본 등에서는 시험운행이 활발하며 미국에만 약 100대 이상의 차량이 시험운행 중에 있다.

현재 미국 LA공항에서는 LNG버스를 운행하고 있다. 우리나라도 CNG 리무진버스를 LNG버스로 개조했다. 개조된 LNG버스에는 350리터 용기 2개가 설치됐으며 한번 충전 후 1100km 주행이 가능하고 450리터 용기 1개를 설치했을 경우는 750km 주행이 가능하다.

그림 30. LNG버스

LNG자동차는 연료를 액체상태로 저장하기 때문에 CNG자동차에 비해 주행거리가 길다. 또한 우리나라와 같이 LNG상태로 수입하는 경우는 이를 직접 사용할 수 있어, LNG를 기화하여 배관을 통하여 공급한 후 다시 압축하여 사용하는 CNG에 비해 압축기를 구동하여야 하는 에너지가 절감되며 압축기 설치도 필요 없다.

그러나 LNG단열 용기에 전달되는 외부열원에 의해 용기내의 LNG성분 중 비점이 낮은 메탄 성분이 먼저 증발하여 증발가스가 발생되며, 이 증발가스에 의한 용기 내 압력상승을 방지하기 위하여 증발가스를 엔진에 우선적으로 공급하거나 대기 중으로 방출하여야 한다. 따라서 시간이 경과할수록 용기 내에는 메탄성분이 감소하고 고 비점의 연료성분이 농축되는 풍화(weathering)현상이 발생한다. 이것은 엔진의 정밀한 연료 공급을 위하여 어려운 기술적 장애요인으로 작용하고 있다.

[3] 흡착식 천연가스자동차(ANG)

흡착식 천연가스자동차는 활성탄 등의 흡착제에 천연가스를 30~60kgf/cm^2 가압하여 저장하는 방식으로 충전압축기 등 충전 시설비용 등의 절감이 가능하나 흡착제의 비용이 고가이고, 저장효율이 낮아 현재의 기술수준으로는 실용화에는 많은 문제점이 있다.

CNG 공급망이 완비된 지역에서는 OEM에 의한 전소방식이 배기가스 측면이나 경제성 측면에서 이상적이므로 최근 CNG 공급망 확충에 따라 대기오염 개선효과가 큰 전소방식이 본격적으로 보급되고 있다.

4.3. 태양광자동차

태양광자동차는 태양에너지를 직접 전기에너지로 바꾸어 주는 에너지 변환효율이 17% 이상인 고성능 태양전지(solar cell)를 사용, 에너지 효율을 극대화하고, 차체를 초경량으로 설계하여 최고속도 120km/h의 고성능을 발휘한다. 주로 전달효율이 좋은 체인을 통해 뒷바퀴를 구동하는 방식이다.

그림 31. 태양광자동차

4.3.1. 태양광자동차의 장점

① 연료비 걱정이 없다.
② 태양전지 수명이 약 20년 정도여서 유지비 부담이 적다.
③ 소음이나 대기오염 문제가 없다.

4.3.2. 태양광자동차의 단점

① 일반적으로 에너지 변환효율이 20% 이하여서 상용화하기에는 전지효율이 떨어진다.
② 전지의 비용이 너무 고가이다.
③ 충분한 태양이 없으면 제 성능을 발휘하기 힘들다.

4.4. 알코올자동차

알코올자동차는 메탄올을 이용한 자동차이며 메탄올은 고옥탄가 연료이므로 압축비를 12 : 1까지 높일 수 있었으며, 이에 따라 엔진출력이 약 20% 정도 향상될 수 있다. 알코올 엔진은 메탄올 연료 뿐 아니라 가솔린으로도 운전될 수 있기 때문에 가솔린사용 시의 녹킹(knocking)을 방지하기 위하여 압축비는 기본 엔진과 동일한 10 : 1로 환원되었다.

동일 압축비에서 M85(메탄올 85%, 가솔린 15%)의 경우 최대출력은 가솔린에 비해 약 6% 정도 상승한다. 이 출력상승은 메탄올의 높은 열효율과 흡입공기 단위체적당 높은 발열량에 기인한다.

그림 32. 메탄올 연료엔진

알코올엔진의 특징인 M0(순수 가솔린)부터 M85까지의 임의 혼합연료에서도 최적의 운전상태가 가능하도록 하기 위하여 연료센서를 통하여 메탄올 함량을 감지한 후 각 함량에 따라 연료량 및 점화시기를 최적제어 하도록 제어논리를 구성하고 있다.

4.4.1. 알코올자동차의 장점

① 알코올자동차에 사용되는 메탄올은 고옥탄가 연료를 압축비가 12 : 1까지 높일 수 있기 때문에 엔진출력 20% 향상된다.

② 메탄올 85%와 가솔린 15%를 혼합한 M85에 경우 가솔린에 비해 최대 출력 6% 상승한다.

4.4.2 알코올자동차의 단점

① 가솔린에 비해 연비가 20% 가량 떨어진다.

② 배기가스에서 포름알데히드 냄새가 난다.

4.5. 전기자동차

전기자동차는 일반 내연기관 자동차와 달리 전동기, 전동기 제어기, 축전지 및 충전 장치로 구성된다.

그림 33. 전기자동차

(a) 전동기 (b) 인버터 (c) 축전지 (d) 완속 충전기

「그림」 34. 전기자동차의 구성

전동기는 개발초기에는 직류전동기가 주로 사용되었으나 최근 들어 교류 유도전동기, 혹은 BLDC(brushless direct current) 전동기가 주류를 이루고 있다. 또한 현재 주목받고 있는 것이 축전지 관련 기술이다.

기존의 납축전지는 1회 충전 시 주행거리가 100~150km 정도에 불과하고 기타 대체 전지들의 경우 주행거리는 약 2배 정도 늘릴 수 있으나 현재 가격은 상당히 고가이다. 이렇게 전기자동차 실용화의 관건이 되는 축전지 개발은 매우 다양하게 진행되어 왔으나 이중 Li-ion(리튬이온)축전지가 가장 현실에 접근한 기술로 평가되고 있다.

4.5.1. 전기자동차의 장점

① 차량 구동시 오염물질이 생성되지 않는다.
② 전기로 움직이기 때문에 엔진소음이 없다.
③ BLDC 전동기를 주로 사용한다.

4.5.2. 전기자동차의 단점

① 전지를 충전시키는데 동력이 필요하다.
② 충전소의 확보가 힘들다.
③ 축전지의 가격대비 효율성이 많이 떨어진다.

4.6. 하이브리드 전기자동차

하이브리드 전기자동차는 주동력원인 전기 배터리에 보조 동력장치(일반적으로 내연기관)를 조합, 연결하여 운행되는 자동차이다. 이 자동차는 축전지만으로 주행 시 주행거리가 짧은 전기자동차의 단점을 보완하기 위하여 개발된 자동차이다. 또한 하이브리드 전기자동차는 배기가스를 대폭 저감시킬 수 있는 방법의 일환으로도 생각되고 있다.

그림 35. 하이브리드 전기자동차

4.7. 연료 전지자동차

21세기 자동차로 가장 선두 주자라면 단연 연료전지(fuel cell)를 꼽는다. 특히 에너지 자원이 전무한 우리나라의 경우 에너지 기술개발의 중요성은 아무리 강조하여도 지나칠 수 없다.

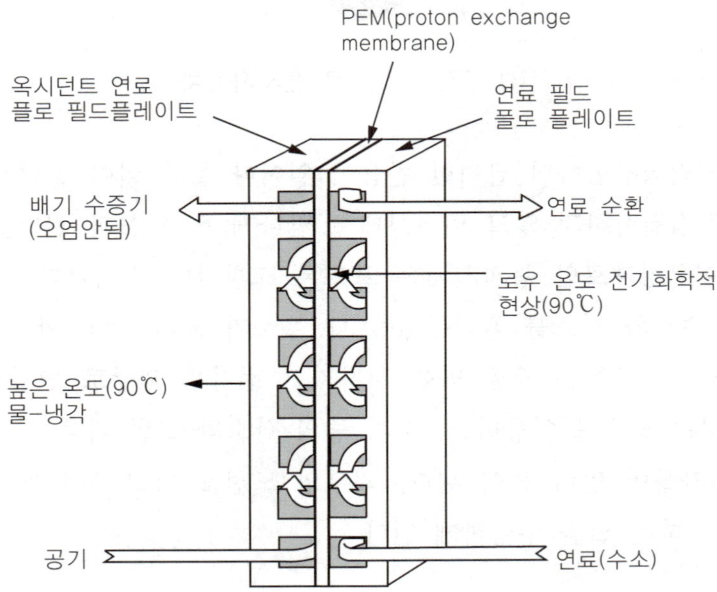

그림 36. 연료전지 스텍의 구조

4.7.1. 연료 전지자동차의 특징

연료 전지의 작동원리는 물에 직류 전류를 흘려주면 물이 분해되어 수소와 산소가 된다. 그러나 반대로 반응시키면 전기와 물이 생성될 수도 있다. 연료전지를 이러한 현상을 이용한 기술이다. 전기를 잠시 화학 에너지로 저장하는 일반 전지와 달리 연료로부터 직접 전기를 생산하는 에너지 변환장치이다.

그림 37. 수소연료 전지자동차

수소와 산소가 직접결합하면 급격한 반응이 일어나 물과 열이 발생하고 연료전지는 수소와 산소를 직접결합하지 않고 이온상태로 만나게 하여 물과 전기를 생성한다. 이 역할은 수소를 이온상태로만 통과시키는 프로톤 교환막이 수행한다. 프로톤 교환 막을 사이에 두고 수소와 산소를 흘려주었을 때 수소가 교환 막과 만나면 전자를 내주면서 이온이 된다. 프로톤은 교환 막을 지나가고 전자는 외부로 연결된 도선을 따라 반대쪽 공기가 있는 곳으로 이동하고, 공기 중의 산소와 교환 막을 지나온 프로톤, 전극을 타고 온 전자들이 만나 물이 된다. 외부의 도선을 타고 전자가 이동할 때 전자는 우리가 필요로 하는 일을 수행하게 된다.

표 종합에너지(well to tank)효율

	연료효율(%)	주행효율(%)	종합효율(%)
가솔린 내연기관	85	23	20
하이브리드	85	36	31
수소연료전지 자동차 (천연가스전 현지 개질)	53-56	50	28
메탄올 연료 전지차(천연가스 전 현지 메탄올 제조)	63	36	23
가솔린 연료전지차	88	39	34

4.7.2. 연료 전지자동차의 개발방향과 상업화 문제점

[1] 수소 저장방식과 연료개질 방식

연료 전지자동차의 개발방향은 아직 명확하지 않지만 연료전지에 수소를 어떻게 공급할 것인가에 따라서 달라진다. 첫 번째는 차량에 수소 저장용 탱크를 탑재하여 직접 수소를 공급하는 방식과 두 번째는 연료변환기를 차량에 탑재하고 가솔린이나 메탄올 등 탄화수소 연료에서 수소를 추출하여 공급하는 방식이 있다.

현재, 이 두 가지 경우에서 연료 전지자동차의 개발이 진행 중이며 앞으로의 기술적 추이와 경제성에 따라 적절한 방식이 결정될 것이다. 현재의 상황으로 연료공급의 기반시설 마련을 위한 투자 정도와 신소재 개발에 의한 수소 저장탱크의 고성능화, 연료 변환장치 기술의 향상 등이 주요한 이슈가 되고 있다.

[2] 연료공급 기반시설

연료공급을 위한 기반시설에 있어서 수소 저장방식의 경우는 수소공급을 위한 간접시설이 부족하여 연료 변환방식에 비해 불리한 것으로 나타났다. 또, 수소는 메탄올이나 휘발유와 비교할 때 가격이 제일 비싼 연료라는 것을 감안한다면 단기적으로는 연료변환 방식으로 갈 가능성이 크며 업계에서도 이 방식에 더 비중을 두고 있다.

하지만 유해배기가스 측면에서는 수소 저장방식의 경우 유해한 배기가스가 전혀 없는 반면 연료 변환방식에서는 가솔린이나 메탄올을 변환할 때 비록 소량이긴 하지만 일산화탄소(CO), 미연탄화수소(HC), 질소산화물(NOx) 등 유해한 배기가스가 발생한다.

[3] 수소 저장합금의 개발

수소 저장방식의 경우 상업화를 위한 문제점은 상온에서 기체상태인 수소를 액화시키는데 드는 많은 양의 에너지 소모와 수소 저장합금의 특성향상에 의한 수소탱크의 고성능화다. 수소를 저장하는 방법에는 압축기체 저장법, 액체수소 저장법, 수소 저장합금 이용법 등이 있는데 압축기체 저장법은 일반적으로 쓰이는 방법이지만 저장밀도가 낮아 차량용으로는 적합하지 않다.

액체 수소저장법은 수소를 액화점인 －235도 이하로 낮추어 액화시켜 저장하는 방법이며 이때 많은 에너지가 소모되고 저장시에 기화하지 않게 단열성이 큰 극저온 용기를 사용해야 한다. 수소 저장합금 이용법은 수소 저장합금과 수소와의 가역반응을 이용하는 것이다. 온도를 낮추거나 수소압력을 높이면 수소 저장합금에 수소가 흡수되고, 반대의 경우에는 수소를 방출하게 되는 반응을 이용하는 것으로 수소저장 밀도가 높고 안전한 것으로 알려져 있다.

수소 저장합금 이용을 위한 수소저장 용기를 제작할 경우 수소저장용량 및 수소화 반응속도 등의 우수한 특성을 나타내는 수소 저장합금을 개발하는 것이 중요하므로 소재 개발을 위한 연구가 진행 중이다.

[4] 연료전지 자동차용으로 주목받는 메탄올

연료 변환방식에 있어서도 연료의 선택과 관련하여 몇 가지 가능성이 존재하는데 가솔린을 이용할 경우 기존의 기반시설을 그대로 이용할 수 있는 이점이 있고 메탄올을 연료로 이용할 경우 수소 변환시 이산화탄소가 기존 내연기관의 1/2로 가솔린보다 적은 이점이 있다. 그 외에도 고청정 가솔린을 이용하여 배기가스를 줄이는 방안도 나와 있다.

현 연료자동차 개발업체들이 발표한 차량과 계획을 보면 주로 메탄올 변환방식을 채택하고 있어 배기가스가 적고 쉽게 공급이 가능한 메탄올에서 수소를 추출하는 방법에 더 큰 실현 가능성을 두고 있다. 하지만 가솔린에서 수소를 추출하는 변환장치의 개선을 통하여 유해 배기물을 줄이는 방법도 계속 연구하고 있으며 정유회사와의 기술제휴 등을 통하여 효율적인 연료 변환장치를 개발하고 있다.

Chapter

2

하이브리드 전기자동차

1 하이브리드 전기자동차의 개요 및 기관특성

1.1. 하이브리드 전기자동차의 개요

하이브리드의 사전적 의미를 보면 두 가지 기능이나 역할이 하나로 합쳐짐. 이라는 뜻을 가지고 있으며 요즘시대에서 많은 분야에서 하이브리드의 말이 사용되고 있다. 하이브리드역사는 1899년 페르디난트 포르세가 내놓은 믹스테(Mixte)가 최초. 프랑스어로 "혼합된"이란 뜻으로 하이브리드와 뜻이 비슷하다. 4개의 바퀴마다 독립된 전기모터가 독립적으로 구동되었다. 내연기관은 오직 전기만 충전하는 용도였다. 믹스테는 최고 시속 50km에 달했고 랠리에 참여해 기록을 세우기도 했으며 당대는 여러 구동엔진이 난립하던 때여서 순수 전기엔진에서 증기기관까지 온갖 자동차가 다 있었다.

하이브리드 전기자동차에서 2개의 동력원을 사용하는 형태를 보면 가솔린엔진과 전기모터, 수소연소 엔진과 연료전지, 천연가스와 가솔린엔진, 디젤엔진과 전기모터 등 2개의 동력원을 사용할 수 있으며 지금 현재로서는 주로 가솔린엔진과 전기모터를 함께 쓰는 방식을 이용하고 있다.

현대 하이브리드자동차의 시초는 1997년에 출시된 토요타 프리우스이다. 프리우스가 등장했을 때는 아직 배터리의 낮은 에너지 밀도가 해결되지 않았을 때였다. 충전인프라 또한 부족했다.

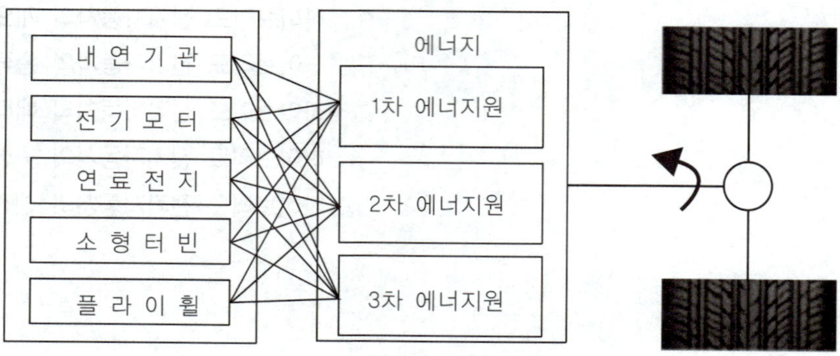

그림 1. 하이브리드 전기자동차에서 2개의 동력원

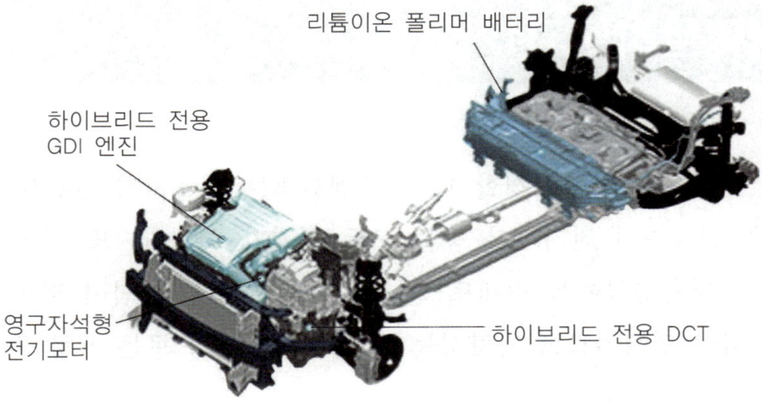

그림 2. 현대자동차그룹의 하이브리드자동차 "아이오닉" 엔진의 구성

1.2. 하이브리드 전기자동차의 엔진특성

하이브리드(hybrid) 전기자동차는 내연기관의 장점과 전동기의 장점을 조합한 시스템으로 두 가지 상이한 동력원을 사용하는 시스템이 결합된 것이다. 따라서 하이브리드자동차는 두 가지 이상의 동력원을 탑재하고 그 하나 또는 두 동력원 시스템을 작동시켜 동력을 발생하는 시스템이다. 동력원으로는 내연기관과 전기 전동기이며 대부분의 경우는 엔진과 전동기(발전기)의 조합이다. 하이브리드자동차의 엔진부분은 일반 가솔린자동차와는 조금 차이가 있다. 하이브리드자동차의 특성상 일반 가솔린자동차에 비해 사이즈 즉, 배기량이 적은 엔진을 사용한다.

하이브리드자동차 엔진의 주요 특징을 내연기관 자동차와 비교하여 보면 다음과 같다.

① 하이브리드시스템은 공회전할 때 자동적으로 정지하므로 공회전시의 손실동력을 경감시킬 수 있어 에너지 손실을 감소시킬 수 있다.

② 자동차가 감속 또는 제동할 때 버려지는 동력 에너지를 회수하여 시동전동기 또는 전동기의 동력으로 사용하기 때문에 에너지를 회수 및 재활용할 수 있다.

③ 가속시의 전동기의 동력으로 엔진의 동력을 보조할 수 있으므로 전동기에 의한 동력의 보조가 가능하다.

④ 내연기관의 기관 효율이 낮은 영역에서는 전동기를 사용하고, 전동기의 효율이 낮은 영역에서는 내연기관의 엔진을 사용하여 자동차의 효율을 최대화할 수 있다.

2 하이브리드 전기자동차의 종류

기본적으로 하이브리드를 구성할 때 디젤엔진과는 어울리지 않는다. 디젤엔진 크기가 커서 좁은 엔진룸에 전기모터 등을 모두 넣기가 어렵다. 또 디젤엔진은 모터가 강점을 발휘하는 저속영역에서 최대토크를 발휘하고, 디젤의 힘이 떨어지는 고속영역에서는 모터도 힘이 떨어지므로 차량성능 효율 강화 목적으로는 서로 맞지 않다.

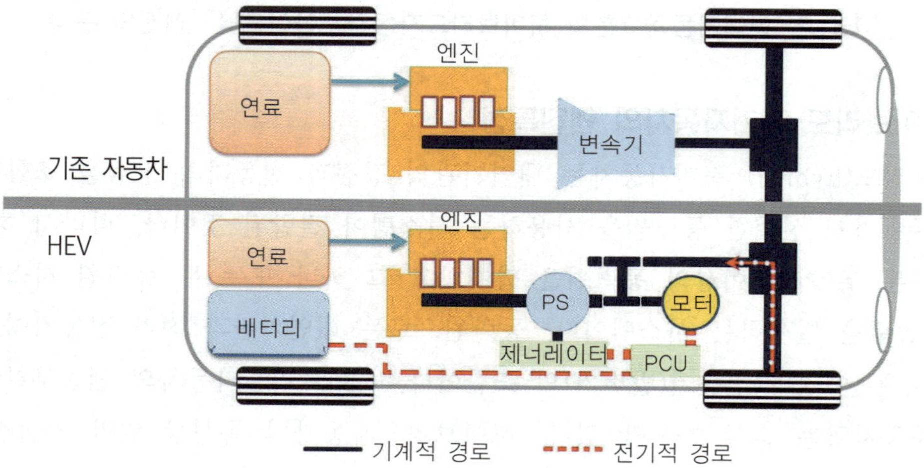

그림 3. 기존 내연기관 자동차와 하이브리드자동차의 비교

디젤은 고속에서 분사조절이 어려워지므로 가솔린에 비해 고속영역 효율이 떨어진다. 모터는 회전수 제로인 부분부터 단숨에 최대 토크를 발휘하지만 특정 rpm을 넘어가면 토크가 급격히 떨어지고 잘못하면 모터가 아예 고장나버린다. 이런 이유로 가솔린 하이브리드는 가솔린엔진과 모터의 장점은 살리고 단점은 보완할 수 있는 적절한 조합으로 여겨진다.

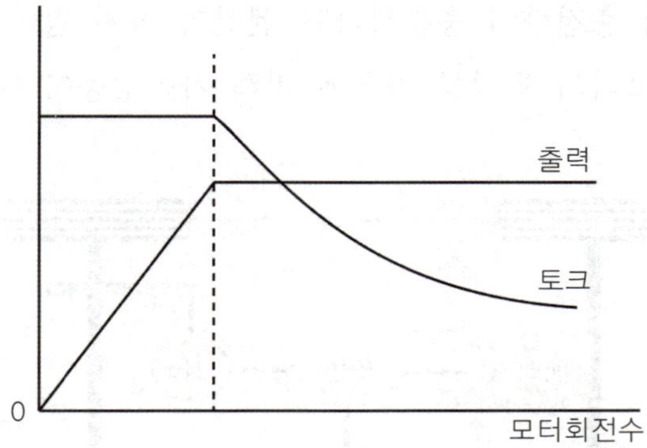

그림 4. 모터의 성능곡선

2.1. 동력전달방식에 따른 구분

하이브리드 전기자동차는 구동모터와 엔진의 조합에 따라 다양한 형태의 구조가 가능하다. 기술적인 면과 양산성에 대한 고려하여 각 메이커별로 추구하는 개발방향에 따라서 다양한 구조의 동력전달장치가 구성된다. 동력전달방식 및 구동모터의 사용정도에 따라 구분하고 있다.

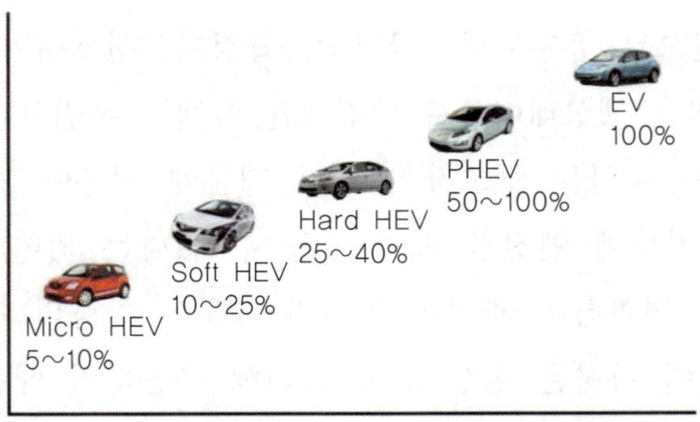

그림 5. HEV의 종류별 CO_2 감소율

2.1.1. 풀 하이브리드(Full Hybrid)

[1] 직렬방식(Series Type)

엔진과 인버터, 모터가 직렬로 이뤄진 시스템으로 엔진에서 출력되는 기계적 에너지는 발전기를 통하여 전기적 에너지로 바뀌고 이 전기적 에너지가 배터리나 모터로 공급된다. 전기자동차에 발전용 엔진을 넣었다고 생각하면 쉽다. 그래서 전기차의 장점을 가지고 있는데 배터리 충전량이 충분하다면 엔진이 돌지 않아 소음이 적고 처음부터 최대토크를 낼 수 있는 모터의 특성상 차급에 비해 가속성능이 대단히 좋다.

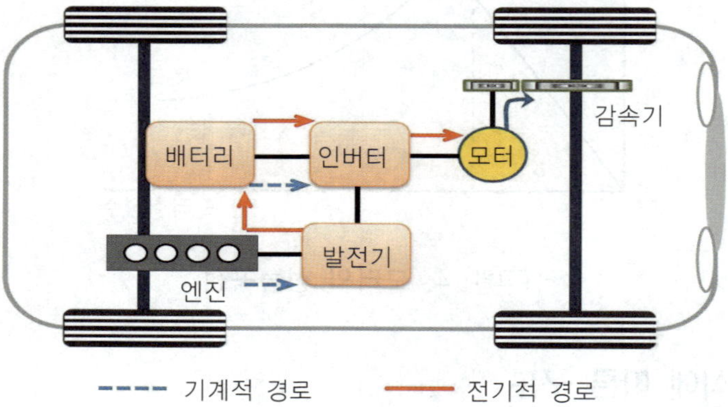

그림 6. 직렬방식 HEV

충전과 모터구동이 동시에 가능하며 엔진과 바퀴가 직접 연결될 필요가 없어 변속기가 없거나 2단 정도로만 체결하는 등 다른 하이브리드방식에 비해서 설계가 자유로운 편이다. 엔진은 발전기 역할만 하므로 사람이 어떻게 운전을 하든 항상 엔진의 RPM이 최고 효율구간으로 유지된다. 급가속, 급정지, 신호대기 등 주행상황과 상관없이 엔진은 항상 연비 주행상태이므로 엔진효율 자체는 우월하다.

하지만 내연기관 자동차와는 구조가 다르기 때문에 기존에 개발한 자동차 구조를 활용할 수 없고(같은 차대에 엔진만 바꿔 얹을 수 없다는 의미) 엔진의 힘을 그대로 이용하지 않고 전기로 변환하는 과정을 거치기 때문에 차량의 전체적인 에너지 효율이 떨어진다. 이 때문에 차량은 항상 모터에 의해 구동되기 때문에 대용량의 배터리를 필요로 한다.

다만 가솔린가격이 비정상적으로 높거나 석유자체가 부족한 국가들의 경우에는 효율 강화가 아닌 화석연료, 디젤유, 등유나 항공유를 사용하거나, 최악의 경우 선박용 중유+첨가제 또는 세녹스 더 나아가서 폐식용유나 송근유를 사용할 수 있는 엔진을 사용할 수 있다.

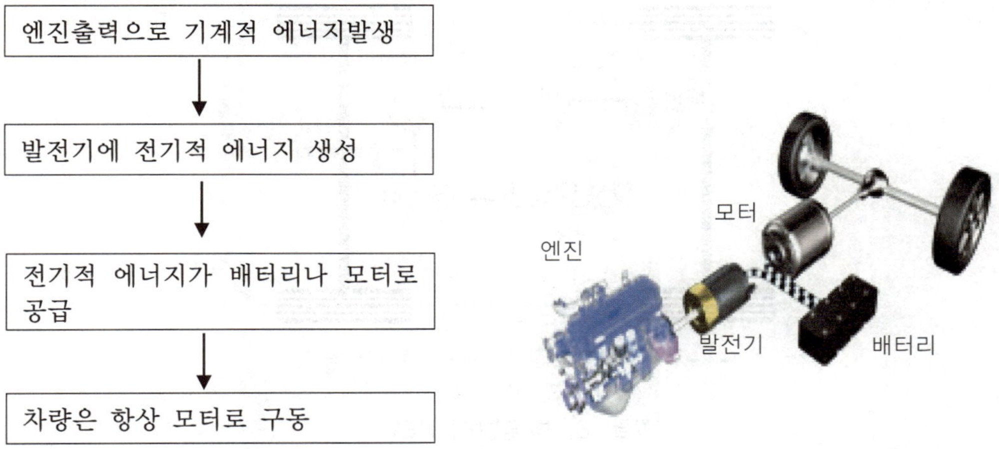

그림 7. 직렬방식의 동력전달

[2] 병렬방식(Parallel Type)

병렬방식은 배터리 전원으로도 차를 움직이게 할 수 있고 엔진만으로도 차량을 구동시키는 엔진과 모터가 각각 독립적으로 구동시키는 방식을 말한다.

일반적으로 엔진과 변속기사이에 모터를 넣는 구조이다. 출발할 때나 저속에선 모터로 가속하고 일정속도 이상이 되면 엔진 클러치가 붙어 엔진이 힘을 더한다. 기존 자동차와 파워트레인 레이아웃이 흡사하여 직병렬 하이브리드에 비해 구조가 단순하고 무게도 가벼우며 가격도 저렴하다는 장점이 있다. 다만 직병렬 하이브리드에 비해 모터 출력이 낮아 모터만으로 가속 가능한 속도가 높지 않다. 이 때문에 도심에서 연비가 잘 나와야 할 하이브리드임에도 중저속 주행이 많은 시내주행 효율을 일정 수준 이상 높이기가 어렵고 오히려 정속주행으로 엔진효율을 높일 수 있는 고속주행 연비가 시내주행 연비보다 더 좋은 희한한 결과를 보여준다.

하나의 모터가 발전기 역할도 겸하고 있기 때문에 이걸 발전기로 돌려 배터리를 충전하면 모터로 사용할 수가 없고, 모터로 써서 주행에 힘을 보태면 발전기로 돌릴 수 없다. 즉, 모터의 힘을 쓰고 있을 땐 엔진이 돌더라도 충전을 못하는 단점이 있다.

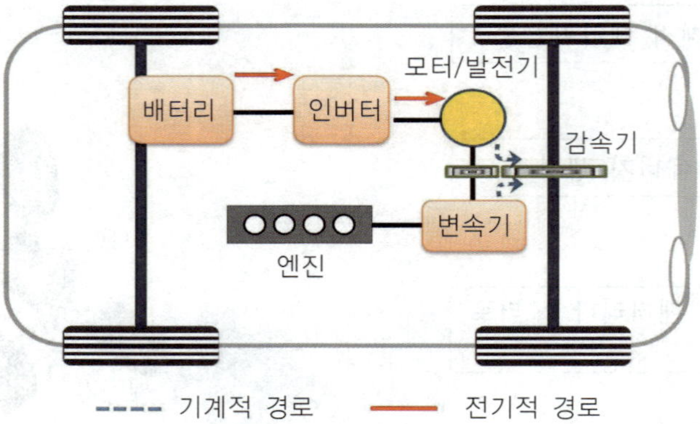

그림 8. 병렬방식 HEV

[3] 직 · 병렬방식(Series-Parallel Type, 복합방식)

직렬형과 병렬형을 조합한 방식으로 상황에 따라 직렬형방식과 병렬형방식을 사용할 수 있을 뿐만 아니라 양쪽 모두 작동시킬 수 있다. 즉, 엔진 단독과 모터 단독으로 구동되거나 엔진과 모터가 동시에 구동되게 된다.

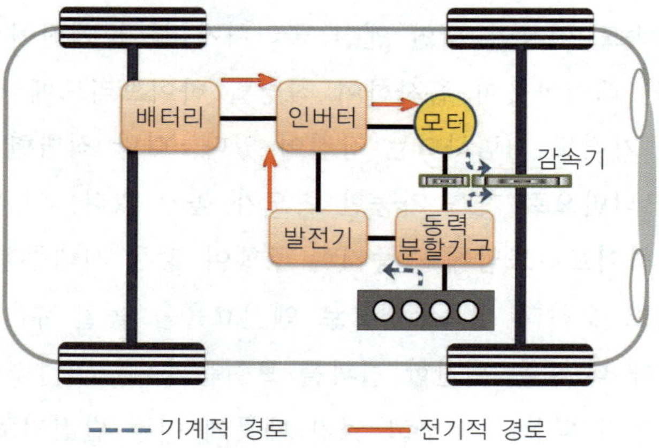

그림 9. 복합방식 HEV

병렬 하이브리드처럼 엔진이 직접 자동차의 구동에 관여할 수 있고, 직렬 하이브리드처럼 모터의 힘만으로도 움직일 수 있다. 병렬 하이브리드와 달리 2개의 모터가 들어가며 시스템에 따라 구동용, 발전용 모터가 각각 들어가거나 구동과 발전을 모두 할 수 있도록 만들어지기도 한다. 덕분에 모터로 주행 중에도 발전기를 돌려 배터리를 충전할 수 있다.

내연기관만 사용했을 때보다 최대 100% 가량 높은 연비를 보인다고 한다. 별도의 변속기는 탑재되지 않으며 2개의 모터가 변속기를 대신해 기어비를 변화시키는 방식으로 e-CVT라 부른다. 단점으로는 무게가 무겁고 시스템이 복잡해 단가가 비싸다.

표 동력전달방식에 따른 구분의 장·단점 비교

구 분	연비개선				주행성능	
	아이들 스톱	회생제동	엔진 최적제어	종합효율	가속성능	연속출력
직렬형	●	◎	●	●	○	○
병렬형	●	●		●	●	○
복합형	◎	◎	◎	◎	●	●

◎ : 우수, ● : 보통, ○ : 낮음

2.1.2. 마일드 하이브리드(Mild Hybrid)

엔진동력이 기본이고 모터는 보조만 한다. 모터로만 구동이 불가능하다. 마일드 하이브리드자동차와 기존 시스템의 큰 차이점은 배터리의 전원전압이다. 기존 시스템에서는 12V였던 전원전압이 마일드 하이브리드자동차의 경우 4배 높은 48V이다. 그러나 사용하는 전자 컨트롤 유닛의 전압은 변하지 않으므로 입출력 전압차가 커지게 된다.

연비절감은 최대 15% 가량에 그친다. 반면 저렴하고 설계가 간편하다는 장점이 있어, 방식에 따라선 생산비 100달러 정도로 연비 5% 정도를 상승시킨다고 한다. 따라서 보다 높은 입력전압에서 낮은 출력전압을 생성하기 위해 강압비가 높은 DC/DC 컨버터가 요구된다.

또한, 자동차기기용 전원 IC에서는 전파의 간섭을 방지하기 위해, AM라디오 대역인 0.5MHz~1.7MHz에 영향을 미치지 않도록 2MHz의 스위칭 주파수가 필요하다. 기존에는 전자 컨트롤 유닛에 필요한 전압을 생성하기 위해, 2chip을 탑재하여 48V에서 일단 12V를 생성하고, 생성된 12V에서 다시 5V 및 3.3V를 생성했다.

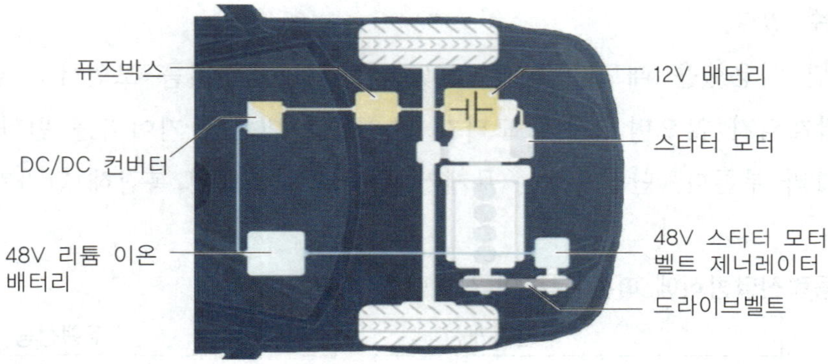

그림 10. 마일드 하이브리드

이러한 방법으로는 주변 부품이 2배가 되어 실장 면적이 커진다는 문제가 있다. 주파수를 낮추어 1chip으로 전압을 생성하는 방법도 있지만, 스위칭 주파수가 낮기 때문에 코일이나 콘덴서 등의 주변 부품이 커질 뿐만 아니라, 발생하는 주파수가 AM라디오 주파수에 영향을 미친다는 과제가 있다. 따라서 마일드 하이브리드에는 48V 입력에서 3.3V를 직접 출력할 수 있고, 스위칭 주파수가 AM라디오 대역 이상에서 동작 가능한 DC/DC 컨버터가 요구되고 있다.

스탑 앤 고 기능이 마일드 하이브리드를 대표한다. 신호대기 등으로 잠시 멈췄을 때 시동을 완전히 꼈다가 켜서 연료 낭비를 줄인다. 순수 내연기관 차량에도 적용된 기술이지만, 마일드 하이브리드가 채용된 차량은 이 동작이 부드럽게 작동되며 에어컨도 잘 나온다. 그 외는 설계시 엔진의 최대효율 구간을 상대적으로 유연하게 설정할 수 있어서 연비를 개선시키는 식이다.

풀 하이브리드에도 적용되지만, 에어컨이나 히터와 같은 공조시설, 편의시설에 필요한 전기를 분담할 수 있다. 기존에는 이에 필요한 동력을 순전히 엔진에서 부담해야 했었다. 이들에 필요한 동력은 큰 편이며 필요한 전기 동력량이 점점 증가되는 추세이므로 마일드 하이브리드의 적용 영역이 커질 수도 있을 것이다.

기존 설계안에서 간단하게 적용할 수 있어서 제조비가 낮다는 장점도 크다. 전기모터는 내연기관과는 반대되는 저회전 시 토크가 강한 특성이 있고, 마일드 하이브리드는 이를 최대한 살리는 방식으로 발전 중이다.

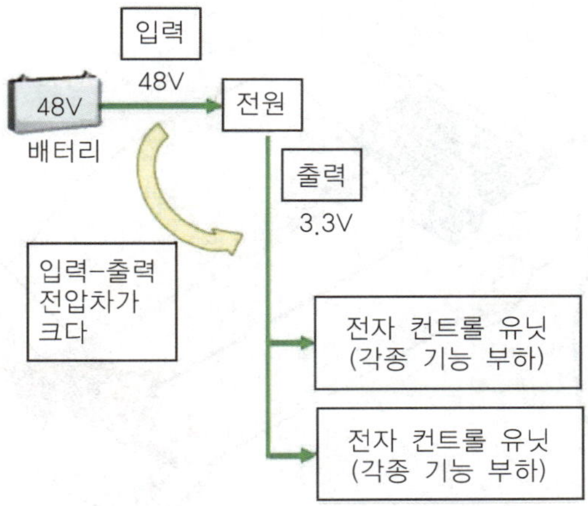

그림 11. 48V(2배터리)시스템의 자동차

2019년 들어 전자장비 탑재 증가와 더불어 충전을 하지 않으면 실 운행 시 마일드 하이브리드와 큰 차이가 없으면서 가격만 비싼 격이 되어버리는 PHEV방식의 한계 때문에, 주요 제조사들의 48V 마일드 하이브리드방식 채택이 점차 늘어나는 추세다.

2.1.3. 플러그인 하이브리드(PHEV : Plug-in Hybrid Electric Vehicle)

전기자동차의 약점인 충전소 문제를 해결하기 위해 내놓은 전기자동차와 하이브리드의 혼합 형태로, 접근방식은 크게 둘로 나뉜다. 첫째는 기존 하이브리드차량에 추가 배터리를 장착하거나 펌웨어를 트윅하여 EV 주행거리를 더 확보한 형태이다. 쏘나타 PHEV, 프리우스 프라임이 속한다.

둘째는 전기차의 파워트레인에 항속거리 증가를 위한 발전용 엔진을 단 형태이다. 주행에 엔진이 전혀 참여하지 않고, 엔진은 발전용으로만 쓰인다. 보통 PHEV가 전자고, 후자는 EREV(Extended Range EV, 주행거리 연장 전기차)라고 한다. 대한민국에서는 둘 다 플러그인 하이브리드로 분류하고, 보조금 혜택도 동일하게 받는다.

플러그인 하이브리드의 단점은 전기차에 비해 부족한 EV모드 주행거리와 배터리 무게 증가로 인한 연비저하, 그리고 가격상승을 들 수 있다. 더 큰 문제는 순수 전기자동차처럼 자택이나 회사에 충전공간을 마련할 수 없다면 전기 충전소를 찾아다녀야 한다. 그럼에도 순수 전기자동차의 가장 큰 문제점인 짧은 주행거리를 화석연료 기반 차량과 동등한 수준으로 만드는 장점이 있다.

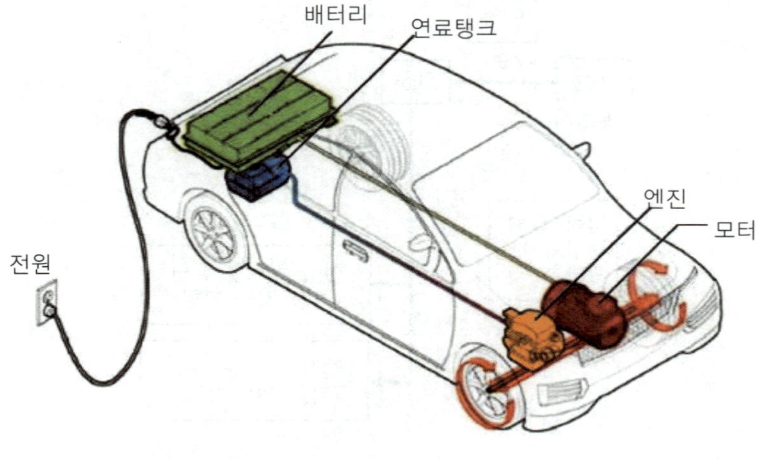

그림 12. 플러그인 하이브리드

배터리의 용량이 부족하면 그냥 주유소에서 기름을 채워서 그냥 하이브리드차량처럼 운행하면 된다. 엔진구동 시의 진동은 어쩔 수 없지만 화석연료 기반 자동차보다는 평균적으로 적다.

2.2. 모터 사용정도에 따른 구분

표 모터 사용 정도에 따른 HEV 분류

구 분	특 징	비 고
Mico(Mild) HEV	· 공회전시 엔진이 자동정지 · 모터는 출발시 엔진 재가동 위한 단순보조역할만 담당 · 소형차량에 적합한 방식	엔진+모터(보조미비)
Soft (Power assist) HEV	· 기존 엔진에 모터로 보조 · 전기 주행모드가 없다 · Micro(Mild) HEV방식보다는 모터의 보조역할이 더 크다 · 엔진과 변속기사이에 모터가 삽입 · 모터가 엔진의 동력 보조역할을 수행 · 전기모터 단독으로 차를 움직일 수 있지만 모터는 단지 추진의 보조역할을 한다. · 시동이나 가속순간에만 모터가 엔진을 보조	엔진(주)+모터(보조)

구 분	특 징	비 고
Soft (Power assist) HEV	· 정속주행 시는 일반 자동차와 동일하게 엔진으로만 구동하는 타입 · 대부분의 병렬형 방식이 Soft타입	
Hard(full) HEV	· 전기모터가 출발과 가속 시에만 역할을 하는 게 아니라 주행에 주된 역할 · 전기 주행모드가 있다(단거리 운행시 사용). · 직렬형과 혼합형이 이 방식에 속함	모터(주)+엔진(보조)

2.2.1. micro(mild)방식

micro방식은 공회전시에 시동이 자동으로 꺼지고 액셀러레이터를 밟아 출발하게 되면 시동이 켜지는 idle stop & go system을 장착한 차량으로 제약조건이 많은 소형 차량에 적합한 방식이다. 이 방식에서 모터는 보조역할만 하는 단순한 시스템이다.

2.2.2. soft(power assist)방식

micro방식보다는 모터의 보조역할이 더 크며, 대부분의 병렬형방식이 이에 해당한다. 모터 단독으로도 차를 움직일 수 있지만 모터는 단지 추진의 보조역할을 하게 된다.

전기적인 비중이 적어 가격이 저렴한 장점이 있지만, 순수 전기모드의 구현이 불가능하므로 연비개선 및 배기가스 저감에서는 상대적으로 불리하게 된다. 이 방식은 시동이나 가속 순간에만 모터가 엔진을 보조하고 정속주행 시에는 일반 자동차와 동일하게 엔진으로만 구동하게 된다.

그림 13. 소프트방식의 동력전달

2.2.3. hard(full)방식

이 방식은 모터가 출발과 가속 시에만 역할을 하는 것이 아니라 일반 주행에서 주되게 사용된다. 직렬형과 혼합형이 이 방식에 속한다.

도요타의 프리우스가 대표적이며 엔진과 모터를 효율적으로 사용하기 때문에 연비개선 및 배기가스 저감측면에서는 매우 유리하지만 이 방식을 실현하기 위해서는 기술과 비용측면에서 불리하다. 모터로만 주행하기 위해 대용량 모터와 배터리 그리고 복잡한 시스템을 구현할 제어기가 필요하기 때문에 Soft방식에 비하여 전용부품이 1.5~2배 이상 고가인 단점이 있지만, 회생제동 효율이 우수하고 연비가 좋은 장점을 가지고 있다.

그림 14. 하드방식의 동력전달

3 하이브리드 전기자동차의 배터리시스템

3.1. 고전압 배터리

고전압 배터리는 하이브리드자동차에 모터작동을 위한 전기 에너지를 공급하는 기능을 한다. Ni-MH(니켈-수소)전지는 양극 활물질로 니켈, 음극 활물질로 수소 흡장합금, 전해질로 알카리 수용액을 사용한 전지이고, Li-PB(리튬 폴리머)전지는 음극에

탄소, 양극에 $LiCoO_2$, $LiNiO_2$, $LiMn_2O_4$ 등 금속산화물, 전해질로 Polymer(고분자)를 사용한다.

(a) 니켈-수소전지 (b) 리튬 폴리머전지

그림 15. 하이브리드 고전압 배터리의 종류

Li-PB(리튬 폴리머)전지는 리튬이온 폴리머전지라고도 하며, 화학 안정성이 높고 에너지 효율이 좋은 고체 또는 젤 상태의 고분자를 전해질로 사용한 리튬 2차 전지로 전지가 파손되어도 발화하거나 폭발할 위험이 거의 없고, 리튬이온 폴리머배터리는 기존의 니켈 수소배터리에 비해 무게가 30% 가볍고, 부피가 40% 적어 효율성이 뛰어나고 차량 내부 공간 활용성도 높아 요즘 주로 사용한다.

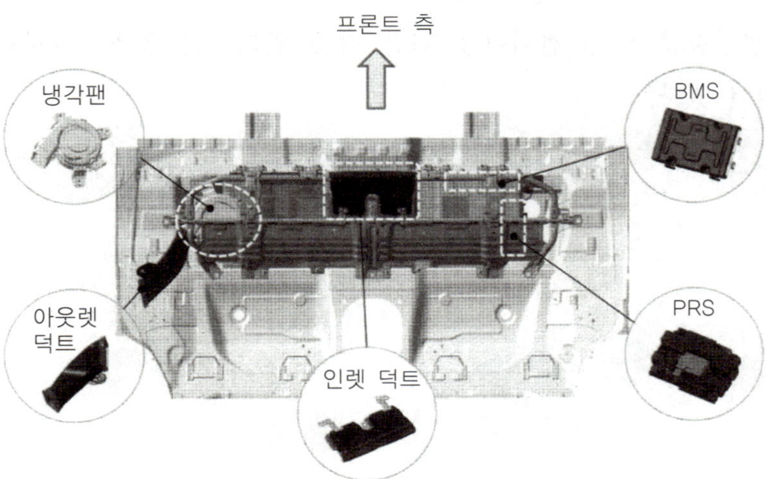

그림 16. 고전압 배터리 모듈의 구성(쏘나타(DN8)HEV 차량)

고전압 배터리는 내부를 보면 크게 배터리 팩 부분이 보이며, 그리고 그 옆 부분에는 고전압 배터리를 제어하는 BMS가 위치하고 있으며, 그 주변으로 고전압 릴레이 어셈블리, 안전플러그, 냉각팬, 냉각 덕트 등의 전장부품이 결합되어 있다.

표 구성부품의 주요기능(쏘나타(DN8) HEV차량)

구 분	기 능
고전압 배터리	전기에너지 저장 및 고전압 부품에 에너지 공급
BMS	· 배터리 SOC 예측 · PRA(고전압 릴레이) 및 고전압 배터리 냉각 팬 제어
PRA(고전압 릴레이 어셈블리)	· 배터리의 고전압과 고전압 부품사이의 전원 연결 및 차단 · 현재 흐르는 전류 측정
냉각팬	· 고전압 배터리 냉각 · PWM 제어
냉각 덕트	냉각 유량 확보 및 소음 저감

3.1.1. 고전압 배터리시스템의 구성

고전압 배터리시스템은 고출력, 고 에너지, 고 내구성을 가지고 있는 배터리와 배터리상태 예측, 입·출력 에너지 제한, 냉각 및 안전제어 그리고 에너지 잔존 용량계산 등을 총괄 제어하는 배터리 제어기를 포함하고 있다.

그 외에도 배터리보호를 위한 트레이 부분과 배터리의 최적 동작환경 조성을 위한 냉각시스템, 전원공급 및 안전제어를 위한 각종 릴레이와 퓨즈, 안전플러그 및 센서 등으로 구성되어 있다.

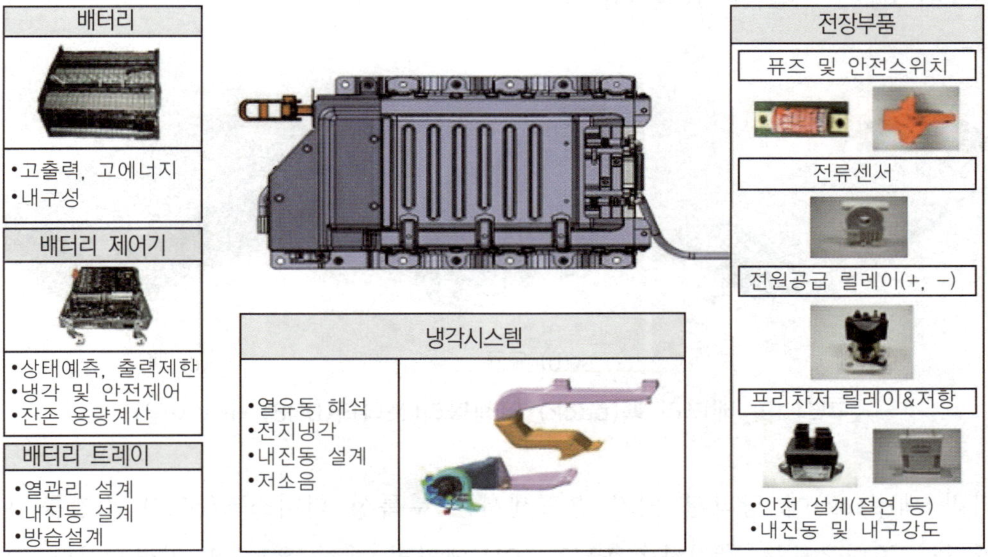

그림 17. 고전압 배터리시스템의 구성

3.1.2. 고전압 배터리시스템 구성부품의 기능

고전압 배터리는 트렁크 룸 내부에 모터 제어기, 냉각시스템과 함께 장착되어 있다.

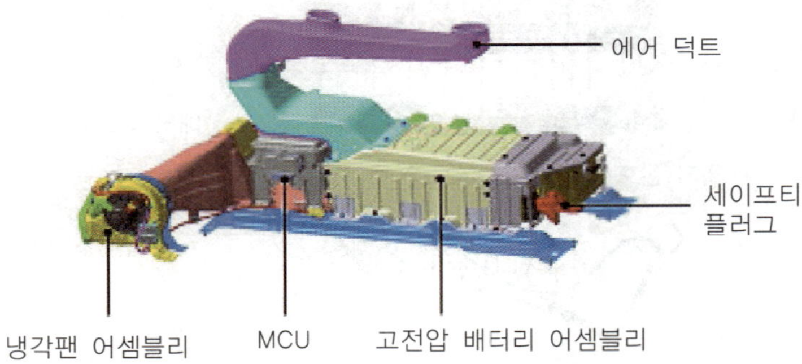

그림 18. 고전압 배터리시스템의 구성

[1] 배터리 팩(pack) 어셈블리

쏘나타(DN8) HEV차량에 사용되는 DC정격의 리튬이온 폴리머(파우치타입) 배터리 셀의 전압은 3.75V, 용량은 5.5Ah이다. 8개의 셀로 구성되어 1개의 모듈을 구성하고, DC30V의 배터리 모듈을 직렬로 연결되는 구조로 9개의 CMA(Cell Module Assembly)

가 270V의 1개의 팩을 구성(고전압 배터리)한다.

(a) 셀 (b) 모듈 (c) 팩

그림 19. 배터리 팩(pack) 어셈블리(쏘나타(DN8) HEV차량)

배터리 팩(pack)에 장착된 외기 온도센서는 부특성 더미스터(NTC) 소자를 사용하며, 배터리 주변온도를 감지하여 BMS ECU(배터리 제어 유닛)로 입력시킨다. 배터리 내부온도를 감지하기 위한 모듈온도센서가 장착되는데, 총 4개의 센서가 일정 간격을 두고 모듈에 삽입되어 있다.

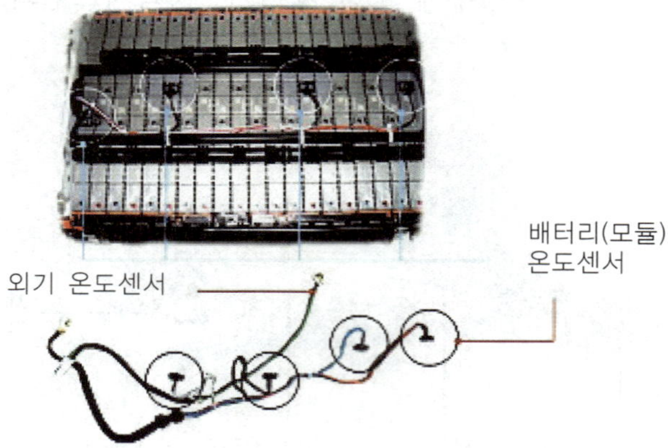

그림 20. 외기 온도센서 및 배터리 온도센서

[2] PRA(Power Relay Assembly, 파워 릴레이 어셈블리)

PRA 내부에는 메인(+), (-)릴레이, 프리차지 저항과 릴레이가 있다. 또한 PRA 온도센서, 고전압과 저전압 전류센서 및 솔라 루프시스템의 고전압 충전관련 퓨즈가 있다.

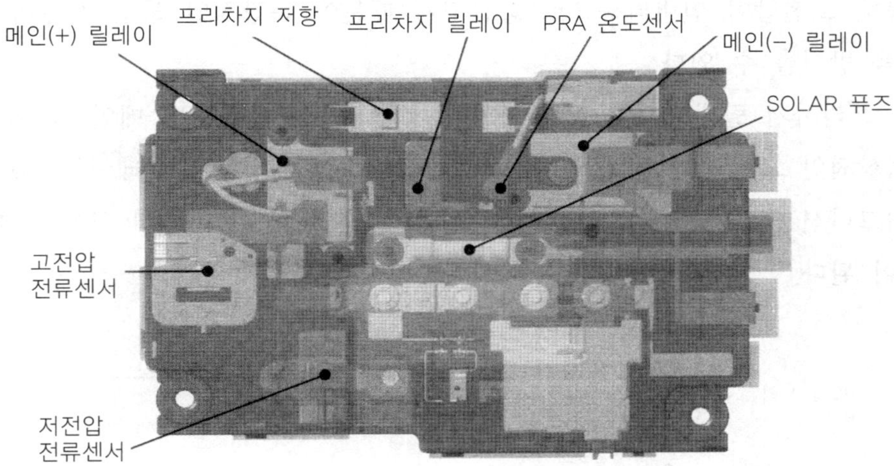

그림 21. PRA의 내부구조(쏘나타(DN8) HEV차량)

(1) 메인 릴레이(+, -)

고전압 배터리에서 공급되는 전원을 인버터(고전압장치)에 공급 또는 차단하고 (+) 릴레이에서 출력된 전원은 (-)릴레이를 통해 고전압 배터리로 접지된다.

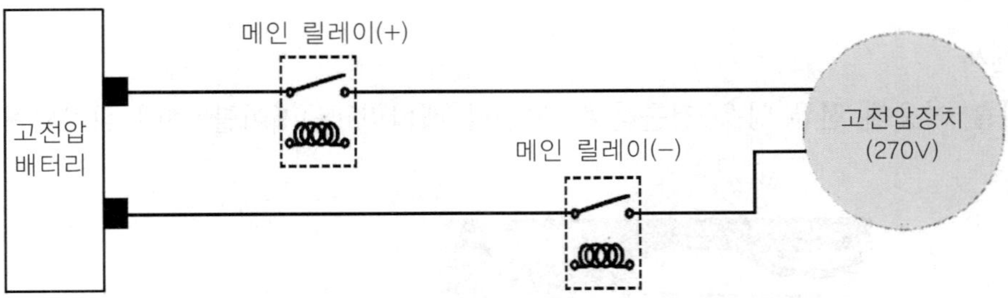

그림 22. 메인릴레이 작동도(쏘나타(DN8) HEV차량)

(2) 프리차저(pre-charger) 릴레이 & 레지스터(저항)

이그니션 ON시 MCU는 고전압 배터리 전원을 인버터로 공급하기 위해 메인릴레이 (+)와 (-)릴레이를 작동시키게 되는데, 프리차저 릴레이는 메인릴레이 (+)와 병렬회로로 구성되어 있다.

MCU는 메인릴레이 (+)를 작동시키기 이전에 프리차저 릴레이를 먼저 동작시켜 고전압 배터리 (+)전원을 인버터측으로 인가하게 하는데, 프리차저 릴레이가 작동되면 저항을 통해 고전압이 인버터측으로 공급되기 때문에 순간적인 돌입 전류에 의한 인버터손상을 방지할 수 있다.

MCU는 프리차저 릴레이작동 직후 완만한 전압상승이 완료되면 메인릴레이(+)를 작동시켜 정상적인 고전압의 전원공급을 완료하고, 즉시 프리차저 릴레이를 OFF시킨다. 따라서 이그니션 ON시 릴레이 작동순서는 메인릴레이(−), 프리차저 릴레이, 메인릴레이(+) 순이 된다.

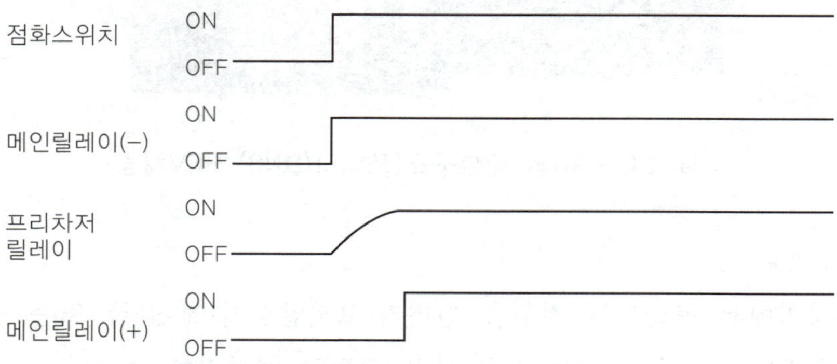

그림 23. 고전압 배터리 릴레이 제어

(3) 전류센서

홀 효과를 이용해 전류 양을 검출하며, 고전압 배터리 (−)케이블 측에 설치되어 있다.

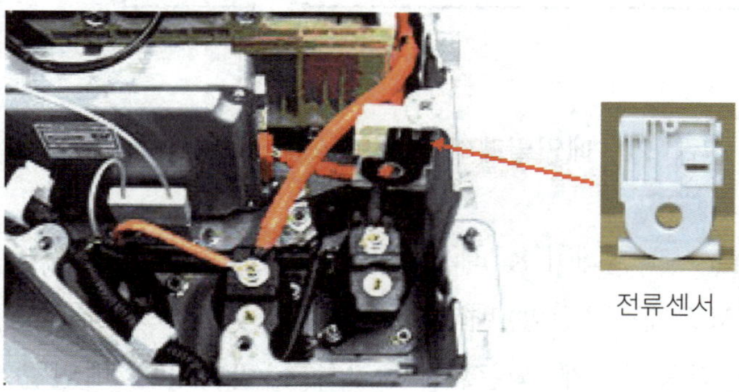

그림 24. 전류센서

(4) 세이프티 플러그

고전압 배터리는 고전압장치이기 때문에 취급시 안전에 유의해야 한다. 세이프티 플러그는 고전압 배터리 전원을 임의로 차단시킬 수 있는 전원 분리장치로 과전류 방지용 퓨즈를 포함하고 있다.

고전압 전기 동력시스템과 관련된 부품 탈·부착이나 정비점검 시 세이프티 플러그를 탈거하면 고전압을 차단시킬 수 있으므로 이점 유의하여 작업을 해야 하고, 엔진 시동상태 또는 이그니션 ON상태에서는 세이프티 플러그를 탈거하지 말아야 한다.

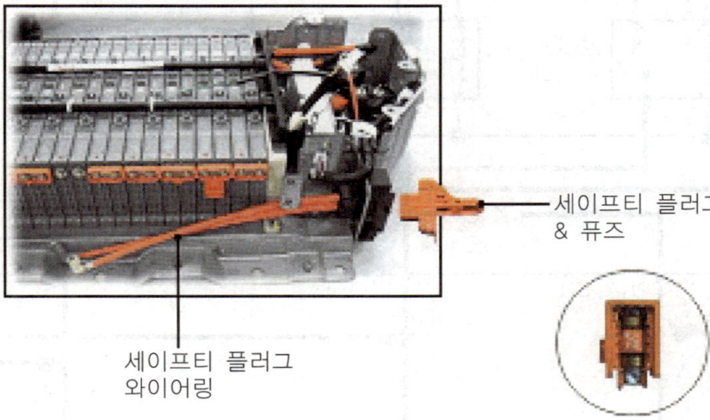

그림 25. 세이프티 플러그

[3] PRA회로(파워릴레이 어셈블리)

① 브레이크페달을 밟은 상태로 시동버튼을 누르면 HCU는 고전압시스템 진단 후 이상이 없을 경우 Ready상태로 진입한다.

② BMS는 HCU신호에 의해 12V 전원을 해당 릴레이로 인가하여 구동하고, 고전압 배터리 전원을 HPCU에 장착된 고전압 정선블록을 통해 인버터로 출력하여 고전압장치가 구동준비 상태가 될 수 있도록 고전압을 공급한다.

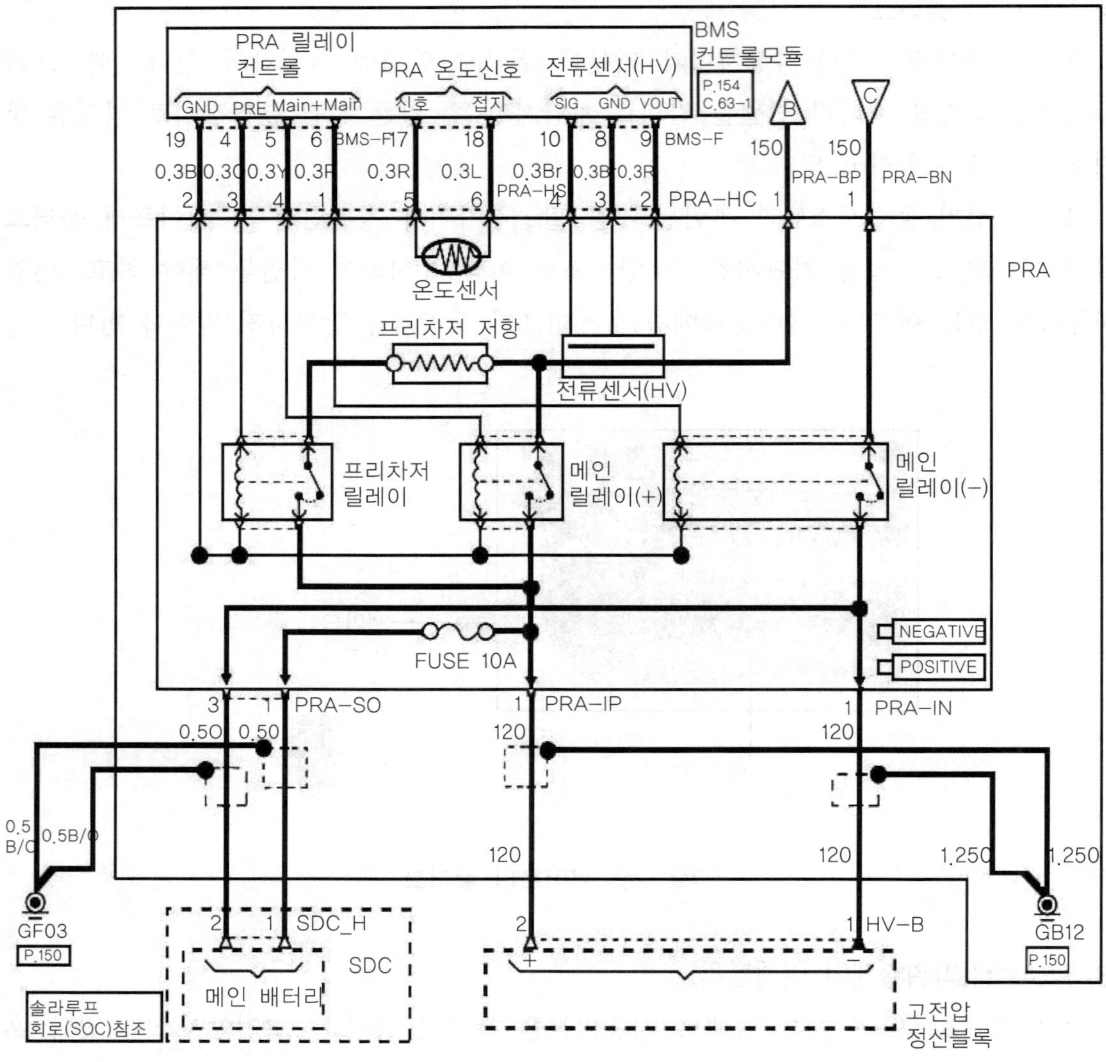

그림 26. PRA(파워 릴레이 어셈블리)회로(쏘나타(DN8) HEV차량)

(1) 릴레이 동작순서

① HCU로부터 릴레이 구동신호 입력

② 프리차저 릴레이 구동

③ 메인릴레이 (−)구동(인버터 내부 콘덴서 충전 및 돌입 전류 감소)

④ 메인릴레이 (+)구동(정상적인 고전압 공급)

⑤ 프리차저 릴레이 차단

⑥ 고전압시스템에 안정적인 고전압 공급(270V)

3.1.3. 고전압 배터리시스템의 취급시 유의사항

① 고전압으로 작동되는 장치이므로 시동 키 2단(ON) 또는 엔진 시동상태에서는 관련 부품을 만지거나 탈·부착하지 않는다.

② 고전압 배터리에 연결된 DC 파워케이블(+, -)은 감전의 우려가 있으므로 안전조치를 취하지 않은 상태에서 손으로 만지거나 임의로 탈·부착하지 않는다.

③ 고전압 배터리는 트렁크 룸 내부에 장착되므로 과다한 화물적재 또는 충격이 가해지지 않도록 유의한다(부품손상, 배터리 냉각 및 환기불량 초래).

④ 고전압 배터리시스템 관련 부품의 정비·점검 및 수리작업은 직영 서비스센터로 의뢰한다.

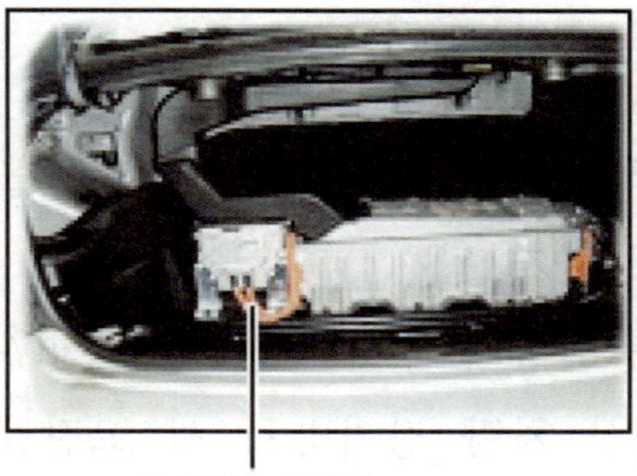

그림 27. 고전압 배터리

(a) 커넥터 탈·부착 주의 (b) 감전주의 (c) 과적금지

그림 28. 고전압 배터리시스템의 취급시 유의사항

[1] 고전압 배터리 또는 차량화재 발생시

① 차량의 시동키를 OFF하여 전기 동력시스템 작동을 차단시킨다(고전압 배터리 전기 에너지 입·출력이 금지 됨).

② 고전압 배터리 부위의 집적적인 화재가 아니거나 화재 초기상태라면 트렁크를 열고 신속히 세이프티 플러그를 탈거한다(화재진행 중이라면 접근금지).

③ 실내 또는 밀폐된 공간에서 화재가 발생되었을 경우 수소가스의 원활한 방출을 위해 신속히 환기시킨 후 대피한다.

④ 화재진압을 위해서는 액체물질을 사용하지 말고 분말소화기 또는 모래를 이용한다.

⑤ 배터리에서 분출된 가스나 액체성분이 피부 또는 눈에 침투되었을 경우 붕산액, 소금물 또는 흐르는 물로 환부를 신속하게 세척한 후 의사의 진료를 받는다.

[2] 고전압 배터리 또는 차량 장기 방치시

① 차량의 시동키를 OFF하여 전기 동력시스템 작동을 차단시킨다(고전압 배터리 전기 에너지 입·출력이 금지 됨).

② 고전압 배터리의 SOC(충전상태)가 30% 이하일 경우(계기판의 SOC 게이지가 적색구간 이하) 2개월 이상 차량 장기방치 시 고전압 배터리의 재사용이 불가할 수 있으므로 주의한다.

③ 고전압 배터리의 SOC(충전상태)가 정상(약 60%)일 경우라도 6개월 이상 장기 방치시 고전압 배터리의 재사용이 불가할 수 있으므로 주의한다.

3.2. BMS(Battery Management System)

BMS ECU(battery management system ECU)는 고전압 배터리 제어를 위한 컴퓨터이며, 배터리 에너지 입·출력제어와 배터리 성능유지를 위한 전류, 전압, 온도, 사용시간 등 각종 정보를 모니터링하고, 종합적으로 연산된 배터리 에너지 상태정보를 HCU 또는 MCU로 송신하는 역할을 한다.

3.2.1. BMS 주요기능(쏘나타(DN8) HEV차량)

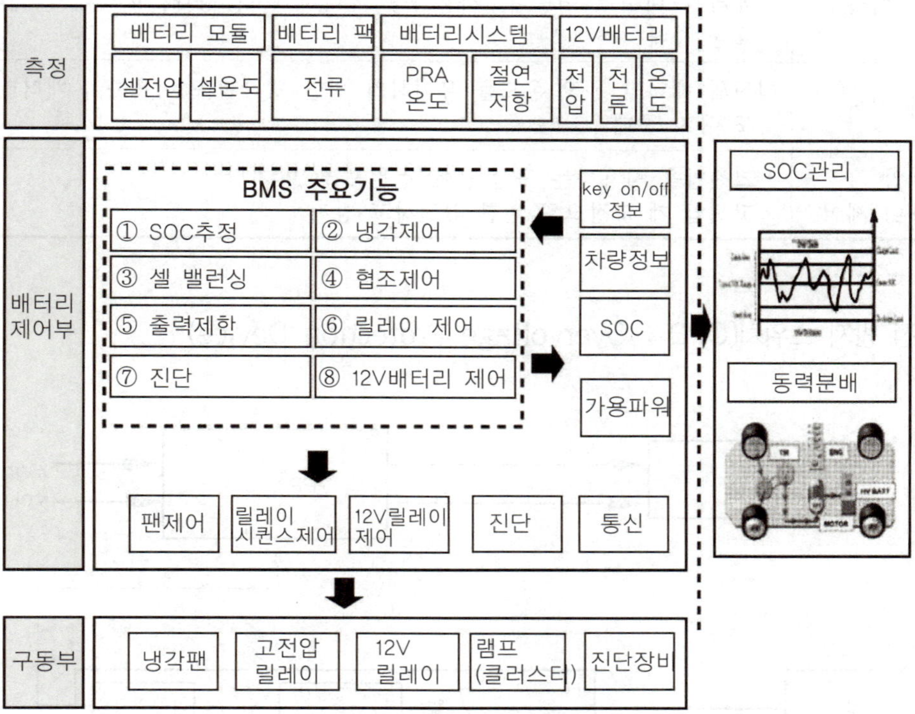

그림 29. BMS 주요기능(쏘나타(DN8)HEV 차량)

구 분	기 능
SOC 추정	· 배터리의 전압, 온도를 측정하여 배터리의 SOC를 계산하고 차량제어기에 전송하여 적정 SOC 영역관리 · SOC : 배터리의 사용 가능한 에너지(배터리 정격용량 대비 방전 가능한 전류량의 백분율)
파워 제한	· 배터리 보호를 위해 상황별 입·출력 에너지 제한 값을 산출하여 차량제어기로 정보제공 · 배터리 가용파워 예측, 배터리 과충(방)전 방지, 내구 확보, 배터리 충(방)전 에너지 극대화
진단	· 배터리시스템 고장진단, 데이터 모니터링, 소프트웨어 Rewrite · Fail-Safe Level을 분류하여 출력 제한치를 규정 · 차량 측 제어 이상 및 전지 열화에 의한 배터리의 안전사고를 방지하기 위해 릴레이를 제어

구 분	기 능
셀 밸런싱	· 배터리 충·방전과정에서 전압편차가 생긴 셀을 동일한 전압으로 매칭 · 배터리 내구 수명증대, 사용가능 에너지 용량 증대, 배터리의 에너지 효율 증대
냉각 제어	최적의 배터리 동작 온도를 유지하기 위한 냉각팬을 이용하여 배터리 온도 유지 증대
고전압 릴레이 제어	· 고전압을 사용하는 구성 품에 전원공급 및 차단 · 고전압 계 고장으로 인한 안전사고 방지

[1] 과충전 방지 스위치(OPD : Overvoltage Protection Device)

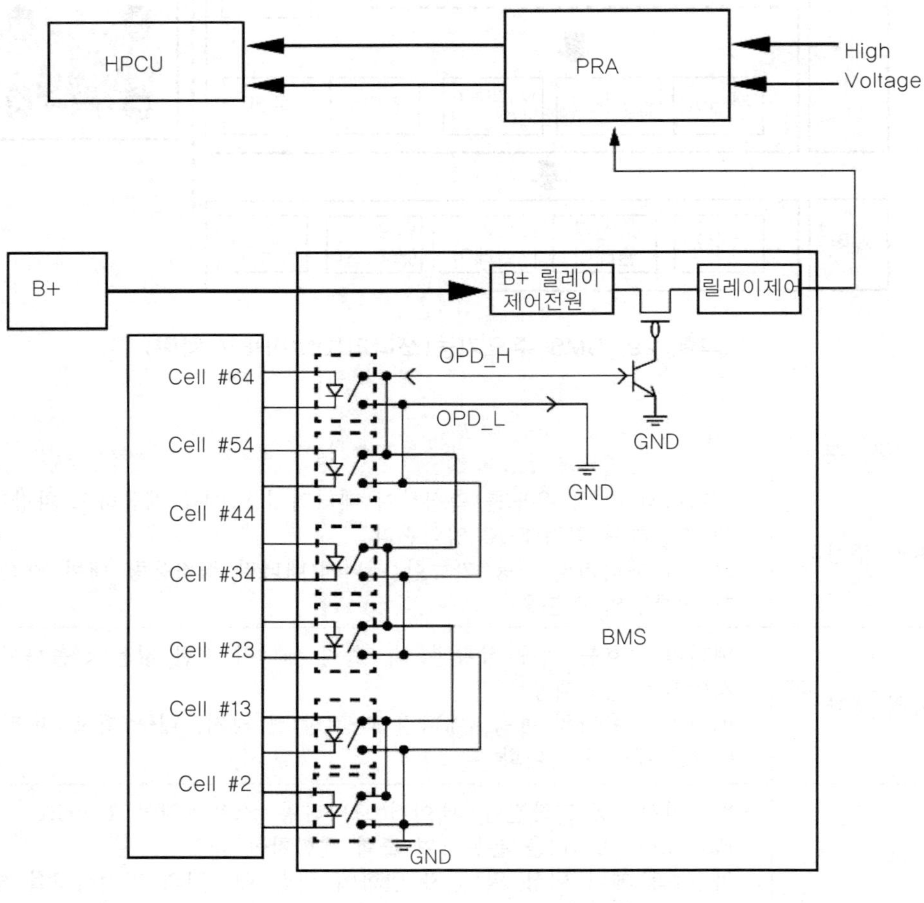

「그림」 30. 과충전방지 스위치 회로도(쏘나타(DN8) HEV차량)

① 배터리 셀의 전압이 4.65V(±0.05V) 이상으로 과충전될 경우, BMS 내 OPD 소자가 작동하여 릴레이 제어회로의 전원을 차단하게 된다.

② OPD가 작동되면 고전압 릴레이(MAIN+RELAY, MAIN-RELAY)를 제어하는 회로에 전원이 차단되어 고전압시스템에 전원공급이 차단되게 된다.

③ OPD회로 동작을 해체는 IG KEY OFF 후 IG KEY ON을 하면 OPD 동작이 해제된다.

[2] 셀 밸런싱

리튬이온 폴리머 배터리는 과전압이 생길 경우 셀 성능이 급격히 저하되는 특성이 있다. 또한 총 72개의 셀을 모아서 고전압 배터리를 구성하고 있기 때문에 각 셀들이 지니고 있는 잔류 전하량이 다르게 되면 충전전압 또한 편차가 생겨 일부 셀이 다른 셀보다 먼저 최대 전압에 이르는 현상이 발생하기도 한다.

이로 인해 셀의 균형이 깨지고 셀 충전 및 용량 불일치로 인해 주행거리에 대한 신뢰도가 낮아지게 된다. 이러한 현상을 막기 위해 BMS에서는 셀 밸런싱 기능을 수행하는데, BMS내부에 72개의 밸런싱 릴레이를 두어 해당 셀과 연결된 저항을 이용해 에너지를 열로 소산시키는 방법을 이용한다(패시브방식이라고 함).

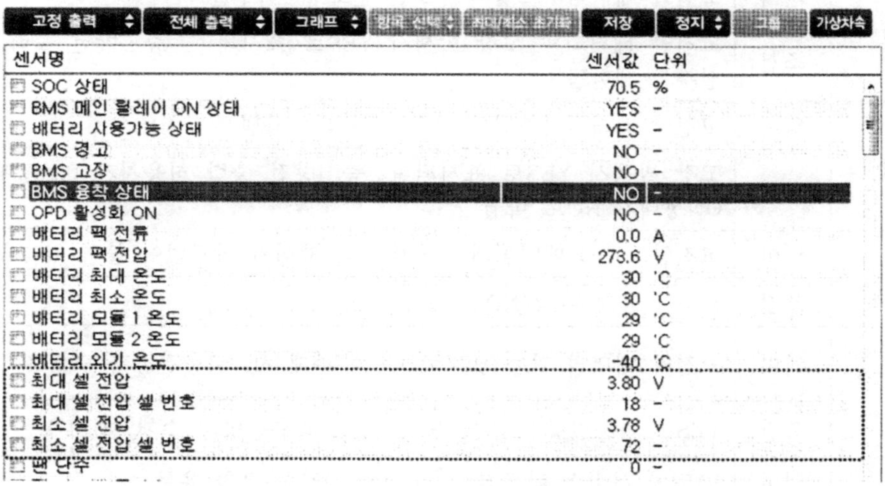

그림 31. 셀 밸런싱(쏘나타(DN8)HEV 차량)

총 72개의 셀 가운데 가장 낮은 셀 전압에 맞추어 다른 셀의 방전을 유도함으로써 셀의 균형을 맞추게 된다. 셀간 전압 차가 일정수준 이내가 되도록 제어하며, 1V 이상이 되면 DTC가 출력되고 서비스 경고등의 점등된다.

[3] 센서 데이터(쏘나타(DN8) HEV차량)

항 목	구 분	분석내용
SOC 상태	의미	배터리 충전량 추정 값
	조건	Key ON후부터 충전상태 표시
최대충전 가능파워	의미	현재 배터리 SOC, 최대로 충전을 받을 수 있는 파워
	조건	최대 충전 가능한 값 : 45kW/최소 충전 가능한 값 : 0kW
최대 방전 가능파워	의미	현재 배터리 SOC, 최대로 방전할 수 있는 파워
	조건	최대 방전 가능한 값 : 56kW/최소 방전 가능한 값 : 0lW
BMS 메인 릴레이 ON상태	의미	PRA의 메인릴레이 ON(구동), OPEN(정지)을 의미
	조건	고전압 메인릴레이가 ON시 YES/고전압 메인릴레이가 OPEN시 NO
배터리사용 가능 상태	의미	고전압 배터리 사용가능 유무를 나타냄
	조건	메인릴레이가 OFF시 NO, 메인릴레이가 ON되어도, 배터리 충·방전 허용치가 모두 0kW일 경우 NO
BMS 경고	의미	고전압 배터리시스템의 경고(부분고장) 여부를 나타냄
	조건	고전압 배터리의 고장 발생시 YES로 표시되며, 충·방전 출력 허용치가 일부분 제한됨
BMS 고장	의미	고전압 배터리시스템의 고장 여부를 나타냄
	조건	고장 발생시 YES로 표시되며, 충·방전 출력 허용치가 0kW/메인릴레이 ON상태가 NO로 바뀜
BMS 융착상태	의미	고전압(+)(-) 메인릴레이가 BMS의 제어와 상관없이 붙어 있음을 의미
	조건	YES : 융착 발생/NO : 정상 동작
BMS 과충전 보호상태	의미	고전압 배터리 과충전발생 가능성 존재 시, 과충전방지 수행 미 요청
	조건	YES : 과충전방지 수행 요청/NO : 과충전방지 수행 미 요청
BMS 서비스 램프	의미	BMS의 서비스 램프(Service Lamp)점등 요청 유무
	조건	YES : 서비스 램프 점등요청/NO : 서비스램프 점등 미 요청

항 목	구 분	분석내용
배터리 팩 전류	의미	고전압 배터리에 흐르는 전류 값
	조건	동작전류 : 충전 시(-)250A ~ 방전시(+)250A
배터리 팩 전압	의미	고전압 배터리 팩 전압(72개 Cell의 전압 총 합계)
	조건	충전 시 팩 전압이 높아짐/방전 시 팩 전압이 낮아짐
배터리 최대온도 및 최소온도	의미	고전압 배터리 9개 모듈 중 5, 9번 모듈에 온도센서가 있으며 최대 및 최소 온도를 나타냄
	조건	통상 주행 시 30~40도 수준임(고전압 배터리 최소온도와 최대 온도 차이는 통상 5도 이내 유지)
배터리 모듈 1 온도	의미	고전압 배터리 9개 모듈 중 5번 모듈에 온도센서가 있으며 그 온도를 나타냄
배터리 모듈 2 온도	의미	고전압 배터리 9개 모듈 중 9번 모듈에 온도센서가 있으며 그 온도를 나타냄
배터리 흡기온도	의미	고전압 배터리 냉각을 위해 흡입되는 온도값(Inlet Temperature)
	조건	-44~109도 범위 측정가능하며 값이 출력됨/고전압 배터리 냉각제어에 활용됨
최대 셀 전압	의미	고전압 배터리 72개 셀 전압 중 최대값을 나타냄
	조건	고전압 배터리 셀 전압 2.5~4.3V 이내에서 동작
최대 셀 위치	의미	고전압 배터리 72개 셀 전압 중 최대값 셀의 위치를 나타냄
	조건	1~72사이를 나타냄
최소 셀 전압	의미	고전압 배터리 72개 셀 전압 중 최소값을 나타냄
최소전압 셀 위치	의미	고전압 배터리 72개 셀 전압 중 최소값 셀의 위치를 나타냄
팬 단수	의미	고전압 배터리 냉각을 위한 냉각 팬의 동작 단수를 나타냄
팬 피드백 주파수	의미	고전압 배터리 냉각 팬 구동 시 팬 피드백 신호
	조건	냉각 팬 단수가 높을수록 팬 피드백 주파수는 높아진다(단위 : Hz).
보조 배터리 전압	의미	BMS로 입력되는 저전압 배터리 전압
누적 충전 전류량	의미	고전압 배터리로 충전되는 충전전류의 누적량을 Ah로 환산한 값
	조건	BMS가 차량 운행 중 발생한 충전 량을 지속적으로 누적
누적 방전 전류량	의미	고전압 배터리에서 방전되는 방전전류의 누적 량을 Ah로 환산한 값
누적 충전 전력량	의미	고전압 배터리로 충전되는 충전파워의 누적 량을 kW로 환산한 값

항 목	구 분	분석내용
누적 방전 전력량	의미	고전압 배터리에서 방전되는 방전파워의 누적 량을 kW로 환산한 값
총 동작시간	의미	BMS가 동작한 총 시간
	조건	IGN ON부터 IGN OFF시 까지 BMS가 동작된 누적시간(실제 운행시간)
MCU 준비	의미	MCU의 동작 가능상태
	조건	YES : 동작 가능상태(YES일 경우라도 MCU 고장을 판단하는 기준은 아님)
MCU 메인릴레이 OFF 요청	의미	MCU가 메인 릴레이의 OFF 요청 유무 표시
	조건	YES : OFF 요청/ NO : 미 요청(MCU 내부 고장 시 전원 OFF요청 가능)
MCU 제어 가능 상태	의미	모터제어기의 동작 기능
	조건	YES : 모터제어기 동작가능, NO : 모터제어기 동작 불가
GCU 준비	의미	GCU(HSG컨트롤 유닛)의 동작가능 상태
GCU 메인릴레이 OFF 요청	의미	MCU의 동작가능 상태
	조건	YES : 동작상태(YES일 경우라도 MCU 고장을 판단하는 기준은 아님)
GCU 제어 가능 상태	의미	GCU제어기의 제어가능 유무
HCU엔진 스타트 신호	의미	엔진 시동 시 시동 완료를 나타내는 신호
	조건	YES : 시동완료
인버터 케페시터 전압	의미	인버터 케페시터의 전압 값을 나타낸다.
	조건	고전압 메인릴레이 ON시 고전압 배터리 전압과 유사함(고전압 Main Relay OFF시 0V)
구동모터 속도	의미	모터의 회전수(rpm)를 나타냄
	조건	모터회전 시 0~6000rpm사이를 나타냄
현재 제너레이터(HSG)속도	의미	제너레이터의 회전 수(rpm)를 나타냄(0~13000rpm사이)
절연 저항	의미	고전압 메인릴레이 ON상태에서 고전압 계통과 차량 섀시의 절연저항 값
	조건	정상 : 절연저항 약 1000kΩ 이상/불량 : 절연저항 약 300kΩ 이하 18초 이상 지속 시
배터리 셀 전압	의미	고전압 배터리 72개 셀 전압을 나타냄

항 목	구 분	분석내용
최대 내부저항	조건	고전압 배터리 셀 72개의 내부저항 값 중 최대값을 표시(통상 2~6Ω)
HCU 준비	의미	HCU의 동작가능 상태 표시
	조건	YES : 동작가능 상태(YES일 경우라도 MCU 고장을 판단하는 기준은 아님)
최대 내부저항 배터리 셀번호	의미	고전압 배터리 셀 72개의 내부저항 값 중 최대값을 나타내는 셀의 번호를 나타냄
평균 내부저항	의미	고전압 배터리 셀 72개의 내부저항 값의 평균을 나타냄(통상 2~6Ω)
배터리 셀간 전압 편차	의미	1~72셀 간 전압편차
	조건	최소 셀과 최대 셀의 전압 1V 이상 차이 시 점검필요
셀 밸런싱 상태	의미	셀 밸런싱 상태(YES일 경우 셀 밸런싱 수행 중)
셀 밸런싱 셀 개수	의미	셀 밸런싱 셀 개수
	조건	셀 밸런싱을 수행 중인 셀 개수
팬 초기화	의미	팬 초기화 유무(YES : 초기화 중)
팬 준비	의미	팬 Ready 상태(YES : 팬 동작준비 상태)
팬 작동	의미	팬 동작 유무(YES : 팬 구동 중)
팬 고장	의미	팬 고장 유무(YES : 팬 고장)
팬 SW버전	의미	냉각 팬 SW 버전 표시
팬 모터 회전수	의미	팬 모터 회전수 표시
	조건	팬 모터 회전수(500~3850rpm 사이)
팬 전류	의미	팬 구동 시 소모되는 전류표시
릴레이 카운터	의미	릴레이 카운터 동작 누적 횟수
	조건	릴레이 카운터 동작 누적 횟수(릴레이 ON/OFF 100회 당 1회 카운트 씩 상승)

3.2.2. 고전압 배터리 제어시스템

하이브리드 전기자동차에서 고전압 배터리는 차량내의 타 제어시스템(HCU : 하이브리드 컨트롤 유닛, MCU : 모터 컨트롤 유닛) 제어기와의 CAN통신을 통하여 다음과 같은 항목들을 제어한다.

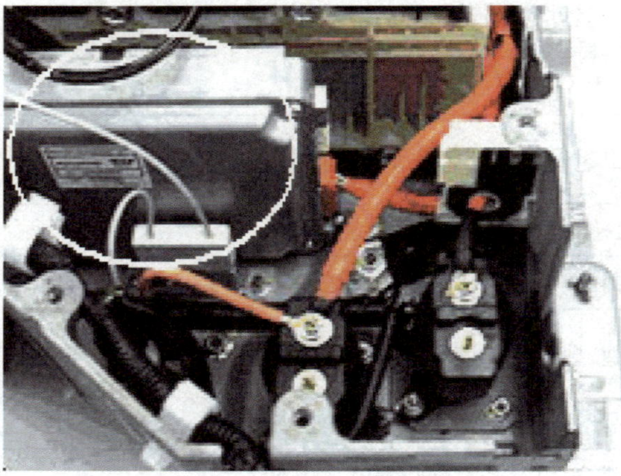

그림 32. BMS ECU

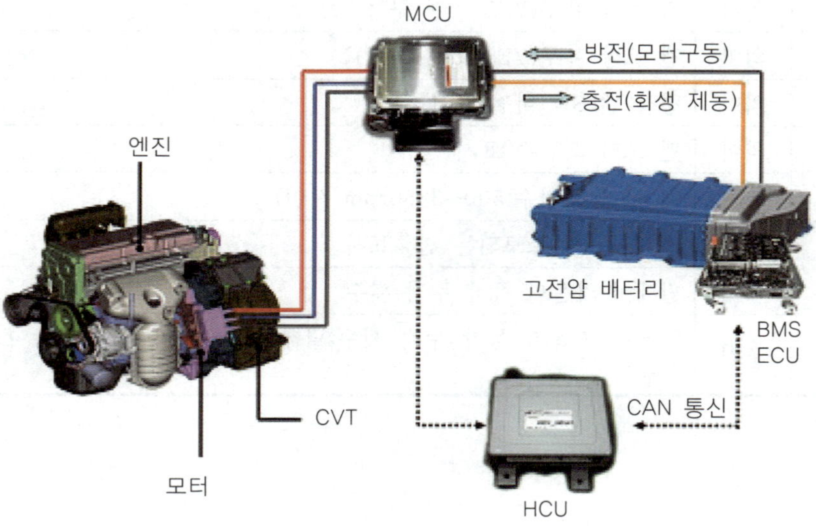

그림 33. 고전압 배터리 에너지의 입·출력 개요

[1] 에너지 입·출력제어

고전압 배터리시스템에 이상이 있을 경우 방전 전류량 제어를 통해 가용 에너지 입·출력 파워를 제한한다.

(a) MCU　　　　(b) BMS

그림 34. 에너지 입·출력제어

[2] 안전제어

에너지 입·출력과정에서 발생되는 수소가스에 의한 폭발방지를 위한 제어와 배터리 성능 또는 손상에 영향을 줄 수 있는 항목들을 모니터링 하여 안전사고를 방지한다(BMS ECU).

[3] 배터리 최적 동작환경 조성

배터리 외부온도 상승과 화학적 열발생을 제한하기 위해 냉각시스템을 제어하여 최적의 동작환경을 조성한다.

3.2.3. 고전압 배터리시스템의 제어특성

[1] 차량에서의 동작모드 정의

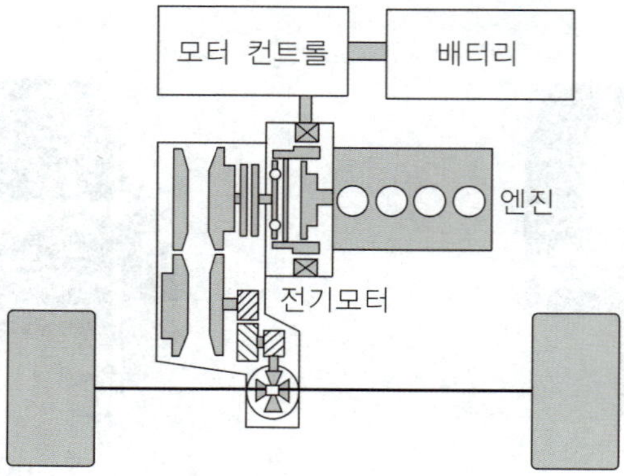

그림 35. 차량에서 고전압 배터리 동작모드의 정의

(1) 방전모드(discharge, 모드 1)

모터구동을 위해 고전압 배터리가 전기 에너지를 방출하는 동작모드이며 모터 동작 요구 토크에 따라 방전 전류량은 달라진다.

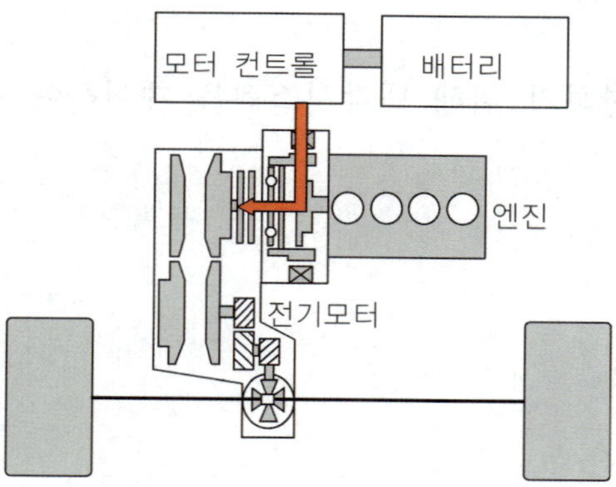

그림 36. 방전모드

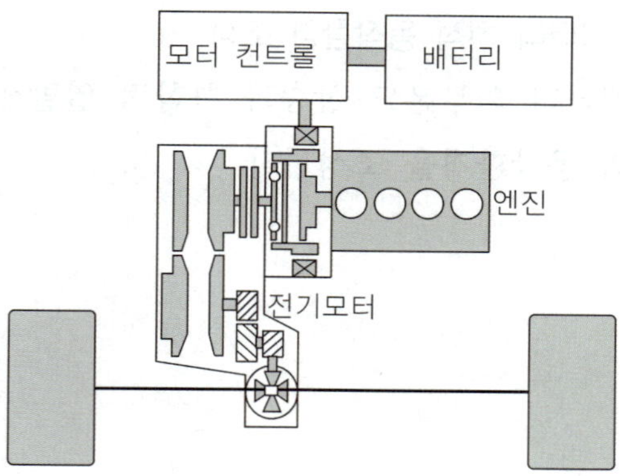

그림 37. 정지모드

(2) 정지모드(No power, 모드 2)

고전압 배터리의 전기 에너지 입·출력이 발생되지 않는 동작모드이다.

(3) 충전, 회생 제동모드(generating, regenerating, 모드 3)

고전압 배터리가 소모한 전기 에너지를 회수·충전하는 동작모드로, 충전모드와 재생모드로 구분된다. 충전모드는 공회전 또는 정속주행과 같이 일반적인 주행상태에서 고전압 배터리의 SOC(state of charge : 충전상태)가 낮을 경우 모터에서 발생된 전기 에너지를 고전압 배터리로 충전시키는 동작모드이며, 회수할 전기량은 HCU (하이브리드 컨트롤 유닛)가 결정하여 MCU(모터 컨트롤 유닛)로 CAN통신라인을 통해 명령을 주고, MCU는 모터를 충전모드로 제어하여 회수된 전기에너지를 DC로 변환시켜 고전압 배터리로 보내준다.

재생모드는 주행 중 감속 또는 브레이크에 의한 제동발생 시점에서 모터를 충전모드로 제어하여 전기 에너지를 회수하는 동작모드를 말하며, 충전모드와 동일한 제어과정을 가진다.

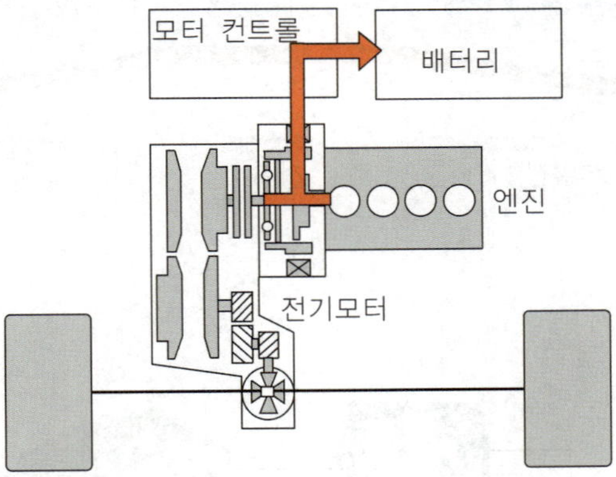

그림 38. 충전·재생 제동모드

[2] 차량 주행상태에 따른 배터리 제어특성

차량 주행모드에는 시동모드, 발진 및 가속모드, 정속 주행모드, 감속 및 회생제동모드, 아이들 스탑모드가 있다. 차량 주행모드에 따라 배터리 제어는 각 특성에 따라 차이를 보이며 내용은 다음과 같다.

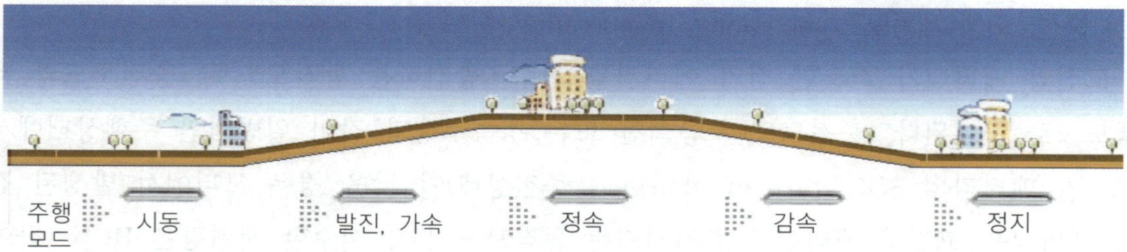

그림 39. 주행상태에 따른 배터리 제어특성

(1) 시동모드

하이브리드 전기자동차는 고전압 배터리를 포함한 모든 전기 동력시스템이 정상일 경우 모터를 이용한 엔진시동을 제어한다.

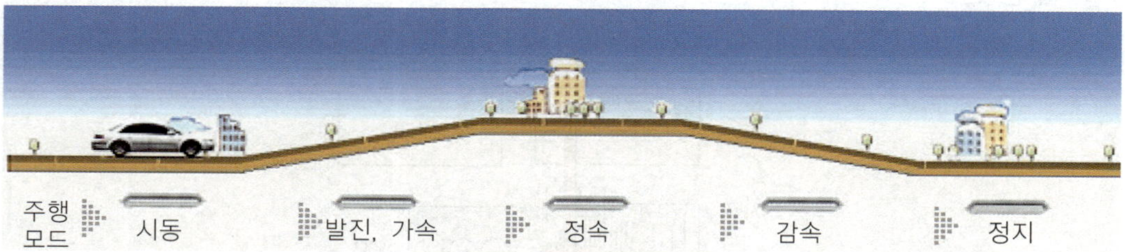

(a)

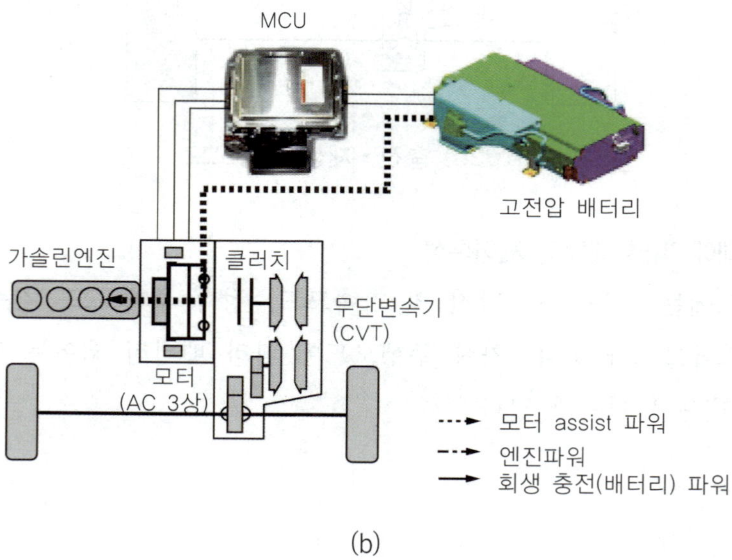

(b)

그림 40. 고전압 배터리 에너지 흐름(시동모드)

고전압 배터리시스템에 이상이 있거나 배터리의 SOC(충전상태)가 기준치 이하로 떨어질 경우 HCU(하이브리드 컨트롤 유닛)는 모터를 이용한 엔진 시동을 금지시키고 12V 스타터모터를 작동시켜 엔진시동을 제어한다(fail safe).

(2) 발진 및 가속모드

발진 또는 가속모드에서 HCU(하이브리드 컨트롤 유닛)는 운전자의 토크 요구 정도양을 연산하여, 엔진과 모터의 토크 분배량을 결정하고 고전압 배터리의 SOC(충전상태)에 따라 모터 출력을 제어한다. 또한, HCU는 고전압 배터리의 SOC상태가 낮을 경우 발진 또는 가속모드에서 모터 구동을 제한하거나 충전모드로 전환시키는 SOC상태에 따른 제어를 수행한다.

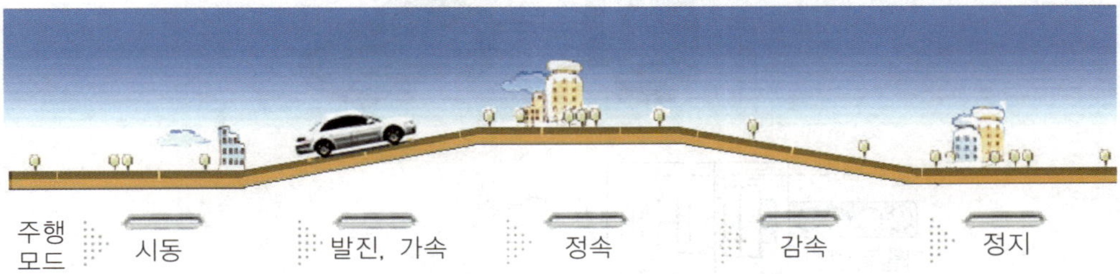

(a)

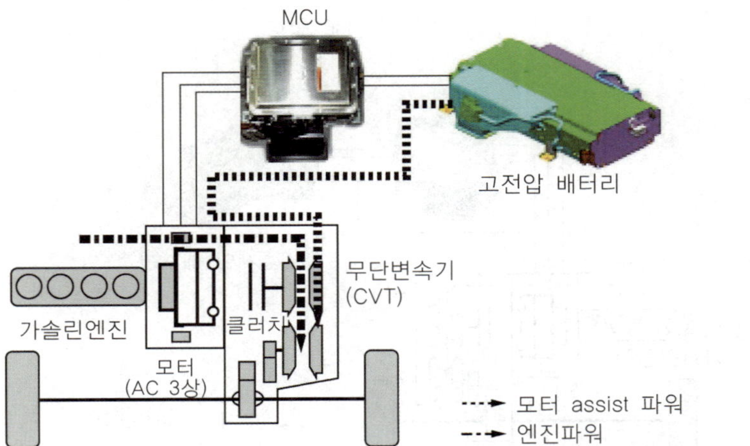

(b)

그림 41. 고전압 배터리 에너지 흐름(발진 및 가속모드)

(3) 정속 주행모드

정속주행과 같이 엔진부하가 낮은 영역에서는 엔진 출력만으로 효율적인 운전이 가능하기 때문에 모터를 이용한 동력보조는 이루어지지 않는다.

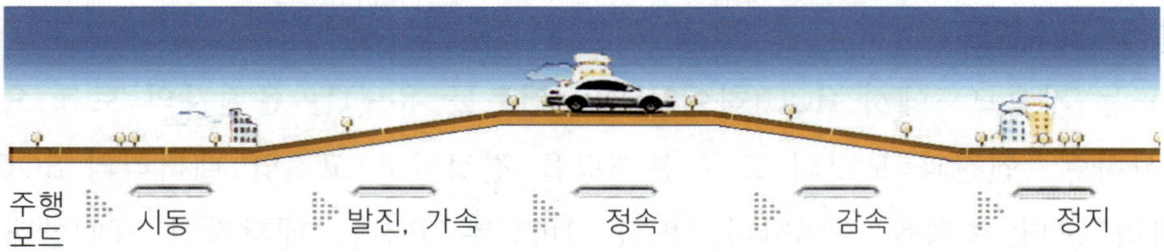

그림 42. 정속 주행모드

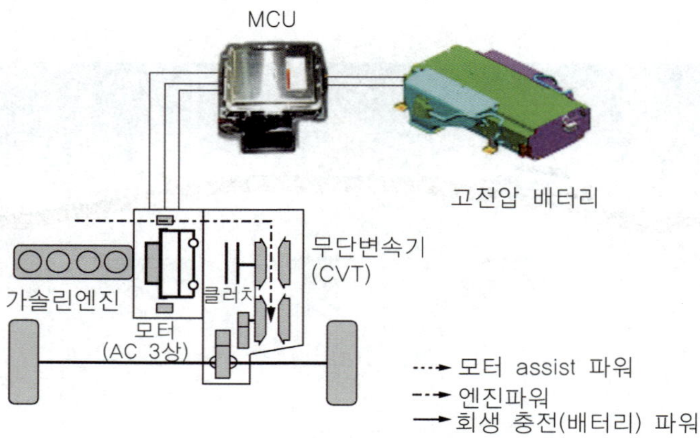

(a) 배터리 SOC 양호

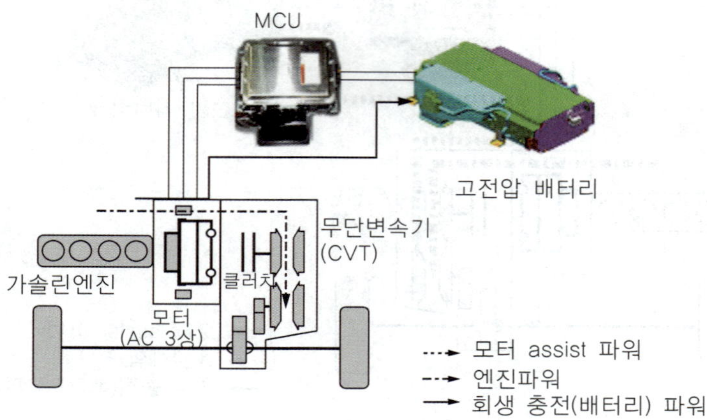

(b) 배터리 SOC 부족-재생

그림 43. 고전압 배터리 에너지 흐름(정속 주행모드)

정속 주행모드일지라도 고전압 배터리의 SOC상태가 낮다면 HCU는 엔진의 여유 출력이 발생되는 영역에서 충전모드로 전환시키는 SOC상태에 따른 제어를 실행한다.

(4) 감속 & 회생 제동모드

일반 차량은 주행 중 감속 또는 제동시점에서 발생되는 에너지가 마찰식 브레이크를 사용함으로써 열로 소산되지만, 하이브리드 전기자동차에서는 모터를 발전모드로 전환시켜 제동 에너지의 일부를 전기 에너지로 회수하게 된다. HCU는 고전압 배터리의 SOC상태에 따라 감속 또는 제동모드에서 충전모드로 전환시키는 제어를 실행한다.

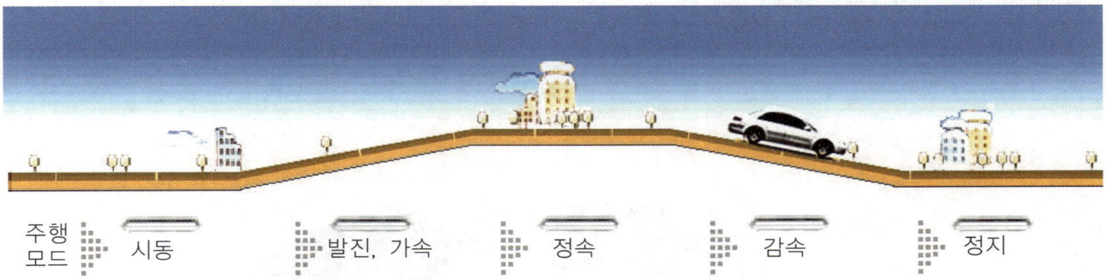

(a)

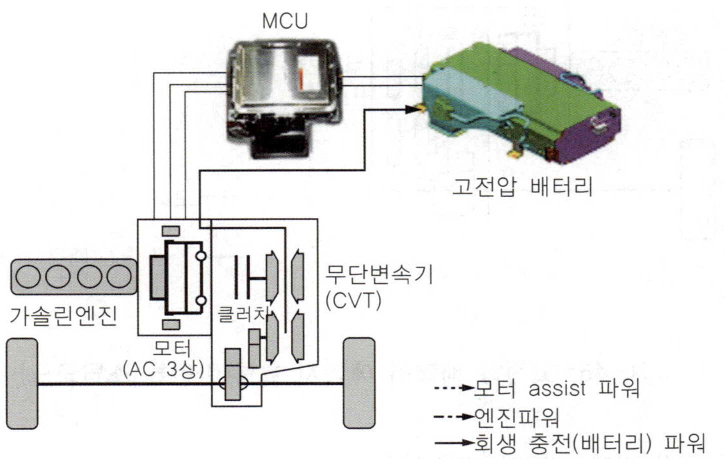

(b)

그림 44. 고전압 배터리 에너지 흐름(감속 및 회생재생모드)

(5) 아이들 스탑모드(idle stop : 공회전 정지)

아이들 스탑은 차량이 정지할 경우 연료소비를 줄이고 배기가스를 저감시키기 위해 엔진을 자동으로 정지시키는 기능이다. HCU는 아이들 스탑이 해제되면 모터를 이용해 엔진 크랭킹과 엔진 연료분사를 재개하여 엔진을 재시동시킨다.

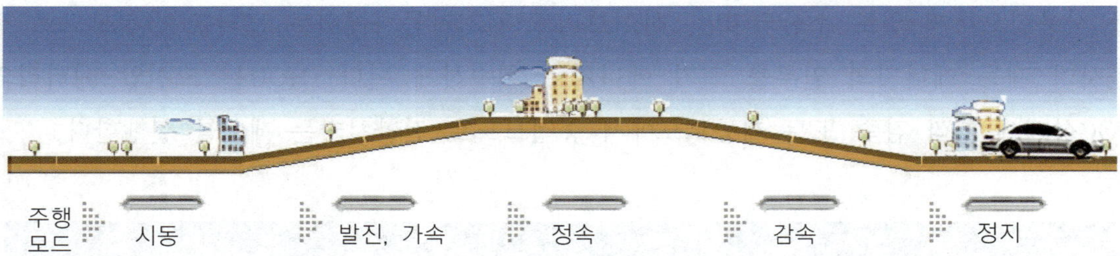

(a)

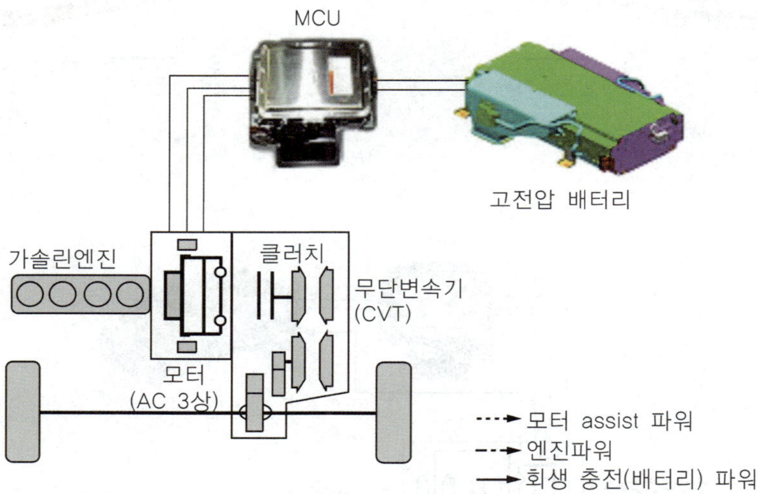

(b)

그림 45. 고전압 배터리 에너지 흐름(아이들 스탑모드)

[3] SOC에(충전상태) 따른 배터리 제어특성

하이브리드 전기자동차는 모터를 이용해 엔진의 동력을 보조하는 시스템이기 때문에 전기 동력시스템이 정상적으로 동작하기 위해서는 전기 에너지 공급원인 고전압 배터리가 최적의 효율을 낼 수 있도록 SOC(state of charge, 충전상태)를 유지할 필요성이 있다.

하이브리드 컨트롤 유닛은 고전압 배터리의 SOC를 지속적으로 모니터링하고, SOC에 따라 각 주행모드에서 충전 및 방전을 제어한다.

표 충전상태에 따른 제어내용

고전압 배터리 충전영역	제어내용
고 충전영역	방전 지향, 충전금지
동작 충전영역 : ~70%	방전 지향, 충전허용
최적 충전영역 : 55~65%	충·방전 제어
동작 충전영역 : 20%~	충전 지향, 방전허용
저 충전영역	충전 지향, 방전금지

(1) SOC상태에 따른 전략 제어

하이브리드 컨트롤 유닛(HCU)은 고전압 배터리가 최적의 효율을 낼 수 있는 영역인 55%~65%의 SOC를 유지하도록 제어한다. 아래 표는 고전압 배터리의 SOC에 따라 HCU가 모터 시동, 모터를 이용한 동력보조, 회생제동, 부분부하 및 아이들 충전 등을 어떻게 제어하는지를 보여주고 있다

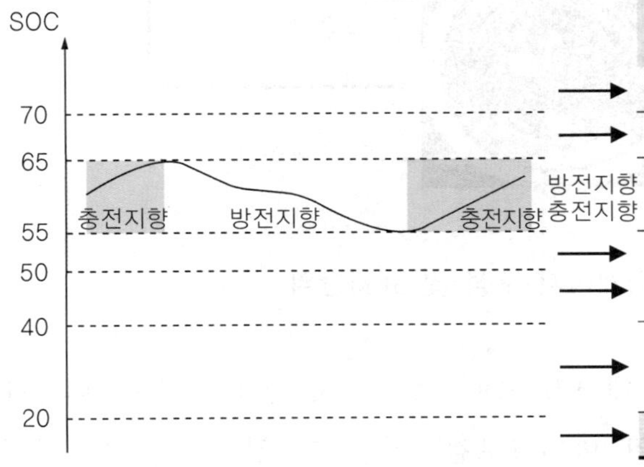

모터시동 (아이들정지)	모터 보조	부압 제어	회생 제동	부분 부하 충전	아이들 충전
0	0	0	X	X	X
0	0	0	저감	X	X
0	0 / 저감	0	0	X / 저감	X
0	저감	0	0	증대	X
					0
0	발진 시만	0	0		0
X	X	X	0		0

그림 46. SOC(충전상태)상태에 따른 전략제어

(2) SOC게이지

SOC게이지와 모터 게이지는 모두 LCD를 이용한 디스플레이방식이며, 계기판과 HCU간의 CAN통신을 이용해 작동이 이루어진다.

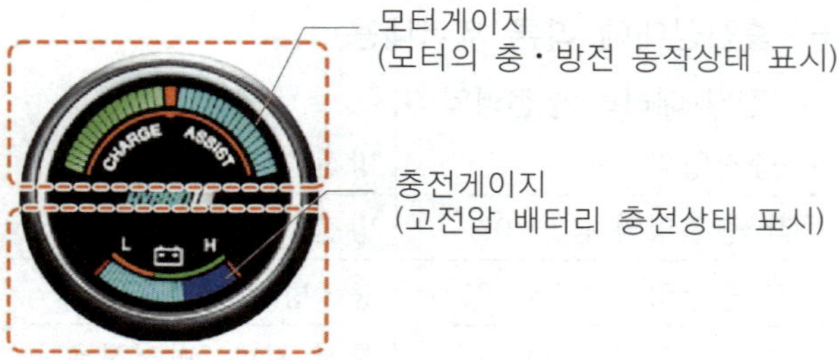

그림 47. SOC(충전상태)게이지

게이지 수	SOC (%)	게이지 수	SOC (%)
28	≥77	13	56
27	75	12	55
26	73	11	54
25	71	10	53
24	69	9	52
23	67	8	51
22	65	7	50
21	64	6	47.5
20	63	5	45
19	62	4	42.5
18	61	3	40
17	60	2	37.5
16	59	1	35
15	58	0	〈35
14	57		

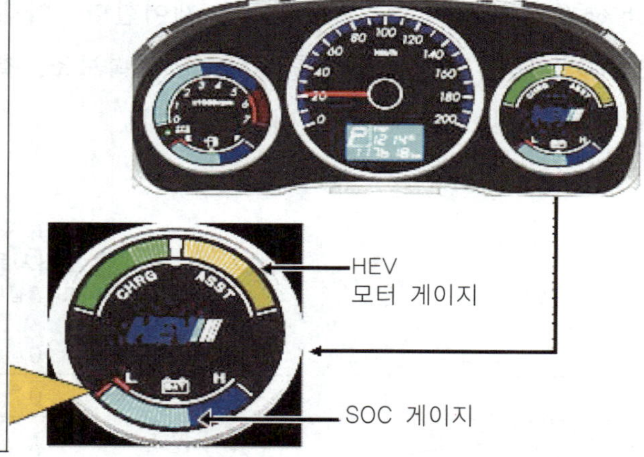

그림 48. SOC(충전상태)게이지 구성 및 표시단위

HCU는 모터의 충·방전상태 및 고전압 배터리 SOC정보를 CAN통신 라인을 이용해 계기판 측으로 송신하고, 계기판에 내장된 마이크로컴퓨터는 그 정보들을 수신하여 게이지 작동을 직접적으로 제어한다.

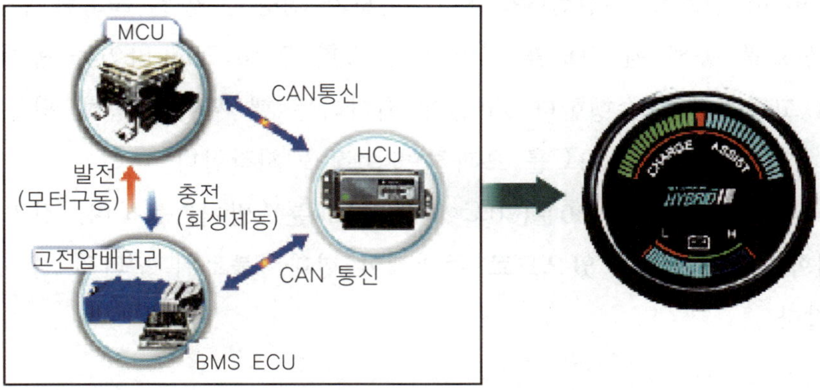

그림 49. SOC게이지 제어

[4] 온도에 따른 배터리 제어특성

고전압 배터리가 최적의 효율을 내기 위해서는 온도관리가 매우 중요하다. 고전압 배터리와 MCU(motor control unit)는 하나의 냉각팬에 의해 동시 냉각이 이루어지는 통합 냉각방식이 적용되었는데, 냉각팬이 작동되면 리어 패키지 트림을 통해 차 실내의 공기가 에어 덕트로 흡입되고, 흡입된 실내공기가 고전압 배터리와 MCU측으로 유입되어 냉각된 다음 배출 덕트를 통해 차량 외부로 배출되도록 유로가 설계되어 있다. 고전압 배터리 냉각 팬은 BMS 단독으로 제어한다.

그림 50. 고전압 배터리 냉각팬

HCU에서 Ready신호를 수신한 후 배터리온도가 상승할 경우 블로워 릴레이를 구동하고, PWM신호를 통해 팬 속도를 제어한다. 또한 Feed Back라인을 통해 팬의 상태를 판단하여 고장진단을 수행한다. 고전압 배터리는 팬 제어를 통해 평균 30℃ 이하를 유지하며, 배터리온도가 32℃를 초과하면 동작을 시작한다.

도장작업 시 70℃에서 약 30분(80℃에서 약 20분) 방치가능하며, 장기간 노출 시 배터리의 퇴화가 진행될 수 있으므로 주의해야 한다. 블로워 모터의 각 단자의 역할은 다음과 같다.

구 분	기 능
H-CAN	· 팬이 구동되지 않을 경우 모터 불량인지, 외부 커넥터(전원, 접지 등) 접촉 불량인지 판단하기 위해 적용(고장진단 목적) · 속도제어(PWM)라인과 동일한 모터 속도신호 출력(둘 중 하나가 정상일 경우 팬 정상 동작됨)
속도제어	· BMS에서 블로워 모터로 팬 속도 신호 전송 · 팬 속도 제어(5V/PWM 신호 출력하여 듀티(-) 제어) · 1단(500RPM, 20% Duty)~9단(3850RPM, 90% Duty) 총 9단계 속도 제어
피드백 (Feed Back)	· 블로워 모터에서 BMS로 팬 속도 피드백(Feed Back) · 팬 속도 Feed Back(5V Hz로 출력) · 1단(15Hz)~9단(130Hz) 총 9단계 속도 피드백(Feed Back)

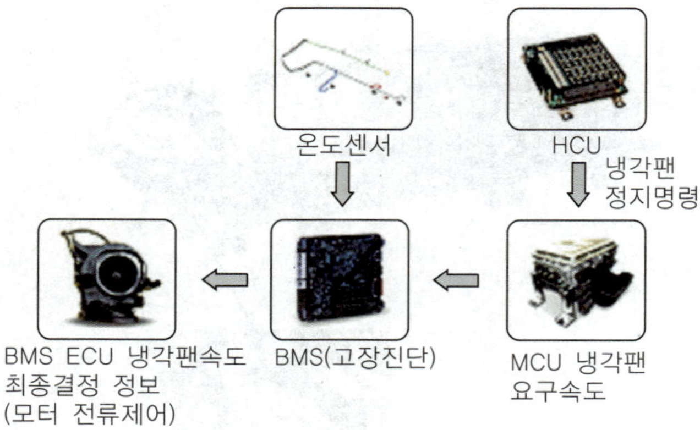

그림 51. 고전압 배터리 냉각 팬 제어 흐름도

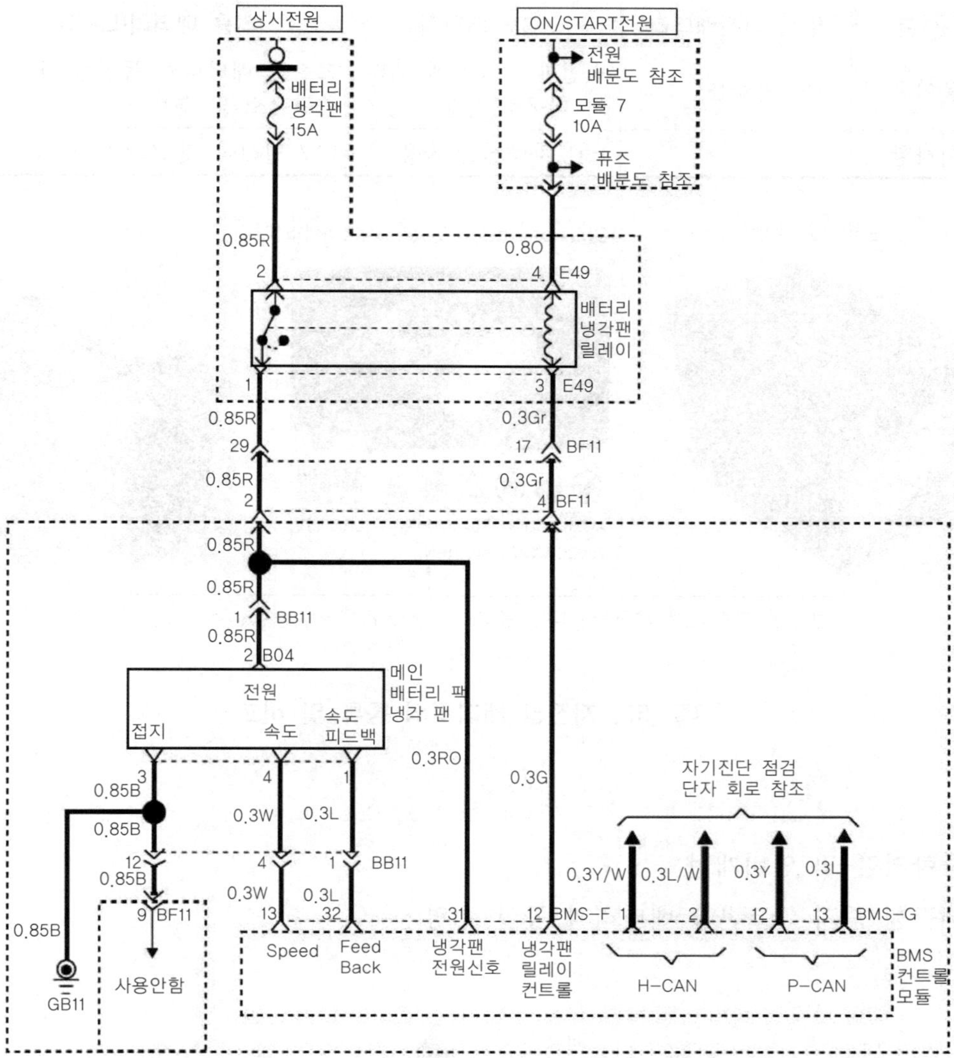

그림 52. 배터리 냉각시스템의 회로도

3.3. 12V 저전압 배터리

하이브리드자동차의 경우 고전압 배터리를 이용하여 동력에 사용하고 있으므로 일반 전기장치의 경우는 보조 배터리를 통해서 전원을 공급 받는다. 쏘나타 DN8 HEV 차량은 LIPB(리튬이온 플리머 배터리)를 사용한다. LIPB는 고전압/저전압 배터리 통합제어를 BMS에서 하고 방전시 12V 재접속 스위치 작동이 필요하다.

구 분	일반 납산배터리	AGM 배터리	리튬 배터리(LIPB)
적용이유	일반 차량용	빈번한 크랭킹에 배터리 내구성 향상	고전압 배터리와 동일한 내구성, 중량감소 및 연비 향상
특이사항	-	ISG 차량에만 적용	12V 릴레이 및 스위치 추가

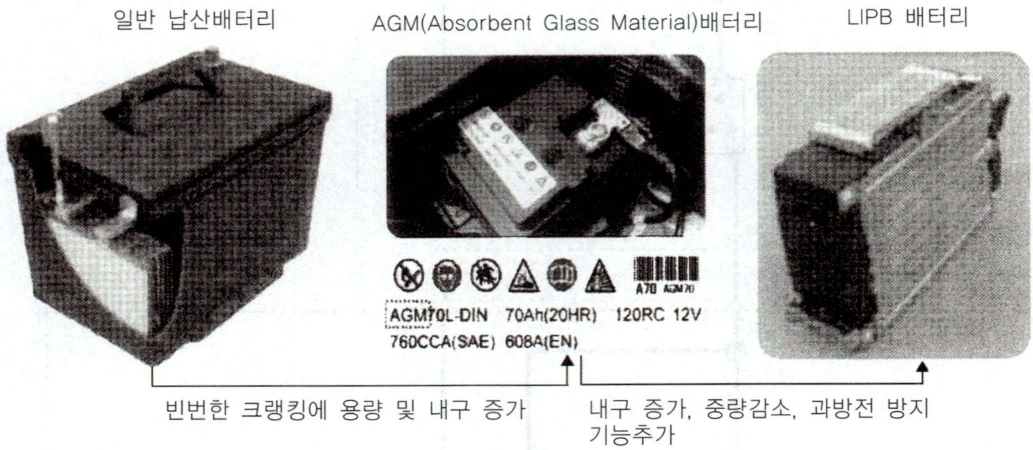

그림 53. 저전압 배터리의 종류 및 비교

3.3.1. 12V LIPB(Lithium Ion Polymer Battery)효과

① 중량저감 및 연비개선

② 내구성 증가 : 고전압 배터리와 동일 수명

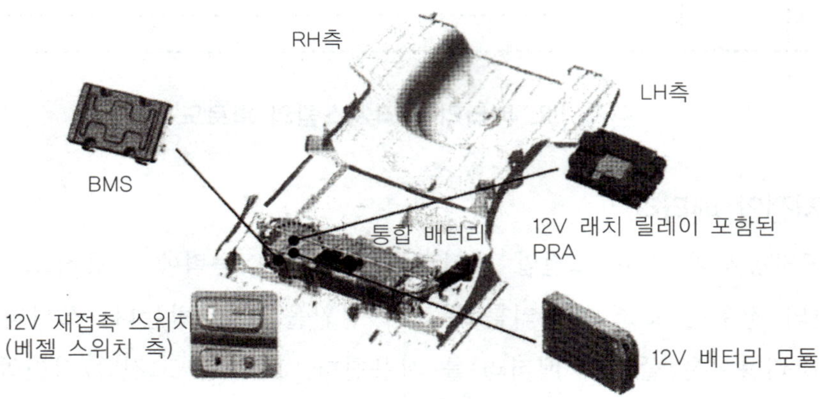

그림 54. 12V 리튬이온 배터리시스템(쏘나타 DN8 HEV)

③ 과방전방지 기능추가 : 저전압 시 릴레이 오픈시켜 불필요한 견인/긴급 출동방지, 배터리 방전시 배터리 점프 대신 12V 재접촉 스위치를 통해 차량 시동이 가능하다.

표 차량별 12V 배터리의 기능 및 구조 비교

구 분	일반 가솔린 차량	LF/IG HEV	DN8 HEV
12V 충전구조	· 시동후 엔진동력 이용 · 알터네이터 동작에 따른 12V 배터리 충전	· 시동후(HEV Ready후) · 엔진동작/미동작 → 고전압배터리 → LDC → 12V 배터리 충전	· 시동 후(HEV Ready 후) · 엔진동작/미동작 → 고전압 배터리 → LDC → 12V 배터리 충전
12V 배터리 방전 case	· IG ON 장기 방치하여 엔진시동 불량 · 알터네이터 고장등	· IG ON 장기 방치하여 엔진시동 불량 · LDC 고장 · 고전압배터리 SOC낮음	· IG ON 장기 방치하여 엔진시동 불량 · LDC 고장 · 고전압 배터리 SOC낮음
12V 배터리 점프 시동	외부 12V 전원(배터리 등) 이용 점프 시동가능	외부 12V 전원(배터리 등) 이용 점프 시동가능	외부 12V 전원(배터리 등) 이용 점프 시동가능
추가 기능	-	-	· 12V 래치릴레이 적용 · 12V 재접속 스위치 적용

3.3.2. 저전압 배터리의 특징

쏘나타 DN8 HEV의 고전압 배터리 PRA는 12V 래치 릴레이가 포함되어 있으며, 12V 배터리 모듈 상부에 위치한다.

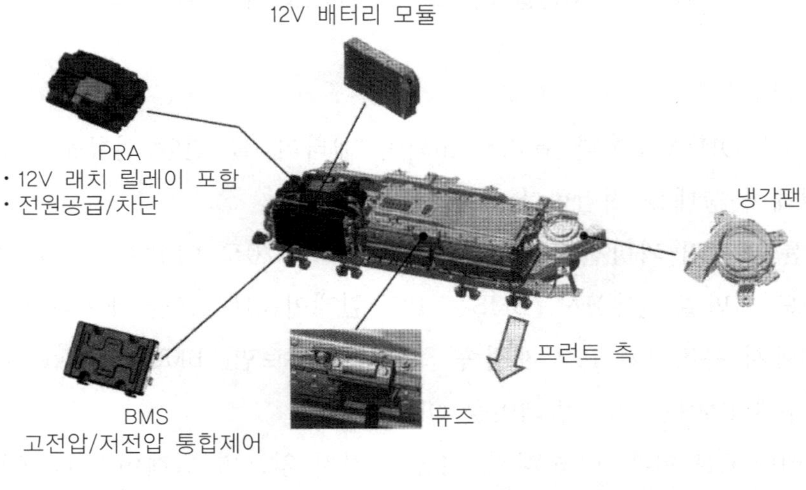

그림 55. 저전압 배터리의 구조(쏘나타 DN8 HEV)

고전압 릴레이와 마찬가지로 12V 릴레이가 적용되어 BMS(배터리 제어시스템)가 과방전을 감지하면 12V 릴레이를 끊어준다. 릴레이를 다시 붙이기 위해서는 베젤 스위치에 위치한 12V 재접촉 스위치를 눌러 작동시킨다.

BMS는 과거 고전압 배터리만 제어했던 반면, 쏘나타 DN8 HEV에서는 BMS가 고전압 배터리와 저전압 배터리를 통합 제어한다. 기존 12V 납산배터리는 IBS(Intelligent Battery Sensor)로부터 전압, 전류, 온도 정보가 엔진 ECU로 송신된다. 반면 쏘나타 DN8 HEV에서는 12V 배터리 전류 센서와 온도센서 신호가 BMS로 송신된다. 냉각팬은 고전압과 저전압 배터리를 통합 냉각시킨다.

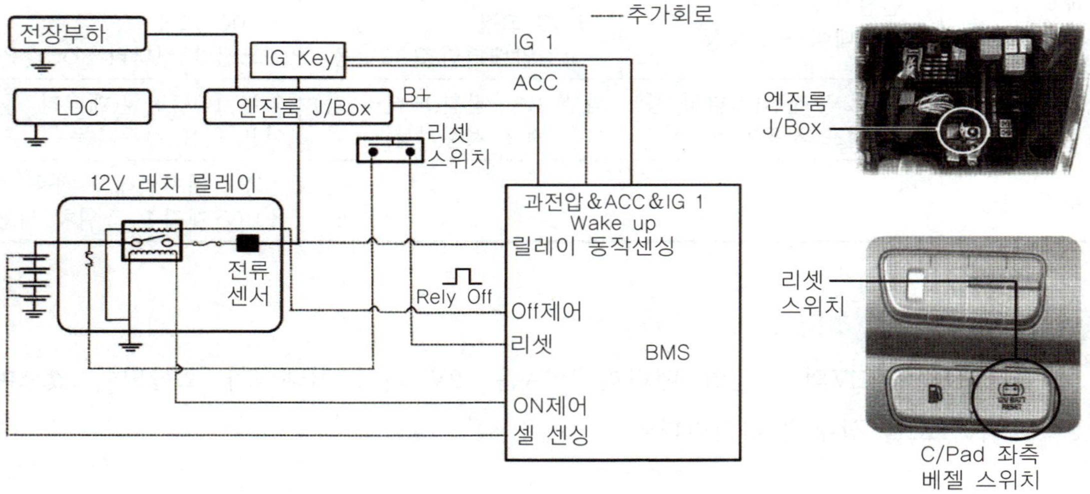

그림 56. 저전압 배터리 회로도(쏘나타 DN8 HEV)

3.3.3. 12V 배터리 제어절차

① BMS는 IG ON/ACC마다 wake up되어 배터리 셀 전압/전류를 체크하고, 12V 래치 릴레이 상태를 점검한다.

② 12V 리튬 배터리 과방전(SOC 10% 이하(온도 -20도 이상일 경우), 20% 이하(온도 -20도 미만일 경우))시, BMS는 12V 릴레이 off신호를 제어한다.

③ 이 상태에서 운전자가 12V 재접속 스위치를 누르면, BMS는 wake up된다.

④ wake up된 BMS는 12V 릴레이를 ON시킨다.

⑤ 12V 릴레이 ON 이후 30초 내에 시동을 걸지 않으면 릴레이가 OFF된다.

⑥ 12V 릴레이 ON 이후 시동을 걸면 LDC(Low voltage DC-DC Converter, 저전압 직류 변환장치)를 통한 12V 배터리 충전이 이루어진다.

⑦ 외부 전원으로 점프를 할 때, 래치 릴레이 작동 전압(7~7.5V)이 안되면, BMS가 On 제어를 하려고 해도 래치 릴레이는 작동하지 않는다(최소 작동 전압이 우선 순위임).

3.3.4. BMS Wake-up 조건

① 리셋 스위치 작동 시 : 배터리 과방전 시 사용자가 스위치를 작동할 경우

② 시동 후 Off 후 30분마다 : 작동되면 5초 동안 전압, 전류, 온도(셀 및 전체) 모니터링

③ ACC On시

④ 과전압(14.6V 이상)시 : 리튬 배터리 특성상 과전압으로 충전 시, 과열로 인해 수명이 줄어든다(예 : 15V 점프 후 시동시 12V 래치 릴레이는 Off되지만 시동은 걸리며, 정상 주행시 12V 래치 릴레이는 다시 On된다).

3.3.5. 래치 릴레이 Off조건

래치 릴레이는 출고 시부터 항상 ON상태를 일반적으로 유지한다. 아래와 같은 조건발생 시 Off상태로 변환한다. Off상태로 되는 조건은 크게 3가지로 나눌 수 있다.

① 기본적으로 12V 배터리 SOC가 10% 이하(온도 -20도 이상) 또는 SOC 20% 이하(온도 -20도 미만)일 경우(전압값은 변동이 있어 12.8V는 참고용으로만 활용) 및 배터리 전압과 상호 보완하는 목적으로 주행 전(IG-Off/IG-On) 10V 이하, 주행 중 7.5V 이하(단, 모듈 전압 기준임)일 때는 래치 릴레이 Off 상태가 된다.

② 셀 진단하여 셀기준으로 과전압(4.2V초과)일 때, 과온(70℃ 초과)일 경우 Off상태로 전환한다. 셀 진단하여 과전압 또는 과온일 경우 차속을 20km/h로 낮춘 뒤, 재확인 후 끊는다.

③ 시동 전에 12V 배터리 과전압(14.8V 초과시) 시 Off상태로 전환한다.

- 래치릴레이가 Off가 되면 BMS가 30분마다 wake-up 하는 로직은 차단된다.
- BMS는 래치 릴레이 Off시 유일하게 암전류를 소모하는 제어기이다(BMS만 유일하게 래치 릴레이 전단에 연결되어 있다).

3.3.6. 배터리 팩

① 용량 1.8kW, 모듈 전압 12.8V, 셀전압 3.2V, 개수 4셀(4셀 직렬)

② 고전압, 저전압 통합 냉각방식 : 방열핀 냉각 후, 12V 배터리 간접냉각(배터리 내부 온도센서 장착됨)

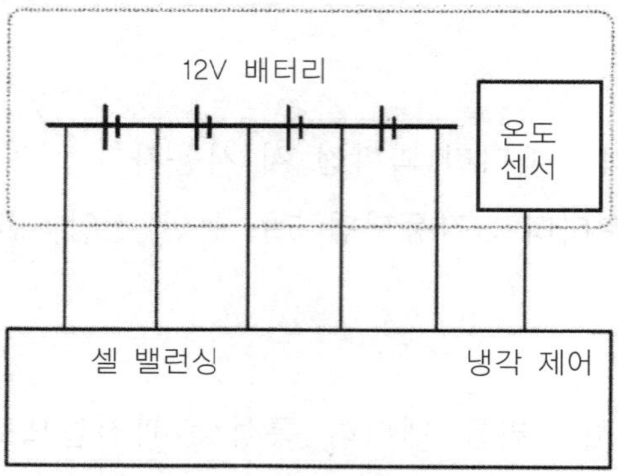

「그림」 57. 배터리 팩의 구성

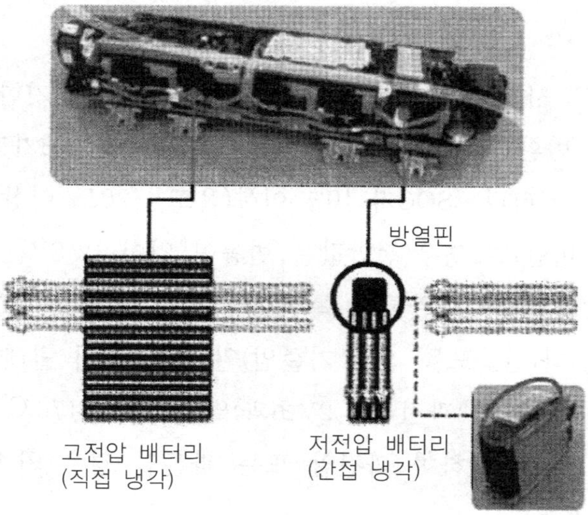

「그림」 58. 레이아웃

표 배터리 팩 사양

구 분	내 용	비 고
배터리 타입	LIPB	LDC 하드웨어 동일
셀수	4셀(※ AE HEV : 8셀)	4직렬 구성(※ AE HEV : 4직렬 2병렬)
전압	공칭 12.8V(동작 10~14.8V)	셀기준 공칭 3.2V(동작 2.5~3.7V)
용량	15Ah(※ AE HEV : 30Ah)	일반 납산배터리와 동등한 성능
최대 출력	1.8kW	LDC HW사양 기준
가용 SOC	0~100%	동작 100↔65%, 방치 65↔0%(일반납산 : 동작 100~80%, 방치 60~80%수준)
냉각 방식	간접 공냉	고전압, 저전압 통합 냉각
내구성	20년, 30만km	고전압 배터리와 동일한 내구성

③ 외부 충전기 이용시 14.8V 이상 충전금지-과충전 시, 수명 급격히 저하됨

※ 기존 납산배터리는 15~16V 충전기사용 무방

㉮ 리튬 이온 폴리머배터리는 일반 납산 대비 전압 대역 상이하다.

㉯ 12V 배터리 점프 충전 시, 13.8V 충전기 사용하면 98% 이상 충전가능

㉰ SOC 100%에서 전압은 약 14.3V가 출력되며, 14.8V 이상의 충전기 사용 시, 열화 발생하여 배터리 수명 급속히 저하된다.

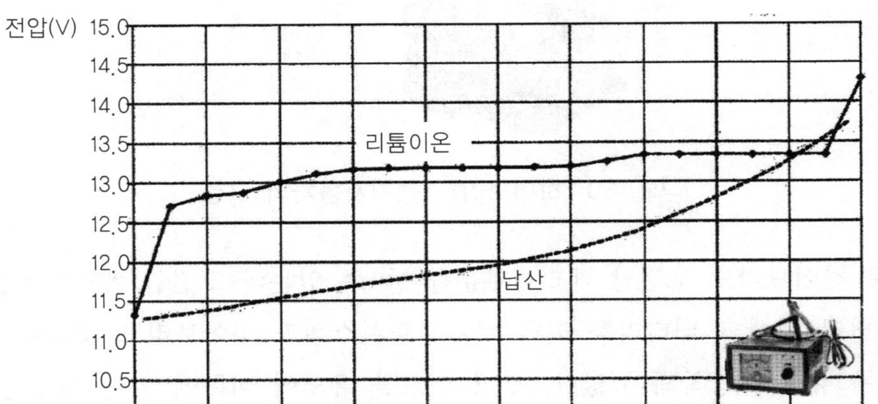

그림 59. 배터리 특성

4 하이브리드 전기자동차의 구성

하이브리드 전기자동차에서 모터는 주 동력원인 엔진과 무단변속기(CVT)사이에 장착되어, 엔진시동 및 발진·가속시 엔진의 동력을 보조하는 역할과 차량감속 또는 제동시 고전압 배터리의 충전을 위한 발전기의 역할을 수행하게 된다.

[그림 60]은 하이브리드 전기자동차의 파워트레인 구조를 나타내고 있는데, 모터 고정자는 엔진과 무단변속기 하우징에 체결되고 실제 구동력을 발생시키는 모터 회전자측, 로터는 엔진 크랭크축에 직접 체결된다. 하이브리드자동차의 전체적인 구성을 살펴보면 첫 번째로 차량 앞쪽에 있는 엔진부분을 들 수 있는데 이 부분은 엔진과 자동변속기 또는 CVT의 결합으로 이루어져 있고 일반 차량과는 다르게 그 사이에 구동을 위한 하이브리드 모터가 들어가 있다.

그림 60. 하이브리드 전기자동차의 구성

다음으로 하이브리드 고전압 배터리부분을 들 수 있는데 고전압 배터리부분을 보면 고전압 배터리 외에도 배터리를 식혀주는 쿨링시스템과 하이브리드 모터를 제어하는 모터 컨트롤 유닛이 장착되어 있다. 모터 컨트롤 유닛이 이쪽에 있는 이유는 모터 컨트롤 유닛에서는 열이 많이 발생하기 때문에 쿨링시스템이 있는 이곳에 같이 장착이 된 것이다. 또한 저연비 고효율 자동차를 실현하기 위해 전기 모터방식의 파워스티어링의 적용과 차량 밀림방지시스템이 추가적으로 적용된다.

그림 61. 하이브리드 고전압 배터리부분

4.1. 모터

하이브리드 구동모터는 하이브리드 차량의 핵심 동력원으로 전기차(EV) 모드에서 엔진의 도움 없이 차량을 움직이고 일반 주행 시에는 엔진의 출력을 보조하며, 감속 시 발생하는 전기 에너지를 배터리에 충전시키는 역할을 한다. 고정자(스테이터)에 감겨진 권선코일에 모터 컨트롤 유닛(MCU)에서 3상 교류 전원을 흘려주어 회전자계가 형성되면 회전자(로터)에 형성된 자계와 전기적 상호작용으로 회전토크가 발생하여 모터가 회전하게 된다. 예를 들면 자석은 같은 극성일 경우에는 밀어내는 성질이 있지만 다른 극성일 경우에는 당기는 성질이 있다.

[그림 63]에서 U상의 전원이 인가된 권선코일 내측이 S극일 때 비스듬히 마주보고 있는 회전자는 N극이므로 회전자를 잡아당길 것이다. 이때 V상에 전원을 인가하면 마주보고 있는 로터의 극성이 S극이므로 서로 밀어내면서 회전하게 된다.

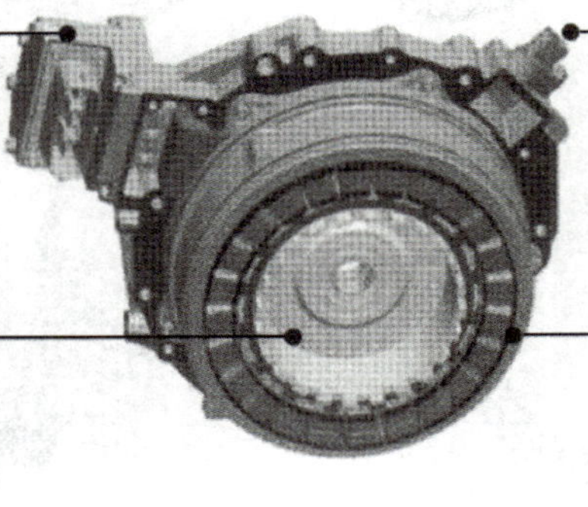

그림 62. HEV 모터

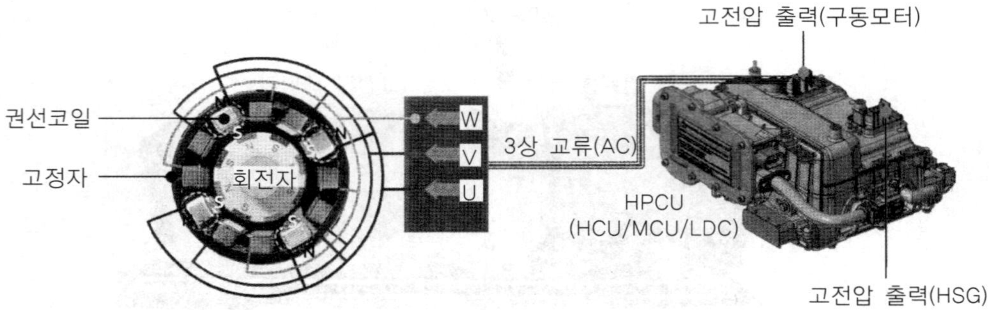

「그림」 63. HEV모터의 구성

4.1.1. 모터의 구조

AC(교류)전압으로 동작하는 고출력 영구 자석형 동기 모터(PMSM)로 모터 하우징과 스테이터, 스파이더, 로터 등으로 구성되어 있으며 스테이터는 코일이 감겨져 있고 모터의 고정자 기능을 하고 로터에는 영구자석이 내장되어 있어 모터 고정자에 형성된 회전 자계에 의해 발생된 회전토크를 변속기 입력축으로 전달하는 회전자 기능을 하고 엔진 시동(이그니션 키 & 아이들 스탑해제시 재시동)제어와 발진 및 가속 시 엔진의 동력을 보조하는 기능을 한다.

[1] 모터의 분해도

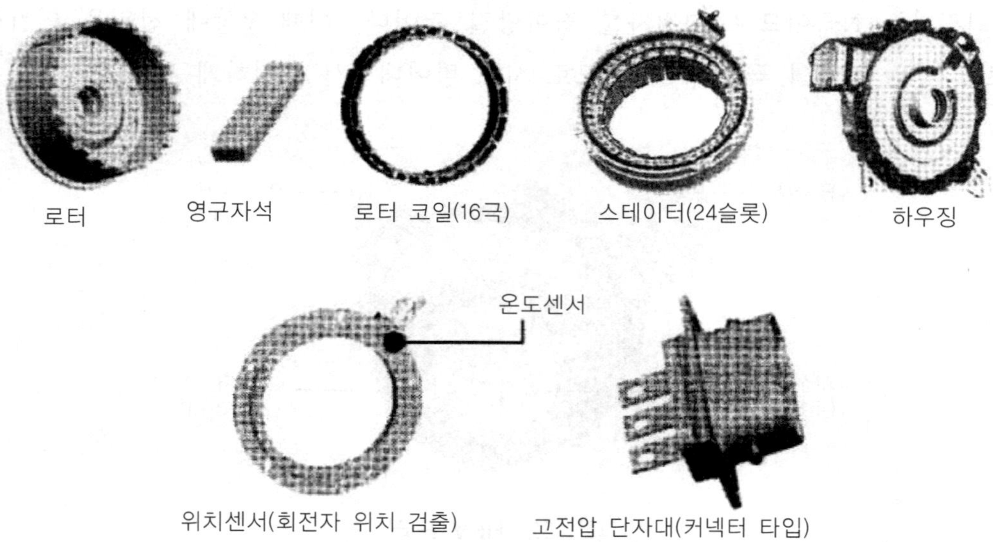

「그림」 64. 모터의 분해

(1) 리어 플레이트

엔진블록과 모터 하우징사이에 장착되어 있으며, 모터 회전자(로터)의 위치 및 속도 정보를 검출하기 위한 레졸버(resolver)센서가 장착된다.

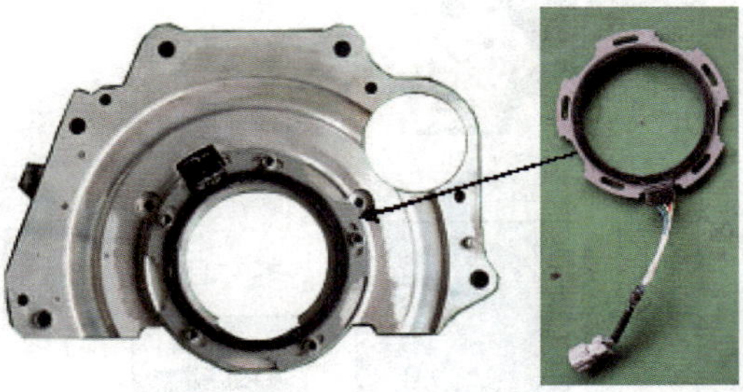

(a) 리어 플레이트 (b) 레졸버

그림 65. 리어 플레이트

(2) 모터 하우징

엔진과 무단변속기사이에 장착되며, 모터 고정자와 회전자 등 모터 구동 관련부품들이 내장되어 있다.

(a) 엔진쪽에서 본 면 (b) CVT쪽에서 본 면

그림 66. 모터 하우징

(3) 회전자 어셈블리

영구자석이 내장된 로터이며, 모터 고정자에 형성된 회전자계에 의해 발생된 회전 토크를 변속기 입력 축으로 전달한다.

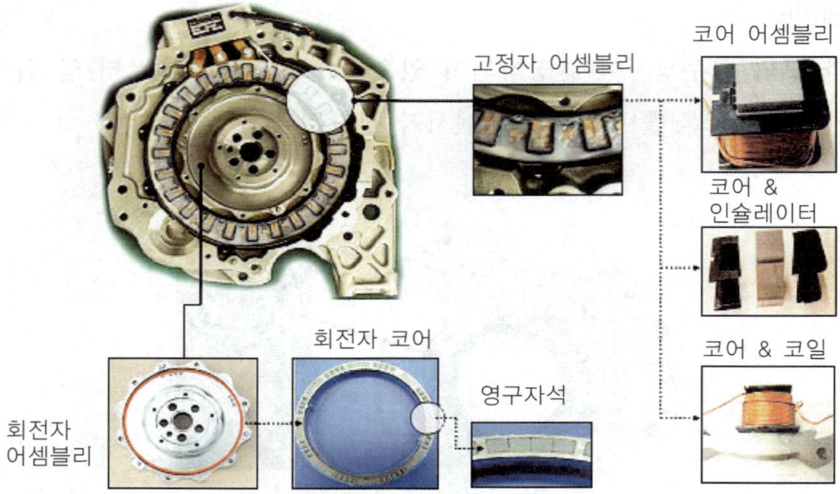

그림 67. 모터의 세부구조(엔진측에서 보았을 때)

1) 댐퍼 플레이트

모터 회전자(로터)와 무단변속기(CVT)사이에 장착되며, 변속기 입력축이 연결되는 스플라인 기어가 가공되어 있다. 엔진 또는 모터 회전에 따른 동력을 변속기 입력축에 전달하는 역할을 한다.

2) 스테이터

모터 고정자에 3상(U, V, W)에 전류를 공급하기 위한 계자코일이 감겨있으며, 각 상에 인가되는 전류에 의해 회전자계를 발생시킨다.

그림 68. 댐퍼 플레이트

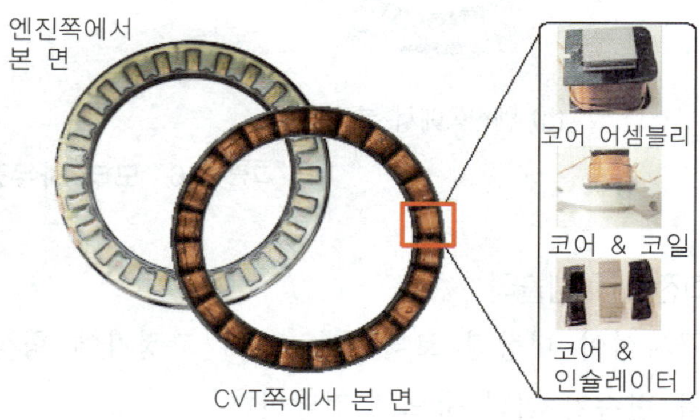

그림 69. 스테이터

3) 스파이더

모터 회전자이며, 로터가 내부에 삽입되어 있다.

4) 로터

모터 회전자이며, 영구자석이 내부에 삽입되어 있다.

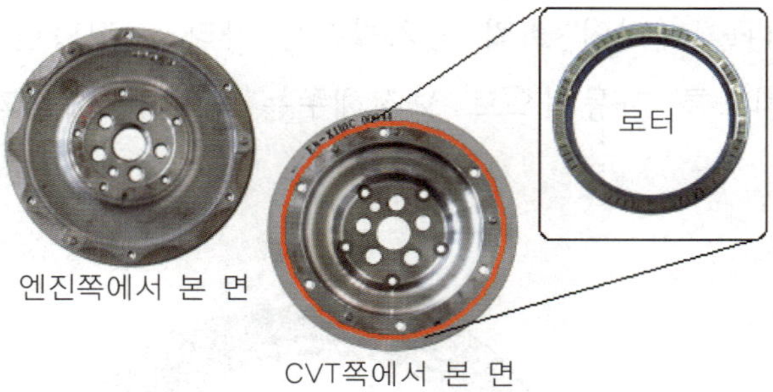

그림 70. 스파이더

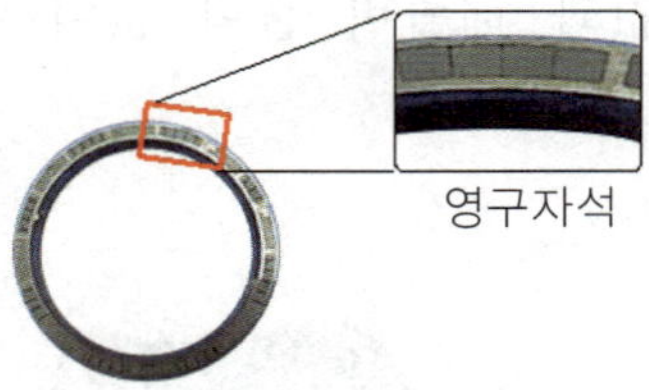

그림 71. 로터

[2] 모터 장착도

모터 고정자는 하우징과 일체로 엔진블록에 장착되고, 회전자는 크랭크축에 직접 체결된다. 3상(U, V, W) 파워케이블이 모터 컨트롤 유닛(MCU)에서 모터 하우징에 가공된 체결부까지 연결되어 있다.

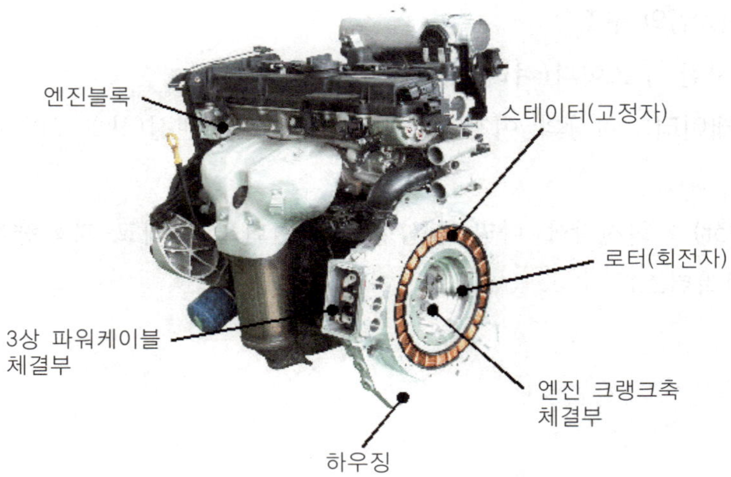

그림 72. 모터 장착도

4.1.2. 레졸버(resolver)보정

[1] 레졸버보정의 개요

레졸버(resolver)보정은 모터(리어 플레이트)에 장착되어 있는 레졸버의 정확한 상(phase)의 위치 검출을 통해 MCU는 정확한 토크를 지령하여야 하는데 일반적으로 레졸버는 정확한 위치로 모터와 조립되어 보정이 필요 없도록 해야 하지만 차량의 파워트레인과 조립되는 하이브리드차량의 경우에는 하드웨어적으로 로터와 레졸버 상의 위치가 맞도록 조립하는 것이 어렵다(기계적인 조립 공차발생). 따라서 정확한 상의 위치 값과 레졸버 출력 값이 같아지도록 자동적으로 보정해주는 방법이 제공되어야 한다.

(a)

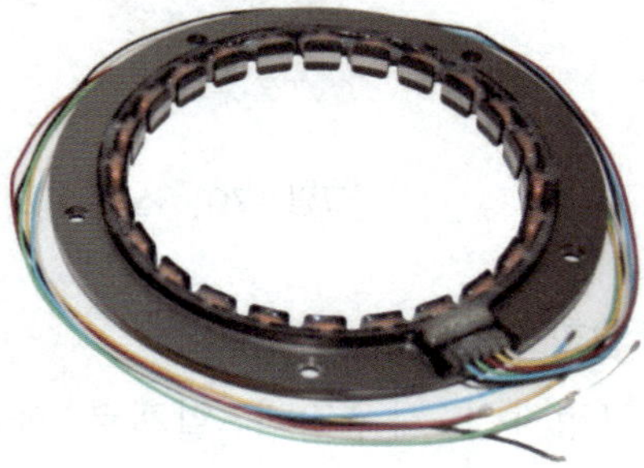

(b)

그림 73. 레졸버 위치센서

[2] 레졸버(Resolver)의 구조

① 모터와 유사한 구조이다(여러 개의 극수로 제작).

② 고정자(스테이터) : 1상의 여자권선과 2상의 검출 권선(상호 90° 위상차)이 감겨 있다.

③ 회전자(rotor) : 회전각에 따라 철심형상이 변화하여 쇄교 자속량이 변동하게 한다(가변 릴럭턴스).

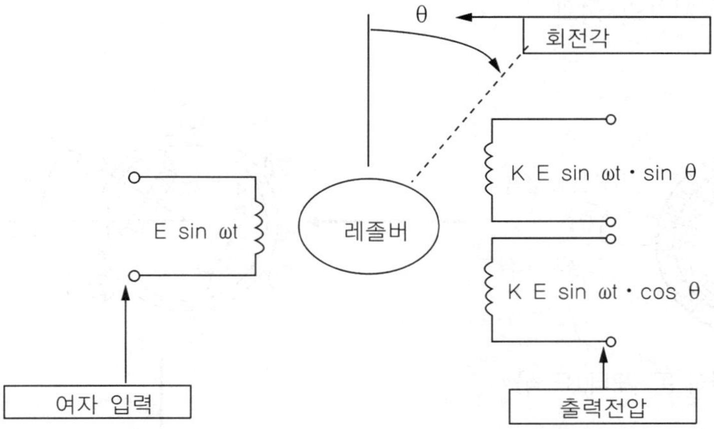

그림 74. 레졸버의 구조 및 작동원리

(1) 동작원리(변압기의 원리)

① 고정자(스테이터) 여자권선에 고주파 여자신호인가(ex. 10kHz) : 외부 구동회로 필요하다.

② 회전자(로터)가 회전하면 릴럭턴스변화에 따라 1차와 2차측 상호 쇄교자속이 주기적으로 변화한다.

③ 스테이터 2상의 검출 권선의 출력전압 진폭이 회전각에 비례하여 변화한다(sin/cos형태).

④ 출력신호를 RDC(resolver to digital converter)를 거쳐 위치각으로 변환시킨다.

(a) 2극 레졸버　　(b) 8극 레졸버

그림 75. 레졸버의 형상

(2) 모터 회전자 위치각의 정의

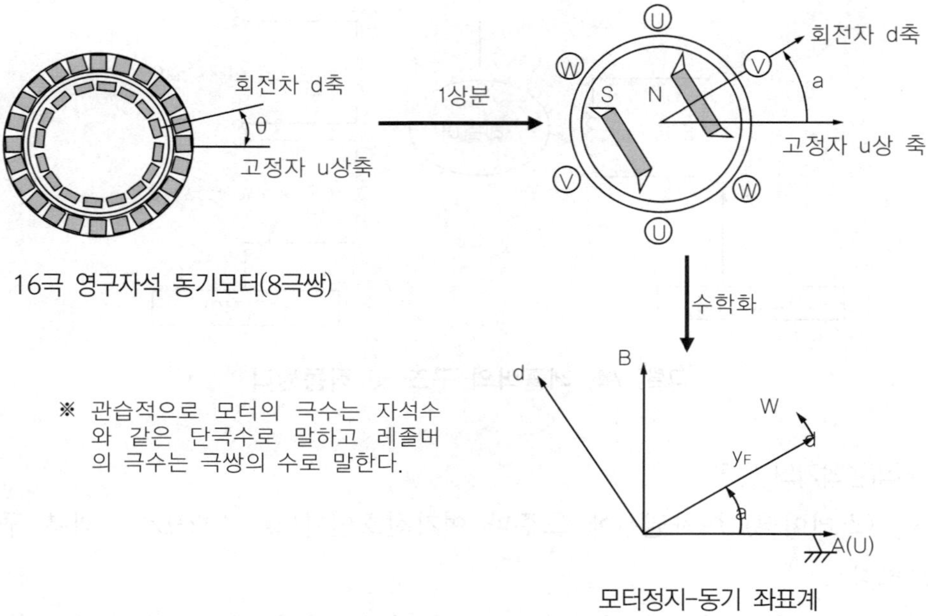

※ 관습적으로 모터의 극수는 자석수와 같은 단극수로 말하고 레졸버의 극수는 극쌍의 수로 말한다.

「그림」 76. 모터 회전자 위치각의 정의

[3] 레졸버의 설치

① 모터와 동일한 극수 적용

② 모터 고정자와 레졸버 고정자 연결

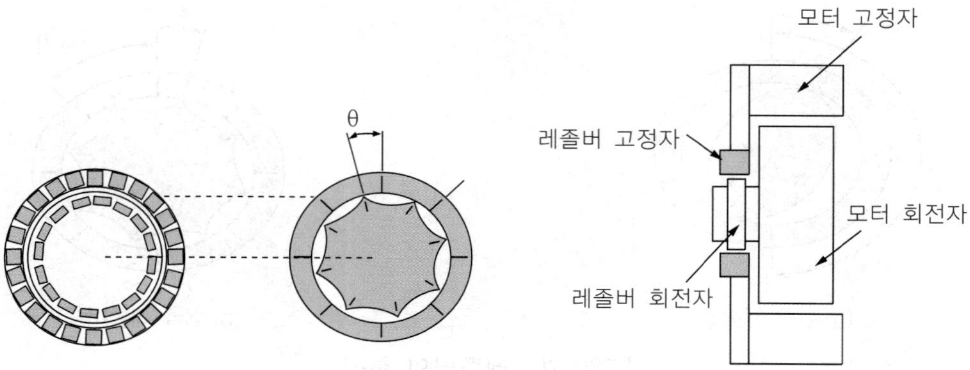

(a) 모터-레졸버 간 결합도 (b) HEV 모터-레졸버 연결구조

「그림」 77. 레졸버의 설치

③ 모터 회전자와 레졸버 회전자 연결

④ 레졸버 위치각과 모터 위치각이 1 : 1 대응

4.1.3. 모터 취급시 유의사항

① 고전압으로 작동되는 장치이므로 시동 키 2단(ON) 또는 엔진 시동상태에서는 절대 만지지 않는다(키 OFF 후 약 5분 이상 경과해야만 안전 함).

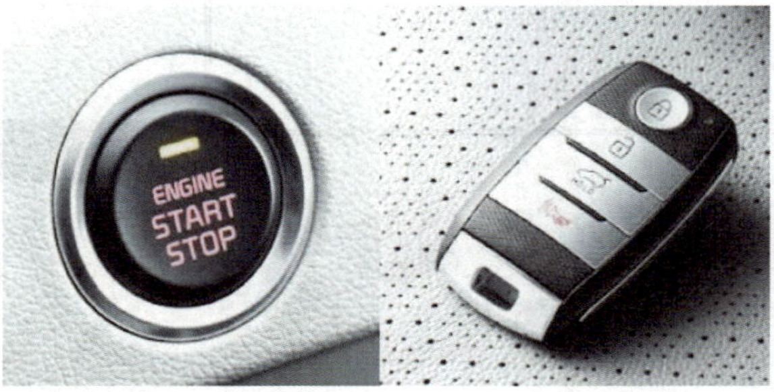

그림 78. 시동 키

② 모터에 연결된 고전압 파워 케이블(AC 3상)은 감전의 우려가 있으므로 손으로 부품을 만지거나 커버 또는 전기케이블을 임의로 탈착하지 않는다.

③ AC 3상 케이블의 각 상간(U, V, W) 연결이 잘못되면 부품의 손상 또는 사용자나 작업자의 안전에 심각한 위협을 초래할 수 있으므로 주의한다.

④ 엔진 룸 내부 고압 세차금지(고전압 누전에 의한 감전 또는 부품손상 우려)

⑤ 관련 부품 정비점검 및 수리작업은 반드시 직영 서비스센터로 의뢰한다.

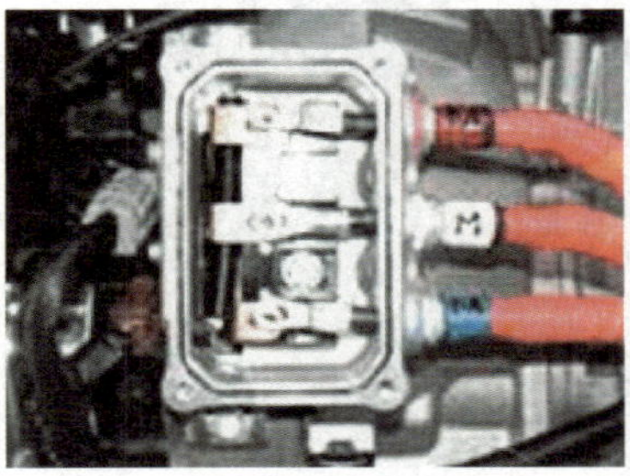

그림 79. AC 3상 케이블

그림 80. 하이브리드 자동차 엔진룸

4.2. 제어기의 구성

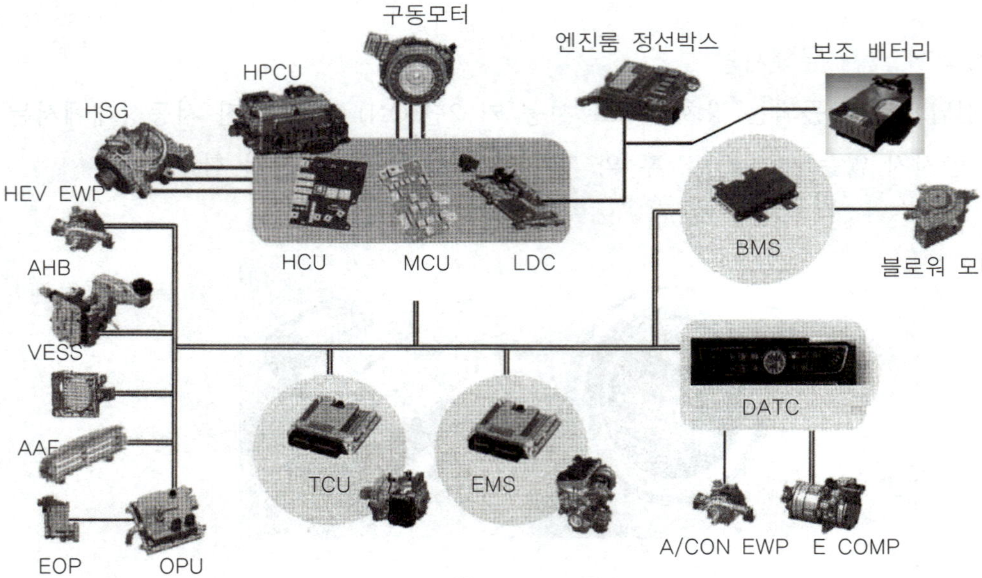

그림 81. HEV 전체 통합제어의 구성

4.2.1. 엔진 컨트롤 유닛(ECU : engine control unit)

엔진을 제어하는 ECU(engine control unit)는 일반 차량에도 있는 것으로, 엔진을 동작하거나 연료 분사량과 점화시기를 조절하게 된다.

그림 82. 엔진 컨트롤 유닛

4.2.2. 변속기 컨트롤 유닛(TCU : transmission control unit)

TCU(transmission control unit)는 변속기를 제어한다.

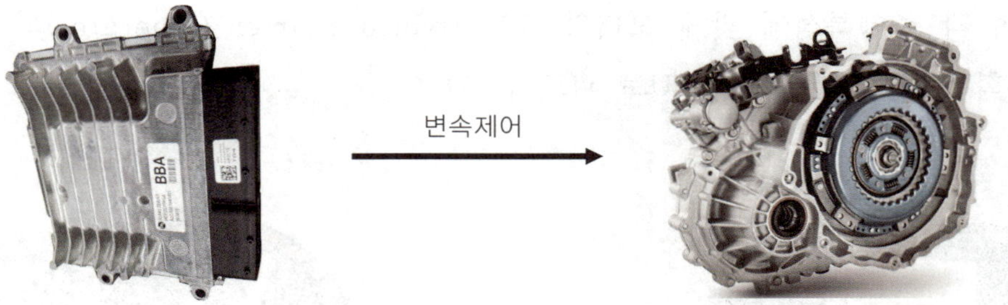

그림 83. 변속기 컨트롤 유닛

4.2.3. HPCU(Hybrid Power Control Unit, 전력변환시스템)

HPCU는 HCU, MCU, LDC(DC-DC컨버터), 고전압 정션블록, HEV 냉각장치가 하나로 구성된 제어기들의 Ass'y이다. 이중 HCU는 모든 HEV 제어기의 중앙 제어 역할을 수행하며, 차량의 주행(고전압 제어) 및 경고, 12V 배터리 충전과 같은 전반적인 제어를 수행한다.

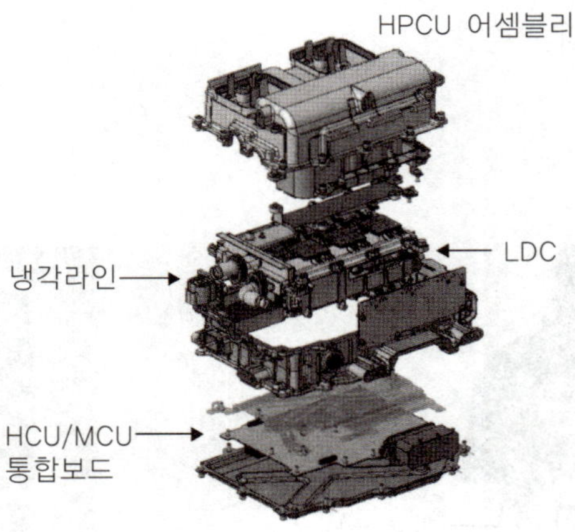

그림 84. HPCU의 구성

4.2.4. MCU(Motor Control Unit, 모터 컨트롤 유닛)

모터 컨트롤 유닛은 하이브리드 모터제어를 위한 컨트롤 유닛이다. 모터 컨트롤 유닛은 HCU(hybrid control unit)의 토크 구동명령에 따라 모터로 공급되는 전류량을 제어하여 각 주행특성에 맞게 모터와 HSG(Hybrid Starter Generater)의 토크를 제어하고 회전속도와 온도를 HCU로 피드백한다.

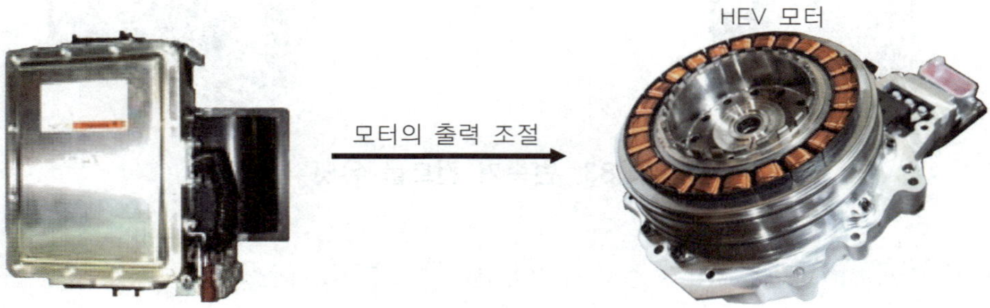

그림 85. 모터 컨트롤 유닛

또한 MCU는 고전압 배터리의 DC(직류)전원을 AC(교류)전원으로 변환시키는 인버터의 기능과 배터리 충전을 위해 모터에서 발생된 AC전원을 DC로 변환시키는 컨버터의 기능도 동시에 수행한다. 고전압시스템의 냉각을 위해 P-CAN을 이용하여 전동식 워터펌프(EWP)를 제어한다.

(a) (b)

그림 86. 모터 컨트롤 유닛의 구성

[1] 모터 컨트롤 유닛의 개요

MCU는 고전압 배터리로부터 DC전기를 공급받아 3상의 AC전기를 발생시키고, HCU의 모터 구동 토크명령에 의해 AC 3상전류를 제어하여 모터의 회전속도 및 토크를 제어하는 장치이다.

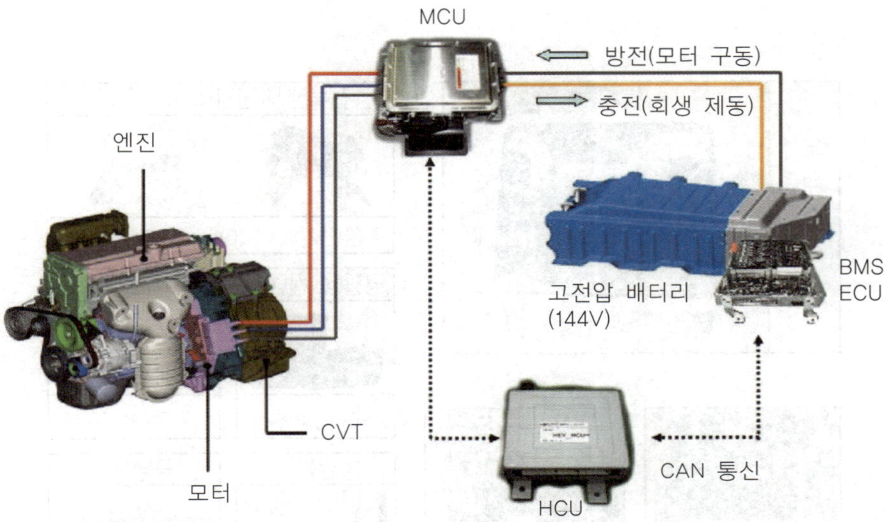

그림 87. 모터 제어의 개요

고전압 배터리와는 2상 파워케이블이 연결되어 DC전기를 공급받도록 되어 있고, 모터와는 AC 3상 파워케이블에 의해 연결되어 3상전류를 출력하게 된다.

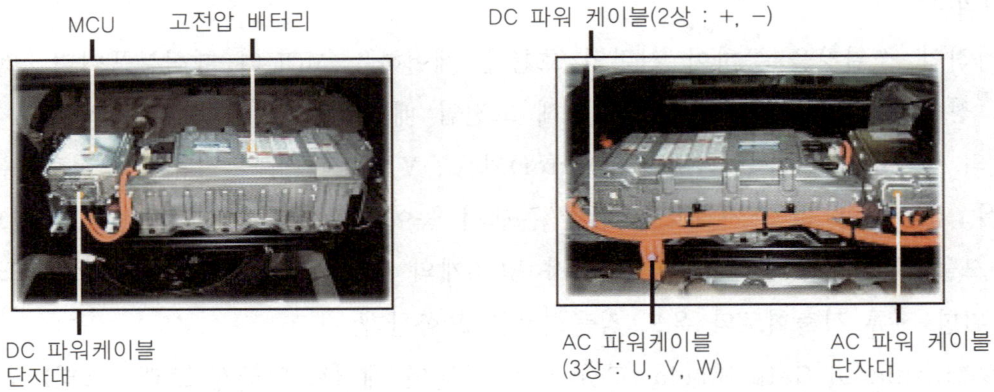

(a) 트렁크에서 바라본 모습 (b) 실내에서 바라본 모습

그림 88. MCU의 장착위치

[2] MCU의 내부구성

(1) 제어보드

제어보드는 CPU, 메모리, 입·출력 인터페이스회로, 전원 공급장치 및 차량의 타 제어모듈(HCU, BMS, 엔진 ECU, TCU 등)과 정보 송·수신을 위한 CAN통신회로를 가지고 있으며, 12V 보조배터리 전원을 이용한다.

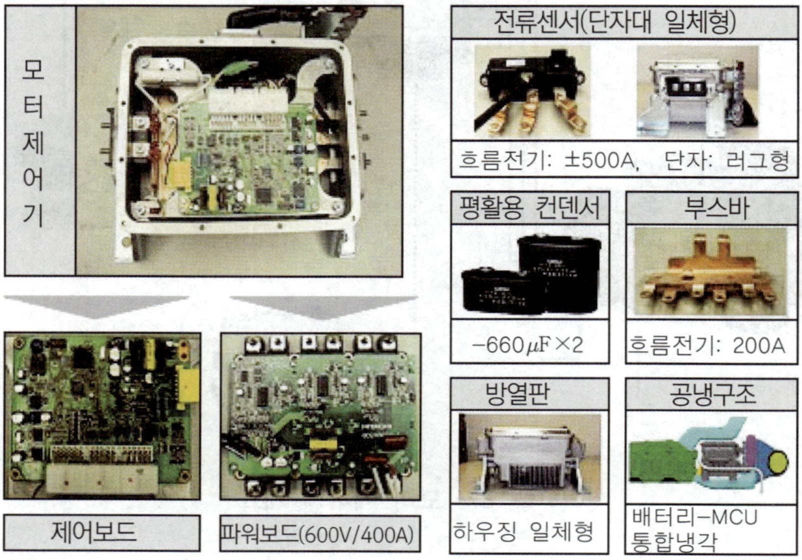

그림 89. MCU의 내부구성

(2) 파워보드

전기적인 스위칭을 통하여 전력의 흐름을 제어하는 MCU의 핵심부품이며, 600V, 400A 정격의 산업용 전력소자를 이용해 고전압 배터리의 DC를 AC로 변환시켜 모터 각 상의 전류를 출력하는 인버터(inverter)와 U, V, W 각 상의 전류량을 검출하는 전류센서, DC 평활 및 소자보호를 위한 콘덴서 등이 파워 모듈부를 구성하고 있으며, 파워 모듈(인버터)은 전력용 반도체소자 및 6개의 다이오드로 구성되어 있고, 소자보호를 위한 전류 검출회로와 온도 검출회로를 포함한다.

IGBT(Insulated Gate Bipolar Transistor, 절연 게이트 양극성 트랜지스터) 구동을 위한 각종 구동회로, 산업용 전력소자 고장진단회로, 아날로그 전류제어회로 PWM발생기 등이 인버터 구동 제어부를 구성하고 있다.

1) 인버터(inverter)

DC전원을 가변 주파수(Hz) 및 가변전압의 AC전원으로 변환시키는 장치를 말하며, 그 반대의 개념으로 AC를 DC로 변환시키는 장치를 통상적으로 컨버터(converter)라고 한다.

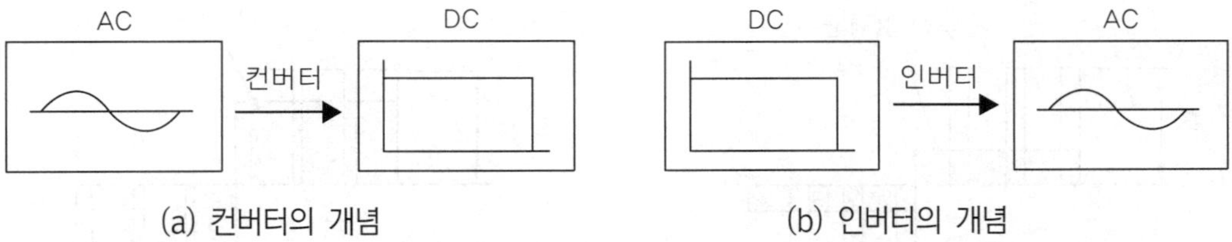

그림 90. 인버터

① 평활부(평활회로) : DC전원에서 맥동성분을 제거한다.

② 인버터부 : 정류된 직류전원을 PWM 제어방식을 이용하여 가변 주파수 및 가변 AC전압으로 변환시켜 모터 구동전류 출력한다(가변 속도제어).

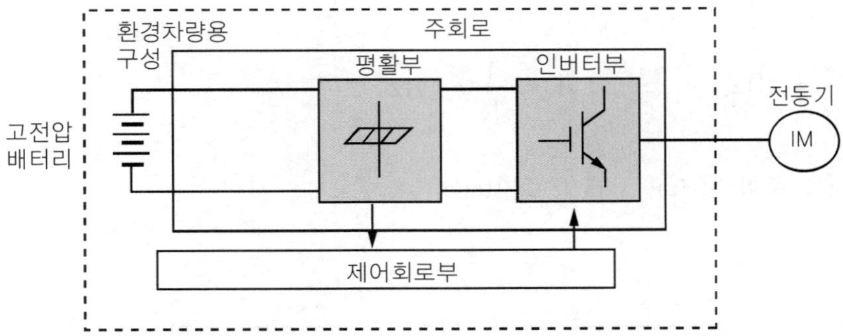

그림 91. 인버터의 구성

2) 인버터의 가변전압 발생원리

① 반도체 스위치의 ON/OFF시간의 폭을 조절하여 평균 전압의 크기를 조절한다.

② (+), (-)전원에 연결된 2개의 스위치를 선택하여 극성을 결정한다.

③ 이 방식을 펄스 폭 변조방식(PWM : pulse width modulation)이라고 한다.

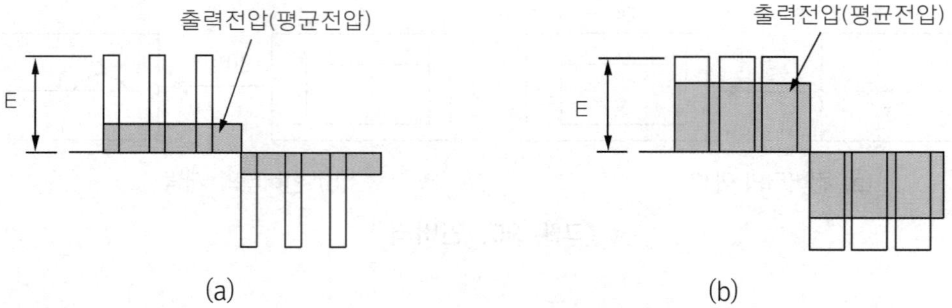

그림 92. 인버터 가변전압 발생원리

3) 인버터의 가변 주파수 AC 발생원리

반도체 스위치의 ON/OFF시간을 조절한다.

$f = \frac{1}{1} = 1Hz$, $f = \frac{1}{t_0} = \ Hz$

f : 주파수(Hz), t_0 : 주기(sec)

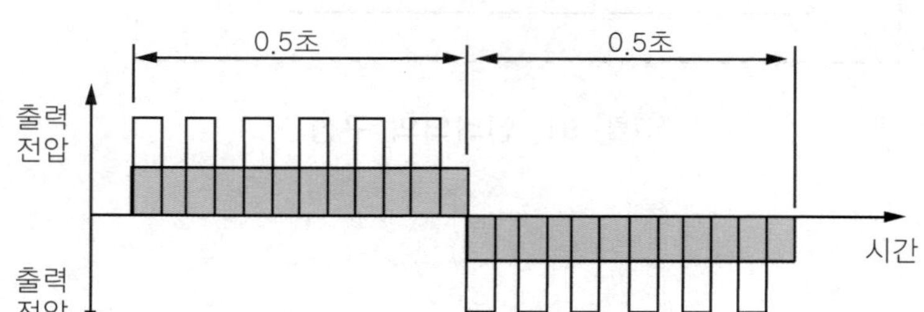

(a) 1Hz의 교류파형

$f = \frac{1}{0.5} = 0.016sec$

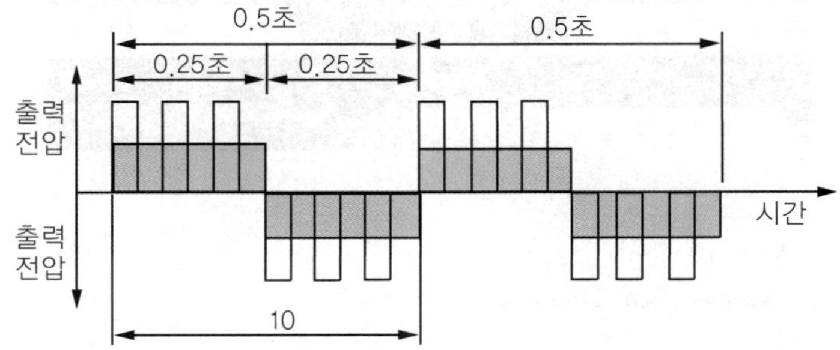

(b) 2Hz의 교류파형

그림 93. 교류파형

[3] 모터/HSG 레졸버 보정

(1) 모터/HSG 레졸버 보정목적

모터와 HSG에 장착되어 있는 레졸버(위치센서)는 로터의 회전위치를 감지하고 MCU는 이 신호를 통해 모터와 HSG를 정밀하게 제어하기 위해 반드시 수행되어야 한다.

(2) 모터/HSG 레졸버 보정시기

다음 시스템의 교체 및 관련 작업 시에는 모터/HSG 레졸버 보정을 해야 한다.

① 모터 컨트롤 유닛(MCU)

② 구동모터(변속기 어셈블리)

③ HSG

④ 모터/리어 플레이트/HSG 탈・부착

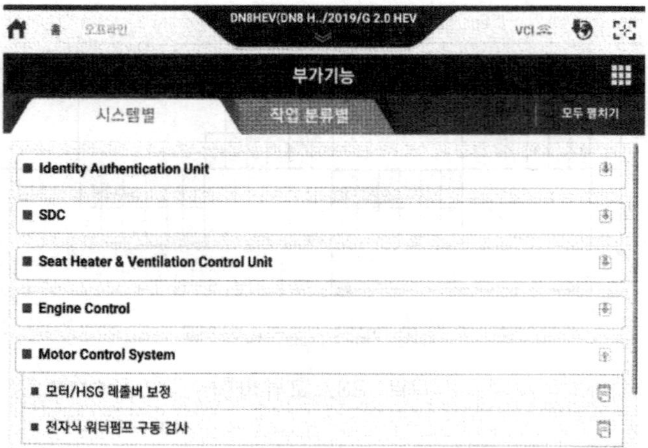

「그림」 94. 모터/HSG 레졸버 보정

모터/HSG 레졸버 보정은 로터의 회전위치를 감지해야 하기 때문에 HSG에 의한 구동이 이루어지므로 보정시간 동안 엔진룸 점검이 필요하다면 각별한 주의가 필요하다.

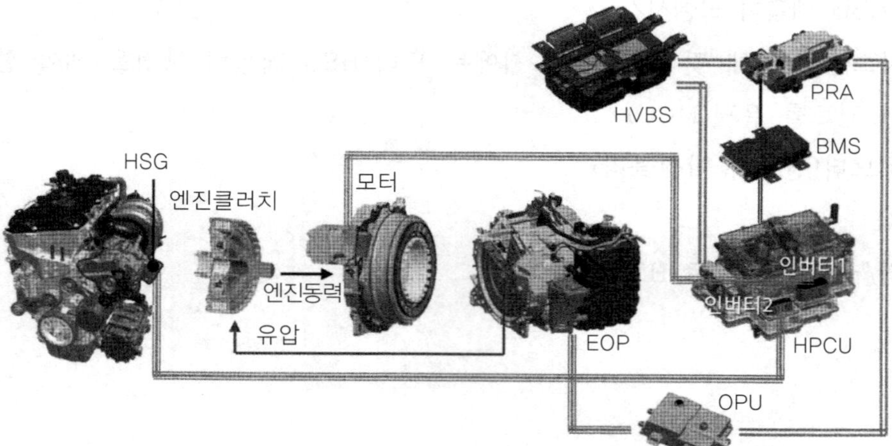

모터 : 인버터1 → BMS → PRA → OPU → EOP → E/C 솔레노이드 → 엔진클러치 → 모터구동 → 레졸버 보정
HSG : 인버터2 → HSG구동(엔진시동) → 레졸버 보정

「그림」 95. 모터/HSG 레졸버 보정 흐름도

[4] MCU의 AC모터 제어

(1) 제어방식

	open loop제어	closed loop제어	
	V/F 일정 제어	슬립 주파수제어	벡터제어
제어 기본 블록 선도	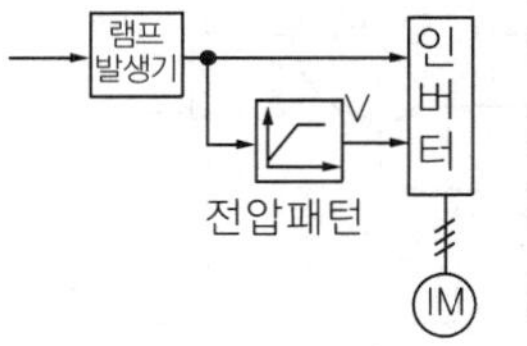	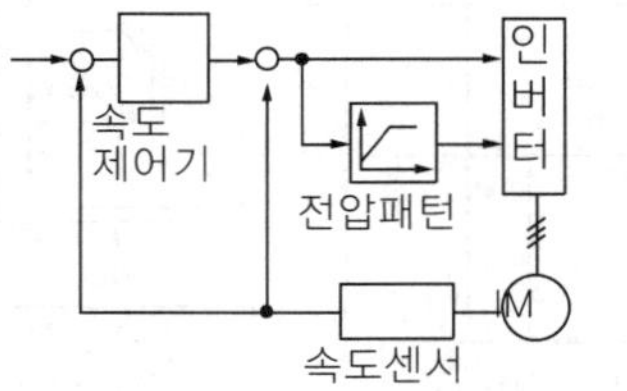	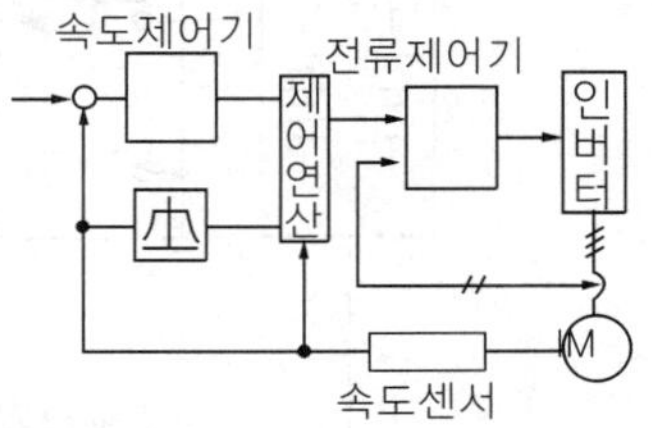
제어 특성	· 직접적 토크제어 불가 · 저속영역에서 토크저감 · 과전류 제한에 문제	· 평균(정상상태) 토크제어 · 가감속 특성이 V/F제어보다 향상 · 의한 과전류제한	· 순시 토크제어(정지 토크제어 가능) · 및 자속분 전류의 분리 제어
범용성	조정요소가 적고, 전동기 선택에 제한이 없어 범용성이 높음	전동기의 슬립 토크특성에 따른 설정 필요성	벡터제어 연산에서 전동기 상수를 사용하므로 전용기로서의 성격이 강함
복잡도	가장 간단	비교적 간단	복잡
용도	일정부하 운전용도로 속도 균일성이 요구되지 않을 경우	정속운전 및 일정 출력용도	일정출력 및 고속의 동적 가감속 특성이 요구되는 경우

스칼라(scalar)제어(전압, 주파수) 벡터제어(전류, 벡터)

(2) 벡터제어 원리

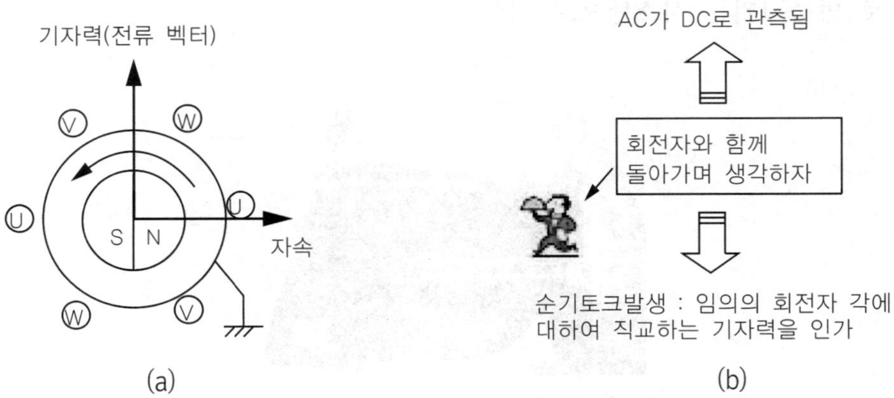

「그림」 96. AC모터 벡터제어의 원리

[5] 모터 & MCU제어

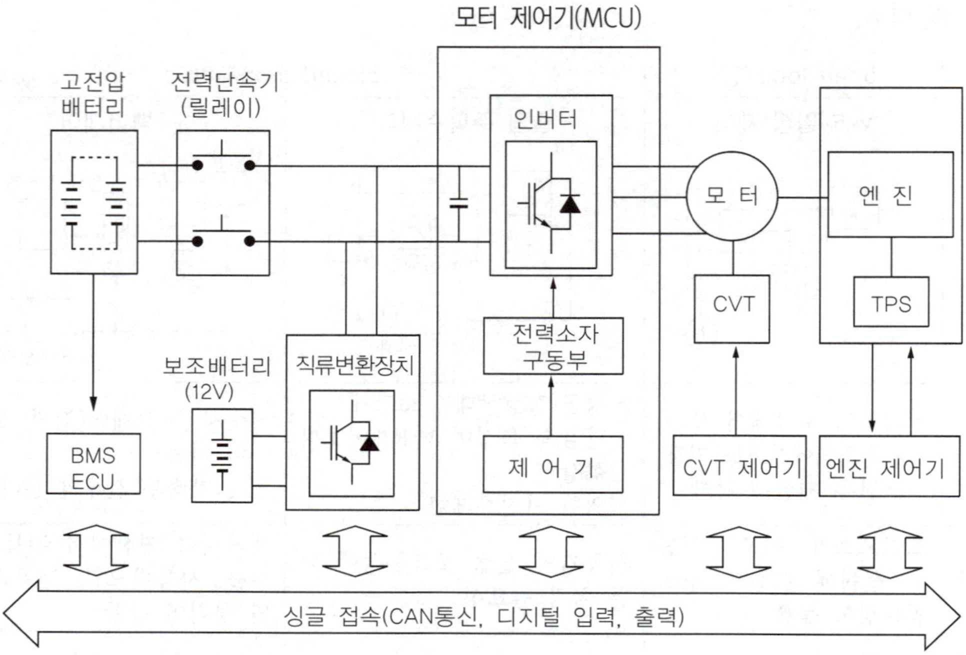

그림 97. 모터 & MCU제어 블록 다이어그램

[6] MCU 냉각시스템

MCU는 고전압 전류를 제어하는 부품이기 때문에 모터제어 중 다량의 열이 발생된다. 트렁크 룸 내부에 설치된 냉각장치는 쿨링팬, 흡입 및 배출 덕트로 구성되어 있고, 차량 실내공기를 흡입해 고전압 배터리와 MCU를 냉각시키고 배출 덕트를 통해 차량 외부로 방출시키는 시스템으로 되어 있다.

그림 98. MCU 냉각시스템

[7] MCU 취급시 유의사항

① 고전압으로 작동되는 장치이므로 시동 키 2단(ON) 또는 엔진 시동상태에서는 절대 만지지 않는다(키 OFF 후 약 5분 이상 경과해야만 안전 함).

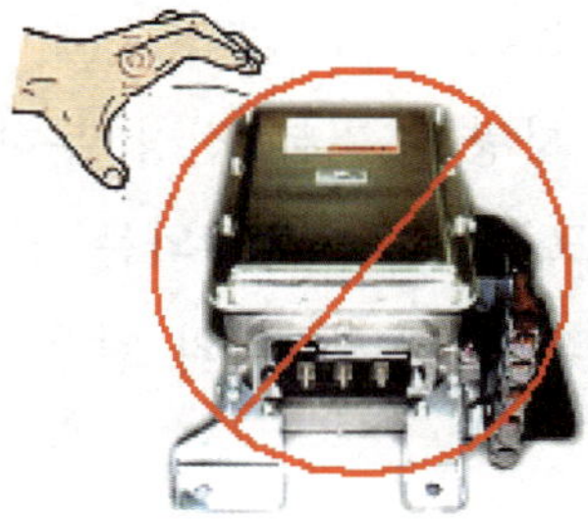

그림 99. 촉수주의

② MCU에 연결된 파워케이블(DC 2상, AC 3상)은 감전의 우려가 있으므로 손으로 만지거나 전기케이블을 임의로 탈착하지 않는다.

③ AC 3상 케이블의 각 상간(U, V, W) 연결이 잘못되거나 DC 케이블의 (+), (−) 극성이 반대로 연결되면 부품(MCU 또는 배터리)이 손상되거나 사용자 또는 작업자의 안전에 심각한 위협을 초래할 수 있으므로 주의해야 한다.

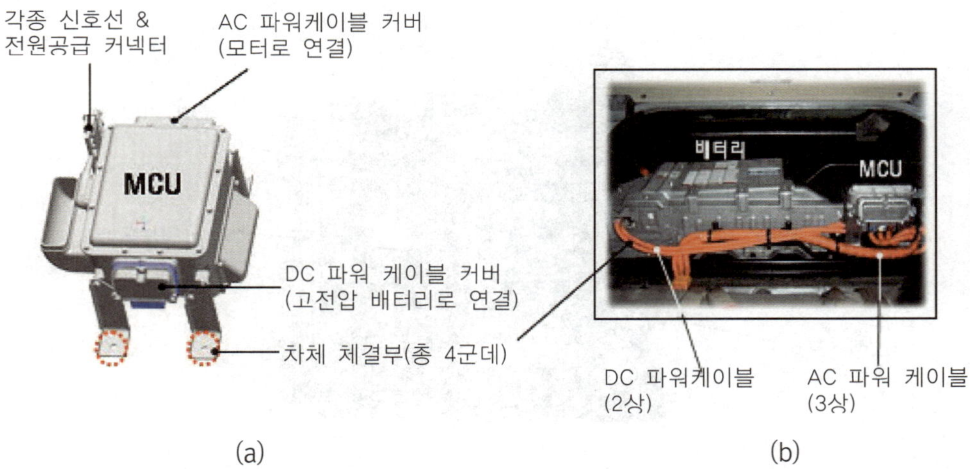

그림 100. MCU 취급시 유의사항

④ MCU는 트렁크 룸 내부에 장착되므로, 과다한 화물적재 또는 충격이 가해지지 않도록 주의한다.

⑤ 관련 부품 정비점검 및 수리작업은 반드시 직영 서비스센터로 의뢰한다.

4.2.5. LDC(Low Voltage DC-DC Converter)

LDC는 고전압 배터리 전력을 차량의 기본 전장 부하에 공급할 수 있도록 고전압을 저전압(12V)으로 전환시켜주는 모듈이다. MCU와는 달리 직류에서 직류로 전력을 변환하며, 기존 내연기관 차량에서의 알터네이터와 같은 역할을 한다.

표 LDC 주요 제원 및 구성품

Item	Unit	DN8 HEV	형 상
파워	kW	1.8	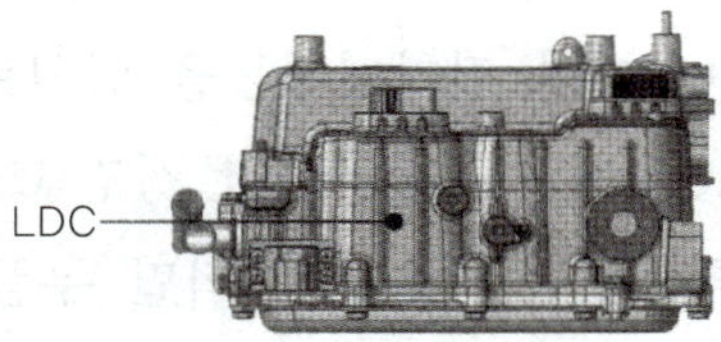
출력전압	V	12.5~15.1(전압제어)	
효율(정격)	%	90↑	
냉각	–	수냉식	
부피	L	1.04(215 * 148 * 32.8)	
중량	kg	2.0	

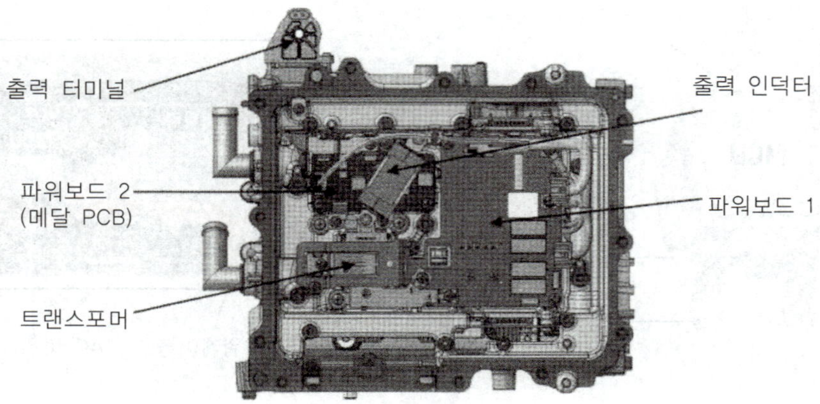

그림 101. LDC 파워부

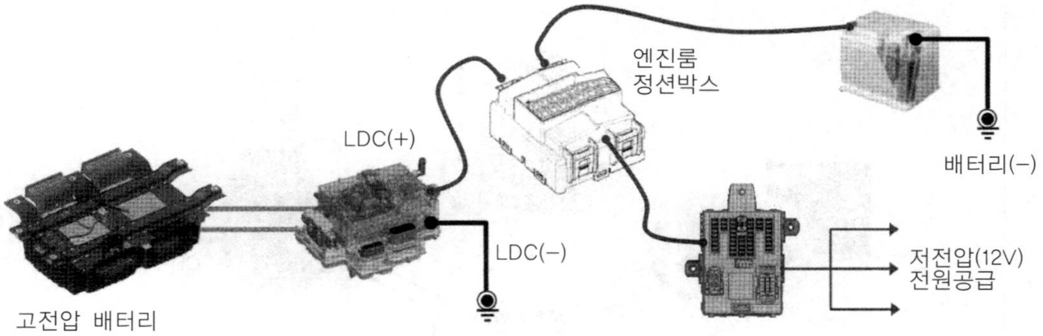

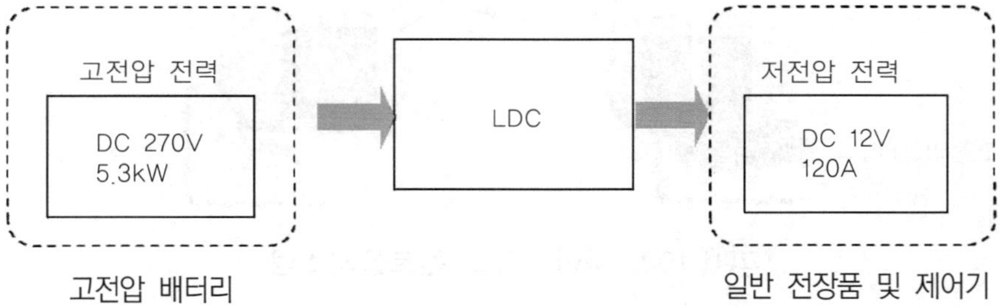

「그림」 102. LDC의 역할

4.2.6. 하이브리드 컨트롤 유닛(HCU : hybrid control unit)

[1] HCU의 개요

하이브리드 컨트롤 유닛은 전체 하이브리드 전기자동차시스템을 제어하므로 각 하부 시스템 및 제어기의 상태를 파악하며 그 상태에 따라 가능한 최적의 제어를 수행하고 각 하부 제어기의 정보사용 가능여부와 요구(명령) 수용 가능여부를 적절히 판단한다.

하이브리드 전기자동차에는 엔진제어 유닛인 ECU와 모터의 출력토크를 제어하는 모터제어 유닛인 MCU, 자동변속기 제어 유닛인 TCU, 보조 배터리 충전장치인 LDC 등이 각각의 해당 역할을 수행하고 있는데 하이브리드 컨트롤 유닛인 HCU는 하이브리드 전기자동차의 고유의 기능을 수행하기 위해 이러한 각각에 유닛들을 CAN통신으로 통합 제어하는 역할을 하며, 제어에 필요한 입·출력은 주로 CAN통신으로 입력받아 로직 판단 후 다시 통신을 통해 제어 명령을 전송한다.

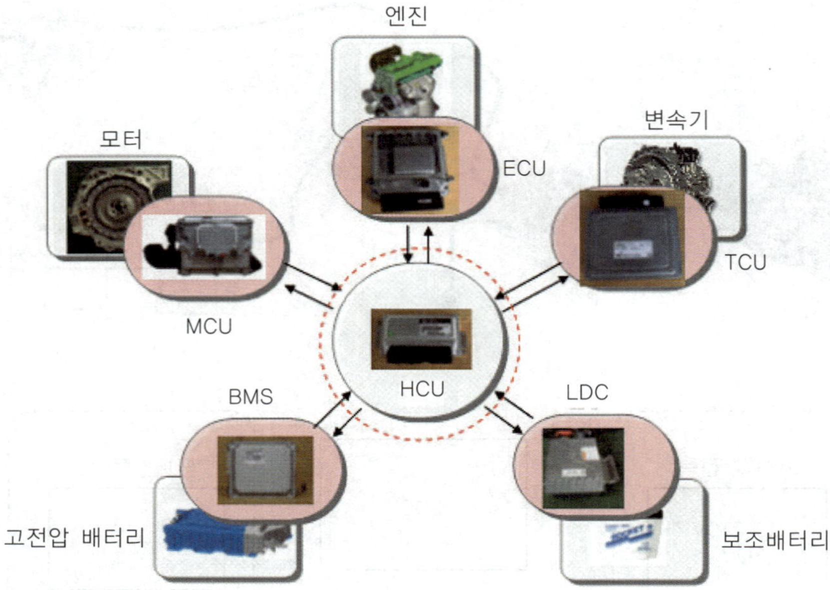

그림 103. 하이브리드 컨트롤시스템

(1) HCU가 제어하는 주요 기능

Ready		브레이크를 밟은 상태로 시동버튼을 누르면 이모빌라이저 인증 후 시동신호 입력 시 HEV 주요 제어기가 정상일 경우 Ready 램프를 점등시켜 출발 준비가 되었음을 표시한다(일반차량의 시동과 동일).
HEV 경고		HEV 제어계통 고장 시 경고한다.
모터주행		엔진과 전기모터의 주행 패턴을 결정하고, 엔진 단독 주행 시 램프는 소등되면 구동모터가 동작할 때(모터 구동, 회생제동, 엔진 보조)는 점등되어 모터 주행임을 표시한다.

[2] HCU 주요 입·출력

HCU는 주요 입·출력을 P-CAN 및 H-CAN으로 제어하며, 직접 배선으로 입력받는(Hard Wire)신호는 세 가지이다.

정지등 스위치 입력을 받아 제동 시 신속한 회생제동을 수행하고, CPS신호를 받아 엔진/EV 주행 시 부드러운 클러치 연결이 되도록 학습 및 제어한다. SMK로부터 받는 시동 신호는 Ready상태로 진입하는 중요한 신호로 사용된다.

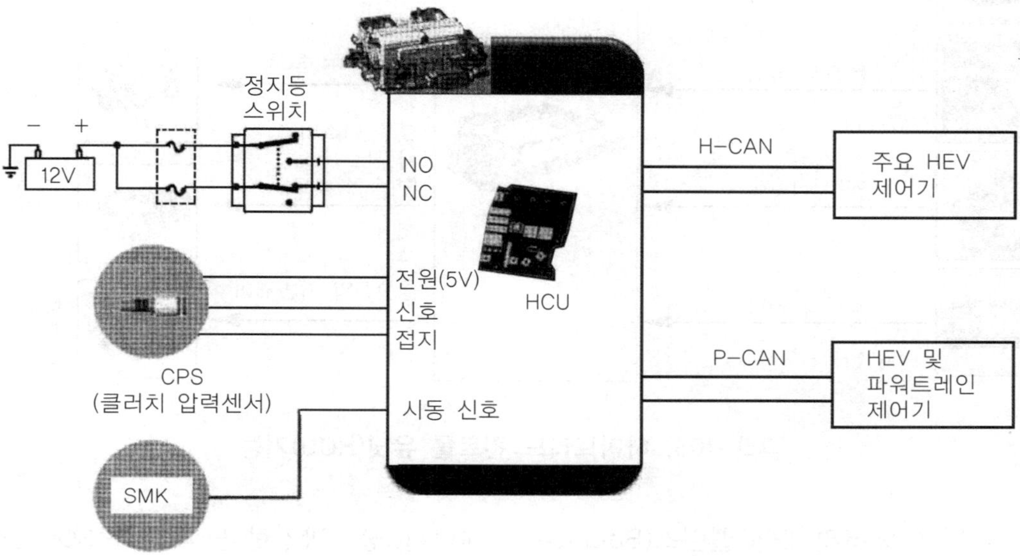

그림 104. HCU 주요 입·출력

[3] HCU 주요기능

① 시스템 On/Off제어 : 시스템 전반을 파악하여 이상이 없을 시 HEV Ready 상태로 차량 출발이 가능하도록 유지한다.

② 요구 토크계산 : 운전자의 가속 및 감속 요구 토크를 계산한다.

③ 회생제동 제어 : 사용자의 브레이크 요구 신호와 고전압 배터리 SOC를 고려하여 실제 회생 제동량을 MCU로 송부한다.

④ EV/HEV 모드 : 차량상태와 주행조건에 따라 여러 주행모드로 수시로 전환되며 크게 3가지로 나눌 수 있다. 3가지 주행모드는 전기 모터로만 주행하는 EV모드, 엔진에 의한 주행모드, 엔진과 모터 두 동력원으로 주행하는 HEV모드이다. 엔진에 의한 주행 시 HCU는 엔진시동 시점과 엔진의 목표 운행상태를 결정한다.

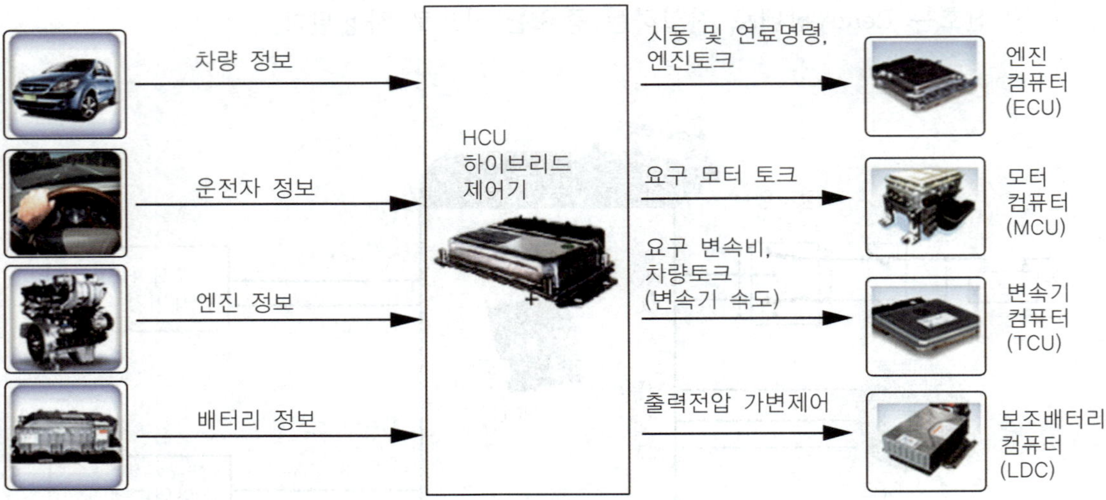

그림 105. 하이브리드 컨트롤 유닛(HCU)기능

⑤ 고전압 배터리 SOC밸런스(Balance) : 배터리 충·방전량을 최적의 SOC상태를 유지한다. SOC가 낮으면 구동모터 동작을 제한하여 고전압 사용을 줄이고 모터에 의한 회생제동과 엔진에 의한 충전제어를 수행한다(공회전 및 가속시 충전).

⑥ 엔진 컨트롤 : 엔진이 최적화된 작동을 유지하도록 엔진 부하에 따른 목표 속도와 토크를 결정하여 ECU를 제어한다.

⑦ 엔진 시동(On) 및 정지(Off) 제어 : 시스템상태에 따라 엔진 시동방법을 결정한다. 주로 HSG로 엔진 시동을 걸지만, HSG가 고장일 경우 구동모터 또는 타력주행으로 시동을 걸기도 한다. 시동 및 엔진정지 시에는 HSG가 구동되어 엔진 회전속도를 구동모터의 속도와 동기화시켜 진동 및 충격이 발생되는 것을 방지한다.

⑧ 엔진 클러치 제어 : 엔진 클러치의 동력전달, 슬립제어를 결정하여 TCU로 전송한다. HCU는 목표 유압을 결정하고 TCU는 해당 솔레노이드를 전류 제어한다.

⑨ 토크 분배 : 주행상황에 따라 필요한 토크를 두 동력원에 효율적으로 분배한다(엔진 및 구동모터). 예를 들면, 모터의 효율이 높은 차량 출발 시나 저속구간에서는 모터만으로 구동하고 엔진의 효율이 높은 정속 및 중·고속구간에서는 엔진으로 구동한다.

급가속 또는 등판과 같이 높은 토크가 요구되는 구간에서는 엔진과 모터를 동시에 구동시키며, 엔진의 작동 효율을 우선하여 모터 동력을 보조한다.

⑩ 시스템 제한 : 고전압 배터리의 충·방전 한계치를 제어한다. 필요 시 모터의 출력 및 충전량을(모터, HSG) 제한한다.

⑪ 보조 배터리(12V) 제어 : LDC(Low vlotage DC-DC Converter)의 출력전압을 가변제어하며 차량에서 필요한 전원을 제공한다.

⑫ 페일 세이프(Fail Safe) : HEV시스템에 문제가 있으면, HCU에서 고장을 진단하고 안전을 위해 적절한 조치명령을 내린다.

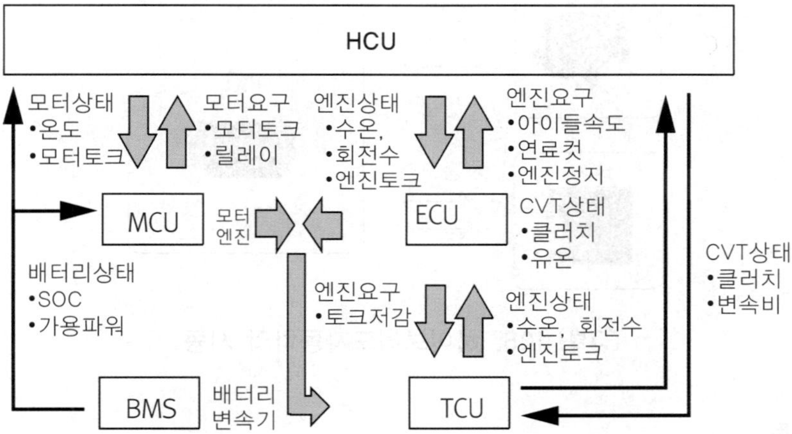

「그림」 106. HCU 제어장치의 구성

[4] HCU의 작동

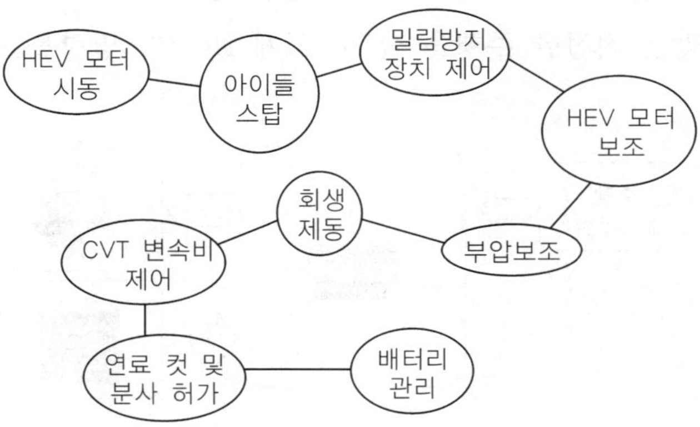

「그림」 107. HCU의 작동

(1) 하이브리드자동차의 시동

하이브리드자동차는 가솔린자동차와는 다르게 보통 하이브리드 모터를 이용해서 시동을 건다. 하지만 하이브리드 모터 시동에 장애가 생기면 MCU에서는 즉각 이에 대한 정보를 HCU로 보내게 되고 HCU는 이에 대한 적절한 조치로 가솔린엔진의 시동모터를 구동해서 시동을 걸 수 있게 ECU로 명령을 내리며 특별한 일이 없다면 보통은 하이브리드자동차의 모터로 시동을 걸게 된다.

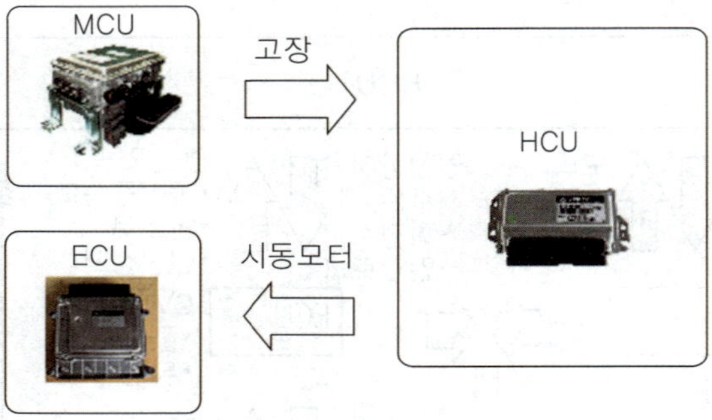

그림 108. 하이브리드자동차의 시동

(2) 아이들 스탑

아이들 스탑 진입조건 즉, D단 주행 후 브레이크 정차 시 이에 대한 정보가 HCU로 입력이 되면 HCU는 MCU와 ECU에게 엔진과 모터의 작동 중지명령을 내리게 되고 이와 반대로 브레이크를 OFF시키거나 가속페달을 밟을 시에는 HCU에서 모터와 엔진을 움직여 상황에 맞는 적절한 주행을 할 수 있게 HCU가 명령을 내리게 되다.

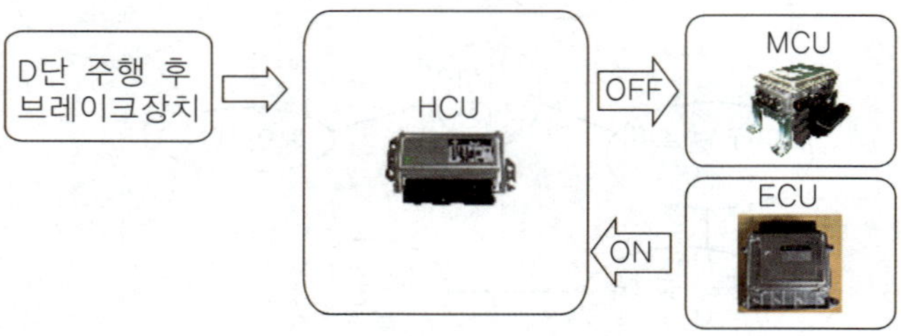

그림 109. 아이들 스탑

(3) 브레이크 밀림장치

경사로 밀림 방지장치는 일반 오토 가솔린자동차와는 달리 정차시 아이들 스탑모드로 들어가는 특수성 때문에 언덕길에서 순식간에 차가 뒤로 밀리는 위험한 상황이 발생할 수 있는데 이러한 이유로 장착된 기능이 바로 CAS(creep aid system)로 하이브리드의 특성상 장착된 일종의 안정장치이다.

브레이크 밀림방지장치는 크게 브레이크스위치, 경사각 센서, HCU, ABS모듈 이 4가지 장치가 제어를 한다. 이 장치들은 브레이크를 작동시키고 차가 멈추기 시작하면서 시속 0.2km 이하로 속도를 줄이게 되면 일단 브레이크 밀림장치 진입에 들어간다.

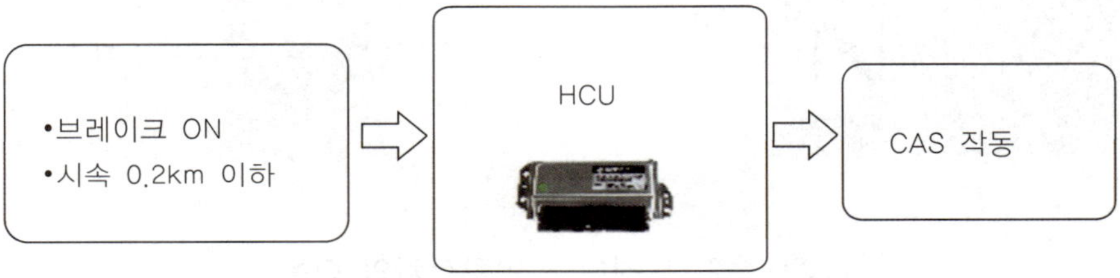

그림 110. 브레이크 밀림장치

(a) 브레이크스위치 (b) 경사각센서 (c) HCU (d) ABS 모듈

그림 111. 브레이크 밀림장치의 구성

이렇게 브레이크 밀림방지장치가 작동하는 순서를 보면 일단 언덕길에서 액셀러레이터를 밟기 위해 브레이크에서 발을 떼도 경사각 센서에서 보내준 정보를 HCU에서 분석하고 ECU에게 전달해주는데 ECU는 ABS에게 신호를 줘서 차가 밀리지 않게 일정시간 밀림방지 밸브를 막아 브레이크 밀림을 방지한다.

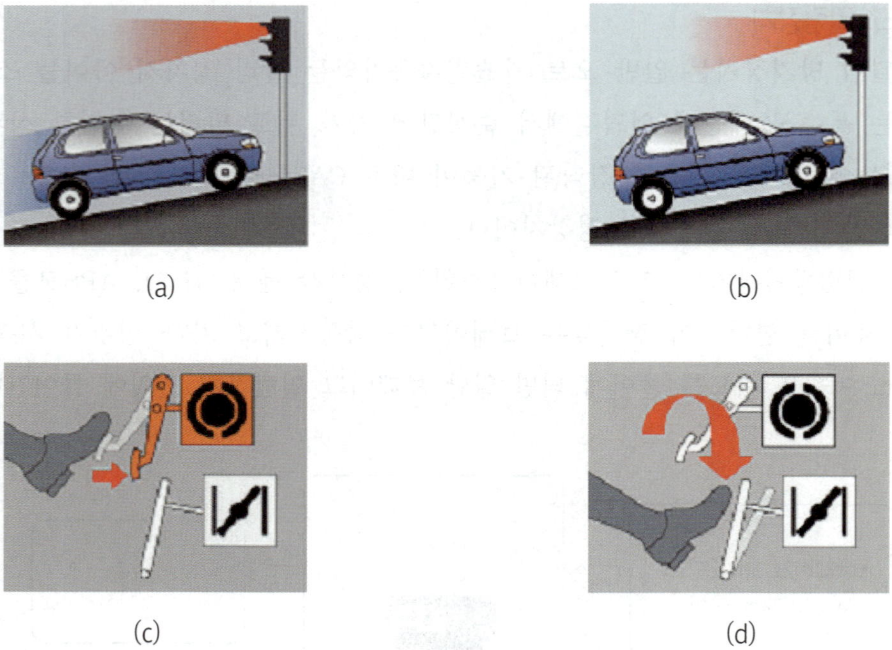

[그림] 112. 브레이크 밀림장치의 작동

(4) 하이브리드 모터 보조

하이브리드자동차의 특성상 작은 엔진으로 인해 토크가 모자란 경우 ECU는 얼마 정도의 힘이 필요한지에 대한 정보를 HCU에게 보내게 된다. 이때 HCU에서는 가속시 엔진이 어느 정도의 토크가 모자란 가에 대한 분석을 한 뒤 이 정보를 바탕으로 MCU에게 모자란 토크를 보조할 수 있게 모터를 구동하라는 명령을 내린다.

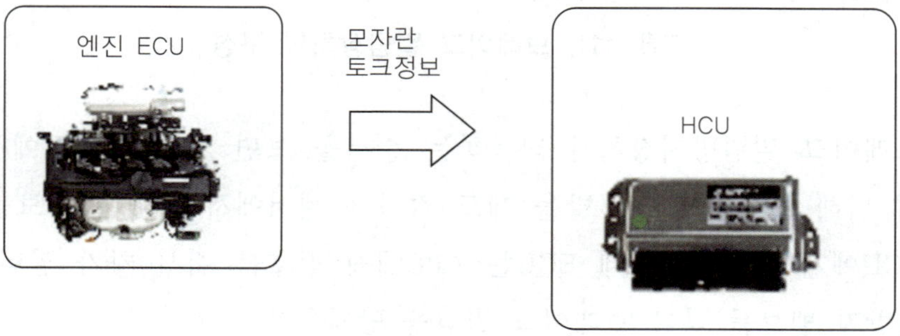

[그림] 113. 모터 보조

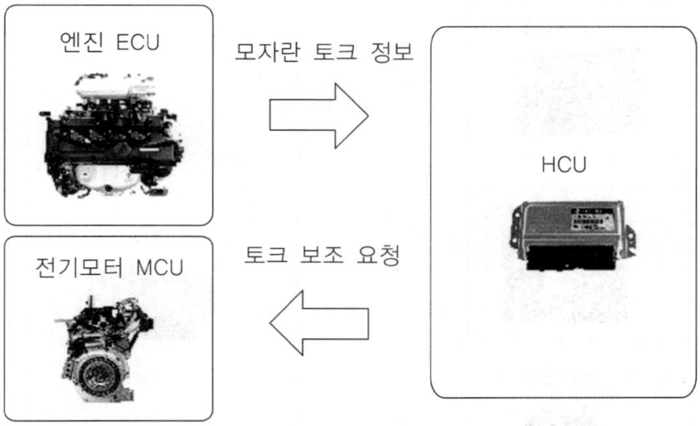

「그림」 114. 모터 보조작동

(5) 부압보조

부압보조는 HCU에서 브레이크스위치 신호와 부압센서 신호를 받아서 부압의 상태를 판단하고 정보를 분석한 뒤 MCU로 모자란 부압을 회복시킬 만큼 모터를 구동하라고 명령을 내리는 것을 말한다.

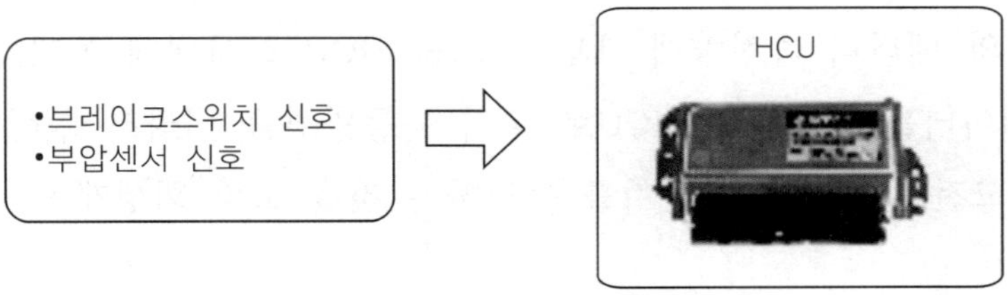

「그림」 115. 부압보조

엔진과 브레이크 쪽의 부압이 낮으면 일단 모터를 구동하기 전 에어컨이 작동을 하고 있다면 HCU는 ECU로 에어컨작동을 금지하는 명령을 내리고 ETC모터를 구동해서 흡입공기를 막는데 이렇게 해도 브레이크 부스터 압력이 저하되면 모터의 보조를 통해 브레이크 부압을 생성한다.

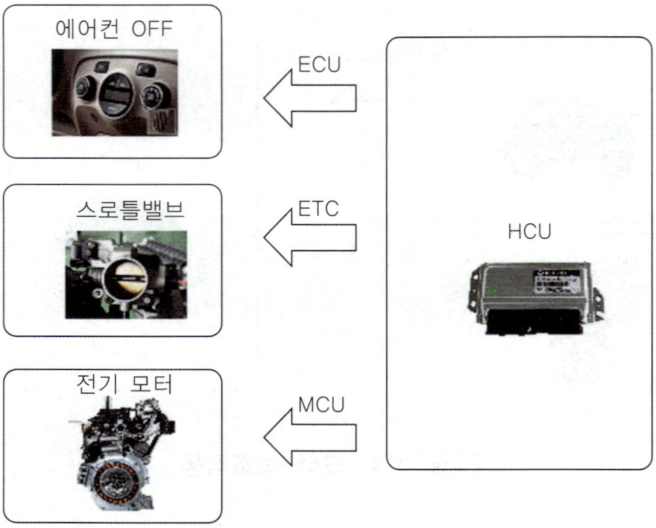

그림 116. 부압보조 작동

(6) 하이브리드 모터 회생제동

하이브리드 모터 발전을 통해 전기 에너지를 저장하는 하이브리드 모터 회생제동 모드는 ABS의 차속 값에 대한 정보와 브레이크스위치를 통한 차량의 브레이크 작동 유무, BMS에서의 배터리 충전량에 대한 정보를 HCU로 보내게 된다. 이러한 정보를 받은 HCU가 데이터를 분석하고 MCU로 모터 구동명령을 내려서 주행속도 감속시 모터를 발전시켜 고전압 배터리에 전기를 충전하는 것을 모터 회생제동이라고 한다.

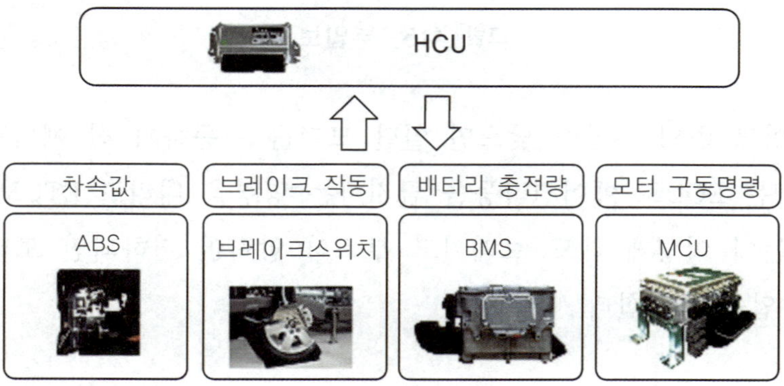

그림 117. 하이브리드 모터 회생제동

(7) CVT변속 제어

하이브리드 자동차에 사용되는 CVT는 일반 오토 변속기와는 달리 무단변속 장치를 채용하고 있는 변속기인데, 제어를 위한 정보는 차속 값, 엔진 ECU에서의 가속페달 값, TCU의 유온, 변속비 등의 정보를 HCU와 서로 주고받아 주행상태에 따른 최적 변속비를 제어할 수 있게 한다.

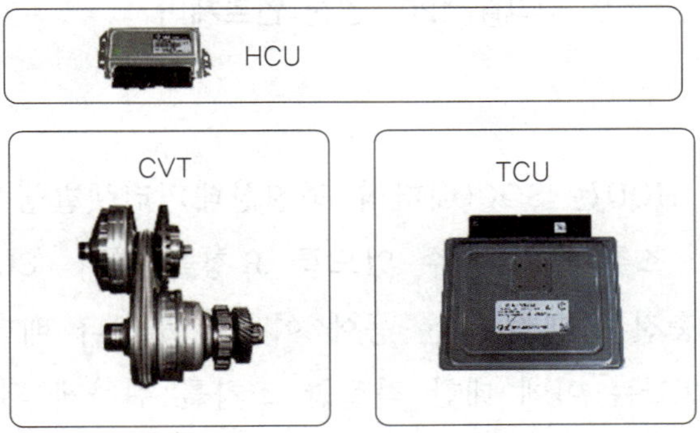

그림 118. CVT 변속제어

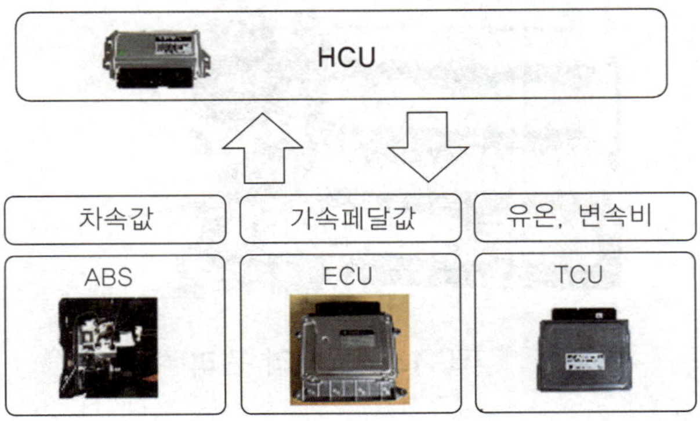

그림 119. CVT 변속제어 작동

(8) 엔진 연료제어

HCU는 하이브리드자동차의 엔진 연료제어를 한다. 그 중 가솔린엔진의 시동, 주행 또는 감속시의 연료 분사량을 조절한다. 이는 보통 가솔린엔진에서는 ECU에서 이 모든 일을 하지만 하이브리드자동차는 가솔린엔진의 상태를 체크해가며 모터가 작동을 해야 하기 때문에 HCU에서도 ECU와 같이 엔진을 제어할 필요가 있다.

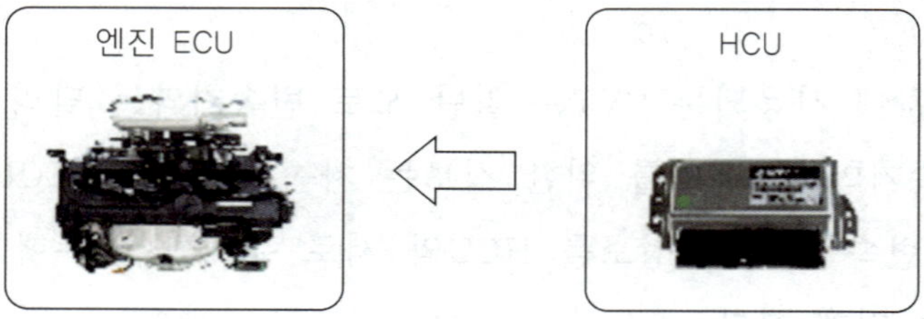

가솔린엔진의 시동, 주행 또는 감속시의 연료 분사량 관리

그림 120. 엔진 연료제어

(9) 배터리 관리

하이브리드자동차의 HCU는 SOC(배터리 충전상태) 리셋발생시 자체 보정 값을 산출해서 HCU가 제대로 조취를 취할 수 있도록 요청을 한다. SOC의 충전도가 기준치 이하로 떨어지거나 과충전 상태가 되는 등에 이유로 모터나 배터리 등에 손상이 갈수도 있다고 판단하면 HCU는 이에 대한 적절한 조치를 취하게 되는데 SOC 즉, 전지의 충전상태에 따라 각각 조치하는 방법이 틀리다.

HCU의 배터리 보호

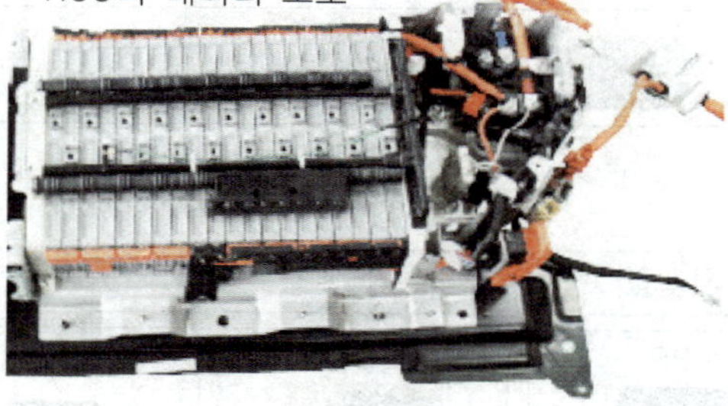

그림 121. 배터리 관리

그중 과충전, 과방전, 과전압을 사전에 방지해서 배터리를 보호하는 등의 일은 HCU가 배터리를 보호하는 대표적인 일이라 할 수 있다. 배터리는 BMS가 관리도 하지만 배터리의 상태에 따라 엔진이나 모터를 어떻게 적절히 구동시키는지에 대한 밸런스 조절은 HCU가 한다. 배터리의 SOC 충전량이 65% 이상으로 과충전이 될 것 같으면 HCU는 토크에 제한을 두는 등의 조치를 취하고 반대로 SOC의 충전량이 18% 이하로 과방전이 예상되면 HCU는 MCU에게 아이들 스탑을 금지해서 배터리를 보호하게 된다.

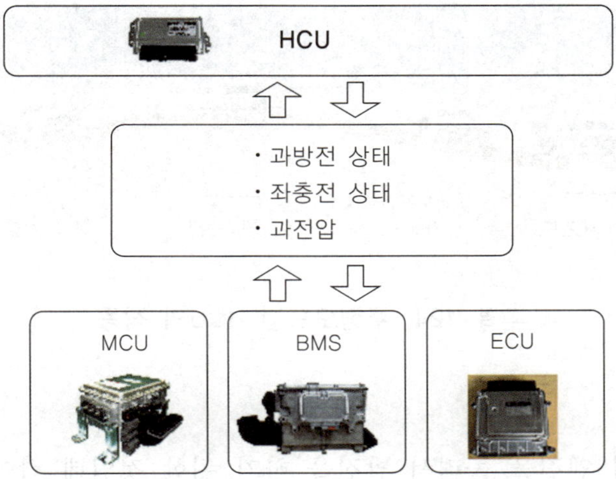

122. HCU의 배터리 관리

하지만 HCU의 제어로도 어떻게 할 수 없는 경우가 있는데 그건 바로 하이브리드 자동차를 장기방치 할 경우이다.

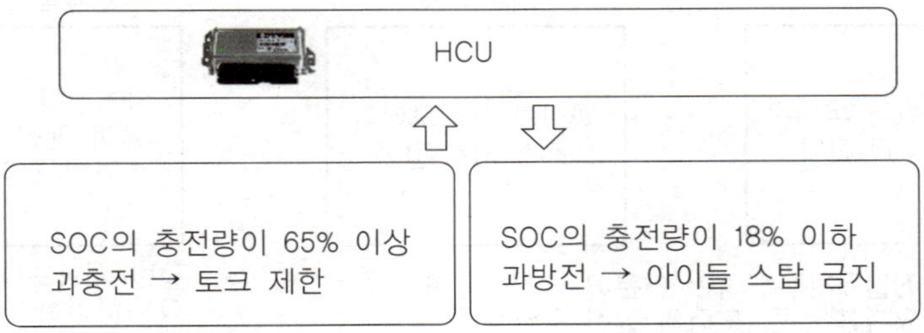

123. HCU의 배터리 충전상태 관리

4.3. 하이브리드자동차의 주행모드

자동차의 주행모드를 5가지로 볼 수 있는데, 하이브리드자동차는 좀 더 세분화해서 총 7가지 주행모드로 나눠 수 있다. 이는 자동차의 주행모드를 5가지에 아이들·클립 모드와 발진·가속모드가 추가된다고 보면 될 것이다.

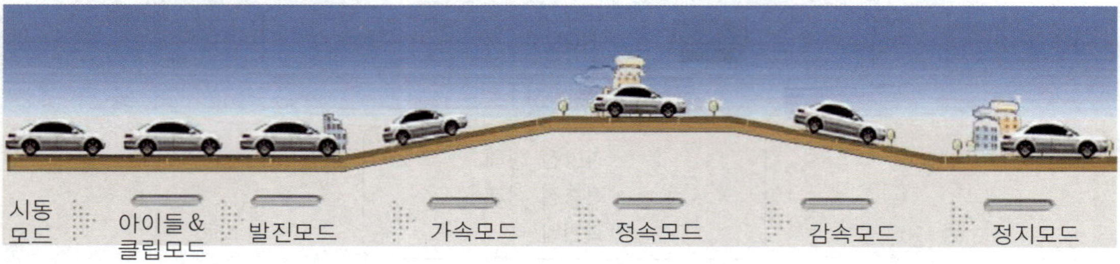

그림 124. 주행모드별 HCU의 작동

4.3.1. 시동모드

시동모드는 당연히 엔진을 돌려서 발진을 하기 위한 것인데 하이브리드 전기자동차에서는 시동을 건다는 것이 꼭 엔진을 가동시키는 것을 의미하지는 않는다. 구동방식 중 직렬방식과 병렬방식 중 하드방식은 엔진으로 시동을 거는 것이 아니라 모터로 하

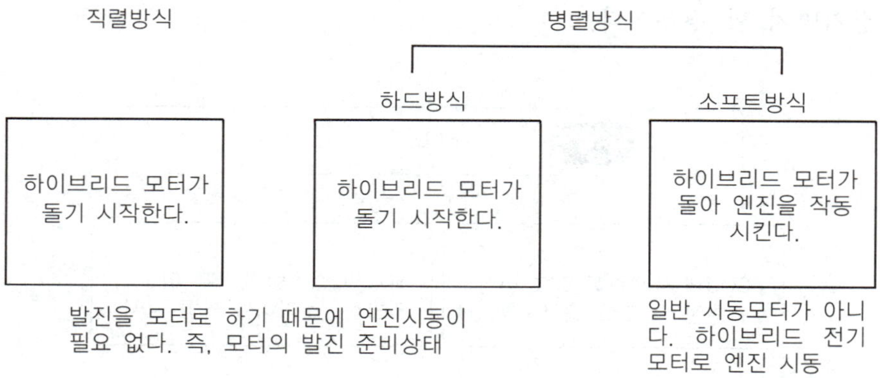

하이브리드 자동차에서는 시동이 엔진 가동을 의미하지는 않는다.

그림 125. 시동모드

기 때문에 엔진시동은 필요가 없다. 즉, 시동모드에서 엔진은 작동하지 않는다. 따라서 두 구동방식에서 시동모드란 변속신호에 따라 바로 발진을 하기 위한 모터의 발진 준비상태를 말한다.

이와 달리 병렬방식 중 소프트방식은 엔진시동을 하게 되는데, 단지 특이한 점은 일반 자동차의 경우 시동모터로 시동을 거는 것과는 달리 하이브리드 전기모터로 시동을 걸게 된다.

4.3.2. 아이들과 클립모드

아이들모드와 클립모드는 공회전하는 걸 말하는 건데, 차가 출발하기 전이나 멈춘 후 엔진만 돌고 있는 상태에서 기어를 넣었을 때 액셀러레이터를 밟지 않아도 차가 조금씩 움직이는 상태를 말한다.

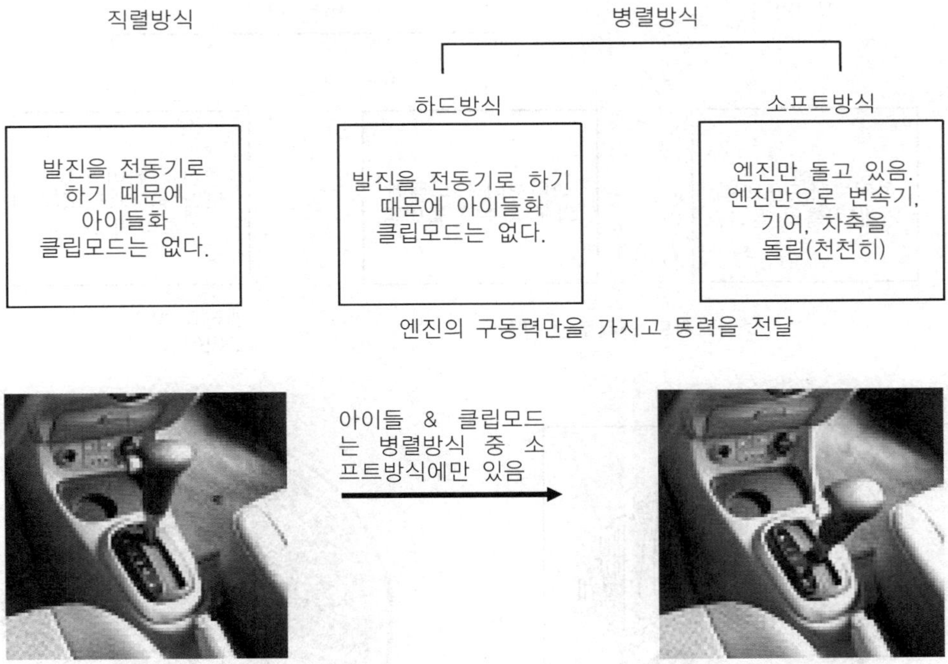

그림 126. 아이들모드와 클립모드

클립모드란 자동차가 도로 주행시 연비가 최상의 조건에서 운행하는 상태를 말한다. 먼저 아이들 모드에서는 엔진만이 돌고 있다가 클립모드로 들어가면 변속기와 차축으로 구동력이 전달되어 차가 조금씩 움직이게 된다. 그런데 이 단계는 액셀러레이터를 밟지는 않기 때문에 발진상태는 아니다. 아이들과 클립모드는 병렬의 소프트방식에서만 있는 것으로 이는 시동모드가 끝난 후 엔진이 가동되고 있는 것은 소프트방식뿐이기 때문이다.

4.3.3. 발진모드

발진모드란 한 마디로 차를 출발시키는 것이다. 액셀러레이터를 밟으면 자동차가 정지 상태에 있거나 클립 상태에 있는 차를 앞으로 나아가게 되는 발진하는 것으로 하이브리드 자동차의 방식에 따라 HCU에서 모터와 엔진을 제어하는 방식이 틀리다.

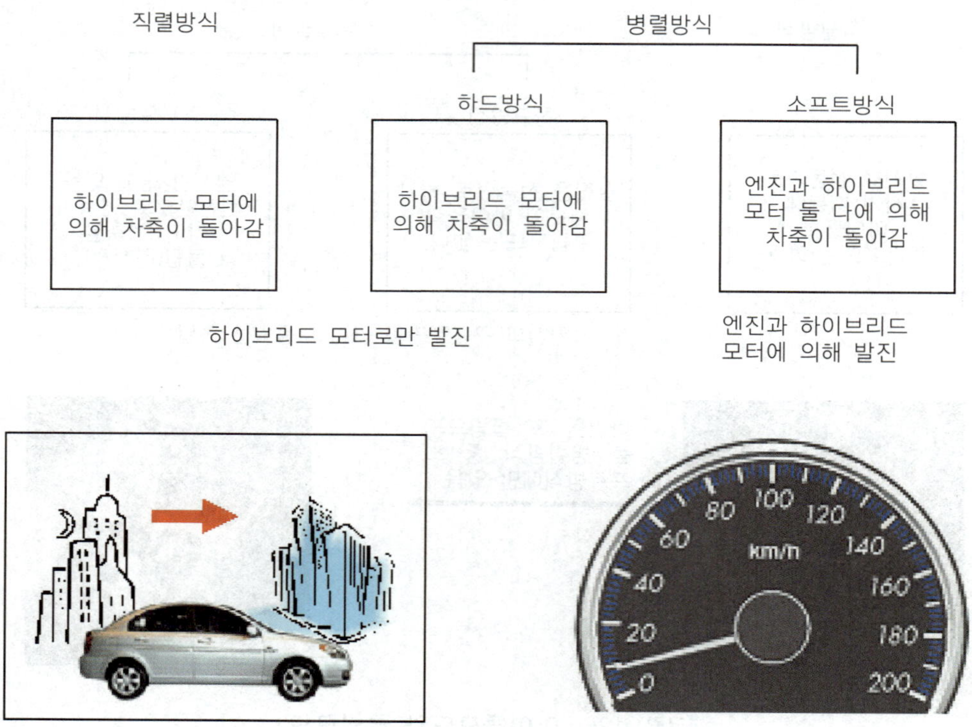

(a) (b)

그림 127. 발진모드

하이브리드자동차의 HCU는 직렬방식과 하드방식의 경우 모터로만 발진을 하도록 제어를 하고 병렬방식 중 소프트방식은 엔진이 가동되고 있었으나 엔진만으로는 출발할 수 있는 힘을 낼 수 없기 때문에 엔진동력과 모터동력을 동시에 이용해서 발진을 하도록 제어한다.

4.3.4. 가속모드

가속모드는 주행모드 중 힘이 가장 많이 들어가는 모드이다. 따라서 HCU는 MCU, ECU와 서로의 상태에 대한 정보를 가장 많이 주고받으며 제어를 하게 되는데 가속모드는 구동력을 증가시켜 자동차의 속도가 올라가는 단계로서 엔진에 의해서도, 하이브리드 모터에 의해서도 가속이 될 수가 있다.

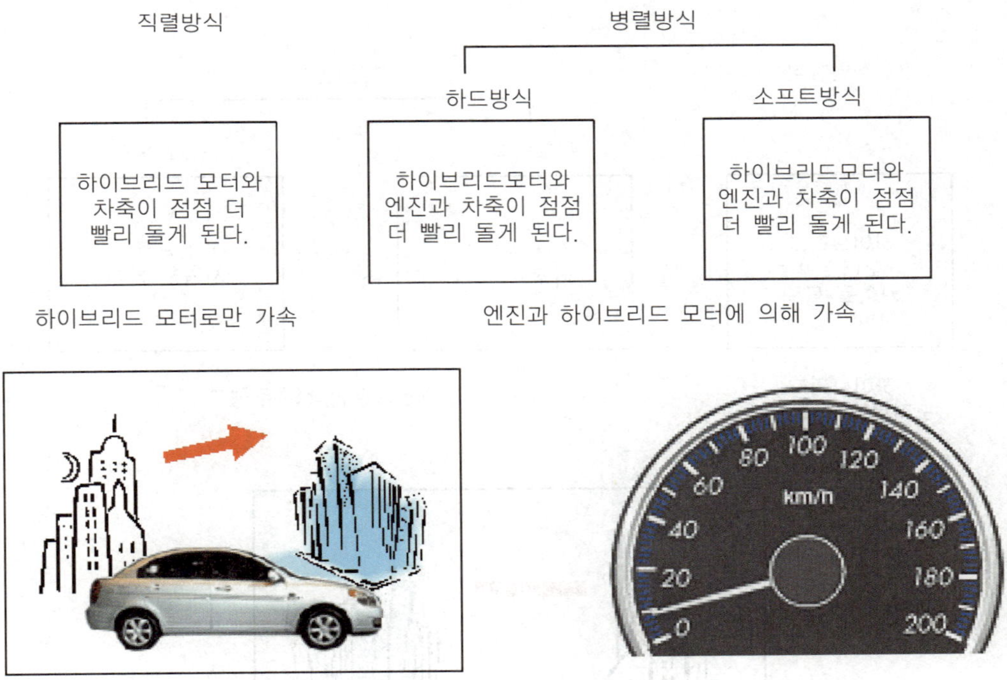

그림 128. 가속모드

그리고 앞 단계까지는 직렬과 병렬의 하드방식이 같은 식으로 구동되어 왔었는데 이 단계부터는 병렬의 하드방식과 소프트방식이 같아지게 된다. 즉, 직렬방식에서는 가속을 하이브리드 모터로만 하게 되는데 반해 병렬의 하드방식은 하이브리드 모터뿐만 아니라 엔진까지 같이 구동하여 가속을 하게 된다. 그리고 병렬 소프트방식은 하드방식과 마찬가지로 하이브리드 모터와 엔진 모두 구동해서 가속을 하도록 HCU의 제어를 받아 가속하게 된다.

4.3.5. 정속모드

자동차가 속도를 올리며 주행을 하다 원하는 정도의 속도가 되면 일정한 속도의 정속으로 주행을 하게 되며 이때도 역시 하이브리드 자동차의 방식에 따라 직렬방식은 모터로만 정속주행을 하고 병렬방식의 하드방식과 소프트방식은 엔진동력으로만 주행

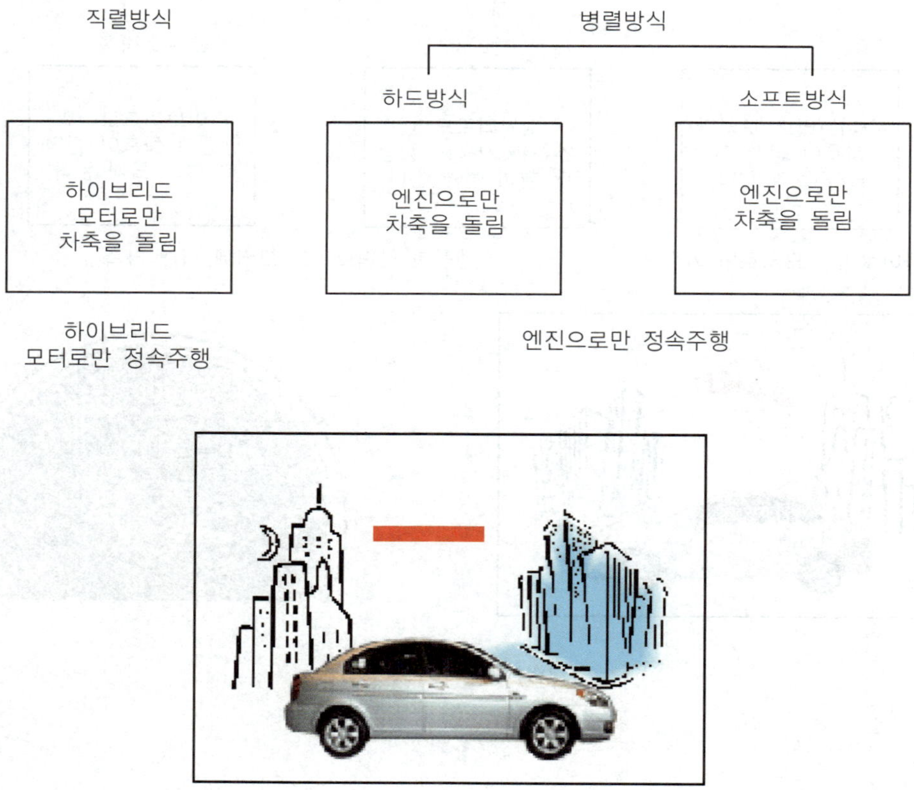

그림 129. 증속모드

을 실시하도록 HCU가 엔진과 모터를 컨트롤 한다. 이것은 정속주행일 경우는 모터보다는 엔진이 더 효율적이기 때문이다.

참고로 직렬방식의 하이브리드자동차는 배터리를 충전할 때 말고는 엔진을 시동하지 않는다.

4.3.6. 감속모드

감속모드는 하이브리드 전기자동의 가장 효율적인 모드로서 감속 시에는 차를 움직이는데 구동력이 쓰이지 않고 오히려 바퀴의 회전에 제동을 걸어야 한다. 때문에 바퀴에서 발생되는 회전동력을 전기 에너지로 전환하여 배터리로 충전을 하게 되다.

HCU는 감속시 가솔린엔진에는 연료를 중단하고 바퀴에서 발생되는 회전동력을 전기 에너지로 전환하도록 ECU와 MCU, BMS에게 명령을 내린다. 배터리로 충전을 실시하는 모드로서 이때 발생하는 에너지를 회생에너지라고 하며 직렬방식과 병렬방식

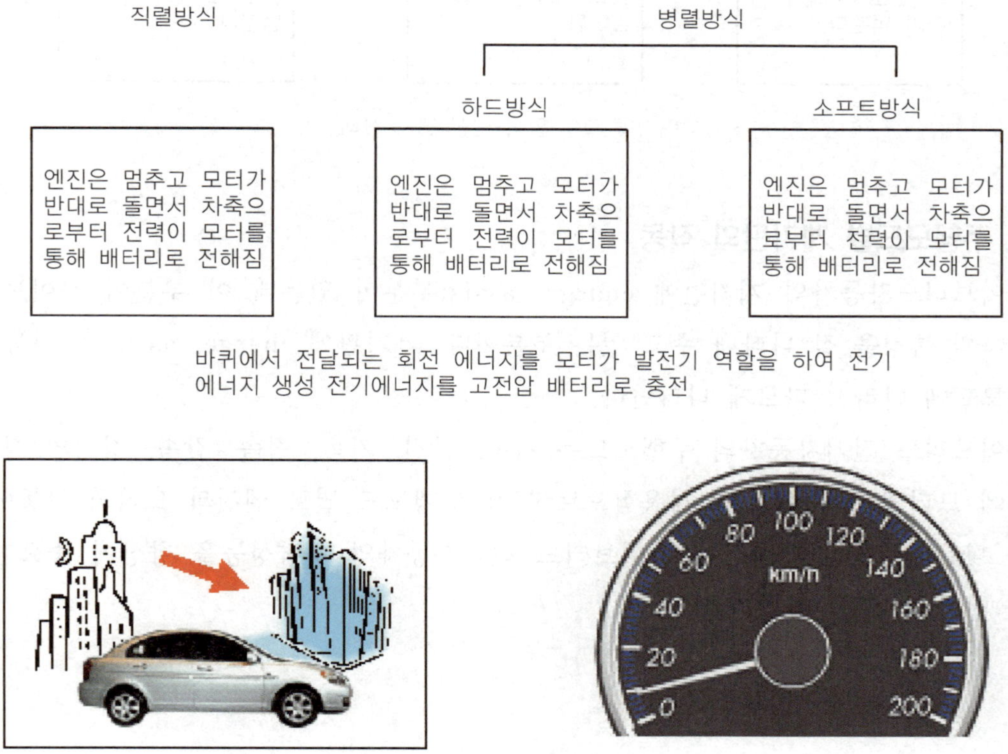

그림 130. 감속모드

모두 바퀴에서 전달되는 회전에너지를 모터가 발전기로 전환하여 전기에너지를 고전압 배터리로 충전을 한다.

4.3.7. 정지모드

하이브리드 전기자동차에서 정지모드는 일반 자동차와는 달리 감속상태에서 이미 엔진이 모두 꺼진 상태이므로 아이들모드 없이 곧바로 정지된다. 가솔린자동차로 말하자면 엔진이 전부다 꺼진 상태로 보면 된다. 특히 병렬의 소프트방식은 시동 시 와는 다르게 바로 아이들 스탑의 실행상태에 있게 된다.

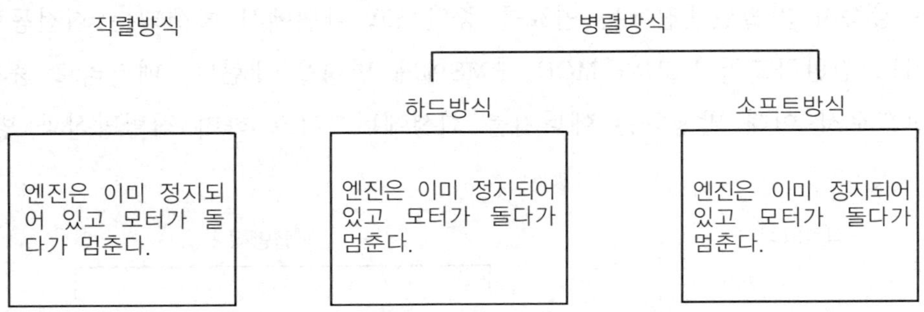

아이들 모드 없이 엔진 정지 상태

4.4. 주행모드별 계기판의 작동

하이브리드자동차의 계기판에 charge, assist부분이 있는데 이 부분이 하이브리드 자동차의 특징을 잘 나타내 주고 있는 부분이다. 계기판에 charge, assist는 자동차의 주행모드에 따라서 다르게 나타난다.

하이브리드 전기자동차의 주행모드는 시동, 발진, 가속, 정속, 감속, 정지의 형태로 엔진에 모터의 동력을 같이 사용함으로써 각 주행모드 별로 엔진과 모터의 작동이 차이가 나는데, 이러한 현상은 하이브리드 전기자동차의 차량성능을 향상에 중요한 영향을 미친다고 할 수 있다.

그림 131. 하이브리드 자동차의 계기판

하이브리드 전기자동차의 계기판의 경우 운전자에게 하이브리드 전기자동차의 현재 모드별 작동을 알려주고 있는데, 계기판의 change로 눈금표시가 되면 불필요한 동력을 모터가 발전 제어하여 배터리를 충전하게 되고, 계기판에 assist로 눈금표시가 되면 모터가 엔진을 도와 차량성능을 향상시킨다.

4.4.1. 시동단계

시동단계에서 이그니션 키를 작동하게 되면 계기판이 점등이 되는데 이때는 하이브리드 모터만 돌기 시작한 상태이다.

그림 132. 시동단계

4.4.2. 발진단계

발진단계에서는 변속기어를 P에서 D로 바꾸는 상태로 차량은 서서히 출발을 하게 된다. 이때 계기판에서는 속도계가 약간 올라가면서 assist 레벨이 조금 올라가는 것을 볼 수 있다. 이것은 모터를 돌리기 위해 배터리에 저장된 전기 에너지를 사용하기 시작했다. 그러나 이때도 엔진의 RPM에는 아직 변화가 없는 것을 볼 수 있다.

- 드라이브 D모드선택
- 모터만으로 구동
- 모터는 배터리의 전기 에너지를 소모

그림 133. 발진단계

4.4.3. 가속단계

가속단계는 차가 점점 더 빨라지는 것이기 때문에 속도계와 assist 레벨이 계속해서 올라가는데, 이때 엔진의 RPM도 같이 올라가는 것을 볼 수가 있다. 이것은 가속을 시키기 위해서는 엔진을 같이 구동시키기 때문이다.

- 모터와 엔진이 같이 구동
- 모터와 엔진은 각각 전기에너지와 연료를 소모
- assist 레벨 증가

그림 134. 가속단계

4.4.4. 정속단계

정속단계에서는 차가 일정한 속도로 주행하게 되는데, 이때는 모터는 구동하지 않는 상태가 되고, 엔진의 힘만으로 주행을 하게 된다. 따라서 assist 레벨은 0이 되며, 엔진의 RPM만 어느 정도 올라가 있는 상태가 된다.

• 엔진의 힘만으로 주행
• 모터는 구동하지 않으므로 assist 레벨은 0

그림 135. 정속단계

4.4.5. 감속단계

감속단계는 하이브리드 전기자동차에서 매우 중요한 단계이다. 바로 감속을 할 때 속도계와 RPM도 줄어들지만, 그보다도 assist가 아닌 charge쪽으로 게이지 레벨이 올라간다. 이것은 차가 감속할 때 남는 구동력을 발전 에너지로 전환하여 배터리에 충전을 하는 것으로 하이브리드 전기자동차가 주행 중 계속해서 배터리를 충전하는 원리가 된다.

• 엔진의 남는 구동력으로 배터리 충전
• charge 레벨증가

그림 136. 감속단계

4.4.6. 정지단계

정지단계에서는 모든 계기판이 0인 상태로 나타나게 된다. 엔진은 현 단계에서 아이들 스탑 상태가 되어 있기 때문에 auto stop이라고 표시등이 나타나게 된다.

• 모든 게이지가 0
• auto stop 표시등

그림 137. 정지단계

4.4.7. auto stop

하이브리드 전기자동차는 운행 중 정지하게 되면 연료소비 및 배출가스를 저감시키기 위해 자동으로 엔진이 정지하게 되는데, 바로 이 기능을 오토 스탑이라고 한다. 이때 계기판에는 이렇게 "AUTO STOP" 표시등이 점등이 된다.

그림 138. auto stop

자동차가 완전히 멈춰서 시동이 꺼진 상태가 아니라 잠시 정지해 있을 때인데 엔진이 꺼지게 되고 이것은 하이브리드 자동차만의 특징으로 모터가 대신해서 구동력을 만들어 주기 때문에 가능하다. 그리고 이 오토 스탑기능은 그 기능을 ON/OFF할 수도 있다. 이것은 하이브리드자동차라고 해도 엔진의 동력에 의해 작동되는 에어컨이나 히터 같은 것은 엔진과 직접적으로 관계가 되어 있기 때문에 엔진이 멈추면 사용할 수가 없게 되는 것 때문이다.

그림 139. auto stop ON/OFF스위치

4.5. HEV 냉각시스템

하이브리드차량을 제어하는 핵심부품인 HPCU 내부에는 다량의 반도체소자가 적용되어 있으며, 작동 시 열발생을 피할 수 없다. 특히 고전압에 직접 연계되어 열 발생량이 기존 내연기관 차량의 전장부품보다 더 높은 편이며 과열은 각 제어기의 효율을 떨어뜨리고 적절한 동작제어를 제한한다.

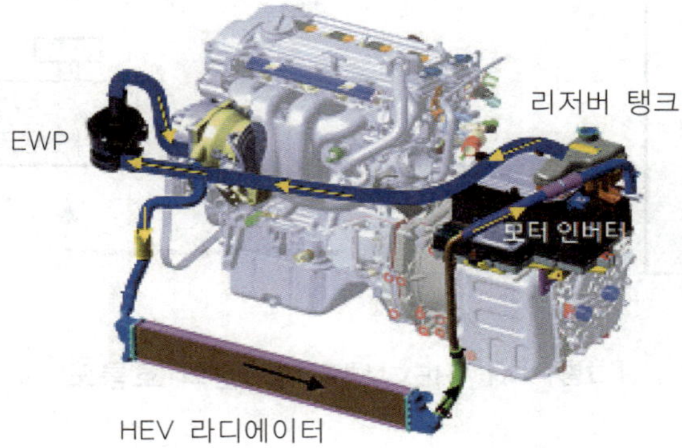

그림 140. HEV 냉각시스템의 구조

또한 반도체의 특성상 일정 온도 이상의 고온에서는 도체가 되어버릴 수 있어(전기적으로 항상 ON) 정상적인 작동이 불가능할 수 있다. 따라서 HPCU 관련 부품을 적절히 냉각시켜 주는 것이 매우 중요하며 이를 위해 기존 엔진 냉각라인과는 별도로 EWP(electronic water pump) 즉, 전기식 워터펌프를 이용하는 수냉식 냉각라인이 설치되어 있다.

엔진 냉각라인과 공용으로 사용하지 않는 이유는 기계적인 내연기관의 냉각온도 구간과 고 전력 반도체 부품의 냉각온도 구간이 서로 다르기 때문에 공용으로 활용할 수 없다. 엔진 냉각수는 100℃를 오버히트(overheat)로 간주하지만, HPCU는 75 ℃ 이상을 HPCU의 정상작동을 제한하는 온도로 간주한다. 인버터가 받는 온도의 영향을 구체적으로 살펴보면, 93℃에서 정격출력의 약 80%를 출력하는데 95℃부터 큰 폭으로 출력이 제한되기 시작하여 97℃가 되면 인버터의 출력이 정지된다.

LDC의 경우에는 온도에 더욱 민감하여 65℃까지는 정격출력의 100%를 출력하지만 75℃에서 약 60%, 80℃에서 약 25%로 출력이 제한되며 85℃에 도달하면 LDC의 출력이 정지된다. HPCU의 냉각을 위해 전동식 워터펌프가 적용되어 MCU에 의해 직접 구동된다. [그림 141]에서 보는 바와 같이 별도의 냉각라인에는 HSG 냉각도 포함된다. 엔진 냉각라인과 분리되어 있으므로 별도의 냉각수 탱크가 HPCU 근처에 설치되어 있다.

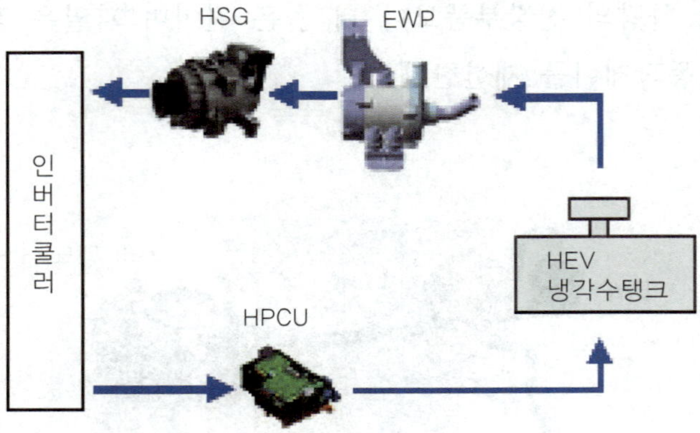

그림 141. HEV 냉각시스템의 흐름도

5 하이브리드 전기자동차의 엔진특성

하이브리드자동차에 엔진부분은 일반 가솔린자동차와는 조금 차이가 있다. 하이브리드자동차의 특성상 일반 가솔린자동차에 비해 사이즈 즉 배기량이 적은 엔진을 사용한다는 점이고 특히 연비를 증대시키는 동시에 배출가스 저감을 위해 많은 신기술을 엔진 본체에 적용되어 있으며 대표적인 신기술 내용을 보면 압축행정 시 흡기밸브의 닫힘 시기를 지연하여 펌핑손실을 최소화하고 연소 시 발생하는 에너지는 최대로 활용하는 아킨슨 사이클(atkinson cycle)을 적용한 엔진을 사용하기도 하며 또 엔진의 연소에 효과를 극대화하기 위해 가변흡기 제어장치를 적용하였고 엔진의 연소상태를 향상시켜 배출가스 저감과 엔진 연비 향상시킨 전자 EGR밸브를 적용했으며 람다센서는 광역산소 센서를 적용하였다.

또 운전자의 의도에 따라서 엔진에 유입하는 공기량을 제어하도록 하는 전자제어식 스로틀 컨트롤밸브인 ETC(electronic throttle control valve)를 적용하였다. 그리고 하이브리드자동차가 가솔린자동차와 다른 점은 가솔린자동차와 같이 시동모터로만 시동을 거는 것이 아니라 고장이 없을 경우 하이브리드모터로 시동을 한다. 이는 시동모터보다 하이브리드 모터가 출력이 높으므로 시동성이 더욱 좋아 지기 때문이다.

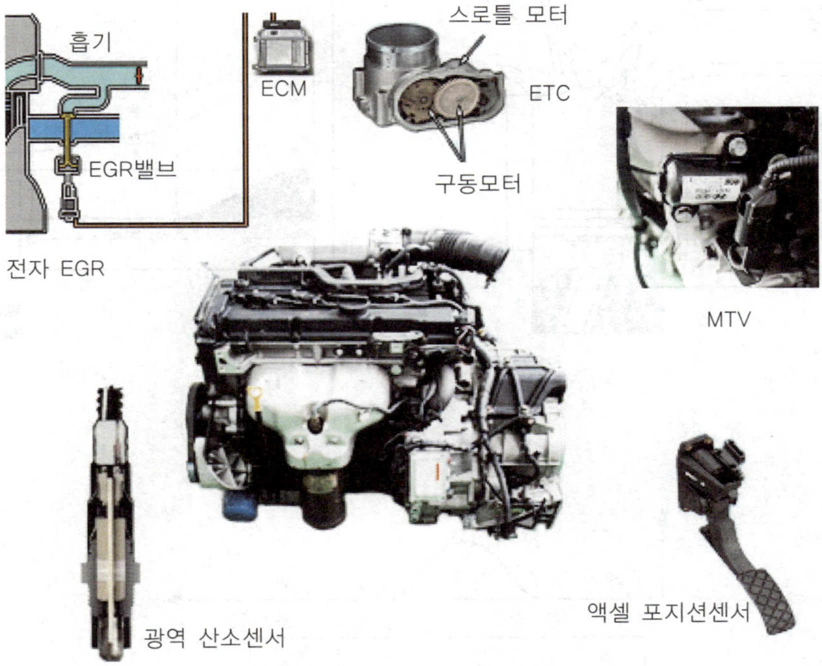

그림 142. 하이브리드 엔진의 특성

일반 가솔린 차량들이 기름을 가장 많이 소모하는 경우 중에 하나가 바로 시동을 걸 때인데 시동모터보다 출력이 높은 하이브리드 모터를 이용해서 시동을 걸면 시동성이나 연비 또 배기가스문제를 동시에 해결할 수 있다.

5.1. 하이브리드 전기자동차의 가솔린엔진 적용 신기술

5.1.1. 아킨슨 사이클(atkinson cycle)의 적용 엔진

도요타 프리우스의 전용엔진은 13.0의 높은 압축비를 적용하였다. 그러나 아킨스 사이클을 적용하였기 때문에 실제 유효 압축비는 높지 않다. 아킨슨 사이클은 압축행정과 팽창행정이 동일한 기존 사이클과는 달리 압축행정이 팽창행정에 비해 짧다. 압축행정 시 흡기밸브의 닫힘 시기를 지연하여 유효 압축행정을 짧게 하는 것이다.

아킨슨 사이클의 장점은 압축행정 시 발생되는 펌핑손실을 최소화하고 연소 시 발생하는 에너지는 최대로 활용하므로 연비가 향상된다는 것이다.

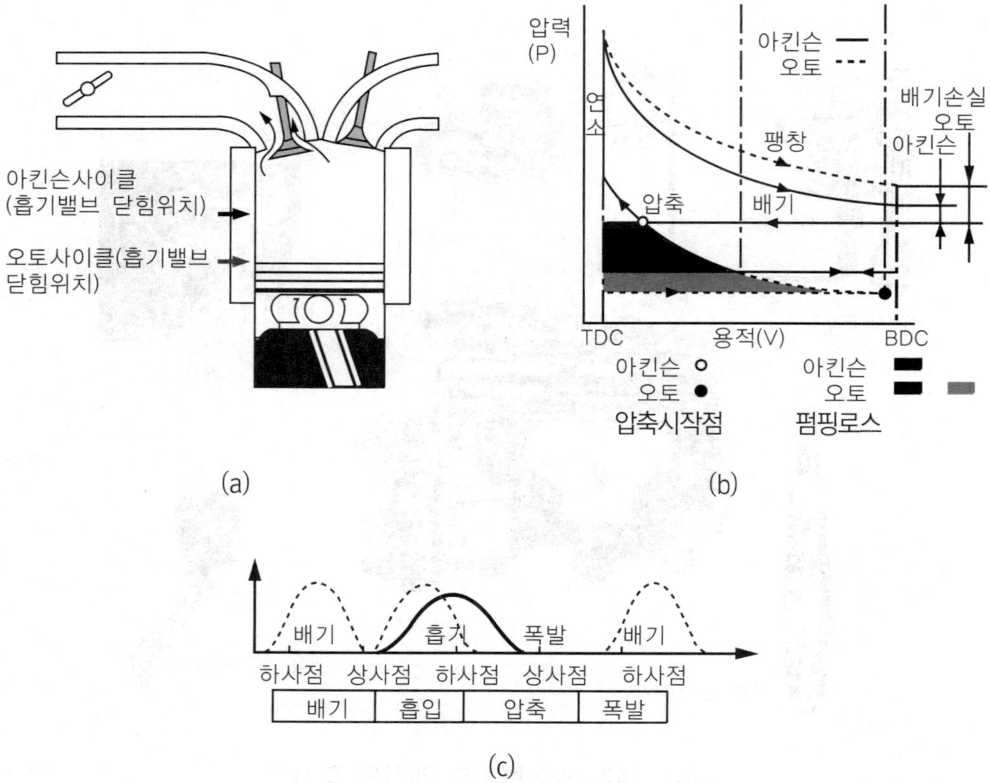

그림 143. 아킨슨 사이클

반면에 압축되는 연료-공기혼합기(fuel-air mixture)가 적어 엔진출력이 떨어지는 단점이 있어 일반 차량에는 사용되지 않고 있다. 그러나 하이브리드 차량의 경우에는 전기모터로 엔진의 출력을 보조하기 때문에 이러한 단점이 문제되지 않으므로 연비향상을 위해 아킨슨 사이클 엔진을 사용하는 것이다.

5.1.2. 가변 흡기제어장치의 적용(VIS : variable intake system)

가변 흡기제어장치(VIS)의 구성은 매니폴드 스로틀밸브에 의해 작동되는데 밸브를 열고 닫기 위한 DC모터와 모터에 달린 개폐기 위치 검출을 위한 모터 위치센서로 구성되어 있으며 흡기 매니폴드 2개의 포트 중 한쪽의 포트에 밸브를 장착하여 저속에서 밸브를 닫아 연소실에서의 강력한 스월을 발생하도록 하는 장치이다.

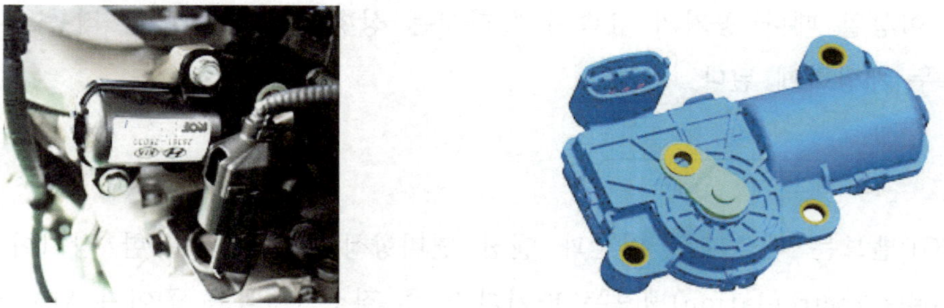

(a) (b)

그림 144. 가변 흡기제어장치

가변 흡기제어장치는 엔진의 연소상태를 극대화하기 위해 실린더로 흡입되는 두 곳의 흡기 매니폴드 포트 중 한쪽 포트에 밸브를 장착하여 필요에 따라 밸브를 작동시켜 한쪽 포트를 막아 흡입되는 공기의 흐름을 바꿀 수 있도록 하였다. 이는 저속에서 밸브를 닫아 연소실에서 강력한 스월을 발생하도록 흡기가 연소실로 들어갈 때 실린더 축을 중심으로 회전하면서 들어가 공기와 연료의 원활한 혼합과 연소속도를 빠르게 하여 실린더 안쪽의 산소와 연료가 잘 섞여서 효율적으로 연소가 되도록 한다.

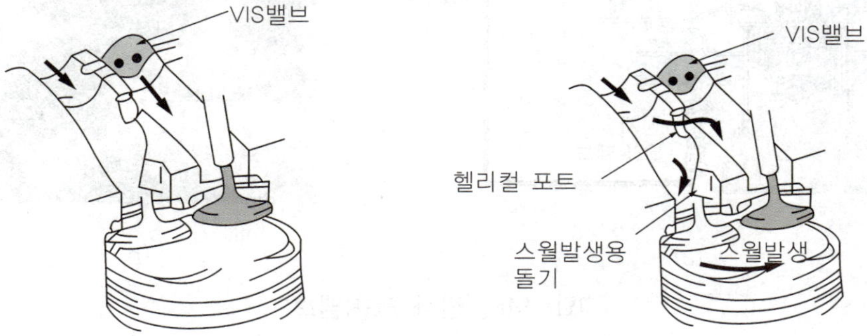

(a) 고부하 영역(VIS밸브 열릴 때) (b) 중부하 영역(VIS밸브 닫힐 때)

그림 145. VIS의 작동

가변흡기 제어장치의 작동은 아이들 상태 또는 3000rpm 이하의 영역에서 작동을 한다. 즉 연소실의 공기가 희박해서 실린더 안에 연료와 공기가 잘 혼합이 되지 않게 되고 연소가 불안해지면 작동하여 연소가 안전적으로 될 수 있도록 하고 반대로 3000rpm 이상일 때나 공기의 유속이 빨라지는 상황이 되면 VIS는 작동을 안 하고 밸브를 모두 개방하게 된다.

5.1.3. 전자 EGR밸브

전자 EGR밸브는 배출가스 저감과 엔진 연비향상을 위해 적용한 장치이다. EGR (exhaust gas recirculation)밸브는 배기가스 중 질소산화물을 줄이기 위해 연소실에서 연소된 배기가스를 그대로 내보내지 않고 연소실로 다시 돌려보내는 밸브를 말한다.

실린더 안에서 연료가 연소하는 과정에서 질소와 산소가 고온에서 만나면 질소산화물이 발생되는데 이를 막을 수 있는 방법 중에 하나는 엔진내부의 온도가 너무 높이 올라가지 않게 해서 질소산화물이 만들어 지는 양을 줄이는 것이다. 이렇게 온도가 올라가는 것을 막기 위해 EGR밸브를 통해 다시 연소실로 들어가는 배기가스를 EGR 가스라고 하는데 이 가스는 산소가 없는 가스로 연소가 활발하게 이루어 지지 않기 때문에 연소실 온도가 내려가게 된다.

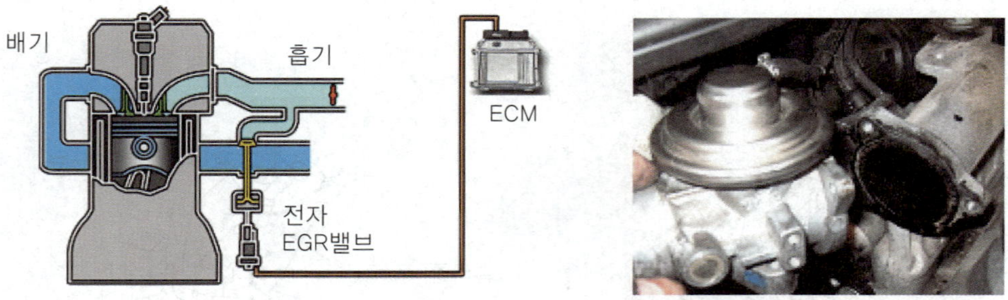

(a) (b)

그림 146. 전자 EGR밸브

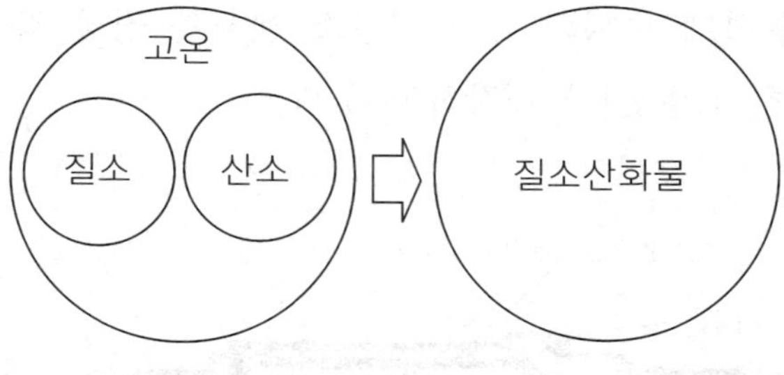

그림 147. 질소산화물의 형성

5.1.4. 광영역 산소센서

배기 매니폴드에 장착된 람다(λ)센서는 광역 산소센서로 기존의 이론 공연비의 14.7 : 1의 한 부분을 검출하던 질코니아방식에서 배기가스 중의 산소 농도 전체의 영역을 검출하여 연료량 보정을 한다. ECU는 현재 광역 산소센서가 검출한 람다값을 람다 1.0에 맞추기 위해 펌핑전류를 제어한다.

혼합기가 희박(람다 1.0 이상)하면 ECU는 펌핑류를 람다센서로 흘려주어(+펌핑 전류) 광역 산소센서를 활성화하여 람다 1.0의 특성을 나타내도록 한다. 이때 광역 산소센서로 흘려준 펌핑 전류량을 가지고 ECU는 배기가스에 포함된 산소농도를 검출한다.

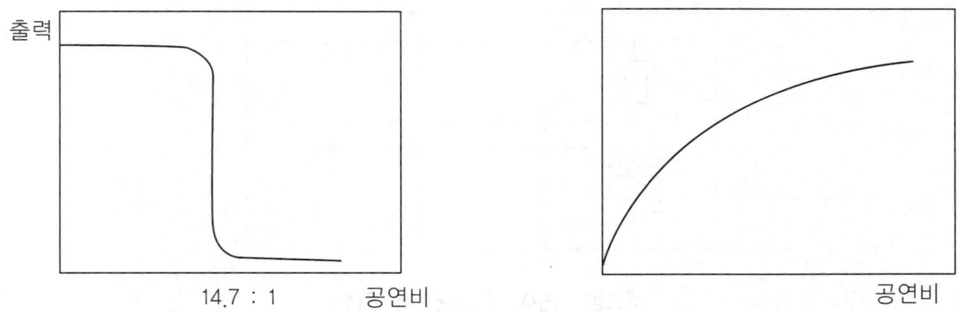

(a) 기존 산소센서 (b) 광영역 산소센서

그림 148. 광영역 산소센서

혼합기가 농후(람다 1.0 이하)하면 ECU는 펌핑전류를 광역 산소센서로부터 빼어와(-펌핑전류) 광역 산소센서의 활성화를 감소시켜 람다 1.0의 특성을 나타내도록 한다. 이때 람다센서로부터 빼어온 펌핑 전류량을 가지고 ECU는 배기가스에 포함된 산소농도를 검출한다. 이러한 일련의 작업들은 광역산소 센서가 정상 작동온도(450 ℃~600℃)에서 가장 신속하고 원활하게 수행되며, 광역산소 센서를 정상 작동온도로 빠르게 올려주고, 유지하기 위한 히터(열선)를 내장하고 있다.

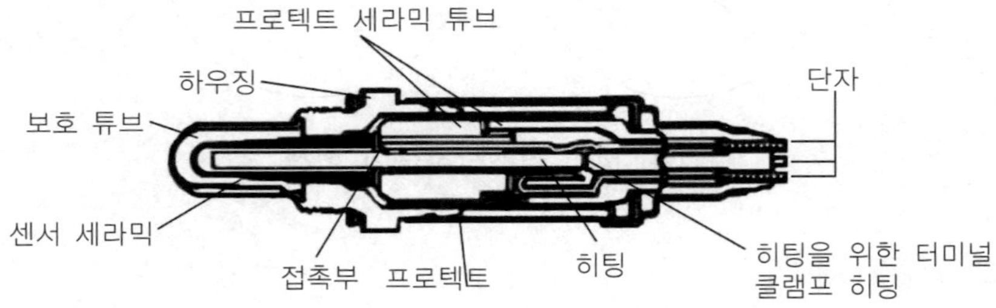

그림 149. 광영역 산소센서의 단면

히터열선은 ECU에 의해 PWM(pulse width modulation)으로 제어된다. 히터 열선이 차가워지면 저항값이 낮아져 전류값은 증가하고, 열선의 온도가 높으면 저항값이 증가하여 전류가 낮아지는 것을 이용 람다센서의 온도를 감지, 광역 산소센서 히터 작동량을 결정한다.

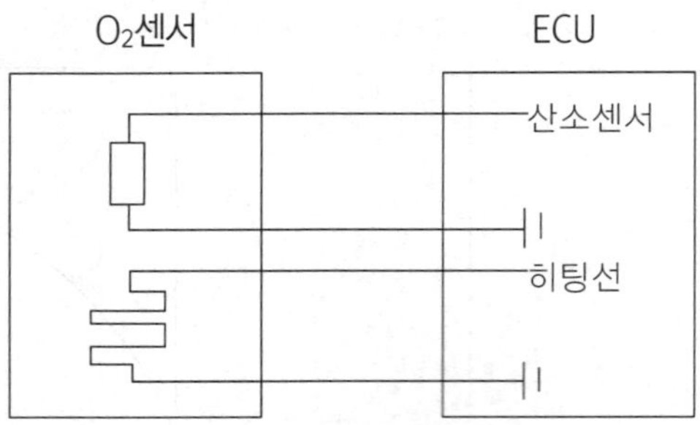

그림 150. 산소센서 히팅

5.1.5. ETC(Electronic Throttle Control)

ETC(electronic throttle control valve)는 전자제어식 스로틀 컨트롤밸브로서 운전자의 의도에 따라서 엔진에 유입하는 공기량을 제어하도록 하는 장치이다. ETC는 모터와 스로틀바디, 그리고 스로틀 포지션센서로 구성되어 있다. 기존의 기계식 스로틀밸브는 액셀페달과 와이어 케이블을 이용하여 연결하였지만, ETC는 액셀페달센서의 입력값을 ECU가 받아서 ETC모터를 듀티 제어하여 스로틀밸브를 원하는 만큼 개폐하는 방식이다.

ETC는 전자제어로 엔진출력을 조절한다. 즉 엔진의 부하 및 운전자의 가속의지 등을 연산한 ECU의 신호로 ETC모터를 구동 흡입공기량을 조절한다. 또한 흡입공기량 및 엔진 RPM을 정밀제어하여 최적의 운전성을 구현하기 위해 적용되었다. 이에 따라 엔진의 스로틀밸브제어, 공회전속도 제어 등을 수행하며 신뢰성을 확보하였다.

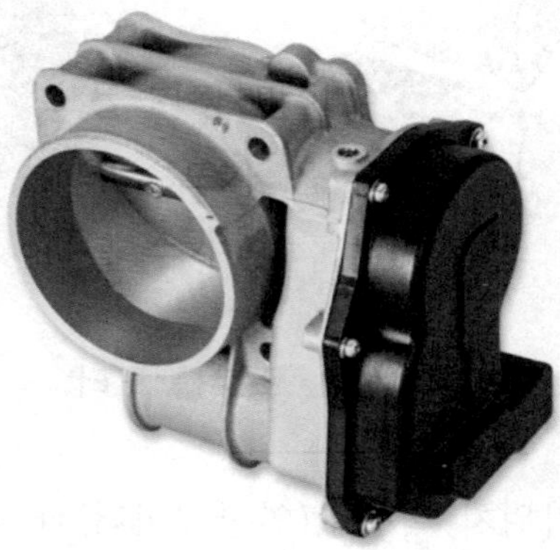

그림 151. ETC

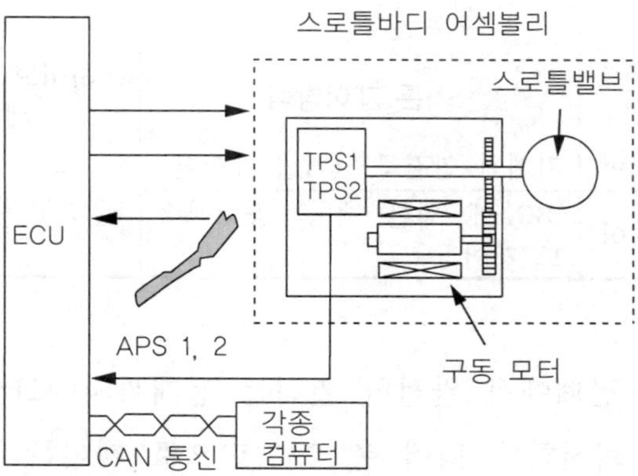

그림 156. 전자제어 스로틀밸브시스템의 구성요소

[1] 스로틀 모터(throttle motor)

엔진 ECU로부터 작동전류를 공급받아서 스로틀밸브 열림과 닫힘을 구동하는 모터이다. 내부구조는 델타결선으로 이루어진 코일과 코일의 자력에 의해 작동하는 로터와 스로틀밸브를 구동하기 위한 구동기어로 이루어져 있다. 또한 내부에는 TPS (throttle position sensor) 1 · 2가 내장되어 있다.

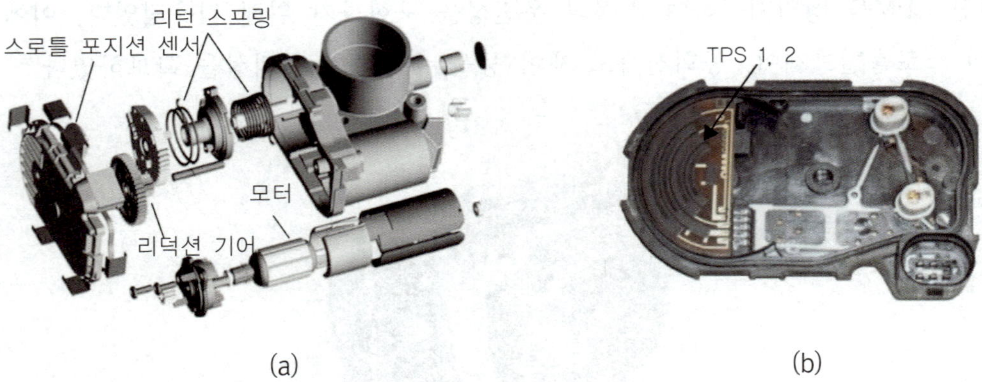

그림 153. 스로틀 모터

ECU는 스로틀 모터의 초기위치 학습값(연산데이터)과 TPS값의 전압 변화치를 참고해서 현 상태의 스로틀 모터의 위치를 검출하고 전류를 모터에 공급하는데 듀티 제어(PWM)로 미세하게 제어한다.

제어 항목	기존 제어방식	하이브리드 엔진의 제어방식
스로틀밸브 제어	기계적 연결구조(액셀 케이블)	ETC에 의한 통합제어
공회전 속도제어	ISCA에 의한 제어, 공회전속도 제어	

스로틀모터는 밸브가 전폐에서 완전히 열리는 전개까지 로터가 70~80도 회전하며 1패턴 당 로터가 30도 회전하게 되어 총 26패턴으로 제어한다. 스로틀 모터 고장시 림프 홈 기능으로 스로틀밸브를 5도로 고정하여 시동 꺼짐을 방지하고 주행을 가능하게 하였다.

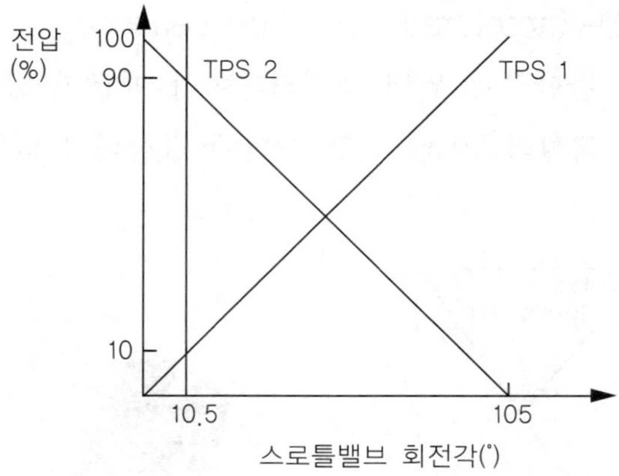

그림 154. TPS값

[2] 스로틀 포지션센서(throttle position sensor)

스로틀밸브의 움직이는 량을 감지하여 ECU에 신호를 보내는 주는 역할을 한다. 엔진 ECU는 TPS신호를 받아 목표 스로틀밸브 개도 피드백 제어하는데 중요한 기능을 하며 스로틀 모터 내부에 장착되어 있다.

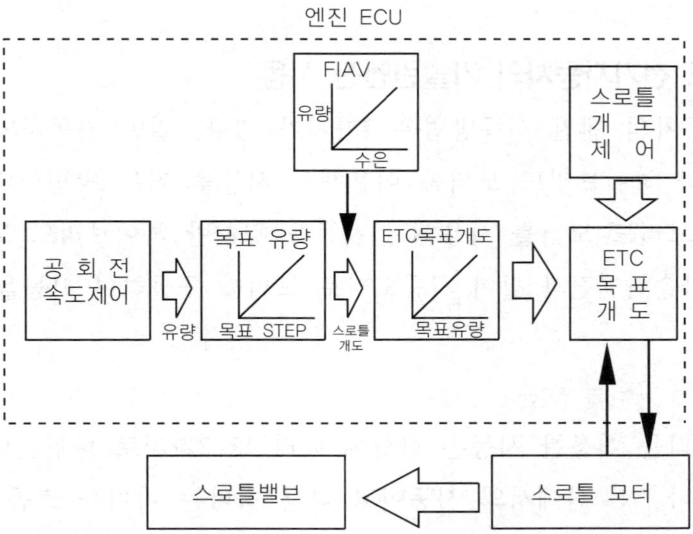

그림 155. 스로틀밸브 개도 제어도

[3] 액셀러레이터 포지션센서(accelerator position sensor)

운전자의 가속의지를 판단하기 위해 액셀러레이터 페달의 밟은 량을 검출하는 센서로서 APS 1·2 센서가 액셀러레이터 페달 상단에 장착되어 있다.

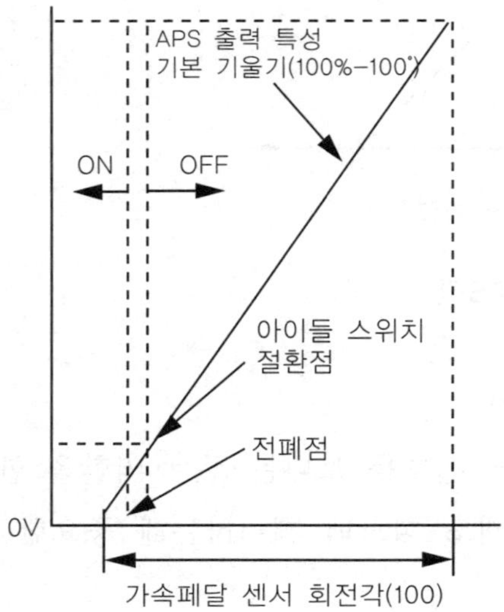

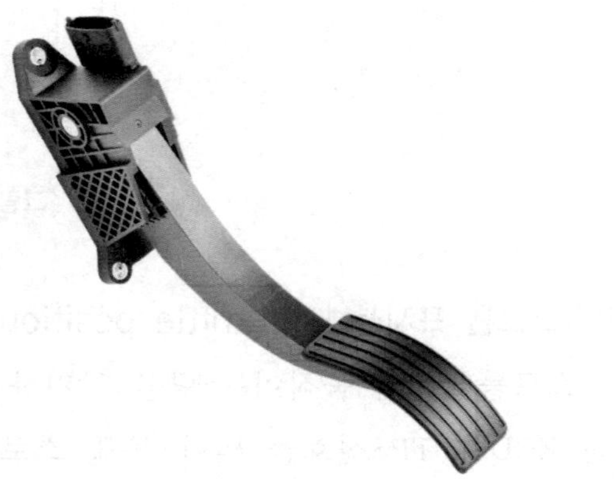

그림 156. 액셀러레이터 포지션센서

5.2. 하이브리드 전기자동차의 가솔린엔진 시동

하이브리드자동차의 엔진 시동방법은 2가지가 있다. 일반 자동차와 같이 시동모터를 이용하는 것과 하이브리드 모터를 이용해서 시동을 거는 방법인데 평상시에는 기본적으로는 하이브리드 모터를 사용해서 시동을 걸지만 하이브리드 모터 시동 금지조건에 들어가면 가솔린엔진과 같이 시동모터로 모터를 구동하여 시동을 건다.

5.2.1. 하이브리드 모터를 이용한 시동

하이브리드 모터를 이용한 시동은 상황에 따라 또 2가지로 나뉘는데 하나는 변속레버의 위치가 "P"나 "N" 단에서의 시동이고 다른 하나는 아이들 스톱 해제에 따른 하이브리드 시동이 있다. 아이들 스탑 해제를 위한 시동은 운전자가 액셀러레이터를 밟으면 모터가 다시 켜지는 것을 말하는 것으로 운전자 입장에서는 꺼진다기보다 다시 시동이 걸린다고 보면 될 것이다.

하이브리드자동차의 가솔린엔진의 시동이 걸리는 것은 [그림 157] 그래프와 같다. 일단 Key On을 하면 하이브리드자동차의 시동모터가 동작하면서 모터의 토크가 올라간다.

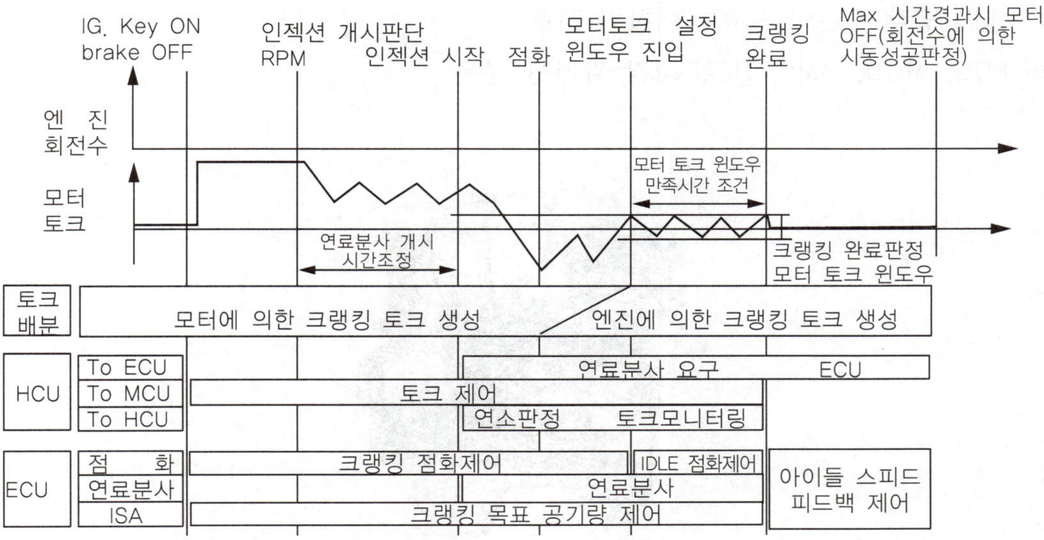

그림 157. 하이브리드 모터를 이용한 시동

엔진의 크랭크가 움직이면서 토크를 얻게 되고 이렇게 힘을 얻은 엔진이 시동이 걸릴 수 있는 RPM까지 올라가면 모터는 토크를 낮추며 멈추기 시작하고 HCU는 ECU에게 엔진에 연료를 분사하라는 명령을 내리게 되는데 이때 엔진의 연소실에 점화를 시작해서 엔진은 시동이 걸리는 것이다.

참고로 말하자면 가솔린엔진은 50rpm 정도에서 연료를 분사하지만 하이브리드자동차는 800rpm 정도에서 가솔린엔진에서 연료를 분사한다. 때문에 50rpm에서 800rpm 사이에는 연료분사가 되지 않아서 어느 정도의 연료절감 효과도 있다.

5.2.2. 하이브리드 모터 시동 금지조건

하이브리드 모터 시동 금지조건에 들어가면 가솔린엔진과 같이 시동모터로 모터를 구동하여 시동을 걸게 되는데 하이브리드 모터 시동 금지조건들은 직간접적으로 일단 하이브리드시스템에 이상이 생겼다고 볼 수 있다.

① 고전압 배터리 온도의 온도가 약 -10℃ 이하인 경우

② 고전압 배터리 온도 약 45℃ 이상의 경우
③ MCU 인버터(inverter) 온도가 94℃ 이상인 경우
④ 고전압 배터리 충전 량이 18% 이하인 경우
⑤ 엔진 냉각 수온이 -10℃ 이하인 경우
⑥ ECU, MCU, BMS, HCU 고장 감지된 경우

그림 158. 시동모터 시동

이러한 경우에는 시동모터에 의한 시동을 하게 된다. 이런 경우는 엔진이나, 모터가 작동을 하지 못하는 상황 또는 전자계통에 이상이 생겼을 경우라고 보면 된다.

5.2.3. 시동 및 저속-중속 범위

자동차가 출발할 때나 저속에서 중속의 범위에서는 엔진은 정지하고, 하이브리드 전기자동차는 전동기에 의하여 구동하게 된다. 따라서 동력흐름은 축전지, 인버터, 전동기를 거쳐서 구동바퀴로 전달된다.

5.2.4. 정상주행

엔진의 동력은 동력 분배장치에 의하여 일부는 발전기를 회전시키고 일부는 전동기를 구동하여 구동바퀴를 돌려 주행하며 이 때 동력은 최대 효율을 갖도록 제어된다.

5.2.5. 급가속 운전

[그림 160]에서 엔진과 전동기가 동력을 시스템 경로(ⓑ +ⓒ)로 전달하고 운행 중 가속특성을 좋게 하기 위하여 축전지로부터 동력 ⓐ가 공급되어 자동차의 급가속과 주행조건에 알맞은 동력을 전달한다.

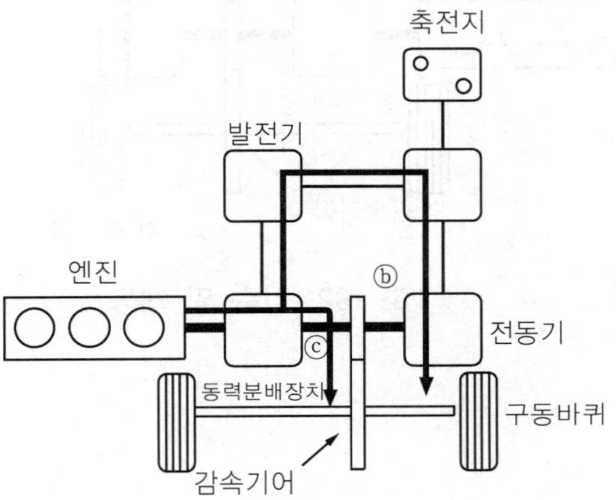

「그림」 159. 정상주행 운전조건

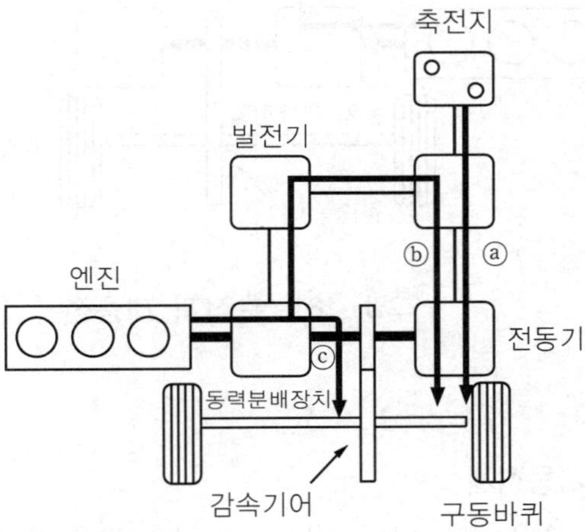

「그림」 160. 급가속 운전

5.2.6. 축전지 재충전

하이브리드시스템이 성능을 충분히 발휘하기 위해서는 축전지는 충분히 충전된 상태를 유지해야 한다. [그림 161]의 동력흐름 ⓔ와 같이 재충전할 경우에는 엔진은 발전기를 구동하여 충전한다.

5.2.7. 감속 및 제동

감속 및 제동할 때에는 [그림 162]와 같이 전동기는 바퀴의 구동에 의하여 고출력 발전기로서 작동하게 된다. 이때의 운동 에너지는 전기 에너지로 회수되어 고성능 전지에 충전하여 저장된다. 이러한 기능을 하이브리드 동력시스템의 회생 제동작용이라고 한다.

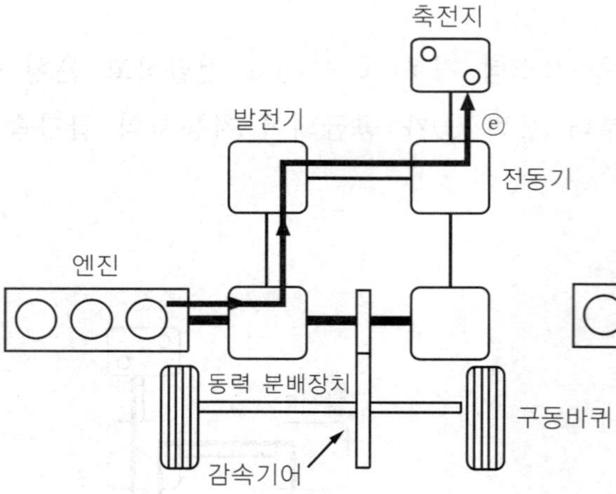

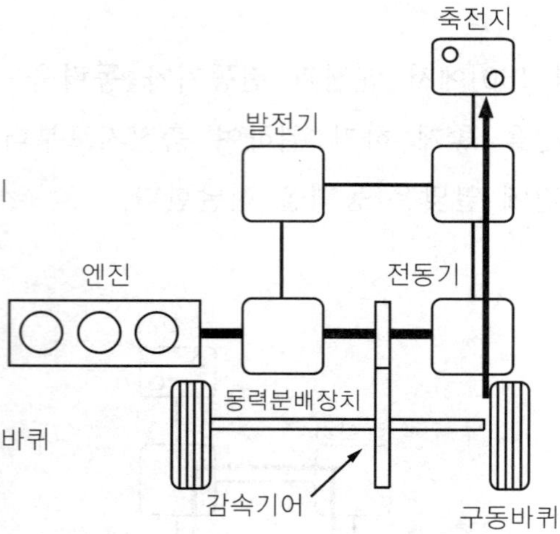

그림 161. 축전지 재충전

그림 162. 감속 및 제동

5.2.8. 자동정지와 시동

[1] 자동정지

브레이크를 밟아 자동차가 완전히 정지하면 자동적으로 엔진을 정지시켜 불필요한 에너지 손실을 방지한다. 그러나 이때 다음과 같은 정지조건을 만족해야만 운전이 정지된다.

① 기어 레버가 주행위치에 있을 때
② 엔진, 변속기 또는 하이브리드 축전지가 워밍업 되었을 때
③ 외기온도가 기준 온도(약 −15℃)보다 높을 때
④ 에어컨시스템이 A/C 컴프레서 작동을 요구하지 않을 때
⑤ 하이브리드 축전지의 충전상태가 양호할 때
⑥ 12V 축전지의 충전상태가 양호하고 부하가 작을 때
⑦ 후드가 완전히 닫혀 있을 때

[2] 자동시동

브레이크에서 발을 떼거나 가속페달을 밟으면 자동적으로 엔진의 시동이 걸린다. 이때 시동이 걸리는 운전조건은 다음과 같다.

① 기어 레버가 주행위치에서 다른 기어로 기어 레버를 이동하는 경우
② 에어컨시스템이 OFF상태에서 정상 에어컨 상태로 작동할 경우

③ 히터 혹은 냉방성능을 위해 엔진을 작동시켜야 하는 경우
④ 후드가 열리는 경우
⑤ 하이브리드 축전지의 충전상태가 낮아 재충전이 필요한 경우
⑥ 자동 정지시간이 기준시간을 초과하는 경우

5.2.9. 회생 제동시스템

브레이크를 작동시키면 전동기는 발전기로서 작동하여 자동차의 운동 에너지를 전기 에너지로 바꾸어 축전지에 충전하게 된다. 이러한 작용을 회생 제동작용(regenerative braking)이라고 한다. 이러한 작용은 가속과 감속을 되풀이 하는 시내주행에서 에너지 회수에 효과적이다.

Chapter

3

전기자동차 (EV)

1 전기자동차의 개요

1.1. 전기자동차의 개요

순수 전기자동차(EV : Electric vehicle)는 화석연료(가솔린·디젤 등)를 사용하는 엔진 없이 배터리를 통한 전기에너지만을 동력원으로 사용하는 전기자동차이다. 충전된 전기에너지만으로 구동되어 이산화탄소 등 배출가스가 전혀 발생하지 않는다. 또한, 내연기관이 필요 없고 전기모터만 장착하면 되기 때문에 자동차 구조를 단순화할 수 있고 자동차 앞쪽의 엔진룸이 없어도 되니 그 공간을 활용해 기존 상식과는 다른 다양한 디자인의 자동차가 등장하고 있다. 또, 기존 자동차와 다른 점이 하나 더 있는데, 바로 엔진소리가 나지 않는다는 것이다.

전기자동차를 처음 운전해보면 엔진소리가 없어서 시동이 걸렸는지, 차가 지나가고 있는지도 모르는 상황이 발생하기도 한다. 때문에 전기자동차 제조사들은 일부러 엔진 소리가 나도록 효과음을 넣기도 한다. EV는 배터리만으로 자동차를 구동하므로 배터리 성능이 가장 중요한 요소인데, 현재 기술력으로는 한 번 충전으로 최대 385~451km를 달릴 수 있는 수준이다.

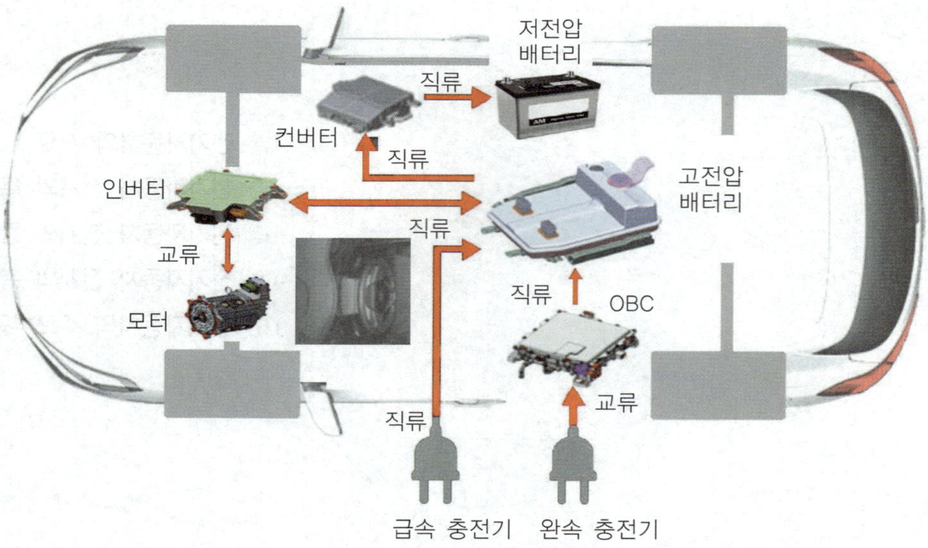

그림 1. 전기자동차의 전기 에너지 흐름

2020년도에 삼성전자 종합 기술원은 1회 충전으로 800km 이상 주행이 가능하고 리튬이온 전지보다 크기는 반으로 줄이고 1000회 이상 배터리 재충전이 가능한 차세대 전고체 전지(All-Solid-State Battery)를 개발하였다. 머지않아 상용차에도 적용될 것으로 전망된다.

전기자동차의 보급은 자동차산업 전반의 큰 변화를 이끌고 있다. 지금까지 내연기관 자동차는 엔진을 생산하는 완성차 제조업체를 중심으로 변속기와 클러치 등을 공급하는 업체의 협력으로 만들어졌으며, 다소 복잡한 생산구조를 이루고 있다. 그러나 2차 전지와 모터로 구동하는 전기자동차는 엔진 및 변속기가 필요 없어지는 등 구조가 간단해진다.

자동차 구조만 단순해지는 게 아니다. 산업구조도 자동차업체를 기준으로 하는 계열화에 의한 수직통합형에서 전지・전자 등을 중심으로 하는 수평통합적인 구조로 완만하게 변화할 것이다. 다시 말하자면 관련계열 이외의 기업도 참여할 수 있는 여지가 생기는 것이다. 가솔린자동차의 경우, 기존의 유압 기구였던 부품의 전동화가 진전돼 지금은 한 대에 100여개 이상의 모터가 탑재된다.

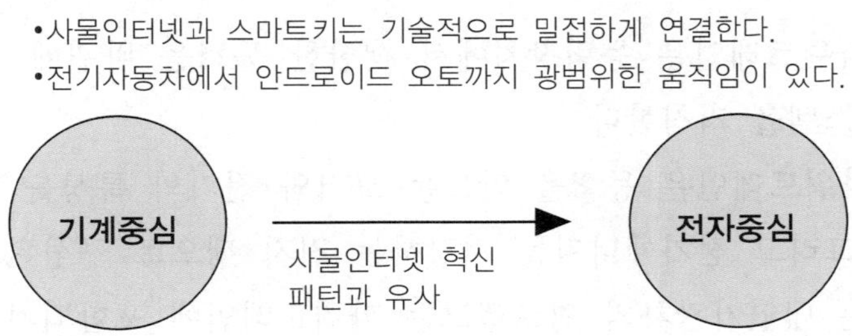

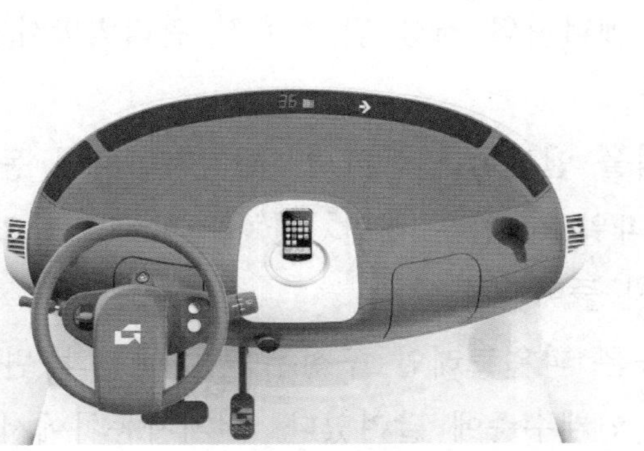

GEM디자인 컨셉

「그림」 2. 자동차산업의 변화

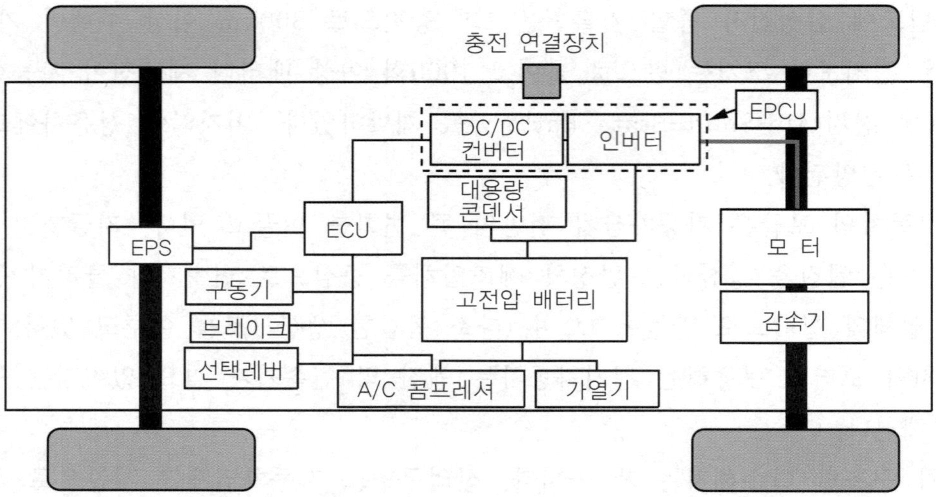

EPS: electronic power steering
EPCU : Electric Power Control Unit,
(인버터(MCU-Moter Control Unit)+LDC +VCU(Vehicle Control Unit))
ECU: electronic control unit

그림 3. 전기자동차의 주요 부품구성도

1.2. 내연기관 파워트레인과 전기자동차 파워트레인의 비교

① 자동차에서 파워트레인은 동력장치에서 생산한 동력을 바퀴에 전달하는 과정에서 필요한 시스템을 지칭한다.

② 전기자동차 파워트레인은 동력을 만드는 모터와 전기의 특성을 제어하는 파워일렉트로닉스, 그리고 전기에너지를 저장하는 전지 팩으로 구성된다. 연료를 저장하고 배출하는 내연기관차의 연료탱크는 파워트레인에 포함되지 않지만, 전기자동차의 전지 팩은 에너지의 저장 및 효율적 관리역할까지 하므로 파워트레인 구성요소에 포함된다.

③ 내연기관차의 동력을 엔진이 만든다면, 전기자동차의 동력은 모터가 만든다. 따라서 전기자동차 파워트레인은 내연기관차보다 구조적으로 훨씬 단순하고, 부품수도 최대 80%까지 줄어든다.

④ 내연기관차의 성능은 파워트레인 구성부품인 엔진과 변속기의 개별 성능, 그리고 부품간 효율적 연계수준에 달려있다. 전기자동차에서도 파워트레인의 성능은 중요한 경쟁요소다. 원가 측면에서도 파워트레인의 비중은 전기자동차 부품 중에서 가장 높다. 전기자동차 모델간 경쟁의 핵심이다.

1.3. 전기자동차의 장 · 단점

1.3.1. 전기자동차의 장점

① 주행시 CO_2를 배출하지 않는다. 소형 전기자동차가 충전전기 제조시 주행 1km 당 40g(소형 가솔린차의 경우는 170g)의 CO_2를 발생한다.

② 부품수가 하이브리드카는 물론, 내연기관차보다 적게(엔진, 트렌스미션 등이 불필요) 시스템이 단순화 가능하므로, 고장 리스크 범위도 줄일 수 있고 고장이 적은 편이다. 전지 생산비용이 줄어들면 플러그 인 하이브리드자동차보다 값이 쌀 가능성이 있다.

③ 전기차는 전기모터로만 구동할 경우 운행비용이 가장 저렴하고 값싼 심야 전기를 이용할 경우 비용을 더 낮출 수 있고 자택에서 충전가능하다.

④ 주행 중 화석연료를 전혀 사용하지 않아 가장 친환경적이다.

⑤ 차량소음이 적고, 진동이 적고, 차량수명이 상대적으로 길다.

⑥ 사고 시 폭발의 위험성이 적다.

⑦ 다양한 에너지원을 이용할 수 있고, 에너지 효율이 높다.

⑧ 차량디자인 및 부품배치 자유도가 크다.

⑨ 전기자동차는 휘발유 자동차와는 다르게 운전 중에 기어를 바꿔줄 필요가 없어 운전조작이 간편하다.

⑩ 낼 수 있는 에너지당 중량이, 석유계 연료에 비해서 매우 크다.

1.3.2. 전기자동차의 단점

① 고가의 전지가 필요하다.

② 자동차 수명보다 전지수명이 짧다.

③ 장거리 주행을 위해서는 급속충전 스탠드의 전국 규모로 충전해야 한다.

④ 차량가격이 비싸다(그러나 기술개발을 통해 배터리 생산단가를 절감하면 향후 가격 경쟁력에서 충분히 승산이 있다).

⑤ 일반 가솔린자동차에 비해 속도가 느리고, 배터리 1회 충전으로 주행할 수 있는 거리(항속거리)가 짧다.

⑥ 충전시간이 오래 걸린다.

⑦ 사고 시 수리비가 많이 나온다.

⑧ 별도의 충전시설을 위한 인프라 구축도 선행돼야 한다.

⑨ 겨울철에 주행거리의 편차가 심하다.

1.4. 전기자동차의 발전사

1881년 프랑스 파리에서 열린 국제 전기박람회에서 3륜 전기자동차가 대중에 공개되었고, 그 3년 뒤인 1884년 드디어 공식적으로 "세계 최초"라 불리는 전기차가 영국인 발명가 토마스 파커에 의해 태어났다. 가솔린엔진 자동차가 처음 판매된 게 1891년인데 반해 전기차는 5년이나 빠른 1886년 판매가 시작되었다니, 생각보다 역사가 꽤 길다.

가솔린자동차보다 냄새가 적고, 진동과 소음이 덜하며 기어조작이 필요 없는 전기차가 상류층 여성들에게 인기를 끌면서 1900년을 전후해 전기자동차는 전성기를 맞으며 여성용으로 미국에서 1920년대 중반까지 소량 생산되었다.

특히 유럽과 미국에서 큰 사랑을 받아 도시마다 충전소가 지어지고 전기차 택시 또한 운행했다고 한다. 세계적으로 유명한 자동차회사 포르쉐가 1898년 내놓은 첫 상용차 P1(정식명칭 Egger-Lohner electric vehicle, C.2 Phaeton model) 역시 130kg의 모터를 단 3마력의 전기차였다.

1920년대에 미국 텍사스에서 원유가 대량으로 발견되며 휘발유의 가격은 떨어지고, 내연기관의 대량생산체제를 구축함에 따라 휘발유자동차는 500달러~1000달러 정도로 가격이 많이 떨어진다. 그러나 전기자동차의 가격은 점점 상승해 평균 1750달러 정도에 팔릴 때 휘발유자동차는 평균 650달러 정도에 팔리게 되었다. 전기자동차는 극히 일부만이 교통수단으로 이용하고, 휘발유자동차가 자동차시장에서 급부상하기 시작한다. 그리고 1930년대에 들어서서 전기자동차는 값비싼 가격, 배터리의 무거운 중량, 충전에 걸리는 시간 등의 문제 때문에 자동차시장에서 대부분 사라진다.

(a) 1842년경 전기자동차

(b) 2020년도 볼보 전기차 XC40 리차지

그림 4. 최초 및 현재의 전기자동차 모습

1990년대에 들어선 직후 가솔린자동차에 의한 환경오염문제가 대두되었다. 1996년 제너럴 모터스(GM)사는 양산 전기차 1호로 볼 수 있는 "EV1" 전기자동차를 개발한다. 이 전기자동차는 미국 캘리포니아 지역에서 임대형식으로 보급된다. 그러나 GM사는 수요가 크지 않아 수익성이 낮다는 이유로 1년 만에 전기자동차 "EV1"의 조립라인을 폐쇄한다.

2000년대 들어 고유가와 엄격해진 배기가스 규제강화가 전기차 개발의 속도를 빠르게 하고 있다. 시장 규모도 급성장 중이다. 2019년은 국내외에서 다양한 전기자동차가 쏟아져 나온 한 해였다.

그림 5. GM "EV1"

현대자동차는 "2020코나 일렉트릭"을 출시한다. 2020 코나 일렉트릭은 64kWh에 1회 충전으로 406km 주행 가능한 동급 최대 수준 항속거리를 보유했다.

그림 6. 현대자동차 "2020코나 일렉트릭"

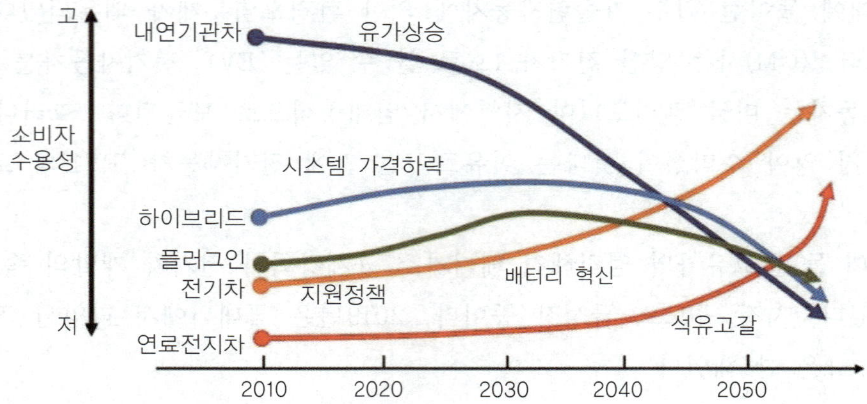

그림 7. 친환경자동차의 전망

2 전기자동차 전지의 특징

2.1. 전지의 발전사

전지의 역사는 상당히 길다. 역사상으로 1800년 개발된 볼타전지가 최초의 전지인 것으로 알려지고 있다. 그러나 2,000여 년 전의 한 유적지에서 항아리에 톱밥 및 황산 등을 층층이 넣어 만든 항아리 전지가 발견되고 있다. 인류가 전지를 사용하기 시작한 것은 최소한 2,000여 년 전의 일인 것이다.

볼타전지는 물질의 화학적 반응을 통해 화학에너지를 전기에너지로 변환하는 최초의 전기 발생장치이다. 1800년 이탈리아의 물리학자 알레산드로 볼타(Alessandro Volta, 1745~1827)가 발명한 세계 최초의 전지는 소금물을 적신 판지(cardboard soaked in salt solution)를 사이에 두고 은판(silver disc)과 아연판(zinc disc)을 반복하여 여러 층을 쌓아 설치한 후 두 금속을 구리선으로 연결하여 만들었다. 이를 볼타 파일(Voltatic pile)이라 했는데, 이것이 최초의 볼타전지이다.

1. 셀 을 구성하는 3 개의 디스크 그룹
2. 구리로 만들어진 디스크입
3. 더미에서 전기를 얻을 수 있는 (−)단자
4. 더미에서 전기를 얻을 수 있는 (+)단자
5. 산에 담근 판지 또는 가죽 디스크
6. 아연으로 제조된 디스크

(a) 볼타 더미

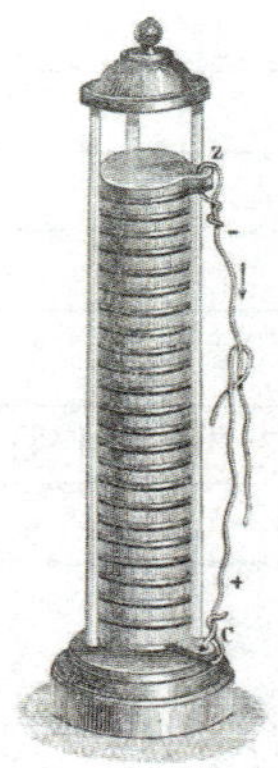

(b) 볼타 전지

(c) 알레산드로 볼타

그림 8. 볼타전지

표 전지의 역사

년 도	특 징
1789	개구리 다리로 부터 전지현상 발견(Galbani(Italy))
1799	구리-아연 전지 발명($Cu/H_2SO_4/Zn$, Volta(Italy))
1860	연축전지 발명($PbO_2/H_2SO_4/Pb$, Plante(France))
1867	망간 건전지의 원형 발명($MnO_2/NH_4ClZnCl_2/Zn$, Lechlanche(France))
1880	Faure, paste식 극판에 의한 연축전지 제조법 특허, 연축전지 산업생산 개시
1888	망간 건전지 발명(Gassener(Germany), 헤레센스(Denmark))
1899	니켈-카드뮴 전지 발명(NiOOH/KOH/Cd, Jungner(Sweden))
1899	니켈-아연 전지 발명(NiOOH/KOH/Zn)

년 도	특 징
1900	니켈-철 전지 발명(NiOOH/KOH/Fe, Edison(USA))
1909	알카리 망간전지 발명(MnO_2/KOH/Zn)
1917	아연공기 축전지 발명(O_2 in Air/KOH/Zn)
1942	수은전지 발명(HgO/KOH/Zn)
1947	밀폐형 니켈-카드뮴 전지 발명
1949	알카리 망간전지 실용화
1962	밀폐형 수소전지 발명
1970	리튬 1차 전지 실용화
1970	미국 GM Delco 칼슘 MF 연축전지 개발
1973	이산화망간-리튬 1차 전지 실용화(MnO_2/$LiClO_4$/Li)
1981	리튬 이온 2차 전지 발명
1990	리튬 이온 2차 전지 실용화, 생산개시(일본 SONY사)
	밀폐형 니켈-수소전지 실용화(NiOOH/KOH/MH)
	전기자동차용 전지 본격 개발착수
1995	수은전지 생산중지
2002	LIPB, ALB, Smart Battery, Li-Polymer, 초박형 리튬이온전지(파워셀) 개발
2018	리튬황 전지(Lithium-sulfur battery) 개발

2차 전지 중 Ni-Cd(Nickel-cadmium) 및 Ni-MH(Nickel-Metal Hydride) 전지는 메모리효과와 유해한 Cd사용 등으로 인해 점차 시장에서 입지가 좁아지고 있다.

리튬 2차 전지는 전해질 형태에 따라 유기용매 전해질을 사용하는 리튬금속전지 및 리튬이온 전지와 고체고분자 전해질을 사용하는 리튬폴리머 전지로 나눌 수 있다. 리튬금속 전지는 리튬금속을 음극으로 사용하는 것으로 사이클 수명 및 안전성이 낮아 상용화에 어려움을 겪고 있으며, 이를 극복하기 위해 리튬금속 대신 카본을 음극으로 사용하는 리튬이온 전지가 개발되어 상용화되고 있다. 현재는 일본뿐만 아니라, 우리나라의 여러 전지회사에서 양산을 하고 있으며 특히, 국내의 몇몇 기업에서 리튬이온 전지에 대한 대량생산 체제를 갖추고 세계시장에서의 점유율을 높이고 있다.

리튬 폴리머전지인 경우는 음극으로 리튬금속을 사용하는 경우와 카본을 사용하는 경우가 있어 카본음극을 사용하는 경우는 구별하여 리튬이온 폴리머전지로 표기하는 경우가 있으나, 대부분의 경우 편의상 리튬 폴리머전지로 통용하고 있다. 리튬금속을 음극으로 사용하는 전지의 경우는 충·방전이 진행됨에 따라 리튬금속의 부피변화가 일어나고 리튬 금속표면에서 국부적으로 침상리튬의 석출이 일어나며 이는 전지 단락의 원인이 된다.

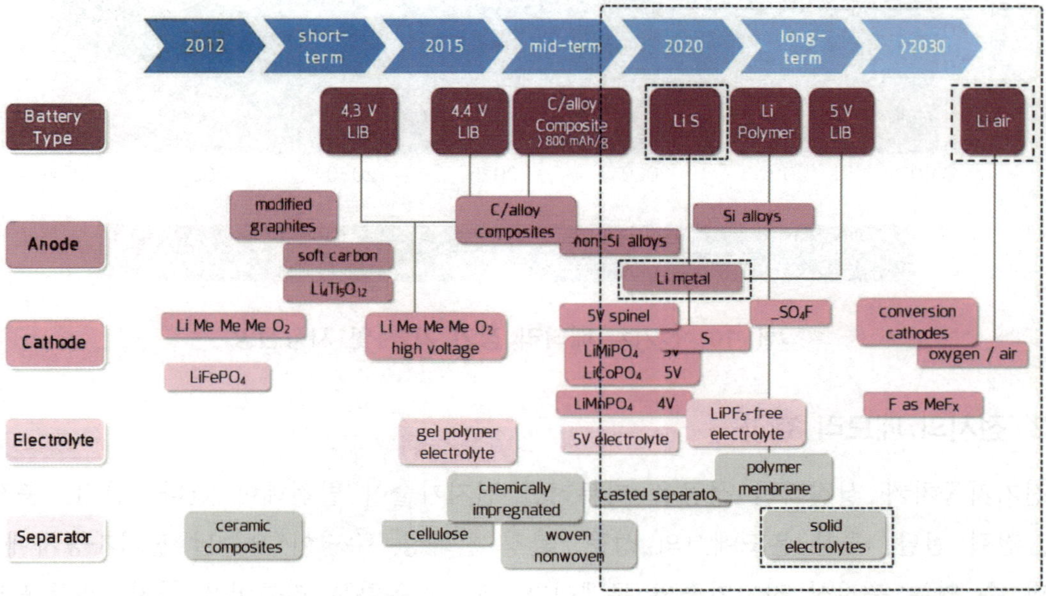

그림 9. 차세대 2차 전지 Roadmap

그러나 카본을 음극으로 사용하는 전지에서는 충·방전시 리튬이온의 이동만 생길 뿐 전극활물질은 원형을 유지함으로써 전지수명 및 안전성이 향상된다. 현재 리튬이온전지는 3.8V 전압에서 구동한다. 진화한 리튬이온전지는 3.8~5.0V를 목표로 한다. LG화학은 NCM 배터리 사용전압을 4.35V까지 높여 에너지 밀도를 LCO 배터리와 근접한 수준으로 구현했다고 발표한 바 있다.

향후 5V 리튬 이온전지를 구현하려면, 4대 소재는 5V 고전압 스피넬 또는 인산염 양극활물질($xLi_2MnO_3/(1-x)LiMO_2$(M= Mn, Ni, Co, Cr), $LiMnPO_4$, $LiCoPo_4$ 등), 실리콘합금 복합 음극재, 5V 리튬염과 첨가제, 고분자막과 PVDF 세라믹 코팅 분리막이 갖춰져야 한다. 배터리 및 소재 업체들의 기술동향과 전망을 종합해보면, 차세대 전지 Roadmap으로서 2025년까지 리튬이온전지가 4대 소재 성능개량과 함께 진화를 거듭하고(Advanced LiB), 그 이후로 전고체 전지가 차세대 주류적 면모를 갖춰가기 시작하며, 리튬메탈전지, 리튬황전지의 상용화가 시도될 것이다(Post LiB). 꿈의 전지라 불리는 리튬공기전지가 가시적 미래의 마지막 단계일 것이다.

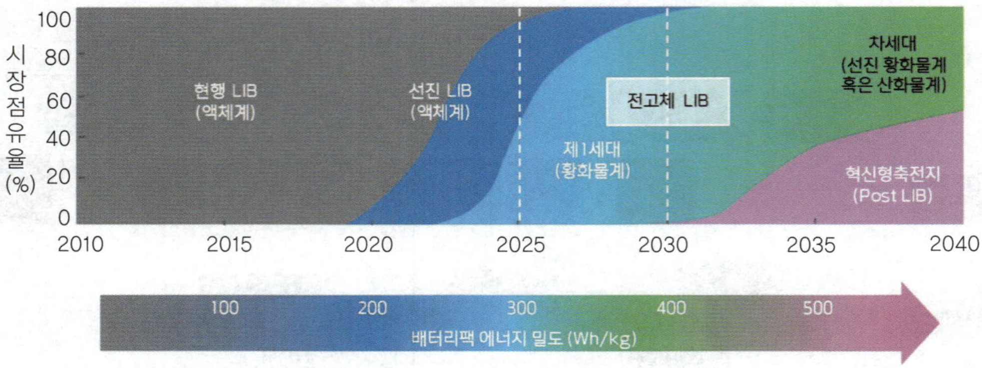

그림 10. 전기차 배터리 장기 기술 및 시장전망

2.2. 전지의 메모리 효과

전기자동차가 실질적인 성공을 거두려면 전지기술이 발전해야 한다. 안전, 충전시간, 전력 전달, 극한 온도에서의 성능, 환경 친화성, 수명이 오늘날 전기자동차에 이용할 수 있는 충전식 전지기술의 문제이다. 전기자동차는 리튬이온 전지, 리튬폴리머 이온전지를 제품에 채용하는 추세이다.

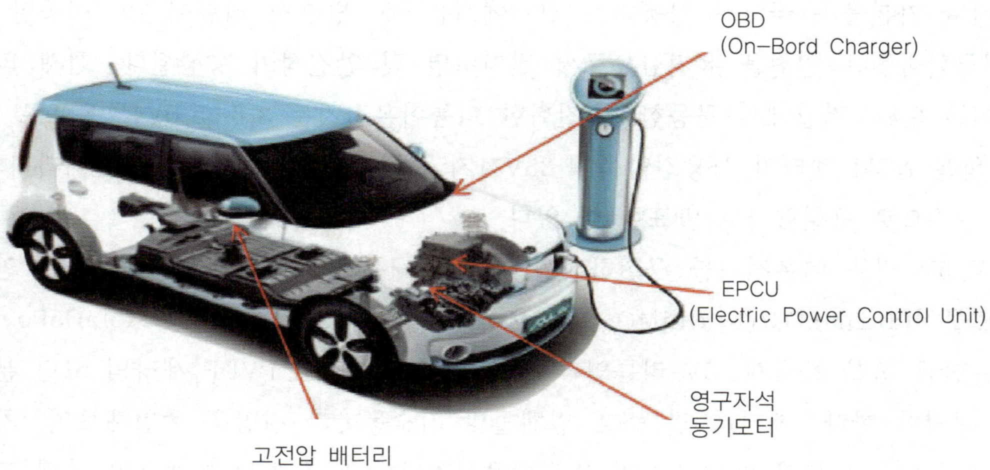

그림 11. 전기자동차의 구성시스템

그림 12. Li-ion 배터리

리튬 이온전지는 메모리현상이 없으므로 사용자가 임의대로, 주변 환경에 따라 수시로 충전하여 사용하여도 거의 수명에 영향을 미치지 않는다. 오히려 조금 쓰고 충전하고 조금 쓰고 또 충전하고 하면 Ni-계 전지와는 정반대로 수명이 길어지는 효과가 있다. 이러한 이유 때문에 리튬 이온전지가 Ni-계 전지보다 훨씬 비싼데도 수요가 늘어나고 사용자가 찾게 되는 것이다.

메모리효과란 니켈로 만든 전지에서는 활물질로 사용된 NiOH에서 OH가 떨어졌다 붙었다 하면서 전하를 전달하는 현상이 바로 충전과 방전이라는 전기적 흐름으로 나타난다. 여기서 shallow charge-discharge를 반복을 하면, 즉 조금 사용하고 다시 충전하고, 조금 쓰고 또 충전하고 하면 NiOH는 고용체를 형성하게 되는데 이 고용체의 형성은 비가역적인 반응이므로 한번 고용체가 생성이 되면 다시는 되돌아가지 못하게 되어 남아있는 용량을 사용하지 못하게 된다.

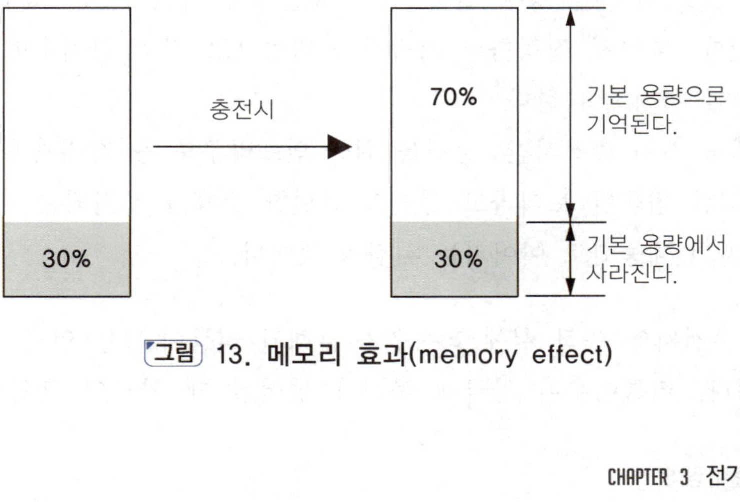

그림 13. 메모리 효과(memory effect)

이와 같이 전지가 마치 사용할 수 있는 용량의 한계를 기억하는 것과 같은 이러한 현상을 메모리효과라고 한다. 따라서 Ni(니켈)을 포함하고 있는 전지는 완전충전(100% 충전)하였다가 완전 방전될 때까지 사용하는 것을 반복하는 것이 가장 좋은 사용방법이다.

2.3. 전지가 갖춰야 할 조건

전지가 터무니없는 가격대를 형성하고 있다면 정부의 보조금이 나온다고 할지라도 쉽게 구할 수 없는 상황에 처하게 된다. 특히 전지는 수시로 교환해 주어야 하는 소모성 부품으로 가격이 비쌀 경우 그 부담감은 소비자들에게 무척 큰 짐으로 전락할 수밖에 없다. 따라서 전지가 갖춰야 할 조건은 다음과 같다.

첫째, 자동차 자체의 보조금은 물론 전지에 대한 보조금 또는 기술적 발전을 통한 생산성, 효율성 향상으로 전지 자체의 가격을 낮추는 것이 시급하다.

둘째, 안전성이다. 손안에 들어오는 작은 전지폭발로 크고 작은 사건사고가 발생하는 것을 볼 수 있었다. 그런데 그 보다 수십, 수백 배 큰 자동차 전지가 폭발하는 사고가 발생한다고 했을 때 그 피해는 엄청날 것으로 예상된다. 또한, 교통사고 발생 시 충격으로 인한 전지폭발 등이 발생하지 않도록 하기 위해 단단한 내구성과 충격 흡수율을 높이기 위한 방안 등을 마련해야 한다.

셋째, 수명이다. 차량을 교체하는 시기가 각기 다르겠지만 5~10년 정도 사용한다고 봤을 때 그 전지수명 역시 이와 비슷하거나 그 이상의 수명을 지니고 있어야 한다. 이는 가격과도 밀접한 연관이 있다. 전지수명이 짧다고 하더라도 그 전지 교환비용이 적절한 가격에 책정된다면 사실 수명은 기준 이상만 유지해주면 된다.

넷째, 마지막으로 집적화이다. 무게나 부피 등을 줄일 수 있는 기술력이 필요하다. 전지가 크고 무거울 경우 결국 전지 효율대비 사용시간은 턱없이 줄어들 수밖에 없다. 따라서 집적화된 기술력을 바탕으로 작고 가벼우며 파워, 수명은 긴 전지를 완성해야 한다.

기타, 그 외에도 전지 충전시간, 충전을 위한 인프라구축 등 갖춰져야 할 부분이 많다. 이러한 점들만 보더라도 전지와 관련한 문제가 해결되는 시점이 바로 전기자동차의 대중화로 이어지는 시점일 것이다.

기존 리튬 이온전지의 충전 시에 리튬원자(분해된 리튬이온)는 양극 안쪽에 쌓이고 방전 시 떨어진다. 리튬이온이 양극에 붙거나 떨어질 때 양극의 흑연판이 이동하고 변형되어 흑연판이 10% 이상 분리되고 리튬이온 크기를 수용한다.

방전 시에는 이러한 과정이 반대로 진행된다. 전지 전 수명에 걸쳐 이러한 반복적 이동 및 변형은 흑연판을 피로하게 하고 흑연구조의 균열을 일으킨다. 이러한 균열 때문에 입자 간 전기접촉이 상실되고 따라서 전지의 기능, 용량, 수명이 떨어진다.

흑연 대신에 나노크기의 리튬 티타늄 산화물을 사용할 경우 리튬 티타늄 산화물은 "변형이 0"인 재료이다. 따라서 이 재료는 리튬이온이 입자로 들어가고 나올 때 모양이 변형되지 않는다.

리튬 티타늄 산화물 재료는 3차원 결정구조이다. 이 구조에는 크기가 원자와 거의 같아 리튬이온이 들어갈 수 있는 장소가 있다. 따라서 충전과 방전과정에서 응력이나 변형이 일어나지 않는다. 그러므로 흑연과 같은 재료를 파괴하는 입자피로가 없기 때문에 기존 리튬 이온전지보다 자주 이 전지를 충전하고 방전할 수 있다. 기존 리튬 이온전지는 수명이 다할 때까지 약 1,000번 충전할 수 있으며 리튬 티타늄 산화물 재료를 사용하는 전지는 2만 5,000번 이상 충전과 방전을 할 수 있다.

2.4. 전지의 구성요소

전지에는 산화제인 양극 활물질과 환원제인 음극 활물질, 양극 활물질간에 있어 이온 전도에 의해 산화반응과 환원반응을 중개하는 전해액, 양극과 음극이 직접 접촉하는 것을 방지하는 격리판이 필요하다. 또한 이것들을 넣는 용기(전지캔), 전지를 안전하게 작동시키기 위한 안전밸브나 안전장치 등이 필요하다.

고성능전지란 고전압, 고용량, 고출력, 긴 사이클 수명, 적은 자기방전, 넓은 사용 온도, 안전하고 높은 신뢰성, 쉬운 사용법, 낮은 가격 같은 조건을 갖추어야 한다.

2.4.1. 양극, 음극 활물질

음극(Negative Electrode)은 전자와 양이온이 빠져나오는 전극이고, 양극(Positive Electrode)은 전자와 양이온이 들어가는 전극이다.

에너지 밀도가 큰 전지를 만들기 위해서는 기전력(EMF : electro motive force)이 크고 용량이 큰 활물질을 사용한다. 전지의 음극 활물질에는 아연이나 카드뮴, 납이 이용되어 왔지만 최근 개발되어 하이테크 전지로서 각광을 받고 있는 리튬전지나 Ni-MH 전지는 리튬 또는 그것과 같은 정도의 환원력을 가진 리튬을 삽입한 탄소재료나 수소흡장 합금에 흡장시킨 수소가 음극 활물질로서 이용되고 있다.

리튬은 가장 환원력이 강한 재료이고 전기화학당량도 적어 음극재료로서는 가장 우수한 재료라고 할 수 있다. 리튬을 음극에 이용하는 전지는 리튬의 극히 강한 환원력을 이용하고 있기 때문에 이것과 조합시키는 재료는 상당히 다양성이 풍부하다. 따라서 리튬전지는 다양성이 대단히 크고 그 진보도 급속하다. 개발 중인 2차전지에서는 금속 나트륨이나 아연 등의 금속과 더불어 철이나 바나듐 등의 산화환원계가 검토되고 있다.

2차 전지의 양극에는 수용액계에서는 납, 니켈, 은 등과 같은 산화물이나 수산화물이 이용되고 있다. 또한 산화수은도 우수한 양극 활물질로서 소형전지에 이용되어 왔지만 환경면에서 현재는 이용되고 있지 않다. 리튬 2차 전지에서는 비수용액이 이용되므로 망간이나 니켈, 코발트 등과 같은 산화물이 이용되고 있다. 그리고 또 바나듐 산화물이나 금속유화물 등도 검토되고 있다. 2차 전지는 몇 번이고 충방전을 반복할 수 있는 것이 요망된다.

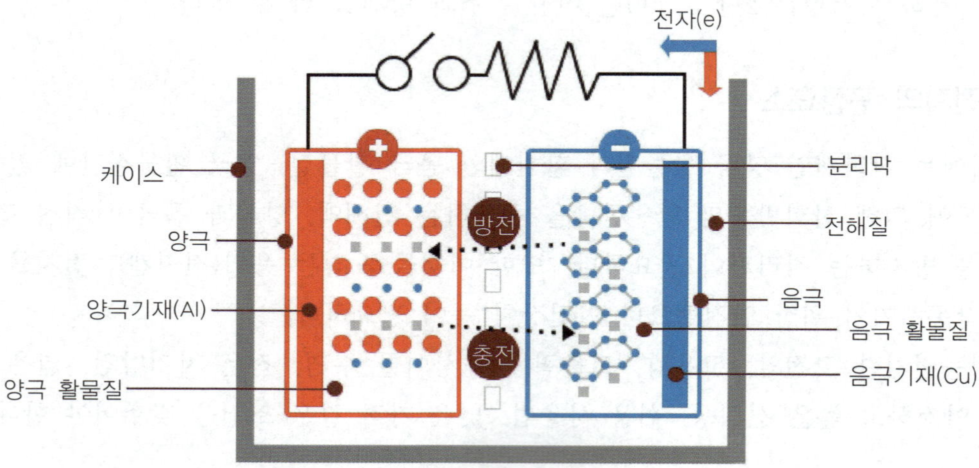

그림 14. 전지의 구성

이를 위해서는 충전하면 원래의 활물질 상태로 흔적을 남기지 않고 되돌릴 필요가 있다. 리튬 이온전지에는 음극에는 탄소재료가, 양극에는 코발트산 리튬 등이 이용되고 있다. 이 전지는 방전상태로 제조된 후, 양극에서 리튬이온을 빼고 음극의 탄소 내에 리튬을 삽입하는 충전과정이 있다. 이 전지의 충방전에서는 양극, 음극의 반응은 모두 리튬의 삽입 탈피라고 하는 토포케미컬(Topochemical) 반응이 된다. 토포케미컬반응이 진행할 때 호스트 재료의 구조변화가 완전히 가역이면 사이클 수명이 긴 전지가 된다.

리튬 이온전지에는 가역성이 높은 토포케미컬반응을 하는 재료가 선택되고 있다.

Ni-MH전지의 경우에도 충방전에 수소가 양극과 음극간에서 왕래하는 반응이 진행한다. 최근에 리튬이온 전지와 Ni-MH전지가 함께 토포케미컬 반응을 이용하고 연축전지에서는 다음과 같이 반응이 진행한다.

$$PbO_2 + 2H_2SO_4 + Pb = PbSO_4 + 2H_2O + PbSO_4$$

이와 같이 음극 활물질 Pb와 양극 활물질 PbO_2 이외에 유산과 물이 반응에 관여한다. 엄밀하게 말하면 유산과 물도 활물질이며 이것들은 전해질 용액으로서 존재한다. 전지반응이 진행하면 그것들의 농도가 변화한다. 따라서 일정량 이상의 전해액이 필요해진다. 한편, 리튬전지나 Ni-MH전지에는 전해질의 양이 극히 적어도 된다.

2.4.2. 전해액

전해액은 양극과 음극사이에서 이온이 자유롭게 이동할 수 있는 통로 역할을 한다. 이온 전도성 재료는 전지 내에서 전기화학 반응이 진행하는 장을 제공하는 한 쪽의 주역으로서 불가결한 구성요소이다. 그러나 전술한 연축전지의 경우와 같이 기전반응에 관여하는 물질이 공존하는 경우를 제외하고 원리적으로는 그 양은 적어도 된다.

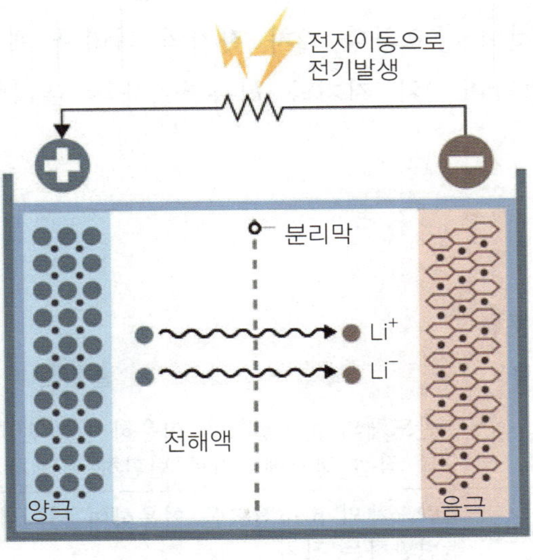

그림 15. 리튬이온 배터리의 작용원리

이 이온 전도체는 유산수용액이나 알칼리수용액, 리튬전지에 사용되는 비수전해액 등과 같이 용액이 이용되는 일이 많지만 폴리머 전해질이나 무기고체 전해질, 이온 전도성 글라스 등도 검토되고 있다.

전해액은 이온 전도성이 높을 것이 요구되는 것 외에 충전시라고 해도 양극이나 음극과 반응하지 않을 것, 전지 작동범위에서 산화환원을 받지 않을 것, 열적으로 안정될 것, 독성이 낮으며 환경 친화적일 것, 염가일 것 등이 요구된다. 전지의 활물질은 분말로 만들어져 전해액에 점결제나 도전조제를 혼합해서 합제하여 이것을 집전체에 도포, 전지의 전극이 된다. 이 합제전극이 효율적으로 기능하기 위해서는 합제내의 이온 전도성이 높아야 한다.

2.4.3. 격리판

이온의 이동은 자유롭다. 전지의 기전물질은 산화제와 환원제이다. 이것들이 직접 접촉되면 자기방전을 일으킬 뿐만이 아니라 반응이 급격히 진행되어 위험하다. 격리판은 양극과 음극사이에 있어 양자의 접촉을 방지하고 있다. 물론 격리판도 이온 전도성을 나타내지 않으면 안 된다. 따라서 다공성 재료를 이용하여 그 구멍 속에 전해액이 침투하여 이온 전도성을 발현시킨다.

높은 이온 전도성을 나타내는 동시에 양극과 음극의 접촉을 방지하도록 다공재료가 연구되고 있다. 그리고 산화제인 양극과 환원제인 음극에 직접 접촉되므로 화학적으로 안정되어야 하는 것이 중요하다. 2차 전지의 격리판 재료로서 현재 연축전지에는 글라스 매트 등이, 알칼리 2차 전지나 리튬전지에는 폴리머의 부직포나 다공성막이 이용되고 있다.

2.5. 전지의 분류

표 전지의 원리별 분류

구 분	종 류	특 징
물리전지	태양전지	반도체의 p-n접합을 이용하여 광전효과에 의해 태양광에너지를 직접 전기에너지로 변환하는 장치
	열기전력전지	반도체의 p-n접합을 이용하여 열에너지를 직접 전기에너지로 변환하는 장치
	원자력전지	방사성 동위원소의 에너지를 전기에너지로 변환

화학전지	1차 전지	화학에너지를 전기에너지로 변환시키는 전지로서, 화학변화 과정이 비가역적이거나 가역적이라도 충전이 용이하지 않음
	2차 전지	화학에너지와 전기에너지간의 상호변환이 가역적이어서 충전과 방전을 반복할 수 있는 전지
	연료전지	연료(천연GAS, 메탄올, 석탄)의 화학에너지를 전기에너지로 직접 변환하는 화학발전 장치로서, 외부에서 반응물이 연속 공급되어 발전이 가능한 전지

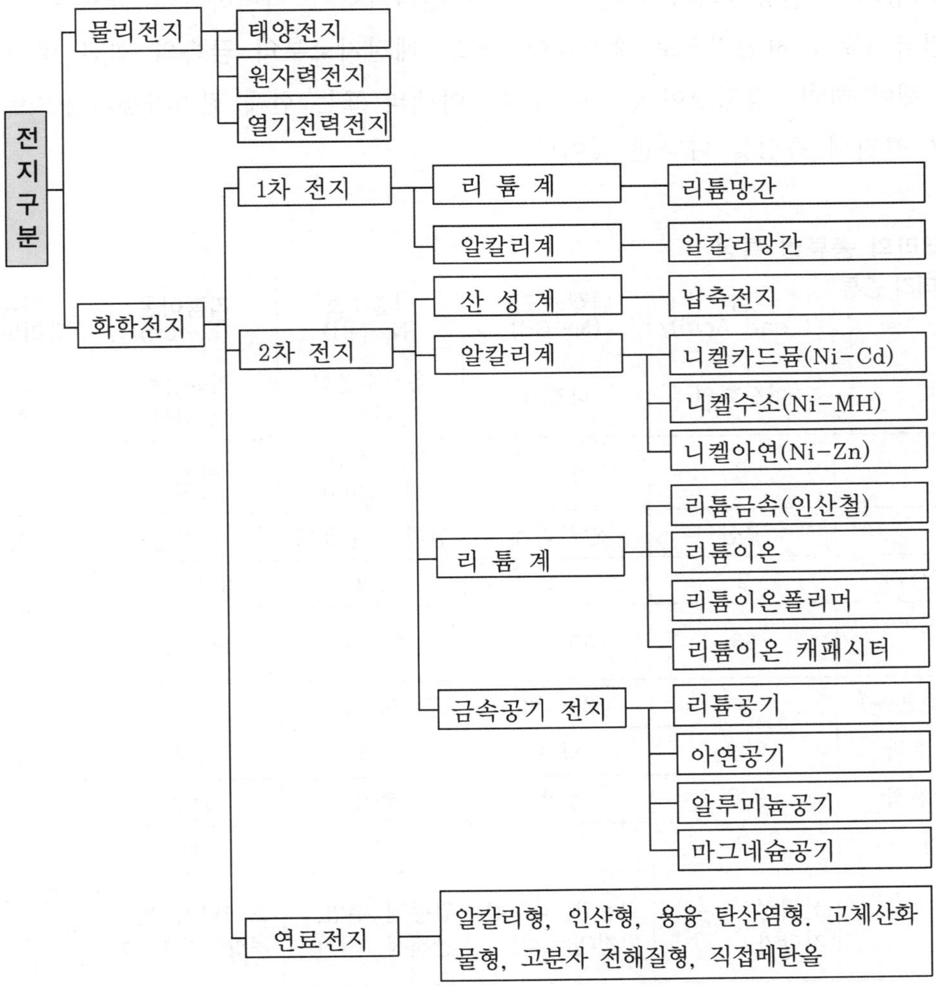

「그림」 16. 전지의 종류

3 전기자동차 전지의 종류와 특성

전기자동차 전원으로서 갖추어야 할 전지의 조건으로는 가볍고, 에너지 밀도(Wh/kg, Wh/L) 및 출력밀도(W/kg, W/L(W : 전력량, h : 방전시간, kg : 전지무게, L : 전지부피))가 커야 한다.

전기자동차가 실용화되기 위한 전제로는 전지가격이 저렴하여야 하므로 우선 주재료인 전극재료가 자원적으로 풍부해야 하고, 폐전지로부터 금속의 회전 및 리사이클이 용이해야 하며, 경제성이 좋아야 한다. 아래의 표는 현재 전기자동차용으로 사용되는 주요 전지의 특성을 나타낸 것이다.

표 배터리의 종류별 특성

구 분 \ 배터리 종류	납 (Lead Acid)	니켈카드뮴 (Ni-Cd)	니켈수소 (Ni-MH)	리튬이온 (Li-ion)	리튬이온 폴리머(LIPB)
양극	이산화연	니켈계	옥시수산화 니켈	리튬금속 산화물	리튬금속 산화물 등
음극	납	카드뮴	MH(Metal Hydride)	탄소질	탄소질 등
전해질	황산	알카리계	알카리 수용액	유기질	유기질 등
작동전압(V)	2	1.2	1.2	3.6~3.8	3.6~3.8
에너지밀도 (Wh/kg)	35	50~60	60~80	90~120	180~200
자기방전율(%)	6	20~23	15~20	5	0.1
메모리 효과	없음	있음	있음	없음	없음
각종 안전성	좋음	좋음	좋음	보통	보통
환경오염	有	有	無	無	無
장점	신뢰성, 저단가	고용량, 대전류 방전(납보다)	검증된 수명, 안전성, 저가	고에너지 밀도 경량, 적은부피	리튬이온 장점, 안전성, Size Flexibility
단점	낮은 에너지 밀도 고중량	환경문제, 메모리 효과, 낮은 에너지 밀도	급속충전 힘듬, 저온성능 낮음	안전성, 고가	고가

3.1. 니켈 카드뮴 전지(Ni-Cd전지, nickel-cadmium battery)

대형의 Ni-Cd 전지는 2차 대전 중에 유럽에서 개발되었고 소형의 Ni-Cd 전지는 역시 유럽에서 1960년대 유럽에서 상용화되었다. $Ni(OH)_2$를 양극으로, Cd을 음극으로 사용하는 전지이며, 알카리 수용액을 전해질로 사용한다.

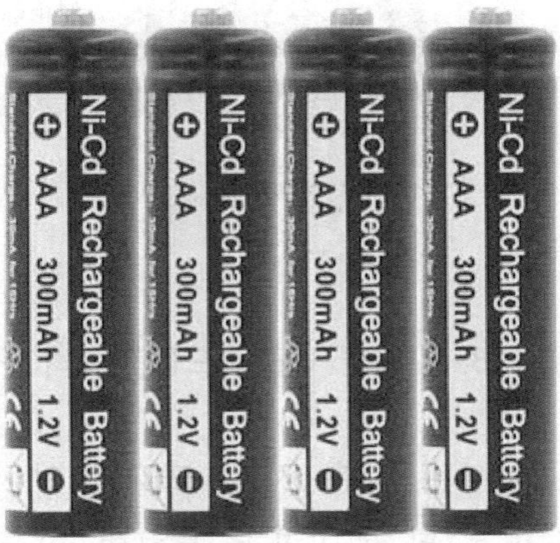

「그림」 17. Ni-Cd 전지

납축전지와 Ni-Cd 전지의 가장 큰 차별점은 전해질을 황산 대신 알카리 수용액을 사용한다는 점이다. 알카리 수용액은 황산과 같은 산성 수용액보다 전도성이 뛰어나다는 장점이 있다. 대형 Ni-Cd 전지는 철도, 차량용, 비행기 엔진 시동용 등을 비롯하여 고 출력이 요구되는 다양한 산업 및 군사 용도로 널리 이용되고 있다. 방전 시에 일어나는 가스발생을 제어하는 기술이 개발되어 밀폐식으로 만들어진 것이 바로 소형 Ni-Cd 전지이다.

3.1.1. 니켈카드뮴전지의 원리와 구조

일반적으로 니켈카드뮴전지의 반응식은 다음과 같다. 양극은 니켈 산화물, 음극은 카드뮴화합물을 활성물질로서 전해액은 주로 수산화칼륨 수용액을 사용하고 있다.

$$2Ni(OH)_2 + Cd(OH)_2 \leftrightarrow 2NiOOH + Cd + 2H_2O$$

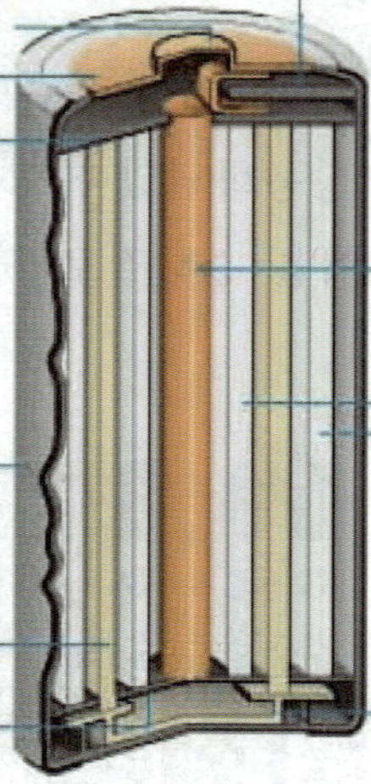

그림 18. 밀폐형 니켈카드뮴전지의 구조

원통형 니켈카드뮴전지의 내부는 얇은 시트 모양의 양·음극판을 나일론이나 폴리프로필렌을 소재로 한 부직포로 된 격리판를 통하여 말은 상태로, 강철제의 견고한 외장 캔에 수납되어 있다. 또, 과충전시에 양극에서 발생한 산소가스는 음극에서 흡수되어 전지내부에서 소비하는 메커니즘으로 되어 있지만 규정 이상의 내부 가스압 상승에 대비하여 복귀식 가스 배출밸브를 설치하고 있다.

[1] 충전특성

니켈카드뮴전지의 충전특성은 전지의 종류, 온도, 충전전류에 따라서 달라진다. 충전이 진행됨과 동시에 전지전압은 상승하여 어느 정도 충전량에 도달하면 피크전압을 나타낸 후에 강하된다. 이 전압강하는 충전말기에 발생하는 산소가스가 음극에 흡수될 때의 산화열로 전지온도가 상승하기 때문에 발생한다.

충전기를 설계할 때 이 음극에 흡수되는 속도 이상으로 산소가스를 발생시키지 않아야 한다는 것이 중요한 포인트이다. 충전에는 다음과 같은 3종류가 있다.

① **정전류충전** : 트리클(Trickle)충전이라고 하며, 전지의 수명에 나쁜 영향을 미치지 않을 정도의 작은 전류에 의해 전지를 계속 충전상태 유지하는 방법이다.

② **보통충전** : 0.1C～0.2C[A]에서 150% 정도의 충전한다.

③ **급속충전** : 1C～1.5C[A]에서 약 1시간의 충전이 가능. 만충전 제어가 필요하다.

[2] 방전특성

니켈카드뮴전지의 방전 동작전압은 방전전류에 의해서 다소 변화되지만 방전기간의 약 90%가 1.2V 전후를 유지한다. 또 건전지나 연축전지에 비해 방전중인 전압변화가 적어 안정된 방전전압을 나타낸다.

방전 종지전압은 기기의 설계상 1셀당 0.8~1.0V가 적합하다. 또한 내부저항이 작기 때문에 외부단락 시 대전류가 흐르기 때문에 위험하여 보호부품 등의 설치도 필요하다.

[3] 수명특성

니켈카드뮴 전지의 수명은 보통 사용조건에서는 500회 이상 반복해서 사용할 수 있지만 수명에 영향을 주는 주된 요인으로 충전전류, 온도, 방전 심도, 빈도, 과충전기간이 있다. 수명의 모드로는 전지부품의 열화나 활물질의 기능저하에 의한 용량저하를 들 수 있다. 다른 계통의 전지에 비해 보다 안전하게 오래 사용하기 위해서는 특히 온도와 충전전류를 고려하기 바란다.

3.1.2. 니켈카드뮴 전지의 특징

① 사용실적을 뒷받침하는 높은 신뢰성 : 35년 정도의 시장실적으로 신뢰성을 인정받는다.

② 장수명으로 경제성이 우수하다 : 1회의 방전용량은 기존의 건전지와 같지만, 일반적으로 500회 이상의 충방전이 가능하여 경제적이다. 최근에는 충전의 제어기술이 발달하여 1000~2000회 이상 사용할 수도 있다.

③ 전지 자체가 견고하여 다소 무리한 조건에서도 오래 사용되므로 기기를 복잡한 회로로 할 필요가 없다. 또 다른 2차 전지에 비해 과충전, 과방전에 강한 설계로 되어 있다. 또한 전지 내부에 흡수되지 않았던 가스를 방출하는 복귀식 가스 배출밸브가 있어 안전성이 뛰어나다 전동공구에서의 30A까지 미치는 방전특성 및 10분 이내의 충전 등 다른 2차 전지에서는 어려운 사용조건을 가능케 하고 있다.

④ 폭넓은 기종과 건전지와의 호환성 : 다양한 용도에 대응할 수 있도록 여러 종류(타입, 사이즈)의 전지와 기기 스페이스에 맞춘 세트전지가 있다. 또 건전지와 호환성이 있는 카드뮴전지와 충전기도 충실한 라인업을 골고루 갖추고 있다.

⑤ 우수한 신뢰성과 넓은 사용온도·습도범위 : 온도에 의한 성능의 변화가 적고 밀폐구조이기 때문에 습도에 의한 영향도 거의 없다. 방전은 보통 -20～+60 ℃를 허용한다. 특히 저온에서 1C[A]를 초과하는 고부하 방전이 가능한 2차 전지는 아직 적어 니켈카드뮴전지의 용도를 확대시켜 왔다. 비상 조명기기나 자동 화재경보기 등의 방재기기의 백업 전원으로 전부터 활용되고 있어, 신뢰성이 매우 높다.

⑥ 보수가 용이하고 견고 : 밀폐구조이기 때문에 보충액이 필요 없이 충·방전상태를 불문하고 보관할 수 있으므로 보수가 용이하다. 또 기기 내에 장착이 가능하며 취급이 간단하다. 구조는 견고하고 재질도 금속용기를 사용하고 있기 때문에 충격이나 진동에 대해서도 충분한 내구성을 지니고 있다.

3.1.3. 충전시와 방전시의 전지반응

- 양극반응

$$NiO(OH) + H_2O + e' \underset{충전}{\overset{방전}{\rightleftarrows}} Ni(OH)_2 + OH^-$$

- 음극반응

$$1/2Cd + OH^- \underset{충전}{\overset{방전}{\rightleftarrows}} 1/2Cd(OH)_2 + e'$$

- 전체반응

$$NiO(OH) + 1/2Cd + H_2O \underset{충전}{\overset{방전}{\rightleftarrows}} NiO(OH)_2 + 1/2Cd(OH)_2$$

3.2. 니켈수소 전지(Ni-MH)

3.2.1. 니켈수소 전지의 특성

니켈-금속수소화물전지(Ni-MH전지, metal hydrogen battery)는 기존의 니켈카드뮴(Ni-Cd)전지에 카드뮴 음극을 수소저장 합금으로 대체한 전지이다. 최근 전자기기들의 소형·경량화 추세에 따라서 이들 전자기기의 전원으로 사용되는 전지에도 고에너지 밀도화, 소형 경량화, 장수명화 등이 강하게 요구되고 있으나, 기존의 니켈-카드뮴전지나 납축전지의 성능향상은 거의 한계에 도달해 있으며, 환경오염이 사회문제로 대두됨에 따라서 카드뮴과 같은 공해유발 물질의 사용이 규제되고 있다.

특히 최근에는 이동통신기기, 노트북 컴퓨터, 캠코더 등 휴대용 전자기기에 리튬이온 이차전지가 보급됨으로써 소형 Ni-MH전지의 시장점유율이 감소하고 있는 실정이다.

그림 19. Ni-MH전지

전기자동차용과 하이브리드자동차에 사용되는 중대형 용량의 전지는 자동차의 동력원으로 사용되는 특수성 때문에 고에너지밀도와 고파워 밀도 같은 전지의 기본적인 성능뿐 아니라 전지의 수명 및 신뢰성과 특히 안전성에 관한 요소가 중요한 결정요인이 된다. 이러한 새로운 알칼리 2차 전지로서 Ni-MH전지가 제안된 것은 1970년경이지만 연구개발이 활발하게 진행된 것은 1980년대 중반부터이다.

Ni-MH전지의 고성능화를 위한 음극용 수소저장합금의 개발 결과 현재 상용화되어 있는 합금들은 주로 일본에서 소형전지로 상용화된 $LaNi_5$나 $MmNi_5$(Mm : misch metal, 희토류원소의 혼합물)를 기본으로 하는 AB5계합금과, 미국의 OBC(Ovonic Battery Company)사에 의하여 개발된 C14 또는 C15 Laves상을 주로 하는 AB2계 합금으로 나눌 수 있다. 소형 Ni-MH전지는 현재 AB5 Type의 전지가 상용화되고 있으며 AB5계보다 용량이 다소 큰 AB2계 전지는 홍콩의 GPI에서 최초로 상용화하였으나 대부분의 시장은 일본의 3사인 마쓰시타, 산요, 도시바에서 점유하고 있다.

Ni-MH전지는 현재 소형전지의 경우 리튬이온전지에 시장을 잠식당하고 있는 실정이며 중대용량의 전지는 기술개발이 활발히 진행되고 있다. Ni-MH rechargeable battery의 특성은 다음과 같다.

① 에너지의 용량이 크다(Ni-Cd 전지 또는 lead-acid 전지의 약 1.5~2배).
② 독성물질(heavy metal)을 함유하고 있지 않다.
③ 충전, 방전속도가 빠르다.
④ 저온, 고충전 속도에서도 에너지 효율이 높다.
⑤ 충전, 방전시 전해질의 농도 변화가 없다.
⑥ 밀폐형 전지의 제조가 용이하다.
⑦ 원하는 특성에 따라 수소저장합금을 선택할 수 있다.

3.2.2. Ni-MH전지의 구성과 반응

Ni-MH전지는 기존의 Ni-Cd전지에서 Cd극을 수소저장합금으로 대체한 것으로서 음극에 수소저장합금(M), 양극에 수산화니켈($Ni(OH)_2/NiOOH$)이 사용되며, 분리막으로는 Ni-Cd전지와 같은 내알칼리성의 나일론 부직포, 폴리프로필렌 부직포 및 폴리아미드 부직포 등이 사용되고 있다.

또한 전해액은 이온전도성이 최대로 되는 5~8M KOH 수용액이 사용되고 있다. 충전시 음극에서는 물이 전기 분해되어 생기는 수소이온이 수소저장합금에 저장되는 환원반응이, 양극에서는 $Ni(OH)_2$가 NiOOH로 산화되는 반응이 일어난다. 방전시에는 역으로 음극에서는 수소화합물의 수소원자가 산화되어 물로 되고, 양극에서는 NiOOH가 $Ni(OH)_2$로 환원되는 반응이 일어난다.

니켈양극이 완전히 충전된 후에도 전류가 계속 흐르면, 즉 과충전이 되면, 양극에서는 산소가 발생된다.

- 양극 : $MH(s) + OH^-(aq) \rightarrow M + H_2O(l) + e^-$
- 음극 : $N_iOOH(s) + H_2O(l) + 2e^- \rightarrow N_i(OH)_2(s) + OH^-(aq)$
- 전체 : $MH(s) + N_iOOH(s) \rightarrow M + N_i(OH)_2(s)$

그러나 음극의 용량이 양극보다 크면, 발생된 산소가 음극표면으로 확산되어 산소재결합반응이 일어나게 된다. 음극에서는 산소를 소비시키기 위하여 수소가 감소하게 되어 동일한 전기량이 충전되므로 전체적으로는 변화가 없다.

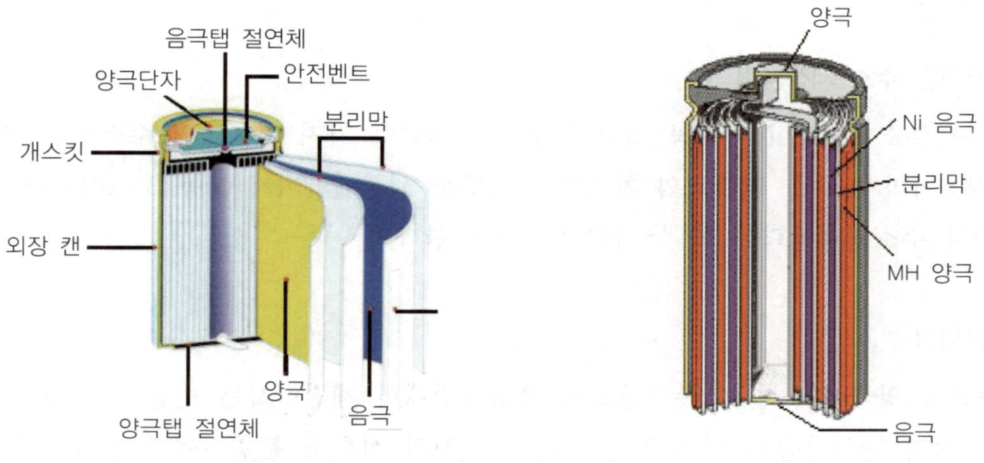

그림 20. Ni-MH전지의 구조

역으로 과방전이 되면, 양극에서는 수소가 생성되고 이 수소는 음극에서 산화되므로 전체적으로 전지내압은 상승하지 않는다. 이와 같이 Ni-MH전지는 원리적으로는 과충전과 방전시 전지내압이 증가하지 않고, 전해액의 농도가 변하지 않는 신뢰성이 높은 전지이다. 그러나 실제적으로는 충전효율의 문제로 인하여 전지내압이 어느 정도 상승하게 된다.

표 Ni-MH전지의 장·단점 구분

장 점	단 점
① 전지전압이 1.2~1.3V로 Ni-Cd전지와 동일하여 호환성이 있다. ② 에너지밀도가 Ni-Cd전지의 1.5~2배이다. ③ 급속 충·방전이 가능하고 저온특성이 우수하다. ④ 밀폐화가 가능하여 과충전 및 과방전에 강하다. ⑤ 공해물질이 거의 없다. ⑥ 수지상(dendrite) 성장에 기인하는 단락이 없다. ⑦ 수소이온 전도성의 고체전해질을 사용하면 고체형 전지로도 가능하다. ⑧ 충방전 싸이클 수명이 길다.	① Ni-Cd전지만큼 고율방전 특성이 좋지 못하다. ② 자기방전율이 크다. ③ 메모리효과(memory effect)가 약간 있다.

3.2.3. 전극용 수소저장합금의 선택에 있어서 고려하여야 할 사항

[1] 가역적인 수소 저장능력

단순한 수소저장량이 아니라 적절한 수소 결합력을 가져 가역적인 수소저장량이 커야 한다. 따라서 수소 결합력의 척도인 수소화물 생성엔탈피가 보통 8~10kcal/ mole H_2이거나 수소평형압력이 10^{-3}~수기압이어야 한다.

[2] 내산화성

과충전시 양극에서 발생되는 산소가 음극표면에서 재결합하는 반응을 이용하여 과충전시 전지 내압상승을 억제한다. 이러한 전지의 산화성 분위기에서 전극이 산화되면 전지성능의 저하를 초래한다. 즉, 전극의 충전효율이 저하되어 수소가스가 발생하게 되며, 전극의 촉매능력이나 가스 재결합능력이 감소한다. 또한, 방전시 과전압이 커져서 방전효율이 감소한다. 과도한 산화는 전체적인 전기전도도의 감소를 가져오게 되어 전극수명을 저하시킨다.

[3] 알칼리 용액에서의 내식성

과도한 산화 또는 부식은 전해액의 소모를 가져와 전지성능저하 및 전지수명을 감소시키며, 부식반응에 의하여 생성되는 합금 부식생성물은 양극을 피독시켜 양극의 산소발생 과전압을 감소시키므로 충전효율저하 및 양극의 자기방전율을 증대시킨다.

전해액에 용해되기 쉬운 부식생성물(예, VOx)의 산화상태가 변할 때에는 redox shuttle mechanism을 형성하여 자기방전을 증대시키는 것으로 알려져 있다. 그러나 부식을 억제하는 부동태막이 수소의 투과성을 저해하여서는 안 된다.

[4] 합금 내에서의 수소 확산 속도 및 수소산화에 대한 촉매능력

고율방전능력이 크려면 합금내부에서 전극반응이 일어나는 합금/전해액 계면으로의 수소확산 속도가 커야 하며, 또한 이 계면에서의 수소산화에 대한 표면 촉매능력이 커야 한다. 합금/전해액 계면에서 수소와 OH－이온의 반응은 합금표면에 존재하는 산화물의 특성, 즉 산화물의 기공도, 두께, 전기전도도, 촉매능력 등에 영향을 받으므로 산화물의 특성이 고율방전능력에 커다란 영향을 미치게 된다.

[5] 수소가스와 수소화물을 형성할 수 있는 능력

과방전시 양극에서 발생하게 되는 수소가스를 원자상태의 수소로 분해하여 음극 내로 흡수시켜야 한다. 또한 과충전시 산소재결합이 매우 빠를지라도 특히 급속 충전시에는 음극에서의 수소발생을 피할 수 없다.

충전이 끝났을 때, 발생된 수소압력을 감소시키기 위해서는 전극표면에서 분자수소가 원자수소로 쉽게 분해되어 음극에 흡수되어야 한다.

[6] 초기 활성화

조립된 상태의 전극표면에는 사용합금의 산소친화력이 크기 때문에 대기 중에서 제조공정 도중에 치밀한 산화막이 생길 수 있다. 충방전시 합금의 팽창과 수축이 일어나 합금분말에 균열이 생겨 산화물이 적은 새로운 표면의 생성과 함께 전극의 표면적이 늘어나게 되어 전극이 활성화된다.

또한 V산화물 같이 전해액에 쉽게 용해되는 합금성분이 있는 경우에는 일부러 산화물을 용해시킴으로써 전극표면의 산화물의 구조가 수소가 더 잘 투과할 수 있는 microporous한 구조로 되어 초기 활성화가 쉬워지는 것으로 알려졌다.

[7] 전극제조의 용이성

합금의 제조, 합금분말의 제조 및 전극제조의 용이성 등이 고려되어야 한다. 대형전지의 경우에는 다소 덜 하지만, 소형전지용 전극으로 개발될 경우, 양산과정을 필요로 하므로, 전극제조시의 간편성은 전지의 가격을 결정하는 중요한 인자가 된다. 따라서 현재의 제조공정인 소결식을 대체할 수 있는 간편한 공정을 사용할 수 있는 페이스트식 전극제조법으로 전극의 제조가 가능하다면, 경제적 측면에서 매우 유리하게 된다.

3.3. 리튬 이온전지(Lithium-ion battery, Li-ion battery)

3.3.1. 전지의 특성

리튬이온 배터리는 리튬을 저장할 수 있는 물질을 양극과 음극의 재료로 사용하여 배터리가 충・방전을 하면서 리튬이온(Li+)이 양극과 음극사이를 이동함으로써 외부로 전기를 생성하는 방식의 배터리를 말한다. 리튬이온 전지를 다른 표현으로 "흔들의자(rocking chair)" 배터리라고도 불리우는데 리튬이온이 흔들의자와 유사하게 앞・뒤로 왔다 갔다 하는 현상에서 기인한다.

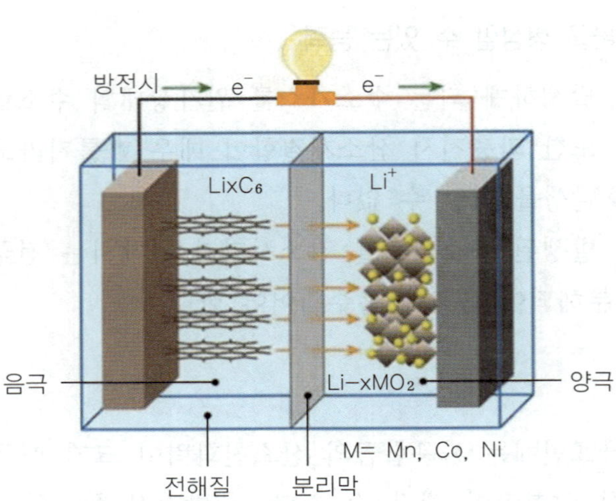

그림 21. 리튬이온 배터리의 양·음극 내부반응 및 개요도

양극재료는 일반적으로 층상구조(Layered structure)의 금속산화물로 구성이 되어 있으며 대표적인 물질로는 $LiCoO_2$(LCO)가 있으며 터널구조의 물질로는 $LiMn_2O_4$가 많이 쓰인다. 양극에서 발생하는 전자의 집전체로는 알루미늄이 통상적으로 쓰인다.

음극재료는 층상구조의 흑연이 대표적으로 쓰이게 되며 이때의 집전체로는 구리가 쓰이고 있다. 리튬이온 배터리의 충·방전 거동에 있어서 리튬이온은 위에서 언급한 원자와 원자사이의 층상구조사이에 삽입 및 탈리하여 이동을 하게 된다. 최초의 상업적으로 상품화한 리튬이온 배터리는 1991년 Sony사에서 만든 것으로 현재까지도 LCO가 양극재로 사용되고 있다.

LCO의 경우 좋은 전기적 성능과 함께 제작의 용이성, 높은 안전특성이 높이 평가가 되었으며 최근의 연구에 의하여 여러 종류의 양극재료들이 계속적으로 개발이 되고 있는 실정이다. 이 밖의 대표적인 재료로써는 $LiFePO_4$(LFP), $LiMn_2O_4$(spinel 구조), $Li(NiMnCo)O_2$(NMC), 그리고 $Li(NiCoAl)O_2$(NCA)가 있다. 각각의 양극재료들은 그 특성을 달리하여 저가, 고온 내구 특성, 수명 및 고용량, 그리고 고출력과 같은 각각의 장·단점을 보유하고 있다.

음극재료에 있어서 최초로 상용화된 재료는 코크스(coke, 석탄으로 만든 연료)이며 고용리튬황 전지랑 수명 및 고율특성을 가진 흑연(graphite)을 음극재로 사용하기 시작하였다.

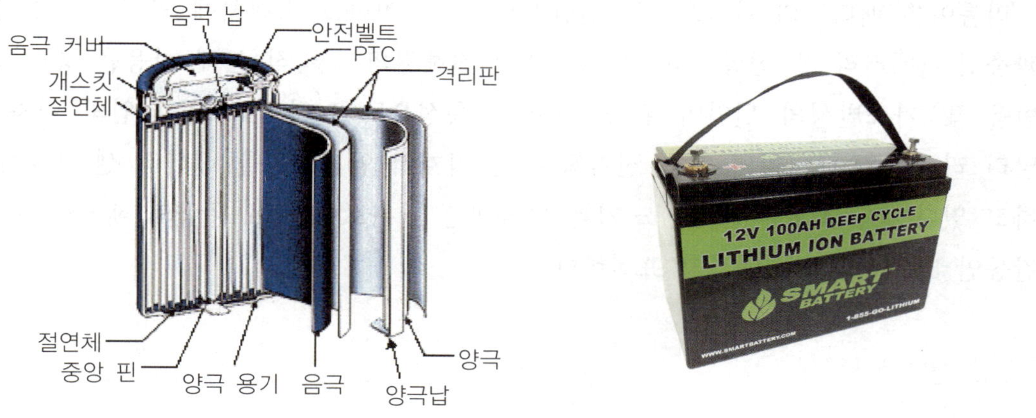

(a) 구조 (b) 외형

그림 22. 리튬이온 전지의 구조

최근에 이르러 $Li_4/3Ti_5/4O_4$(LTO : spinel 구조)가 개발되기 시작하였으며 LTO의 경우 흑연에 비해 낮은 에너지 밀도를 가지고 있으나 높은 사이클 수명 및 좋은 온도에 따른 안정특성에 있어 각광을 받고 있다.

3.3.2. 리튬이온 배터리의 장·단점

리튬이온 배터리의 가장 큰 장점은 높은 에너지 밀도에 있다. 비중량 에너지 밀도의 경우 ~240Wh/kg이며 부피 에너지 밀도는 640Wh/l로 높기 때문에 중량이나 부피에 민감한 전자제품(핸드폰, 노트북, 친환경 차량)에 많은 관심을 받고 있다. 또한 리튬이온 배터리의 낮은 자가 방전율(2~8%/월), 높은 수명 사이클(1000사이클 이상) 그리고 넓은 작동온도 범위(충전시 0~45℃, 방전시 -40~65℃)는 많은 제품에 적용하기에 매력적인 특성을 보유하고 있다. 다양한 제품군에 의하여 배터리 제조사들은 이에 맞은 형상(각형, 원통형, 파우치형)을 제조하며 사이즈 또한 제품의 특성에 맞게 다양하게 개발 중에 있다.

리튬이온 배터리의 정격전압은 2.5~4.3V로 Ni-cadmium(Ni-Cd) 배터리와 Nickel metal hydride(NiMH)에 비하여 일반적으로 3배 높은 전압을 보유하고 있다. 이로 인하여 동일 전압을 요구하는 제품의 경우 적은 수의 배터리를 사용할 수 있는 장점이 있다.

또한 고율특성을 가지고 있어서 연속적으로 30C-rate 방전이 가능하며 순간적으로 100C-rate로도 방전이 가능한 장점이 있어 고출력 사양의 제품군에 적합하다.

리튬이온 배터리의 단점으로는 일반적으로 2V 이하로 방전시에 열화가 진행이 되며 과충전시(배터리 셀 전압 ~5V 이상) 액체 전해질의 화학적 분해 반응을 통하여 발열 반응 및 가스발생의 원인이 된다. 이러한 특성으로 인하여 다른 타입의 이차전지와 달리 리튬이온 배터리의 경우 전기적 혹은 기계적 안전장치를 배터리 셀 내부에 구비하고 있다. C-rate는 전류의 크기를 나타내는 단위로써 5Ah 용량의 배터리 셀을 1시간동안 5A로 방전시 1C라고 표현한다.

3.3.3. 안전성 문제 내재

리튬이온전지는 구조적으로 발화 및 폭발 위험성을 내재하고 있다. 양극활 물질에 산소가 들어 있고, 액체 전해질이 고온에서 연료로 작용해 불이 붙는다.

보다 기술적으로 표현하면, ① 리튬 덴드라이트(Dendrite, 수지상) 생성, 분리막 결함, 과충전, 배터리 셀 충격 등의 이벤트가 발생할 때 큰 전류가 흐르고, ② 이는 분리막 용해, SEI(Solid electrolyte interphase, 고체 전해질 계면막) 분해, 음극 노출 등을 초래하며, 배터리 온도가 더욱 상승해 양극재 분해와 산소방출로 이어진다. ③ 결국 산소, 열, 연료가 만나 액체 전해질이 연소한다.

현재는 열이 발생하지 않도록 제어하는 것이 최선이며, 60℃ 이하에서 사용하도록 권고한다. 전기차 환경에서는 냉각시스템이 가동된다. 이에 반해 ESS의 내부 작동온도가 높다 보니 최근 빈번한 화재 사고로 이어지기도 한다. 궁극적으로 고체 전해질로 가야 하는 이유이다.

3.3.4. 리튬 이온전지의 원리

[1] 리튬 이온전지의 충·방전작용

리튬 이온전지는 정극(양극, anode)으로 Lithium oxide계(예 : $LiCoO_2$)를 사용하고, 부극(음극, Cathode)으로 carbon계(예 : graphite)를 사용한다.

방전시 리튬이온은 부극인 graphite 격자구조 속에 있는 리튬이온이 빠져나와 분리막을 거쳐 정극의 결정구조 속으로 이동해 들어간다. 충전시에는 산화물 정극에서 리튬이온이 빠져나와 분리막을 거쳐 탄소부극의 결정 속으로 이동하여 들어간다. 따라서 충방전시 리튬이온의 이동에 따라 결정구조는 크게 변한다.

[표] 리튬 이온전지의 구성

구분	항목	재료
양극재	양극 활물질	$LiCoO_2$, $LiMn_2O_4$, $Li(Ni_xCo_yMn_zO_2)$, $LiFePO_4$
	도전재	Corbon black, Graphite
	바인더	PVDF(NMP)
	집전체	Al foil
음극재	음극 활물질	Graphite
	바인더	PVDF(NMP), SBR/CMC(pure H_2O)
	집전체	Cu foil
전해액	Li염	$LiPF_6$, $LiBF_4$
	Solvent	EC/PC, DEC, DMC, EMC(MEC)
	Additives	BP, CHB, VC, FEC
분리막	PP, PE	
케이스	캔	Steel can, Al can(alloy), Al sheet(pouch)
	캡어세이(각형)	Cap plate, 음극판, Gasket, Terminal plate, Insulator (vent)
기타	Safety vent, Lead tab(Ni/Al), CID, Center pin, 테이프류	

전해질로 수용액 대신 유기용매를 사용한다.

- 양극반응 : $LiMO_2 \underset{\text{방전}}{\overset{\text{충전}}{\rightleftarrows}} Li_{1-x}MO_2 + xLi^+ + xe^-$

- 음극반응 : $C + yLi^+ + ye^- \underset{\text{방전}}{\overset{\text{충전}}{\rightleftarrows}} Li_yC$

- 전체반응 : $LiMO_2 + \frac{x}{y}C \underset{\text{방전}}{\overset{\text{충전}}{\rightleftarrows}} \frac{x}{y}Li_yC + Li_{1-x}MO_2$

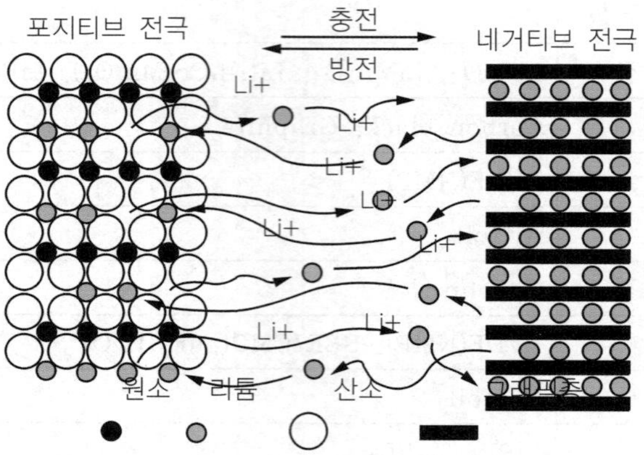

(a)

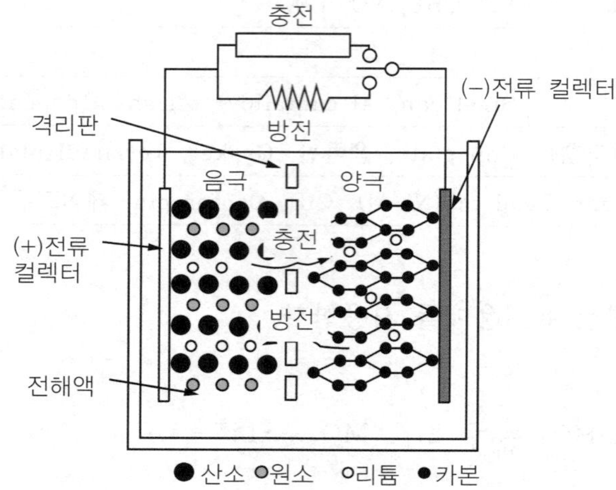

(b)

「그림」 23. 리튬 이온전지의 충 · 방전작용

따라서 전지작동은 충 · 방전시 양쪽 전극의 전위차에 따라 전지 외부회로에서의 전자흐름과 전지내부에서의 이온흐름이 동시에 일어난다. 충전은 외부의 전기에너지를 전지내부의 전기화학반응을 통하여 화학에너지로 바꾸는 것이다. 외부에서 음극(탄소전극)으로 전자가 들어가면 전해염의 리튬이온은 전자를 받아 환원되어 음극에 붙게 된다. 이때, 양극에서는 전자가 외부회로로 흘러나가며 전극 활물질은 산화되고 리튬이온을 잃게 된다. 방전은 충전의 역반응으로 외부회로에 전기에너지를 공급한다.

$$LiCoO_2 + C \underset{\text{방전}}{\overset{\text{충전}}{\rightleftarrows}} Li_{1-x}CoCO_2 + LixC$$

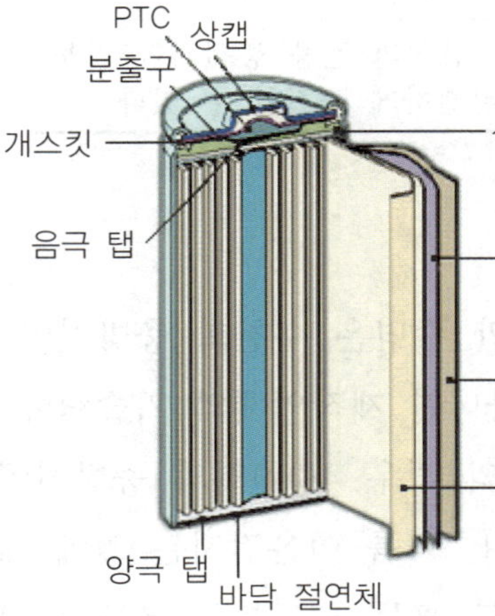

(a) 원통형

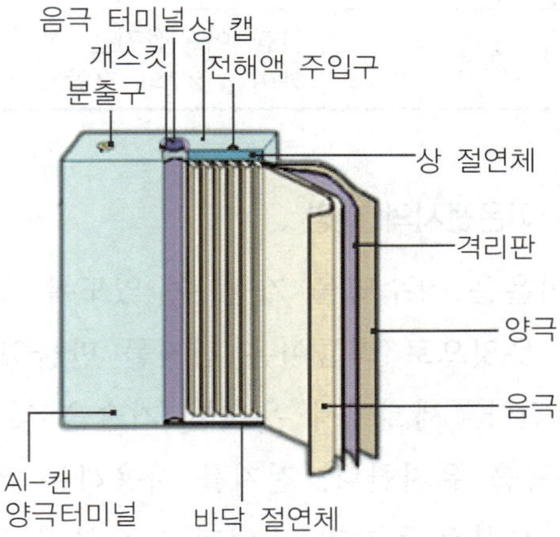

(b) 각형

그림 24. 리튬이온 각형, 원통형의 구조

표 리튬 이온전지의 특성

구 분	특 성
고에너지 밀도	· 리튬 이온전지는 같은 용량의 니카드(Ni-Cd, 니켈카드늄), 혹은 니켈수소 전지에 비해 질량이 절반에 지나지 않는다. · 부피는 니카드전지에 비해 40~50% 작을 뿐 아니라 니켈수소 전지에 비해서도 20~30% 작다
고전압	하나의 리튬 이온전지의 평균전압은 3.7V로서 니카드나 니켈수소 전지 3개를 직렬로 연결해 놓은 것과 같은 전압이다.
고출력	리튬 이온전지는 1.5CmA까지 연속적으로 방전이 가능하다(1CmA란 전지의 용량을 1시간 동안 모두 충전 또는 방전하는 전류를 말한다).
무공해	리튬 이온전지는 카드뮴, 납 또는 수은과 같은 오염물질을 사용하지 않는다.
안전	리튬 이온전지는 리튬 금속을 사용하지 않아 더욱 안전하다.
우수한 수명	정상적인 조건하에서 리튬 이온전지는 500회 이상의 충전/방전 수명을 지닌다.

구 분	특 성
메모리 효과 없음	· 리튬 이온전지에는 메모리효과가 없다. · 반면에 니카드전지는 불완전한 충전과 방전이 반복적으로 이루어질 때 전지의 용량이 감소하는 메모리 효과를 보인다.
고속 충전	리튬 이온전지는 정전류/정전압(CC/CV)방식의 전용 충전기를 이용하여 4.2V의 전압으로 1~2시간 안에 완전하게 충전할 수 있다.

[2] 리튬 이온전지의 수명

리튬이온은 장수명을 가질 수 있도록 설계되어 있지만 수명은 수천회 충방전이 가능하다. 무엇으로 리튬이온 전지를 만들었나에 따라, 아니면 제작업체의 기술력에 따라 달라진다. 세계에서 우수한 기술을 갖은 일본 소니의 경우 4000회의 충방전에도 원래 용량을 유지한다. 전지를 사용하는 온도도 중요하다. 리튬 이온전지는 열에 매우 약하다. 사회적 문제가 되었던 노트북의 전지 폭발사건도 모두 노트북의 온도가 너무 높게 올라가 전지에 작용하였기 때문이다.

리튬 이온전지는 열에 매우 약하기 때문에 온도가 높은 곳에서 사용을 하면 더욱 빨리 성능의 저하가 올 수 있다. 리튬 이온전지의 성능이 감소하는 주된 원인은 극재료로 사용되는 탄소분자의 구조가 변하면서 탄소와 결합하는 리튬이온의 양이 줄어들기 때문인데 여기에 열이 가해지면 그 변화되는 속도가 가속되기 때문에 성능이 급격히 떨어지게 된다.

[3] 리튬 이온전지 오래 쓰는 법

되도록 완전충전, 완전방전을 하지 않고 조금사용하고 충전하고 하는 것이 더 좋다. 보통 전지를 사용하다 보면 용량이 적어진 것을 느낄 수 있다. 이때 다시 완전충전, 완전방전을 하면 용량이 다시 살아나는 것을 알 수 있다. 이것하고 수명을 혼돈해서는 안 된다. 즉, 용량과 수명은 선형적인 관계가 아니다.

용량이 다시 살아나는 이유는 이온이 흘러가는 통로에서 여러 가지 이유로 이온 중 여러 개가 극판까지 도달하지 못하게 되는 것이 많아지게 되는 것이다. 이때 완전충전, 완전방전을 해주면 다시 잘 흐르게 되는 것이다. 이것은 용량문제이지 수명문제가 아니다.

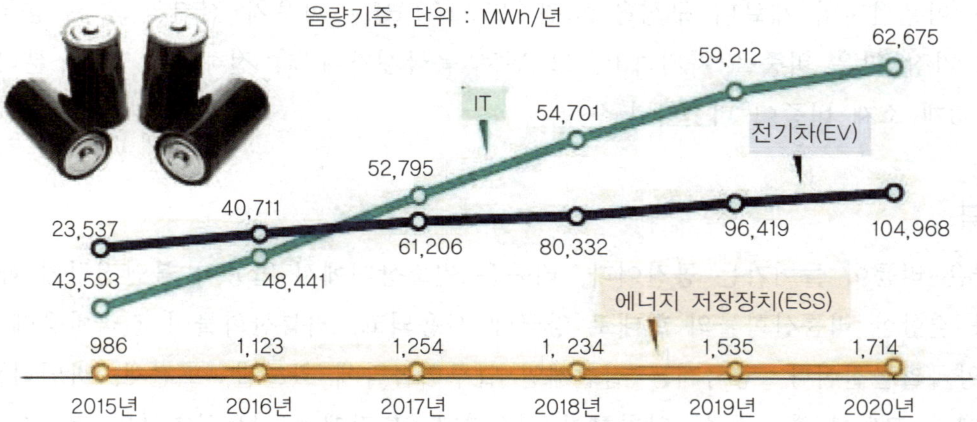

그림 25. 글로벌 리튬 이온전지의 시장전망

리튬이온 셀은 일정 전압을 넘어서거나 낮아지면 셀이 손상된다. 즉, 과충전과 과방전은 수명에 치명적이라는 것이다. 결론적으로 장수의 비결은 "사용을 하고 자주자주 충전을 해주는 것"이다.

3.3.5. 리튬 이온전지의 4대 소재

리튬 이온전지는 양극재 및 음극재와 분리막을 적층하고, 두루마리 형태로 감아서 용기에 삽입한 후 전해액을 주입하고 밀봉하여 제조한다. 양극재와 음극재가 배터리의 성능을 결정하고, 전해액과 분리막은 배터리의 안정성을 좌우한다. 고체 소재를 적층한 두께는 200㎛, 즉 0.2mm 이하에 불과하다.

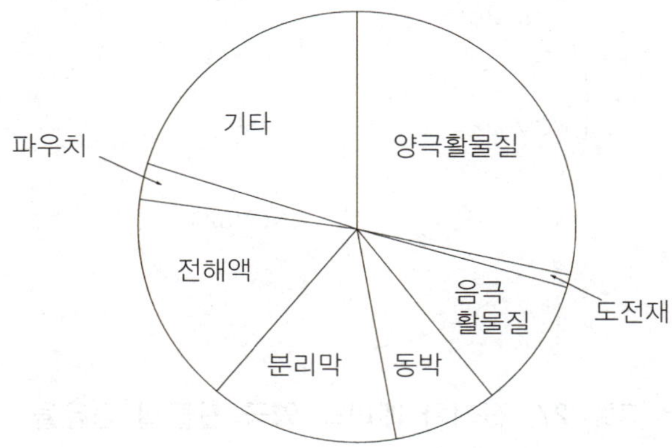

그림 26. 리튬 이온전지의 원재료 구성

리튬 이온전지의 재료비 구성을 보면, 27Ah PHEV 파우치 전지의 경우 양극재가 30%로 가장 많은 비중을 차지하고, 그 뒤로 음극재가 17%, 전해액이 16%, 분리막이 14%로 3개 소재 비중이 비슷하다.

[1] 양극

양극은 리튬이 들어가는 공간이다. 리튬은 원소상태에서 반응이 불안정하기 때문에 산소와 결합한 리튬산화물의 형태로 양극에 사용되고, 리튬산화물이 전극반응에 관여하는 양극활물질이다. 양극재는 집전체인 알루미늄박에 활물질, 도전재, 바인더를 섞은 합제를 코팅한 후, 건조, 압착하여 제작한다. 도전재는 리튬산화물의 전도성을 높이기 위해 첨가하고, 바인더는 활물질과 도전재가 알루미늄박에 정착하도록 도와주는 접착제 역할을 한다. 양극활물질이 배터리의 용량과 전압을 결정한다. 리튬을 많이 포함하면 용량이 커지고, 음극과 양극의 전위차가 크면 전압이 커진다.

양극활물질은 금속염의 구성성분에 따라 LCO, NCM, NCA, LMO, LFP 등으로 구분한다. LCO는 에너지 용량과 수명 특성이 양호해 상업화 초기에 많이 쓰였다. LCO 중 고가인 코발트 일부를 니켈, 망간 또는 알루미늄으로 대체한 삼원계가 NCM과 NCA다. LFP는 철이 쓰이기 때문에 원재료가 가장 저렴하고 안전성이 우수하나 순도 및 전기전도도가 낮고, 에너지 용량을 늘리는데 한계가 있어 경쟁력을 잃어가고 있다.

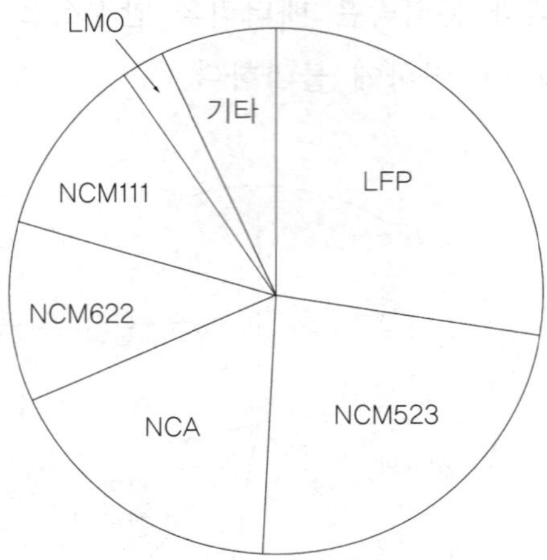

「그림」 27. 전기차 배터리 양극 활물질 점유율

![표] 리튬 이온전지 양극 활물질의 종류 및 특징

구 분	LCO	NCM	NCA	LMO	LFP
분자식	$LiCoO_2$	$Li(Ni, Co, Mn)O_2$	$Li(Ni, Co, Al)O_2$	$LiMn_2O_4$	$LiFePO_4$
구조	층상구조	층상구조	층상구조	스티넬구조	올리빈구조
	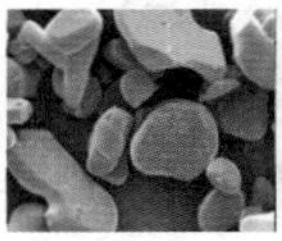	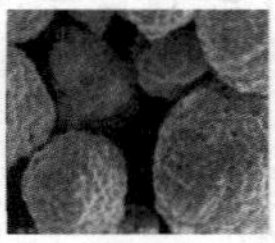	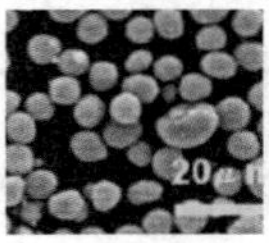	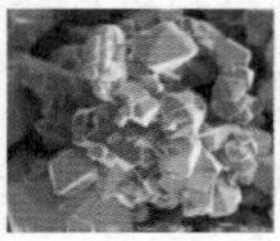	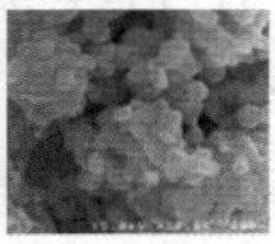
용량 (mAh/g)	145	145~175	180	100	150
작동전압	3.7V	3.65V	3.65V	3.7V	3.15V
안전성	높음	다소 높음	낮음	높음	매우 높음
수명	상	중	상	하	상
난이도	쉬움	다소어려움	어려움	다소어려움	어려움

[2] 음극

음극은 양극에서 나온 리튬이온을 저장, 방출함으로써 전기를 발생시키는 역할을 한다. 충전 시 음극이 리튬이온을 저장한다. 방전 시 양극과 음극을 도선으로 이어주면 리튬이온은 전해액을 통해 다시 양극으로 이동하게 되고, 리튬이온과 분리된 전자가 도선을 따라 이동하면서 전기가 발생한다.

![표] 리튬 이온전지 음극활물질의 종류 및 특징

구분	천연흑연	인조흑연	금속계	저결정탄소
구조		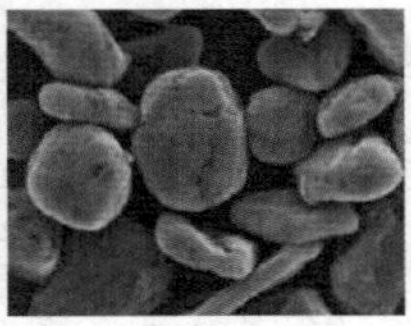		
원료	천연흑연	피치/코크스	SiOx, Si탄소 복합계	피치/코크스, 열경화성수지
용량 (mAh/g)	350~360	320~340	600~1,600	200~250
출력	하	중	중	상
수명	중	상	하	중
장점	고용량	고수명	고용량	고출력

음극재는 동박 위에 활물질, 도전재, 바인더가 입혀진다. 음극활물질은 대부분 흑연이 사용되는데, 흑연은 구조적 안정성, 낮은 전자 화학 반응성, 많은 리튬이 온 저장능력, 저렴한 가격 등의 조건을 갖췄다.

음극활물질은 천연흑연, 인조흑연, 금속계, 저결정탄소(소프트카본, 하드카본) 등으로 구분된다. 천연흑연은 원가와 용량에서 강점을 가진다. 인조흑연은 고열을 가해서 흑연의 고 결정구조를 만들기 때문에 천연흑연보다 조직이 안정적이고, 수명이 2~3배 우수하다. 전기차용으로는 성능향상이 유리한 인조흑연의 사용이 확대되고 있다.

[3] 전해액

전해액은 양극과 음극사이에서 리튬이온이 이동할 수 있도록 하는 매개체다. 전지 조립공정을 거친 후 마지막에 전해액을 주입해 분리막과 전극에 스며들도록 함으로써 리튬이온이 전달되는 통로와 활물질-전해액 계면을 형성한다. 전해액은 리튬이온이 원활하게 이동하도록 이온전도도가 높은 물질을 사용한다. 전해액은 염, 용매, 첨가제로 구성된다. 염은 리튬이온이 지나가는 이동통로이고, 용매는 염을 용해시키기 위해 사용되는 유기액체이며, 첨가제는 특정목적을 위해 소량으로 첨가되는 물질이다.

리튬염은 음이온의 크기가 크고 이온전도도가 우수한 $LiPF_6$(육불화인산리튬)를 상업용 전해액의 표준으로 사용하고, $LiBF_4$도 많이 쓰인다. 유기용매는 유전율과 점도가 높은 고리형 카보네이트(EC, PC 등)를 기본 용매로 하고, 유전율과 점도가 낮은 사슬형 카보네이트(DMC, DEC, EMC 등)를 보조용매로 혼합해 제조한다.

표 리튬 이온전지 리튬염의 종류 및 특징

종 류	분자량 (MW)	녹는점 (℃)	분해온도 (℃)	이온전도도(ms/cm)	
				In PC	In EC/DMC
$LiPF_6$	151.9	200	80	5.8	10.7
$LiBF_4$	93.9	293	100	3.4	4.9
$LiASF_6$	195.9	340	100	5.7	11.1
$LiClO_4$	106.4	236	100	5.6	8.4
$LiCF_3SO_3$	155.9	300	100	1.7	-

기본 용매는 유전율이 높아 리튬염을 녹여 양이온과 음이온을 쉽게 분리시킬 수 있지만, 점도가 높아 전해액 내에서 리튬 양이온의 빠른 이동에 불리하기 때문에 점도가 낮은 보조용매를 첨가한다. 전해액에는 전지의 수명향상 또는 과충전 시 발화억제 등을 위해 BP, CHB, VC, FEC 등 다양한 종류의 첨가제를 사용한다.

[4] 분리막

분리막은 양극과 음극이 섞이지 않도록 물리적으로 막아주는 역할을 한다. 내부의 미세한 구멍을 통해 리튬이온만 이동하게 하고, 전자가 전해액으로 직접흐르지 않도록 한다. 다공성 폴리에틸렌(PE)과 폴리프로필렌(PP)이 상용화돼 있고, 제조공정에 따라 습식과 건식으로 나뉜다. 습식법은 첨가제인 가소제를 추출할 때 발생한 기공을 확장하는 방식으로 강도, 탄성, 두께, 기공균일도 등에서 우수하다.

건식법은 압출필름을 저온에서 잡아 늘려 결정계면에 미세균열을 발생시키는 방식이며, 원가 경쟁력이 높다. 전지업체들이 고속의 자동화 조립라인을 운영하는 경우 강도가 우수한 습식막이 적합하다. 폴리머 전지의 경우 다공성 고분자막 표면에 세라믹 입자층을 코팅한 강화 분리막을 사용하는데, 고온에서도 분리막의 기계적 수축을 방지해 내구성과 내열성을 높여준다.

표 리튬 이온전지 분리막의 종류 및 특징

구 분	건식막	습식막
구조	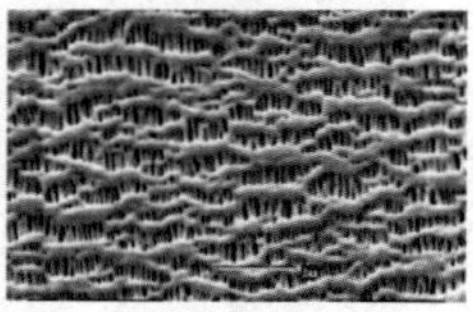	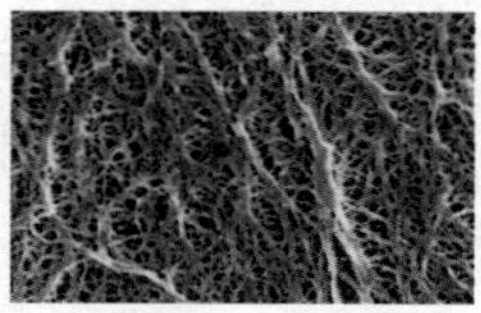
수지	폴리프로플렌, 폴리에틸렌	폴리에틸렌
두께	10~25㎛	10~25㎛
연신	일축(Uni-axial)	이축(Bi-axial)

3.4. 리튬 폴리머전지(Lithum polymer battery)

리튬 폴리머전지는 액체 전해질형 리튬 이온전지의 단점인 안전성 문제, 제조비용의 고가, 대형 전지제조의 어려움, 고용량화의 어려움 등의 문제를 해결할 수 있는 전지이다. 리튬 폴리머전지인 경우는 리튬 이온전지와 유사하나 리튬 이온전지의 전해액을 고분자물질로 대체하여 안정성을 높인 것이 다르다. 또한 리튬 폴리머전지는 음극으로 리튬금속을 사용하는 경우와 카본을 사용하는 경우가 있는데 카본음극을 사용하는 경우를 구별하여 리튬이온 폴리머전지로 표기하는 경우가 있으나, 대부분의 경우 편의상 리튬 폴리머전지로 통용하고 있다.

전해질이 고체이기 때문에 전해질의 누수염려가 없어 안전성이 확보되고, 또한 용도에 따라 다양한 크기와 모양으로 전지팩을 제조할 수 있어 기존의 리튬이온 전지에서 원통형 및 각형전지로 전지팩을 제작할 경우 전지와 전지사이에 전지용량과 무관한 쓸데없는 공간이 생기는 문제를 해결함으로써 에너지밀도가 높은 전지를 제조할 수 있다. 또한 자기방전율 문제, 환경오염문제, 메모리효과 문제가 거의 없는 차세대 전지라 할 수 있다.

그림 28. 리튬 폴리머전지

특히 전지 제조공정이 리튬 이온전지에 비하여 비교적 용이해 대량생산 및 대형전지 제조가 가능해 전지 제조비용의 저렴화 및 전기자동차 전지로의 활용 가능성이 매우 높은 전지라 할 수 있다. 그러나 리튬 폴리머전지가 기술적으로 실현 가능하게 하기 위해서는 아래와 같은 문제가 선결되어야 한다.

① 전기화학적으로 안정해야 한다(과충방전에 견디기 위해 넓은 전압범위에서 안정).
② 전기전도도가 높아야 한다(상온에서 1mS/cm 이상).
③ 전극물질이나 전지내의 다른 조성들과 화학적, 전기화학적 호환성이 요구된다.
④ 열안정성이 우수하여야 한다.

리튬 폴리머전지는 리튬 이온전지와 동작원리는 같으나 전해액에 유기용매와 겔상의 고분자를 사용하는 것으로 누액의 위험이 적고 안전성이 뛰어나며 필름형태의 재료를 중첩시켜 구성하므로 형상의 자유도가 높아 다양한 모양이 가능한 특징이 있는 반면에 리튬이온 전지에 비해 체적 에너지 밀도가 떨어지며 제조공정이 비교적 복잡하여 아직까지 가격이 높다.

현재 휴대기기용(디지털카메라 등)으로 사용되고 있는 폴리머전지는 폴리에틸렌글리콜(Polyethylene glycol)이나 폴리에틸렌 플로라이드(Polyethylene fluoride)으로 구성된 폴리머에 전기분해액을 포함시켜 교질화(겔화)한 것으로, 본질적으로는 리튬 이온전지와 큰 차이가 없다. 리튬 폴리머전지는 음극과 양극사이의 분리막이 리튬 이온전지에서의 전극의 분리역할 외에 이온전도의 매개체, 즉 전해질의 역할을 하는 전지이다. 리튬 폴리머전지는 전극재료 및 고분자 분리막의 종류에 따라 다음과 같이 구분할 수 있다.

표 리튬 폴리머전지의 분류

	양 극	전해질	음 극	개발사
1	고분자	유기용매	리튬 or 고분자	Bridgeststone, Ricoh, Matsushida
2	고분자	고분자	리튬 or 고분자	Kanedo
3	무기재료	고분자	리튬 or 고분자	Yuasa, Hydro−Quedec, Ultralife
4	무기재료	겔형고분자	리튬 or 고분자	LG, Bellcore, Hitachi Maxell, Sony, Toshibe

3.4.1. 리튬 폴리머전지의 장・단점

[1] 장점

① 리튬 이온전지의 우수한 성능을 유지할 수 있다.
② 리튬 이온전지보다 가볍고, 얇게 만들 수 있다.
③ 셀의 두께가 1mm 정도여서 가능해서 얇은 장치에 사용이 가능하다.
④ 액체 전해질의 누액누수 및 폭발 위험성이 없고 고체전해질이라 원하는 형태로 제작이 가능하다.
⑤ 셀당 출력전압이 3.7V(리튬이온과 동일)이다.
⑥ 자체 방전율이 낮고(월 약 5% 정도), 이로 인해 보관 수명이 길다.
⑦ 친환경적이다(카드뮴이나 수은 같은 중금속 성분이 없다).

[2] 단점

① 얇은 외장재 형태라 외부충격에 약하다(케이스가 보완을 해준다).

② 액체 전해질의 누수 및 폭발위험은 없으나, 내부연소가 발생해 불이 날수도 있고, 배터리팩이 부풀어 오른 경우는 건드리지 말고 바로 교체를 해야 한다.

③ 저온에서 성능이 잘 안 나온다.

3.4.2. 전기 화학적 원리

음극과 양극의 활물질(active material)이 리튬이온 전지와 유사하기 때문에 전기화학적 원리는 같다. 전지의 작동은 충·방전에 의해 리튬이온이 양극과 음극사이를 이동하며 사이에 끼움에 의해 이루어진다. 전지작동에 의한 전극의 변화는 없기 때문에 안정적인 충·방전이 가능하다.

- 양극(anode) : $LiCoO_2(s) = LI_{1-n}CoO_2(s) + ne^-$
- 음극(cathode) : $C(s) + nLi^+ + ne^- = CLi_x$

$$LiCoO_2(s) + C(s) = LI_{1-n}CoO_2(s) + CLi_x$$

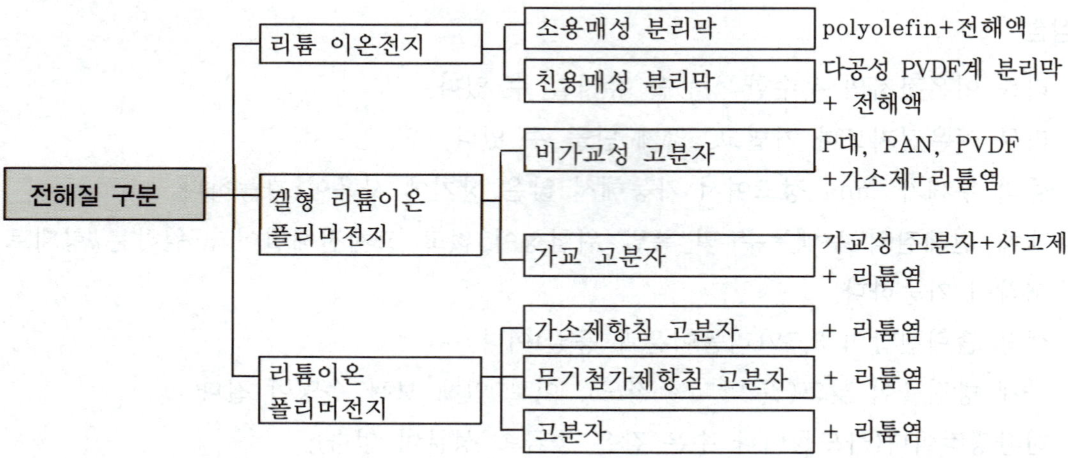

그림 29. 전해질에 의한 전지의 구분

표 리튬 폴리머전지의 구성특징

항 목	특 징	비 고
전극	양극재료의 다양성	전도성 고분자, 유기 황 화합물
	음극재료의 다양성	리튬 화합물, 리튬합금 또는 금속
형상	박막 가능	0.1mm 이하 가능
	성형성	-
	유연성	-
	포장 용이성	Can 사용 등에 의한 어려움 없음
물성	고전압	3~4V
	Bipolar 전지가능	2~3cell 연결가능
	고 에너지 밀도	100~400Wh/kg
	긴수명	1000회 이상 충·방전 가능
안전성	장기간 보관 가능	5~10년
	내열성	100℃ 이상
	누전해액 문제없음	-
	과충전 대응	-
	과방전 대응	-
환경문제	재료 공급 용이	-
	공해물질 사용 않음	유해금속 사용 않음
기타	저가	-
	생산 용이성	-

3.5. 리튬 공기전지(Lithium-air battery)

3.5.1. 리튬 공기전지의 특성

대기 중의 산소를 양극활물질로 사용하기 때문에 전지의 무게가 가볍고, 에너지 밀도가 높다. 또한 친환경적이고 안전성도 높다. 리튬 공기전지의 이론적 에너지 밀도는 3,500Wh/kg 이상으로 리튬 이온전지의 10배에 해당하고, 차세 대 배터리 중 가장 높은 용량을 구현할 수 있다. 휘발유와 동급 효율이다.

공기극(양극)은 산소, 촉매, 리튬이온이 접촉하여 반응이 일어나는 장소 역할을 하며, 다공질 탄소가 주성분이다. 음극으로는 공기와 전위차가 있는 리튬메탈이 쓰인다. 아연(Zn), 마그네슘(Mg), 칼슘(Ca) 등 2가 이온이 되는 금속이나 알루미늄(Al) 등 3가 이온이 되는 금속이 음극으로 쓰이면 금속 공기전지가 된다.

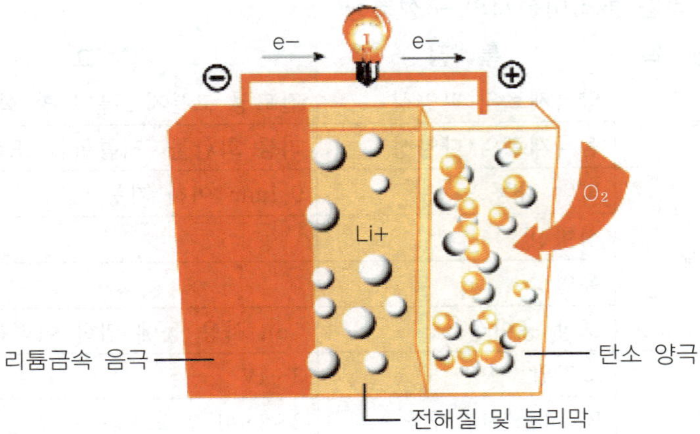

그림 30. 리튬 공기전지의 구성도

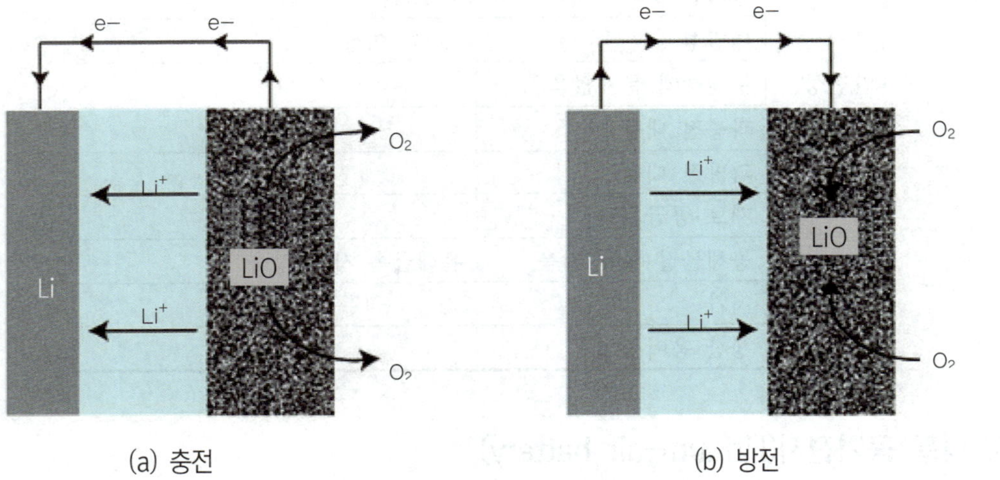

그림 31. 리튬 공기전지의 충 · 방전

리튬공기 배터리의 가장 큰 특징은 대기 중에 있는 “산소”를 반응물질로 이용, 무게를 획기적으로 줄일 수 있다는 점이다.

현재의 리튬이온 배터리를 가지고 800km를 가게 만들려면 완전 충전시 배터리의 무게만 약 1.5톤이 되어야 한다. 하지만 리튬공기 배터리의 경우 150~300kg 정도면 충분하기 때문에 자동차를 멀리가게 할 수 있는 전기자동차의 배터리 충전재로 가장 현실적인 대안인 셈이다.

그림 32. 전지 구성물질의 질량비교

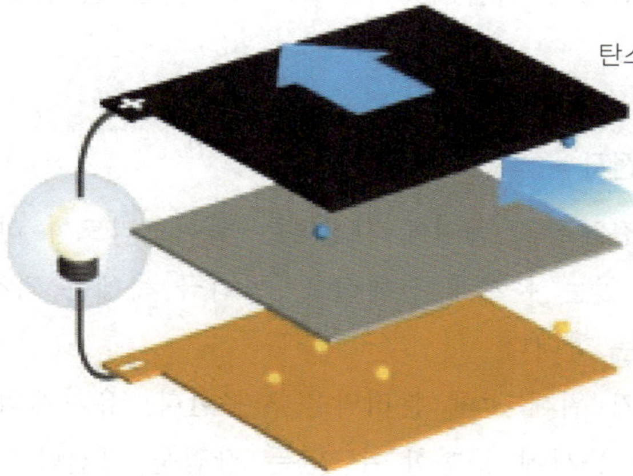

그림 33. 리튬 공기전지의 구조

3.5.2. 전해질에 따른 리튬 공기전지의 구분

리튬 공기전지는 전해질의 종류에 따라 유기계(Aprotic or Non-aqueous), 수계(Aqueous), 고체형(Solid State), 하이브리드형(Mixed Aqueous and Aprotic)으로 구분된다.

[1] 유기계 리튬 공기전지

유기계 리튬 공기전지는 리튬메탈 음극과 반응성이 거의 없는 유기계 전해질을 이용하기 때문에 공기전지 구조가 간단하고, 전지의 에너지 밀도가 높다는 장점을 가진다. 반면에 앞서 언급한 리튬 과산화물의 문제로서, Li_2O_2가 공기극 내의 기공을 막고, 산소와 전자, 리튬이온이 반응할 수 있는 면적이 줄어들어 방전용량이 감소하며, 충전 시 과전압이 높아 충방전 효율이 낮다.

[2] 수계 리튬 공기전지

수계 리튬 공기전지는 물이 충방전 반응에 직접 참여한다. 유기계는 반응 부산물로 Li_2O_2가 생성되지만, 수계에서는 용해성의 LiOH가 생성된다. 이에 따라 고체반응 생성물로 인한 부족한 사이클 특성과 충전시 높은 과전압 문제를 해소할 수 있고, 충방전 효율이 높다는 장점을 가진다.

반면에 수용성 전해질과 반응성이 높은 리튬메탈 음극과 직접적인 접촉을 막기 위한 보호막 기술이 반드시 필요하다. 추가 보호막 생성을 위해 구조가 복잡해지고, 보호막에 결함이 생기면 안전성이 위협 받으며, LiOH의 낮은 용해도로 인해 에너지 밀도가 낮다는 단점을 가진다.

[3] 하이브리드형 리튬 공기전지

유기계 전해질과 수계 전해질을 동시에 사용하는 하이브리드형 리튬 공기전지는 음극 측에는 반응성이 거의 없는 유기계 전해질을, 공기극 측에는 과전압을 줄일 수 있는 수계 전해질을 사용하는 형태다.

이 두 전해질을 분리하기 위해 고체 분리막을 사용한다. 유기계의 안전성과 수계의 낮은 충전 과전압 특성을 동시에 구현할 수 있는 장점을 가진다. 반면에 셀 구조가 수계 공기전지보다 더욱 복잡하고, 더 낮은 에너지 밀도를 가지는 단점이 있다.

결국 리튬 공기전지도 고체 전해질을 사용한 고체형으로 가야 한다. 고체형 리튬공기전지는 액체형의 문제점인 리튬메탈 음극의 낮은 안전성, 충전 시 높은 전압 및 중간 반응 생성물에 의한 분해반응 등을 해결할 수 있다. 반면에 앞서 장황하게 서술한 것처럼 고체 전해질을 상용화하기 위해 많은 난제가 남아 있다.

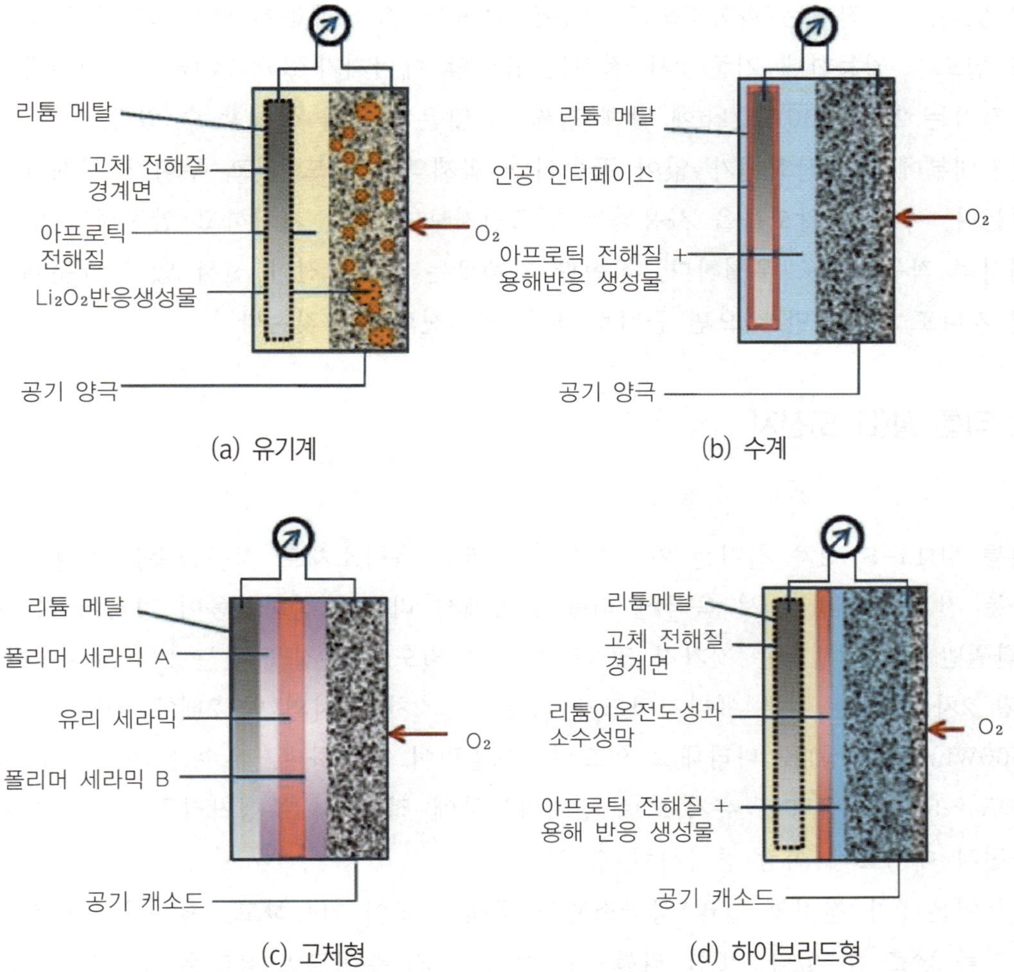

그림 34. 리튬 공기전지의 구조(전해질 종류에 따른 구분)

3.5.3. 금속 공기전지

마그네슘, 알루미늄, 아연, 리튬 등의 금속을 공기(특히 산소)와 결합하여 전기를 발생시키는 2차 전지이다.

① 아연 공기전지 : 음극/아연, 양극/산소

② 알루미늄 공기전지 : 음극/알루미늄, 양극/산소

③ 마그네슘 공기전지 : 음극/마그네슘, 양극/산소

④ 리튬 공기전지 : 음극/리튬, 양극/산소

금속과 산소의 반응을 이용한 금속 공기전지는 장점이 많아서 많은 국가에서 개발하고 있다. 이 전지는 화학적으로 안정된 금속을 쓰기 때문에 여타 2차 전지보다 에너지 밀도가 월등한데 기존 2차 전지는 중량당 에너지가 30~140Wh/kg이지만 금속 연료전지는 200~500Wh/kg에 달해 훨씬 더 많은 전기를 생산할 수 있다.

전지내부에 화학산화제가 없어 폭발이나 화재의 염려도 없고 부피와 무게가 크게 줄어든다. 수소나 알코올을 사용하는 연료전지보다 훨씬 저렴하고 안전성과 낮은 온도에서의 작동능력도 우월하다. 금속판 자체로는 자가방전이 전혀 없기 때문에 수십 년이 지나도 전해액만 섞으면 곧바로 작동하는 신뢰성을 갖는다.

3.6. 리튬 황(Li-S)전지

3.6.1. 리튬 황(Li-S)전지의 특성

리튬 황(Li-S) 2차 전지는 양극소재로 유황을 음극소재로 리튬금속을 사용하여 구성하는 전지로써 방전 시 음극인 리튬 금속에서 리튬의 산화반응이 양극에서는 유황의 환원반응이 발생되는 저가격 및 고 에너지 밀도의 특징을 갖는 2차 전지이다. 리튬 황 2차 전지는 이론 에너지밀도가 리튬이온 2차 전지의 약 2배에 해당하는 높은 값(500Wh/kg 이상)을 나타내고 있으며, 고출력이 가능하며, 우수한 저온특성(-70℃에서도 ~50%의 용량을 유지)으로 전기자동차에 적용 시 주행거리를 기존 리튬이온 이차전지 대비 2배 이상 증가시킬 수 있다.

리튬이온 2차 전지와 달리 양극소재의 국내 수급이 가능하고, 저가이기에 전지 제조단가를 낮출 수 있다. 또한 리튬-황 2차 전지의 주원료인 유황은 생산량이 풍부하고, 석유정제 과정의 부산물 혹은 폐기물로도 얻을 수 있어 소재 확보가 용이하며, 독성이 없고, 친환경적이므로, 차세대 2차 전지로 매우 각광받고 있다. 그러므로 리튬 황 2차 전지가 개발되어 에너지 저장시스템 및 전기자동차용 중대형 2차 전지에 적용되면, 차세대 시장경쟁의 구도를 주도하고 그 기술을 바탕으로 차세대 에너지기술 선점에 큰 역할을 할 것으로 기대된다.

3.6.2. 리튬 황 배터리의 작동원리

황(Sulfur)의 경우 지구상에서 존재하는 원소 중에서 17번째로 풍부한 원소이며 황의 동소체(allotrope)는 30여종 이상에 이른다. 이러한 자연계 상태에서의 풍부함, 리튬에 비하여 저렴한 가격, 그리고 높은 이론 에너지 밀도의 장점으로 인하여 차세대 배터리 중 하나인 리튬황 배터리가 그 각광을 받고 있다.

기존의 리튬 이온배터리가 양극의 뼈대(framework)에 리튬 이온을 삽입하여 구조적 변형이 최소한으로 유지되는 방식으로 전기적 에너지를 생성하는데 반해 황을 이용한 양극에서는 황의 화학적 환원방식을 이용하여 전기 에너지를 생성하는 것으로 그 작동원리를 달리한다. 리튬 황 배터리는 다른 일반적인 1·2차 전지와 마찬가지로 3가지의 물질로 구성되어 있다.

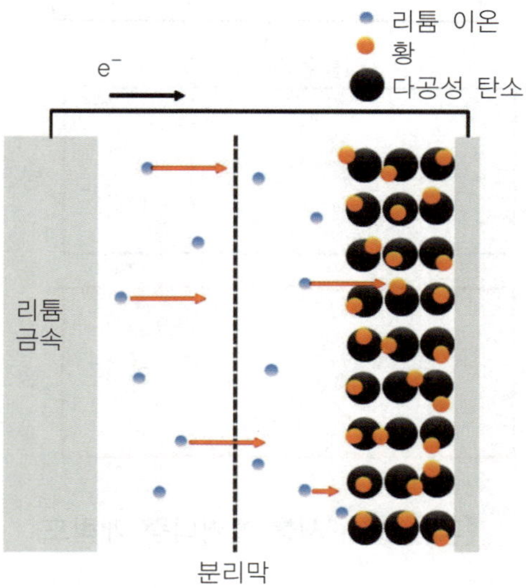

그림 35. 리튬 황 배터리의 작동원리

전자를 내어주며 산화반응이 일어나게 되는 애노드(anode, 음극), 애노드에서 나온 전자를 받아 전자를 환원시키는 캐소드(cathode, 양극), 그리고 리튬이온의 이동통로가 되며 전기적으로는 절연인 비수계 전해질이 그 구성물이다. 리튬 황 배터리에서 황은 양극으로써 쓰이게 되며 방전시 반응의 시작 물질로써 고리 구조의 S_8가 그 시작물질이 된다.

방전을 진행하면서 연속적인 환원반응의 선형구조인 리튬 폴리 설파이드(Lithium poly sulfide : Li_2S_8, Li_2S_6, Li_2S_5, Li_2S_4)의 단계를 거치게 되며 전해질에 용해된 상태로 양극에서 음극으로 이동하며 더 낮은 단량체의 폴리 설파이드로 순차적으로 환원되게 된다. 이러한 음전하를 띤 폴리 설파이드는 액상의 유기 용매에 용해되며 화학적 포텐셜과 양극과 음극의 농도 구배에 따라 음극으로 이동을 하게 된다. 최종적으로 환원된 상태의 불용해성 물질인 Li_2S(S_8+ 16Li → 8Li_2S)를 생성하게 된다. 충전 시에는 위의 순서의 역순으로 산화반응을 거쳐 원 물질인 S_8로 돌아오게 되면서 "셔틀" 메커니즘이 발생하게 된다. 리튬 황 배터리의 경우 2Li+S→Li_2S(ΔG=-439.084kJ/mol)와 같은 총괄반응을 통해 전류를 생산하며 이때의 전압은 ~2.1V이고 일반적인 리튬 이온 배터리의 ~4V에 비하여 낮은 전압을 가진다.

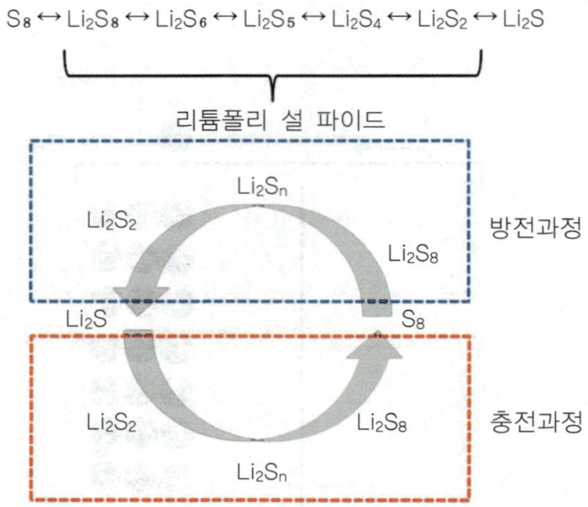

그림 36. "셔틀"메커니즘 개략도

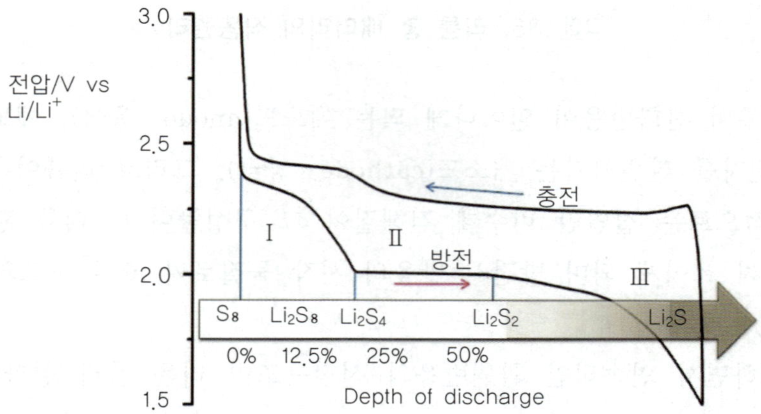

(Ⅰ) 고리 구조의 황에서 용해 폴리 설파이드로의 변환단계
(Ⅱ) 폴리 설파이드에서 불용해 Li_2S_2로의 변환단계
(Ⅲ) 불용해 Li_2S_2에서 불용해 Li_2S로의 변환단계

그림 37. 리튬 황 배터리의 전압특성

[그림 37]과 같이 리튬 황 배터리의 방전 거동을 확인하면 여러 구간으로 구분이 되는데 이는 위에서 설명한 바와 같이 황의 환원반응시 여러 단계의 폴리 설파이드 생성단계를 거치게 되기 때문에 이에 따른 전압 거동을 보인 결과이다.

[1] (Ⅰ)구간 - 고체

(I)구간 고체인 S_8분자와 리튬과의 반응으로 생성된 액상의 Li_2S_8의 2상(two-phase)이 공존하는 구간으로써 충·방전 거동 중에서 첫 번째 평탄한 구간이 이에 속한다. 이때의 전압은 2.2~2.3V 정도가 되며, 이 구간에서는 생성된 Li_2S_8가 액상 유기 전해질에 용해가 되면서 액상의 양극이 생성되는 구간이다. 이러한 반응으로 인하여 일반적으로 다공성 탄소 담체에 있는 S_8의 용해로 인하여 많은 빈 공간이 생성되게 되며 아래의 반응으로 생성이 된다.

$$S_8 + 2Li \rightarrow Li_2S_8$$

이렇게 생성된 Li_2S_8은 더욱더 낮은 원자가 전자상태의 폴리 설파이드로 환원이 되며 액상의 단일 상(single-phase)으로 순차적 반응이 일어나게 된다. 이때의 반응으로 인하여 배터리 셀의 전압이 급격하게 감소하게 되며 용액상의 점도는 S-S 체인의 감소와 함께 서서히 증가하게 되는 구간이다.

$$Li_2S_8 + 2Li \rightarrow Li_2S_{8-n} + Li_2S_n$$

[2] (Ⅱ)구간 - 액체

고체의 2상 구간으로써 액상의 저가의 폴리 설파이드에서 더욱 낮은 체인의 폴리 설파이드로 변환이 된다. 이때 생성되는 Li_2S_2는 고체이며 아래의 반응식에 의해 생성이 된다. 이 단계에서는 경쟁적으로 Li_2S역시 생성되게 되는데 이때의 전압거동은 1.9~ 2.1V 영역 대에 있게 되며 리튬 황전지 대부분의 용량의 25% 정도가 이 구간에서 생성이 된다.

$$2Li_2S_n + (2n-4)Li \rightarrow nLi_2S_2$$

$$Li_2S_n + (2n-2)Li \rightarrow nLi_2S$$

[3] (Ⅲ)구간

(Ⅲ)구간 Li_2S의 경우 Li_2Sn으로부터 생성이 되기도 하지만 Li_2S_2으로부터 리튬이온과의 추가반응으로 인해 생성이 되기도 하며 고체인 Li_2S_2와 고체 생성물인 Li_2S 모두 고체이기 때문에 단일 상의 반응이다. 이 반응은 두 고체상의 Li_2S와 Li_2S_2의 반응으로 불용성 고체이며 절연체이기 때문에 반응속도가 느린 반응구간이며 일반적으로 높은 분극현상(polarization)을 보이는 구간이다.

$$Li_2S_2 + 2Li \rightarrow Li_2S$$

3.6.3. 리튬 황 배터리의 한계점

리튬 황 배터리의 경우 기존의 리튬이온 배터리와 많은 다른 특성을 보이고 있다. 이와 더불어 많은 장점을 내포하고 있음에도 불구하고 1960대 후반 1·2차 배터리로써의 연구는 근 현재까지 50여년을 연구단계에서 머물고 있는 실정이며 상용화를 하기까지에는 여러 가지 난제들이 존재하고 있다.

전기적 전도도 배터리 전극의 경우 화학반응에서 생성된 혹은 소모되는 전자의 이동하는 특성인 전도성은 배터리성능에 있어서 중요한 필요 특성이 된다. 생성되는 전자가 외부도선으로 흘러야 하기 때문에 일반적인 배터리는 전도성 소재로 구성이 되고 있다.

하지만 리튬 황 배터리의 양극재인 황 그리고 환원되어 생성되는 폴리 설파이드의 경우 비전도성 물질이며 이를 극복하기 위하여 전도성 물질에 어떠한 방식으로든 접촉이 되어야 한다. 이때의 전도성 물질은 금속이 될 수도 있으며 일반적으로는 탄소가 사용이 된다. 많은 탄소를 사용하여 전기적 전도성을 높일 수는 있으나 이에 따라 황의 양은 상대적으로 줄어들기 때문에 에너지 밀도는 줄어들게 된다.

결과적으로 전기적 전도성 소재와 황 및 그 부산물질인 폴리 설파이드 간의 전기적 접촉을 늘리면서 최소한의 전도성 소재를 어떻게 혼합하느냐가 그 관건이 된다. 일반적으로 리튬 황 배터리의 장점을 살릴 수 있을 만큼의 황의 로딩은 ~70% 이상이 되어야 하는 것으로 알려져 있다.

충·방전시의 배터리 부피팽창 및 수축 리튬 황 배터리의 경우 양극반응의 시작물질인 황(S_8)의 단계적 환원(배터리 방전시)에 생성되는 폴리 설파이드의 경우 부피팽창이 일어나게 된다. 이때 부피팽창은 원 물질에 비해 80% 정도에까지 육박하며 역반응인 산화반응(충전시)에는 다시 수축이 일어나게 된다. 결과적으로 리튬 황 배터리의 충·방전반응을 진행하면서 배터리 내부에서는 부피의 팽창 및 수축이 연속적으로 일어나게 되는데 이때의 양극 전극은 내부적으로 스트레스를 받게 된다. 이러한 팽창 및 수축작용으로 인하여 전기적 비 절연물질인 황 및 폴리 설파이드와 전도성 물질인 탄소와의 접촉이 끊어지는 현상이 발생하게 되며 배터리 열화를 가속화하는 주 원인이 된다.

일반적인 리튬이온 배터리의 충전방전에 의한 배터리 열화는 수천 사이클 이상이 보장되어야 하나 리튬 황 배터리의 경우 수백 사이클에 머물고 있는 실정이다. 폴리설파이드의 용해로 인한 배터리 내부반응 배터리의 구성이 있어서 리튬이온(Li^+)의 경우 음극과 양극사이를 전해액을 통해 순환을 하며 화학반응으로 생성되는 전자(e^+)의 경우 외부 도선을 따라 이동이 되어야 전기 에너지를 생성할 수 있다.

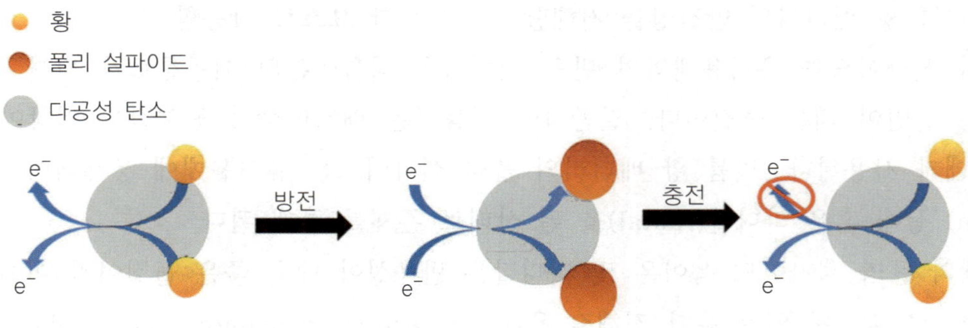

그림 38. 리튬 황 배터리의 부피 팽창수축에 의한 전기적 전도성 파괴

리튬 황 배터리의 경우 양극재인 황이 산화 및 환원반응을 거치게 되면서 폴리 설파이드가 생성이 됨을 위에서 설명을 하였다. Li_2S_8와 Li_2Sn의 경우 전해질의 용해성에 의하여 폴리 설파이드가 농도 구배에 의하여 전해질에 용해된 상태로 음극으로 이동을 하는 현상이 발생을 한다. 이때에 이동한 폴리 설파이드는 음극에서의 리튬이온(Li^+)과 반응하여 양극으로 되돌아오게 되며 다시 산화반응을 통해 고리 구조의 황(S_8)의 상태로 최종적으로 산화되는 상태가 이상적인 반응상태이다.

하지만 양극에서 환원되어야 할 Li_2S_8와 Li_2Sn가 음극에서 배터리 내부적으로 직접 반응을 하여 Li_2S_2과 Li_2S을 생성하게 되며 이때 생성된 물질은 음극에 계속 남아있게 된다. 이때 음극의 표면에 둘러싸고 있는 물질은 리튬이온과의 이동통로를 가로막게 되면서 화학적인 반응을 막게 되며 배터리 내부저항을 증가시키게 된다. 이로 인하여 이온 전도도를 저하시켜 배터리의 성능을 저하시킨다. 또한 계속적으로 축적이 되었을 시에 내부에 분리막과 같은 멤브레인에 손상을 일으킬 수 있으며. 이때 손상된 멤브레인은 내부 쇼트와 같은 배터리의 안전성을 저하시킬 수 있는 문제가 되기도 한다.

집전체와 황과의 반응 집전체(current collector)란 전극의 전기화학반응에 의해 생성된 전자를 모아주는 역할 혹은 전기화학에 필요한 전자를 공급하는 역할을 하게 되며 아래와 같은 요구조건을 충족시켜야 한다.

① 높은 전기전도도

② 전해액에 대한 화학적 안전성

③ 양극 및 음극 사용전위에서의 전기화학적 안전성

④ 저밀도(경량) 일반적으로 알루미늄은 양극 재에서 쓰이는 집전체이다.

하지만 높은 온도에서의 알루미늄 금속은 황과의 급격한 반응을 야기할 수 있으며, 이는 리튬 황 배터리의 안전성을 저해할 수 있는 한 요소로 작용할 수 있다.

폴리 설파이드와 유기용매와의 반응 전해질은 리튬이온의 이동통로가 되며 전기적으로는 절연이 되는 물질이다. 일반적인 리튬이온 배터리상의 전해질은 액상이며 유기 용매가 사용된다. 리튬 황 배터리의 폴리 설파이드는 유기용매에 용해되어 음이온(anion) 상태 혹은 라디칼(radial)을 띈 상태로 존재를 하게 된다.

이때의 폴리 설파이드 음이온 및 라디칼은 반응성이 매우 좋은 물질이며 이에 따라 일반적으로 알려져 있는 유기 전해질 용매(e.g. ester, carbonate, 그리고 phosphate)와 반응하는 것으로 알려져 있다. 그러므로 리튬 황 배터리의 용매로써 쓸 수 있는 물질은 한정이 되어 있게 되는데 일반적으로 Dimethyl ether(DME)와 1,3-dioxolane(DOL)과 같은 선형 혹은 고리구조의 ether가 적합한 것으로 알려져 있다.

DME의 경우 높은 폴리 설파이드의 용해성 및 좋은 반응속도의 장점은 가지고 있으나 리튬금속과의 반응 안전성이 문제로 써 부각이 된다. DOL의 경우 리튬 음극과의 계면에 있어서 안정적인 특성을 보유한 반면에 낮은 폴리 설파이드의 용해성 및 낮은 화학반응성은 문제점으로 보인다. 이러한 전해질 역시도 연속적인 충전방전 사이클을 통해서 점차적으로 아래와 같은 반응을 통해 배터리 셀의 열화와 가스발생과 같은 부반응을 일으키는 문제점을 앉고 있다.

$$R-O-R+Li_2Sn \rightarrow R-OLi+R-SnLi$$

$$R-O-R+2Li \rightarrow 2R-OLi+R-R$$

이상적인 리튬 황 배터리에 있어서 이상적인 유기용매는 폴리 설파이드 물질 및 리튬금속과 화학적 반응 안전성과 동시에 높은 폴리 설파이드의 용해성과 같은 특성을 요구한다. 폴리 설파이드와 리튬 염과의 반응 리튬 염은 전해액 내부에 용해되어 음극과 양극사이를 이동하는 리튬이온의 전도도를 높여주는 역할을 하는 물질이다.

이러한 특성에 따라 리튬 염의 농도에 따란 전지 출력특성이 변화하게 되며 배터리 성능에 중요한 역할을 하는 물질이기도 하다. 일반적인 리튬이온 배터리에서는 $LiPF_6$를 리튬 염으로 유기 용매에 혼합하여 사용하고 있다. 리튬 황 배터리에서의 리튬 염의 가장 중요시하는 부분은 화학적 호환성(compatibility)이다.

$LiPF_6$ 및 $LiBP_4$와 같은 물질은 아래와 같은 화학반응을 통해 폴리 설파이드와 화학적 반응을 하기 때문에 리튬 황 배터리의 특성화된 리튬 염의 별도 개발이 필요하다.

$$LiPF_6 + Li_2Sn \rightarrow LiPSnF_4 + 2LiF$$

$$LiBF_4 + Li_2Sn \rightarrow LiBSnF_2 + 2LiF$$

3.7. 전 고체전지(All Solid State Battery)

전 고체전지는 전해질이 고체인 전지다. 이로써 모든 소재가 고체가 된다. 2011년 동경공업대 Ryoji Kanno 교수가 상온에서 유기 액체 전해질과 동등한 수준의 높은 전도도($1.2\times10^{-2}(Scm^{-1})$)를 가진 LGPS($Li_{10}GeP_2S_{12}$)계열 황화물 고체 전해질을 개발하면서 중대한 계기가 마련됐다.

삼성전자 종합기술원이 전기차 배터리 크기 절반으로 줄일 수 있는 원천기술 "전 고체전지(All-Solid-State Battery)"를 개발했다. 따라서 전기차는 전 고체전지 기술을 통해 1회 충전에 800km 주행, 1000회 이상 배터리 재충전이 가능해졌다. 이 기술은 삼성전자 일본연구소(Samsung R&D Institute Japan)와 공동으로 연구한 결과이며, 세계적인 학술지 "네이처 에너지(Nature Energy)"에 게재됐다.

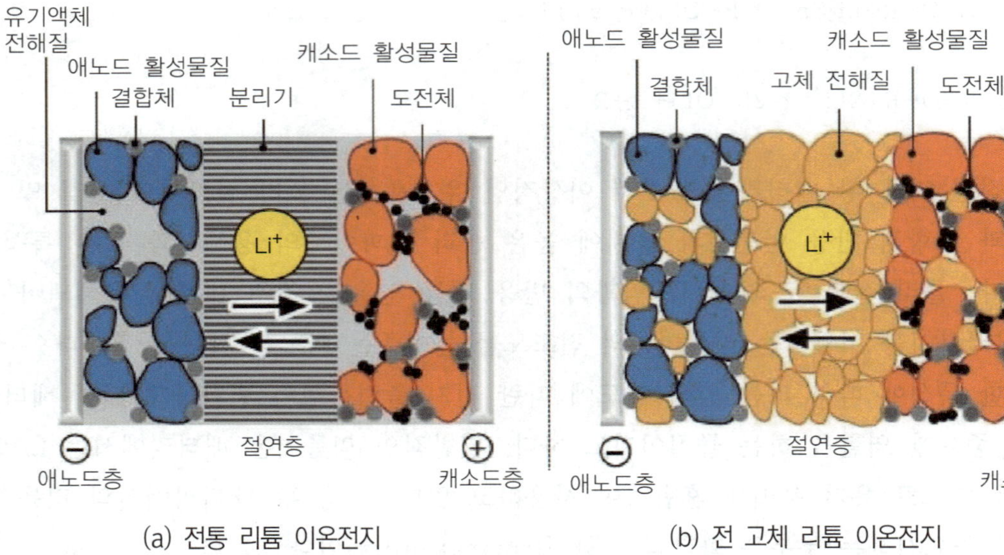

그림 39. 전통 리튬 이온전지와 전고체 리튬 이온전지의 개념도 비교

일반적으로 전고체전지에는 배터리 음극소재로 “리튬금속(Li-metal)”이 사용되고 있다. 하지만, 리튬금속은 전고체전지의 수명과 안전성을 낮추는 “덴드라이트(Dendrite)” 문제를 해결해야 하는 기술적 난제가 있다. 덴드라이트는 배터리를 충전할 때 양극에서 음극으로 이동하는 리튬이 음극표면에 적체되며 나타나는 나뭇가지 모양의 결정체. 이 결정체가 배터리의 분리막을 훼손해 수명과 안전성이 낮아진다.

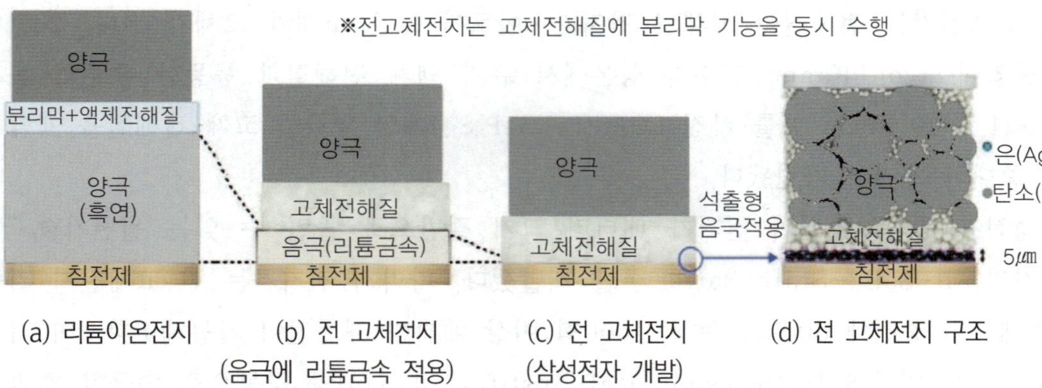

그림 40. 삼성전자 종합기술원이 개발한 “전 고체전지”기술

삼성전자는 덴드라이트 문제를 해결하기 위해 전 고체전지 음극에 5마이크로미터(100만분의 1미터) 두께의 은-탄소 나노입자 복합층(Ag-C nanocomposite layer)을 적용한 “석출형 리튬음극 기술”을 세계 최초로 적용했다. 이 기술은 전고체전지의 안전성과 수명을 증가시키는 것은 물론 기존보다 배터리 음극 두께를 얇게 만들어 에너지밀도를 높일 수 있기 때문에 리튬 이온전지 대비 크기를 절반수준으로 줄일 수 있다는 특징이 있다.

3.7.1. 전 고체전지의 장점

첫째, 폭발 및 발화특성이 없어 안전성이 우수하다. 고체 전해질은 온도변화에 따른 증발이나 외부충격에 따른 누액위험이 없다. 부피 팽창(Swelling)이 발생하지 않고, 열과 압력 등 극한 외부조건에서도 정상 작동할 수 있다. 둘째, 높은 에너지 밀도를 구현할 수 있다. 이는 적층 가능한 바이폴라(Bipolar) 구조의 장점이다.

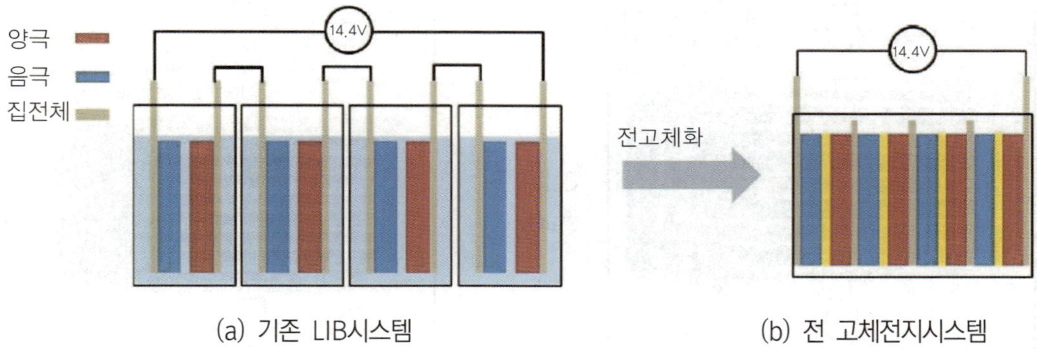

그림 41. 전 고체전지 바이폴라 전극

[그림 41]에서 보듯이 유기 전해액을 고체 전해질로 대체하면 집전체 양면에 음극과 양극이 결합된 바이폴라 전극을 제조할 수 있다. 바이폴라 전극의 적용으로 단전지에서 10V 이상의 고전압이 발현할 수 있다. 예컨대 리튬이온전지에서 14.4V를 구현하려면 3.6V전지 4개를 배치해야 하는데, 전 고체전지는 단전지로 가능하다. 단전지화의 효과로 분리막, 집전체, 셀 외장재(파우치) 등이 감소해 셀 부피가 줄어들고, BMS를 최소화하기 때문에 부피당 에너지 밀도를 높일 수 있다.

또한 전고체전지의 안전성 장점으로 인해 배터리 팩에 냉각 및 안전관련 부자재가 축소돼 팩의 에너지밀도가 향상된다. 고전압, 고용량 신규 양·음극소재 적용이 용이하다. 상용 유기 전해액에서는 채택하기 어려운 4.5V 이상 양극재를 적용할 수도 있다. 리튬메탈 음극재를 적용해 전고체 리튬메탈전지로 진화하면 400Wh/kg 이상, 1,200Wh/L 이상의 에너지 밀도를 구현할 수 있다.

셋째, 고출력이 가능하다. 액체 전해질과 달리 리튬이온이 용매와 분리되는 탈용매 반응이 불필요하다. 충·방전반응이 곧 고체 내 리튬이온의 확산반응으로 반영돼 높은 출력이 기대된다.

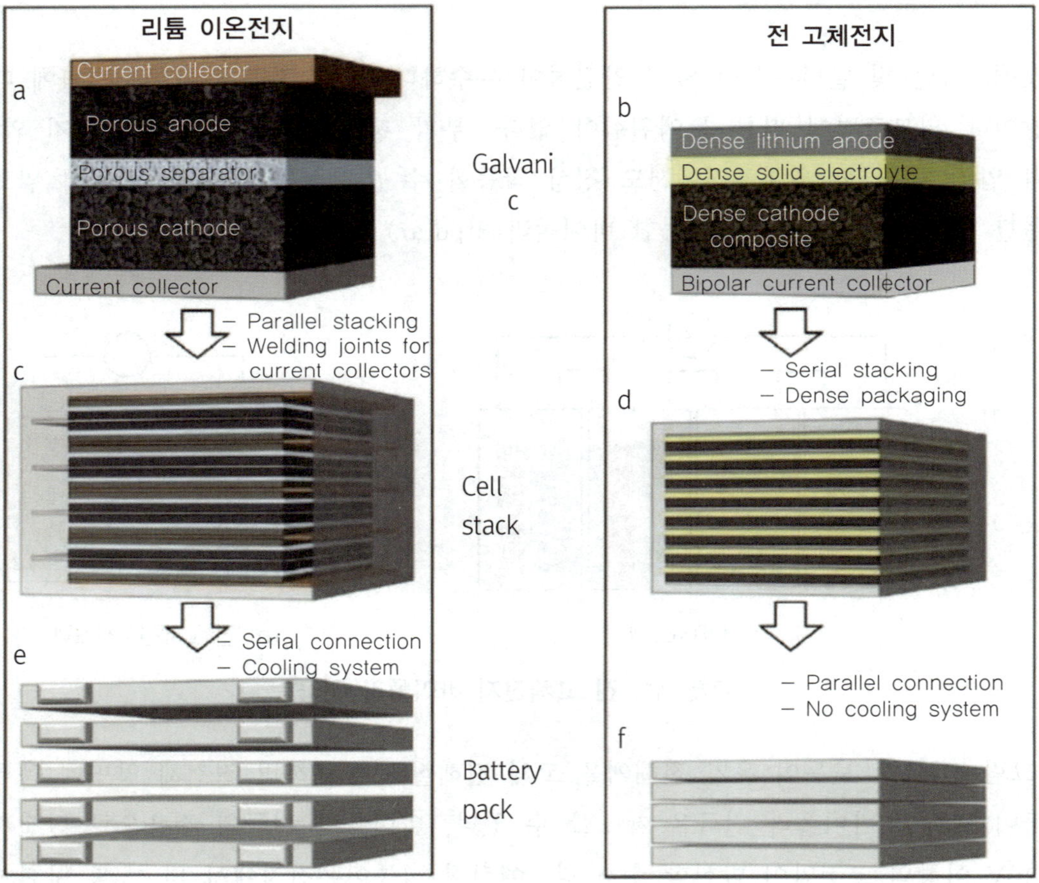

그림 42. 전 고체전지와 리튬 이온전지 셀 및 팩 구조비교

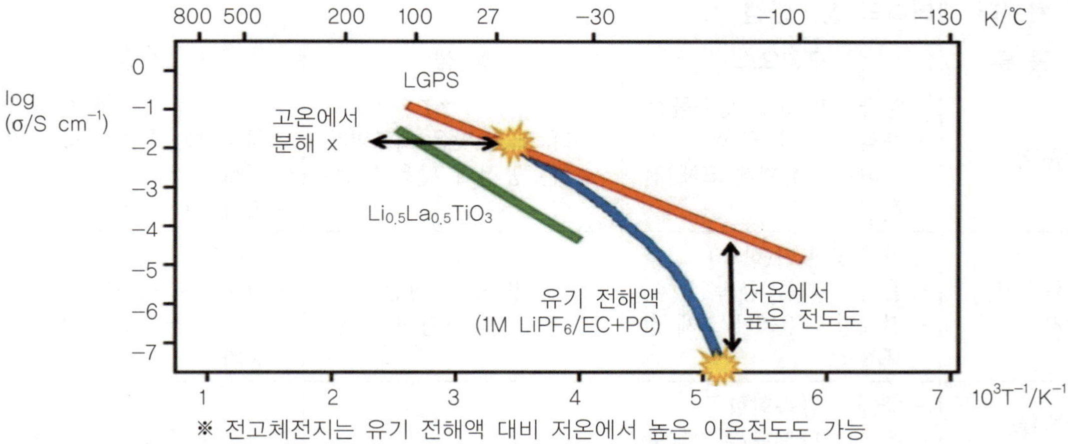

그림 43. 전 고체전지의 넓은 사용온도

넷째, 사용온도가 넓다. 기존 유기 전해액에 비해 넓은 온도영역에서 안정적인 성능을 확보할 수 있다. 특히 저온에서 높은 이온전도도가 기대된다. 전기차 사용자의 가장 큰 애로사항이 겨울철에 배터리성능이 저하돼 주행거리가 줄어드는 것이다. Tesla Model X를 충전 50% 상태에서 추운 밤에 세워두면 다음날 아침 충전율이 30%로 내려간다. 전 고체전지 시대가 오면 저온환경의 불안요인이 해소될 것이다.

다섯째, 전지구조가 단순하다. 분리막이 필요 없다. 제조 공정상에서 슬러지 상태의 고체 전해질을 양극활 물질에 코팅한다. 액체 전해질의 주액 공정없이 연속공정을 통해 다양한 형태의 다층구조 셀을 구현할 수 있다.

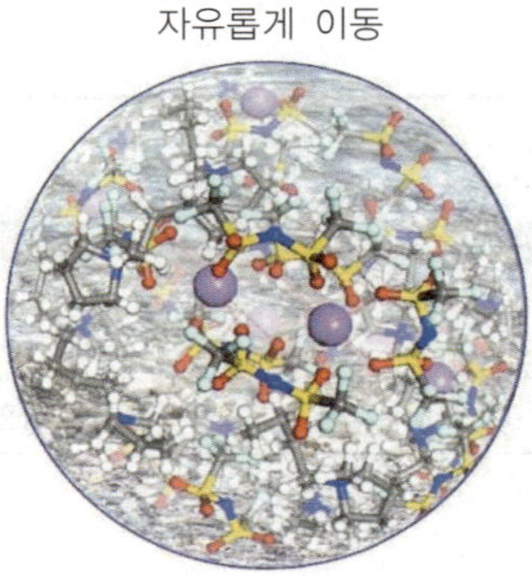

(a) 액체 전해질

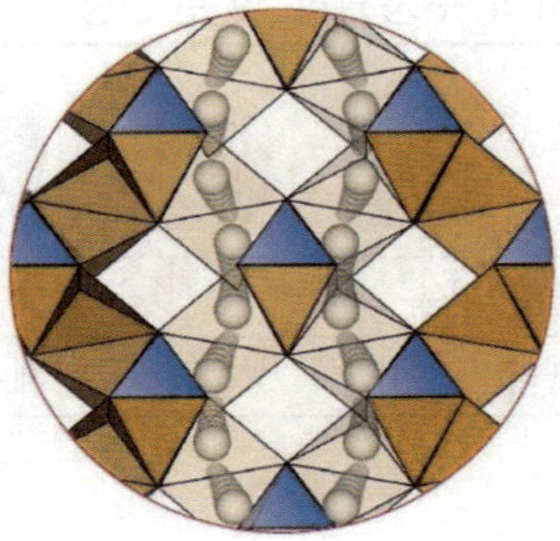

(b) 고체 전해질

그림 44. 액체 전해질과 고체 전해질의 비교

표 차세대 배터리의 장·단점

종 류	구성요소	장 점	단 점
리튬 황전지	– 양극 : 황 또는 황화물질 – 음극 : 리튬 금속 – 전해질 : 유기계/고체 전해질	– 고용량 및 낮은 제조원가 – 기존 공정의 활용 가능	– 지속적인 충·방전시 양극재(황)의 감소로 수명 저하 – 황에 의한 제조설비의 부식
리튬공기 전지	– 양극 : 공기(산소) – 음극 : 리튬 금속 – 전해질 : 유기계/고체 전해질	– 전지 셀 구조 단순 – 고용량 및 경량화 가능	– 고순도 산소 확보 어려움 – 산소 여과장치, Blower 등 추가장치로 인해 부피 증가
나트륨/마그네슘 전지	– 양극 : 금속화합물 – 음극 : 나트륨/마그네슘 – 전해질 : 유기계/고체전해질	저가화 및 고용량에 용이	– 양극재 후보물질 적음 – 긴 충·방전시간
전고체전지	– 양·음극 : 기존 또는 타 차세대 전지의 양·음극 활용가능 – 전해질 : 세라믹(황화물/산화물), 고분자, 복합재 등	– 높은 안전성 및 고용량 가능 – 다양한 어플리케이션(초소형 전자기기~전기차)에 활용 가능	– 높은 계면 저항 – 유해 가스인 황화수소 발생(황화물계)또는 낮은 저온 특성(고분자)

4 전기자동차 전지의 충전

표 전기차의 구동원리 및 충전방식

주행 모드				
	출발/가속	감속	완속충전	급속충전
	모터	회생 제동	배터리충전(6시간)	배터리충전(25분)

작동 원리	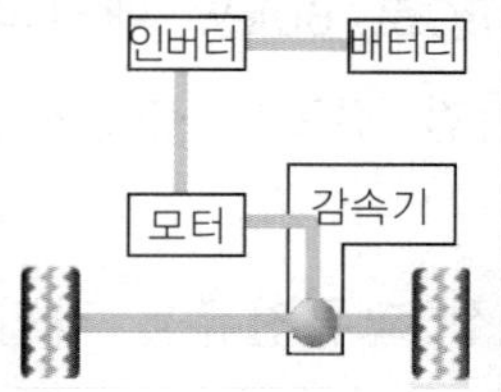	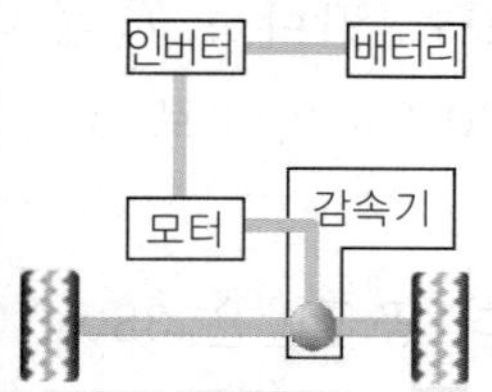	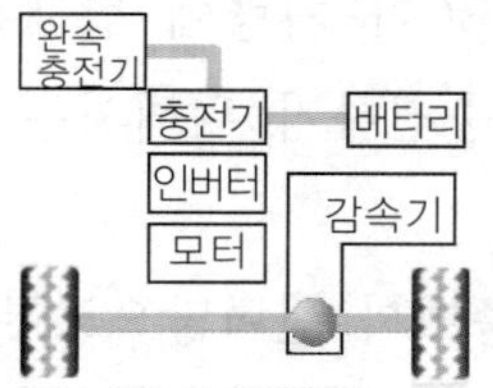	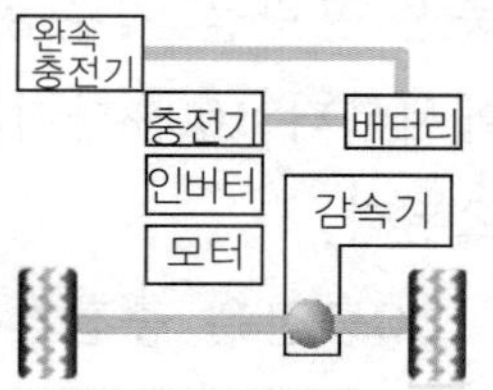
	배터리에 저장된 전기에너지를 이용하여 구동모터에서 구동력을 발생	감속시에 발생하는 운동에너지를 버리지 않고 구동모터를 발전기로 사용하여 배터리를 재충전	220V의 전압을 이용하여 배터리 충전(0~100%). 충전까지 완속충전	외부에 별도로 설치된 급속 충전기를 이용하여 충전(0~80%). 충전까지 급속충전

4.1. 전기자동차의 충전방법

전기차를 충전하는 방법은 크게 AC(교류)충전과 DC(직류)충전으로 나눌 수 있다. 전기차에 탑재되는 배터리는 고전압 DC배터리로 실제 배터리에 충전되는 전류는 직류이어야 한다. 그러나 보통 국가 전력망은 장거리 전송이 유리한 교류전류를 사용하는데 이 교류전류를 직류전류로 바꾸어야만 배터리를 충전할 수 있게 된다.

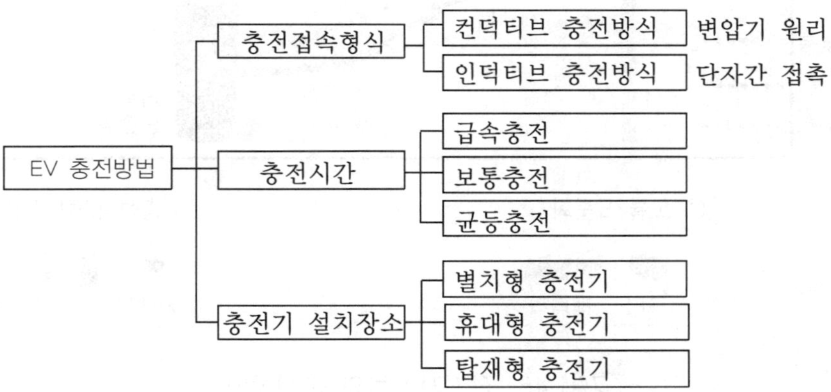

「표」 45. 전기자동차 충전방법의 구분

AC충전이라는 것은 차량이 AC전류를 입력받아 배터리 충전에 필요한 고전압 DC전류를 직접 만들어서 충전하는 방식을 얘기한다. 이를 위해서 차량에는 OBC(On-Board Charger)라고 하는 전류 변환장치가 탑재된다. 다만 고용량의 OBC를 만들기 위해서는 해당 부품의 사이즈나 가격이 증가하는 문제가 있어 보통 3~7kW 수준의 충전 용량을 갖춘 OBC가 차량에 탑재된다. 따라서 7kW OBC로 60kW 배터리를 0%에서부터 100%까지 충전하기 위해서는 60/7= 8.57로 8~9시간 정도의 충전시간이 소요된다.

DC충전은 충전기쪽에서 전력망으로부터 공급받은 380V 3상 교류전류를 직접직류로 변환하고 차량쪽은 충전에 필요한 전압과 전류량을 충전기쪽에 요청하여 고전압 DC 전류를 입력받는 방식이다. 차량에 내장된 OBC는 용량에 한계가 있지만 충전기의 경우 50~150kW까지 차량 1대당 충전용량을 증가시킬 수 있다. 따라서 보통 급속충전은 DC충전으로 진행되기 때문에 보통 DC충전기를 급속충전기라고 얘기한다.

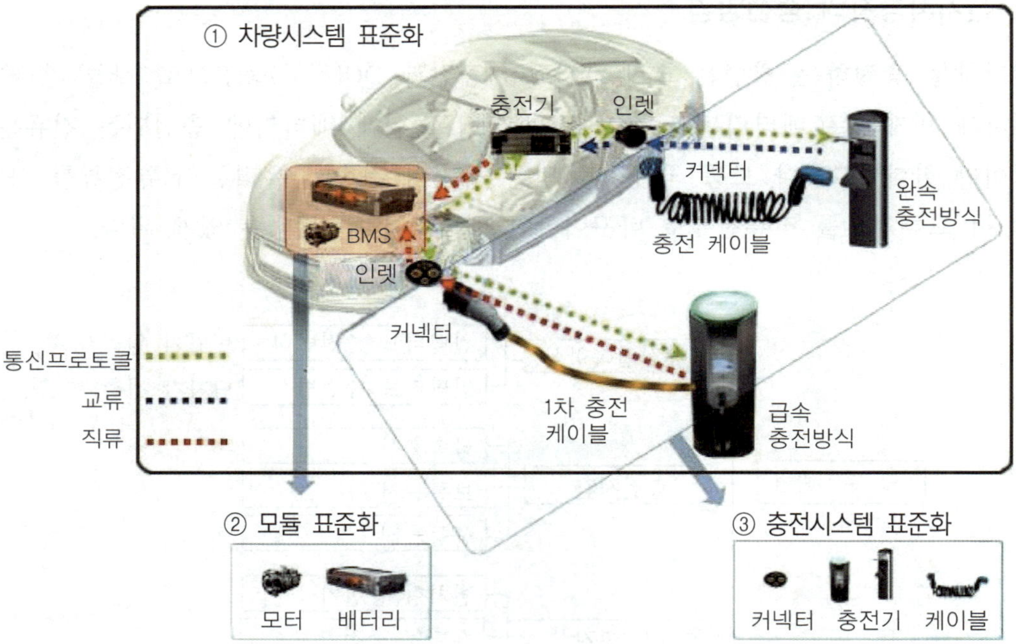

그림 46. 전기자동차의 충전방법

4.2. 충전 접속형식에 의한 분류

전기자동차의 충전방법은 여러 방법으로 분류된다. 우선, 단자접촉에 의해 전원 측에서 EV측으로 전류를 직접 유입하는 컨덕티브방식과 변압기와 같이 전자유도에 의해 전기 에너지를 전달하는 인덕티브방식이 있다.

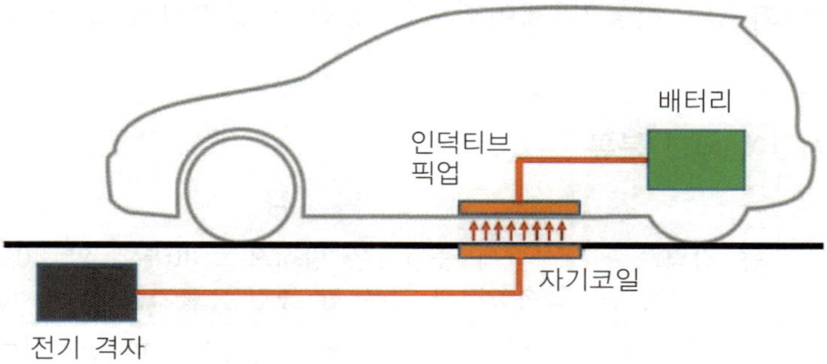

그림 47. 인덕티브 충전방식

인덕티브방식은 지금처럼 콘센트에 플러그를 꽂는 대신 전자기 유도방식을 사용한 비접촉 충전방식이다. 충전기 쪽에 붙은 코일에 교류전류가 흐르면 자동차 쪽에 붙은 코일에서 전류가 생성되는 원리를 응용한 것이다. 충전기에 해당하는 코일을 지정된 주차장 바닥에 깔아두면, 바닥에 코일을 붙인 자동차가 그 위에 주차하는 방식이다. 이는 과거 비접촉식 충전처럼 코일을 사용한 전자기 유도원리를 똑같이 응용하되, 기술혁신을 통해 보다 먼 거리에서 두 코일 간 충전이 가능해지는 것이 관건이다.

과거 헤드라이트사이에 집어넣는 방식일 때 자동차와 충전 플라스틱판과의 거리가 5cm 내외였다면, 무선충전일 때는 코일간 거리가 주차장 바닥에서 자동차 밑판에 이를 정도로 늘어나야 하기 때문이다.

4.3. 충전시간에 의한 분류

충전시간의 장단에 의한 구분이 있다. 소전류로 장시간(8시간 정도)하는 보통충전과 대전류로 단시간 30분(정도) 충전하는 급속충전이 있으며 이 중간시간으로 충전하는 경우에는 중속충전이라고 한다. 이 충전전류를 크게 함으로써 충전시간이 단축되는데 충전기 용량이 커져 무거워지고 코스트도 높아진다. 또한 충전기의 부착장소나 이용형태에 따라서도 분류된다.

일반적으로 EV내에 내장되거나 부착되거나 하는 차체충전기, 차고 등에 두는 고정충전기 및 공공주차장이나 가솔린 보급 스테이션에 병설되는 공공이용 충전기로 분류된다.

EV는 안전 확보를 위해 충전 중에는 주행할 수 없도록 오발진 방지기능을 갖고 있으므로 충전용 배선이나 부품일부는 주행 시의 전동기 제어회로와 공용이 가능하고 최근의 EV는 충전회로와 전동기 제어회로를 통합한 합리화가 도모되고 있다.

표 충전시간에 의한 분류

구 분	특 징
급속충전	큰 전력으로 단시간에 충전하는 방식으로 30분에 약 80% 정도까지 충전한다. 단, 급속충전의 경우 만 충전은 불가능하다.
보통충전	야간에 교류 220V를 사용하여 적은 전력으로 만 충전시키는 방법으로 전기자동차의 기본이 되는 충전방식이다. 심야전력제도를 이용하면 경제적으로 충전할 수 있다.
균등충전	전지의 충전상태를 초기조건으로 되돌리기 위해 정기적으로 충전하는 방식이다.

시스템은 조작 패널에서 보통충전과 중속충전의 모드 전환이 가능하고 충전 컨트롤러에 의해 주전지의 보충전 균등충전이 자동적으로 제어된다. 또한 각종 제어신호를 상시 감시하여 이상이 있으면 경보램프를 점등함과 동시에 시스템 동작을 안전한 상태로 이행시킨다.

EV의 충전은 자택 또는 본거지에서의 보통충전이 기본이지만 출장지에서의 주행거리를 연장시키기 위한 보충전도 필요하다. 이 에코 스테이션 충전설비는 야간의 잉여전력을 전지에 저장해 두고 EV에 30분간 급속충전을 하는 것으로서, EV측에서 보내지는 충전에 관한 요구 신호에 따라 충전제어가 행해진다.

세계적으로 전기자동차가 순차적으로 개발되면서 제조사별로 다른 충전방식을 적용하여 국제표준(IEC)에는 5가지 급속 충전방식이 규정되어 있으며, 국내에서 사용하고 있는 급속 충전방식은 DC 콤보방식과 차데모(CHAdeMO), AC3상 방식 등 세 가지로 나뉜다. DC콤보방식은 완속 충전용 교류모듈에 급속충전용 직류모듈을 동시에 사용할 수 있는 방식으로, BMW i3나 쉐보레 스파크 EV가 채택하고 있는 방식이다. 이 방식을 사용하면 공간 활용도나 커넥터 통합 등의 이점이 있다.

차데모는 미국과 유럽 진영이 아닌 일본 도쿄전력을 중심으로 닛산, 미쓰비시, 후지중공업, 도요타를 주축으로 개발된 충전방식이다. 현재 도요타와 닛산, 미쓰비시가 차데모 충전방식을 사용하고 있다.

표 전기차 충전 3가지 방식

구 분	차데모	DC 콤보	AC 3상
커넥터 형상			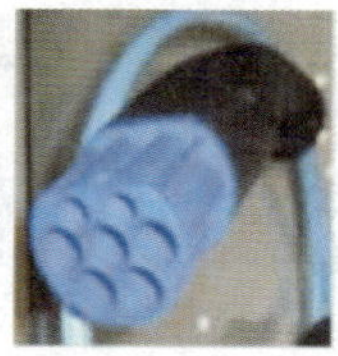
개발 시기 및 주체	10년 도쿄 전력	11년 10월 GM 등 독일, 미국의 7개 기업	12년 12월 르노
특징	- 완속 · 급속소켓이 구분 - 전파 간섭의 우려가 적음	- 충전구가 하나로 효율적 (완속 · 급속이 위아래로 위치) - 비상급속 충전이 가능 (15분 소요)	배터리와 전력망을 전기 교란으로부터 보호하는 기술(갈바닉) 적용
단점	- 충전기 부피가 큼 - 충전시간 다소 김(80% 충전하는데 30분 소요)	급속충전시간에 비해 완속 충전시간이 김	- 충전기 출력을 20kW 이상 올리기 어려움 - 충전기 설치비용 높음

직류방식만을 이용한 충전방식으로 급속충전을 목표로 개발됐기 때문에 교류충전은 별도의 커넥터 등이 필요하여 공간 활용성이 떨어진다는 단점이 있다.

AC 3상 방식은 프랑스 르노가 내세우고 있는 방식이다. 별도의 직류변환 어댑터가 필요 없다는 장점이 있다. 낮은 전력을 이용하기 때문에 효율이 높고, 직류변환장치가 필요 없어 다른 충전방식에 비해 인프라 구축비용이 적고, DC 콤보와 마찬가지로 하나의 케이블로 급속충전과 완속충전이 가능하다는 장점이 있다. 이외에도 테슬라는 자체 충전방식인 수퍼차저를 채택하고 있고 중국은 차데모 방식을 변형한 자체 충전 방식을 채택했다.

2017년 말부터 국내 규격도 DC 콤보 1로 통일되어서, 최근 대부분의 차종이 DC 콤보방식이다(볼트 EV, 코나 일레트릭, 아이오닉 일렉트릭, 니로 EV, 쏘울 EV 등).

표 충전구 및 커넥터의 종류

구 분	종 류			통 일
전기자동차 충전구 (Inlet)				
	차데모	AC 3상	콤보 1	콤보 1
급속충전기 커넥터 (Connector)		커넥터(Connector)		

	멀티형 충전기	차데모+AC 3상+콤보 1		콤보 1

표 충전기의 설치장소에 따른 분류

구 분	특 징
별치형 충전기	충전기를 차량외부인 주차장이나 주유소 등에 설치하는 방식으로 인덕티브 충전과 급속충전 등이 이러한 방식에 해당된다.
휴대형 충전기	별치형을 개량하여 휴대할 수 있도록 사용 편의성을 높인 형태이다.
탑재형 충전기	충전기를 차량에 탑재하고 이동하다가도 교류전원이 있으면 충전이 가능한 형태로 충전기를 설치할 필요가 없이 전원만 있으면 충전이 가능하므로 편리하다.

4.3.1. 충전인프라

첫째, 전기자동차의 핵심 충전인프라는 배터리 관리시스템(BMS : Battery Management System)을 꼽을 수 있다. 이 시스템은 배터리 충전시, 안전한 충전이 가능하도록 배터리 상태를 지속적으로 모니터링한 정보를 충전기 및 외부충전 스탠드와 주고받음으로써 안정적인 충전동작이 수행되도록 하는 시스템을 가리킨다.

배터리 관리시스템은 배터리의 전압, 온도, 전류를 실시간으로 측정한 데이터를 기반으로 배터리 충전잔량(SOC : State of Charge)을 산출하며, 차량에 탑재된 배터리의 특성이 고려된 충전제어 알고리즘을 보유하고 있어 충전기에 해당 정보를 전송하여야 한다.

충전인프라와 연계시에는 전기자동차가 안전하게 충전될 수 있는 상황인지를 차량 내부 네트워크에서 정보공유를 통해 판단하고, 이를 통신 인터페이스장치를 통해 외부 충전스탠드 및 중앙관리시스템에 전송함으로써 안전한 충전동작이 수행되도록 해야 한다.

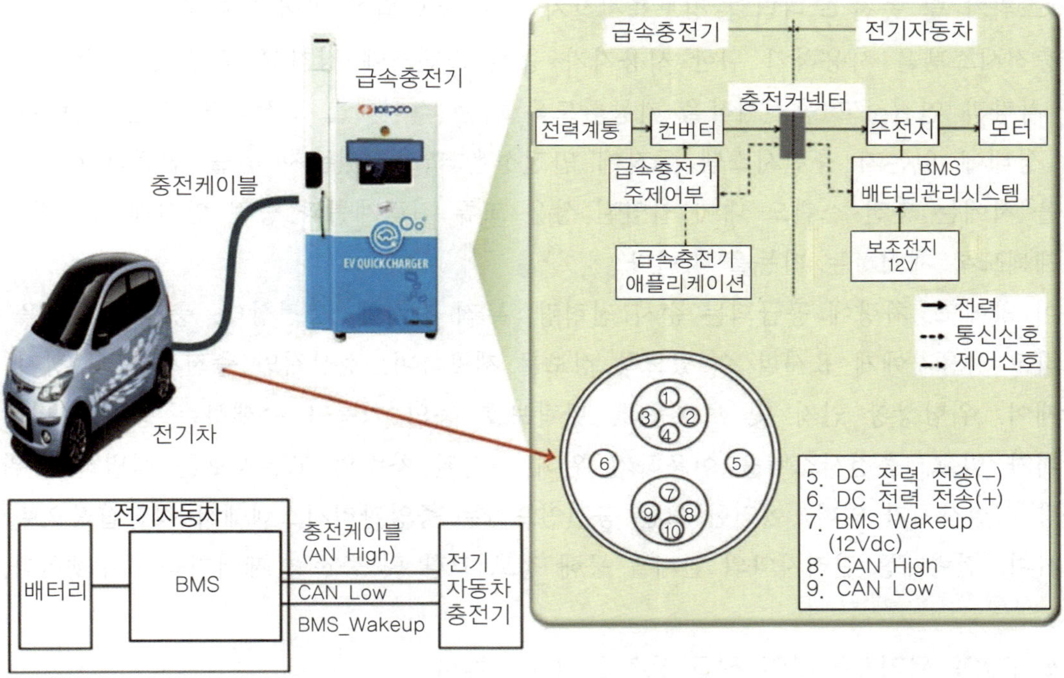

그림 48. 전기자동차의 핵심 충전인프라

둘째, 충전 인터페이스장치 역시 전기차 사용에 필수적인 충전인프라에 해당한다. 충전 인터페이스는 전기차와 충전시스템 간의 정보교환을 위한 인터페이스장치와 충전 전기에너지를 공급하기 위해 차량과 외부설비 혹은 장치와 연결하는 커넥터, 포트 등의 부품과 전선 등을 지칭하는 것으로 충전시스템 구성에 필수적인 장치이다. 충전방식에 따라 구성 및 형상이 다소 달라질 수 있다.

충전 인터페이스장치는 상용 교류 전력계통으로부터 친환경자동차에 전기에너지를 전달하기 위한 충전시스템 핵심부품 중 하나이다. 차량에 장착되어 외부전력 공급선과의 연결이 가능하도록 하는 포트와 커넥터, 전선 등의 전력 인터페이스장치는 물론 차량과 외부 충전시스템과의 정보교환을 위한 통신 인터페이스장치도 포함한다.

셋째, 충전 스탠드는 친환경 자동차와 상용 교류 전력계통을 연계하기 위한 충전인프라의 주요 구성요소로 충전 인터페이스장치 및 충전 모니터링장치 등이 설치되는 시설물에 해당한다. 계통 연계 및 전력공급 제어, 충전 정보표시, 사용자 조작 스위치 내포 등의 기능을 하며, 비탑재형 충전기 및 급속충전기 등이 내부에 설치되기도 한다. 충전 스탠드는 상용 교류 전력계통과 충전 인터페이스장치를 연결하고, 사용자 조작 스위치 및 충전 모니터링 정보표시장치 등이 포함되어 있어야 한다.

충전시스템을 사용하기 위한 사용자가 충전 스탠드에 장착된 충전 인터페이스장치를 차량과 연결하고 충전시작을 가능하도록 하는 스위치를 조작하게 되면, 차량이 정지 상태에 있는지 충전시스템 동작에 안전성은 확보되었는지 등을 점검하고 이상이 없을 시에는 충전 스탠드 내에 인입된 상용 교류 전력계통과 충전 인터페이스 장치가 연계되도록 제어하는 기능을 지닌다.

이 밖에도, 차량에 공급되는 순시 전력량, 누적 전력량, 충전상태, 충전시간 등을 측정하고 사용자에게 표시할 수 있도록 정보를 제공하며, 정상적인 충전시작 및 정지 동작제어, 위험상황 인지 및 보호동작, 단락보호 등의 기능을 수행하는 충전 모니터링 장치가 있고, 충전시스템을 이용하기 위해 연결된 차량의 고유정보를 식별하기 위한 차량 식별장치가 있다. 이러한 모든 충전인프라는 중앙관리시스템에서 직간접적으로 제어하며, 전력계통 관리자와의 연계를 통해 정보 교환 및 충전량 제어기능을 수행한다.

4.4. EV와 전기자동차의 직류 충전설비 간 통신

4.4.1. 일반

EV는 서로 다른 기술과 전압을 가진 추진 배터리를 내장한다. 따라서 충전과정에서 온보드 에너지 저장시스템들의 다양한 종류의 배터리의 충전을 보장하기 위해 자동차에 의해 관리되어야 한다.

EV는 충전과정을 관리하기 위한 자동차 충전제어기(VCCU)를 갖추고 있으며, 범용 전기자동차 직류 충전설비는 전기자동차 직류 충전설비의 충전 파라미터를 자동차가 제어할 수 있도록 구현되어야 한다.

4.4.2. 시스템의 구조

전기자동차 직류 충전설비는 전기자동차 직류 충전설비와 자동차사이에 직류충전을 위한 제어 파라미터를 교환할 수 있도록 다음과 같은 데이터 통신회로를 갖추어야 한다.

① 전용 데이터 통신회로를 통한 CAN(Control Area Network)

② 직교 주파수 분할다중(OFDM : Orthogonal Frequency Division Multiplex- ing)

OFDM은 PLC, 인밴드(in-band) 통신 등을 포함한다. 데이터 통신회로에 추가적으로, 충전시작과 종료 같은 상위 수준의 충전제어 과정은 신호라인/파일럿 신호라인을 이용한 신호교환을 통하여 관리되어야 한다.

4.4.3. 신호통신

① 전용데이터 통신회로를 이용한 전기자동차 직류 충전설비의 CAN신호 통신은 사용자와 공급자간에 협의된 별도의 직류충전을 위한 통신 프로토콜을 따른다.

② OFDM 직교 주파수 분할다중은 사용자와 공급자간에 협의된 별도의 직류충전을 위한 통신 프로토콜을 따른다.

③ 충전상태는 전기자동차 직류 충전설비의 충전상태를 정의한다.

제어 파일럿 기능은 PWM 파일럿 제어를 사용하거나 같은 동작을 하는 다른 시스템을 통해 구현될 수 있다.

표 전기자동차 직류 충전설비의 충전상태

상 태		차량 연결	차량 접촉기	충전 가능	정 의
DC-A	열결되지 않음	연결되지 않음	열림	불가	차량 연결되지 않음
DC-B1	초기화	연결	열림	불가	차량연결, 에너지수용 미 준비상태, 통신 미확립, 커넥터잠금 해제, 차량 접촉기 열림
DC-B2		연결	열림	불가	차량연결, 에너지수용 미 준비상태, 통신 확립, 커넥터잠금 해제, 차량 접촉기 열림
DC-B3		연결	열림	불가	차량연결, 에너지수용 미 준비상태, 통신 확립, 커넥터잠금 해제, 차량 접촉기 열림, 다른 보조 과정 미완료
DC-C	에너지 전송	연결	닫힘	가능	차량연결, 에너지 수용상태, 실내 충전영역 환기 불필요, 통신확립, 커넥터 잠김, 차량 접촉기 닫힘, 다른 보조과정 완료
DC-D		연결	닫힘	가능	차량연결, 에너지 수용상태, 실내 충전영역 환기 필요, 통신확립, 커넥터 잠김, 차량 접촉기 닫힘, 다른 보조과정 완료

상 태		차량 연결	차량 접촉기	충전 가능	정 의
DC-B'1	종료	연결	닫힘	가능	차량연결, 충전종료, 통신유지, 커넥터 잠김, 차량 접촉기 닫힘
DC-B'2		연결	열림	불가	차량연결, 충전종료, 통신유지, 커넥터 잠김, 차량 접촉기 열림, 다른 보조과정 완료
DC-B'3		연결	열림	불가	차량연결, 충전종료, 통신유지, 커넥터 잠금 해제, 차량 접촉기 열림
DC-B'3		연결	열림	불가	차량연결, 충전종료, 통신종료, 커넥터 잠금 해제, 차량 접촉기 열림
DC-E	오류	연결	열림	불가	EVSE 분리, 전원 공급장치 사용불가 이나 다른 EVSE 문제
DC-DF	과장	연결	열림	불가	EVSE 사용불가 이나 다른 EVSE 문제

4.4.4. 디지털통신

① 전용 데이터 통신회로를 사용하는 전기자동차 직류 충전설비의 CAN사용자와 공급자간에 협의 된 별도의 직류충전을 위한 통신 프로토콜을 따른다.

② OFDM 사용자와 공급자간에 협의 된 별도의 직류충전을 위한 통신 프로토콜을 따른다.

4.4.5. 충전 제어과정 및 상태

범용 전기자동차 직류 충전설비의 충전 제어과정은 다음의 세 단계로 구성된다.

① 충전시작 전 과정(초기화)

② 충전 중 과정(에너지 전송)

③ 종료과정(종료)

전기자동차 직류 충전설비와 자동차는 통신을 통하여 각각의 충전 제어과정을 동기화 하고, 원활한 제어와 동작을 보장하기 위하여 지정된 시간 제약 및 제어 타이밍을 유지한다. 다음은 동기화를 위하여 사용된다.

① 제어 파일럿 라인을 통한 신호

② 데이터 통신회로를 통한 메시지

③ 직류 충전회로의 전압과 전류와 같은 실제 값

시스템 동작수준의 충전 제어과정은 디지털통신 메시지, 형식, 그리고 다른 통신 요구사항은 사용자와 공급자간에 협의 된 별도의 직류충전을 위한 통신 프로토콜을 따른다.

『표』 시스템동작 수준의 전기자동차 직류 충전설비의 충전 제어과정

충전제어 단계(과정)		상태	상위 수준 동작[1]
초기화	데이터 교환 (Handshaking)	DC-A	차량 연결되지 않음
		DC-B1	커넥터 연결
		DC-B1	DCCU와 VCCU 시동(Wake up)
		DC-B1	통신데이터 초기화
		DC-B1→DC-B2	통신확립, 파라미터 교환, 그리고 호환성 확인
	충전준비	DC-B2→DC-B3	커넥터 잠김
		DC-B3	직류 전력선 절연시험
		DC-B3	사전충전(시스템구조에 제한적)
에너지 전송		DC-C or DC-D	차량 내 접촉기(contactor) 닫힘
		DC-C or DC-D	요구전류에 의한 충전
		DC-C or DC-D	요구전압에 의한 충전
		DC-C or DC-D→DC-B′1	전류억제(suppression)
		TBD	파라미터 제한 재조정
종료		DC-B′1	전류값 ‘0’ 상태 확인
		DC-B′1→DC-B′2	결합 확인(차량의 의한, 선택 사항)
		DC-B′2	차량 내 접촉기 열림
		DC-B′2	직류 전력선 전압확인
		DC-B′3	커넥터 잠금 해제
		DC-B′4	통신단계에서의 충전종료
		DC-A	커넥터 연결해제

1) 동작순서는 충전 제어과정을 참조하지 않는다.

[1] 충전시작 전 과정(초기화)

이 과정에서, 자동차와 전기자동차 직류 충전설비는 자동차 배터리의 한계 전압, 최대 충전전류 등의 동작한계와 충전제어와 관련된 파라미터를 교환하고 서로에게 전송한다.

충전시작 전 배터리와 전기자동차 직류 충전설비의 연결여부와 충전종료 후 연결이 해제 되었는지 여부를 확인하기 위하여 회로전압을 측정한다. 자동차와 전기자동차 직류 충전설비는 상호 호환성을 확인하지 않으면 충전단계를 진행하지 않는다. 호환성검사 후, 전기자동차 직류 충전설비(또는 자동차)는 직류 전력선과 자동차 섀시를 포함한 외함사이의 절연시험을 실시한다. 절연시험 전에 커넥터는 잠긴다. 절연시험 완료 후, 자동차는 자동차 내 접촉기를 닫는다.

[2] 충전 중 과정(에너지 전송)

이 과정에서, 자동차는 충전을 통해 전기자동차 직류 충전설비에 충전전류나 전압의 명령치를 지속적으로 보낸다. 다음의 두 과정 중 하나를 따른다.

(1) 정전류 충전

① 마스터로써의 자동차와 슬레이브로써의 전기자동차 직류 충전설비 상태로 정전류 충전방식으로 자동차 배터리는 충전될 수 있다.

② 전기자동차 직류 충전설비는 충전 제어과정에서 차량이 요청하는(명령 값) 충전전류 값을 받는다.

③ 전기자동차 직류 충전설비는 제어 대상으로 명령 값을 설정하고, 직류 충전전류를 제어한다.

④ 차량으로부터의 명령 값은 시스템의 요구사항에 따라 일정 간격으로 전기자동차 직류 충전설비로 통보된다.

⑤ 전기자동차 직류 충전설비는 자동차의 명령 값의 변화에 따라 직류 충전전류를 제어한다.

(2) 정전압 충전

① 마스터로써의 자동차와 슬레이브로써의 전기자동차 직류 충전설비 상태로 정전압 충전방식으로 자동차 배터리는 충전될 수 있다.

② 전기자동차 직류 충전설비는 충전 제어과정에서 차량이 요청하는(명령 값) 충전 전압 값을 받는다.

③ 전기자동차 직류 충전설비는 제어대상으로 명령 값을 설정하고, 직류 충전전압을 제어한다.

④ 전기자동차 직류 충전설비는 자동차의 명령 값의 변화에 따라 직류 충전전류를 제어한다.

[3] 종료과정

자동차의 배터리 용량이 일정 한도에 도달하면 정상적으로 종료된다. 충전과정이 완료된 후, 종료단계에서는 자동차와 전기자동차 직류 충전설비를 사용자가 안전하게 충전 케이블과 커넥터를 조작할 수 있는 상태로 되돌린다. 자동차에 의해 충전종료가 통보되면, 전기자동차 직류 충전설비는 충전전류를 영으로 줄인다.

자동차 내 접촉기는 영전류에 도달할 쯤에 개방된다. 인렛 전압이 안전한 수준에 도달한 후에, 충전커넥터는 전기자동차 직류 충전설비나 자동차에 의해 잠금이 해제될 수 있으며, 사용자가 인렛으로 부터 충전커넥터를 제거할 수 있다.

4.4.6. 전기자동차 직류 커플러를 사용하는 전기자동차 직류 충전설비 시스템

[1] 전기자동차 직류 커플러를 사용하는 전기자동차 직류 충전설비 시스템(1)

(1) 회로도

[그림 49]는 시스템의 회로도를 보인다. 전기자동차 직류 충전설비와 자동차 간의 통신은 제어 파일럿 C1, C2, C3, 근접회로(proximity circuit) C4, 데이터 통신회로 C5, C6을 통해서 이루어진다. C1과 C2는 전기자동차 직류 충전설비에서 자동차로 "충전준비(ready to charge)"와 "충전종료(end of charge)"등의 신호를 보낸다. C3는 자동차에서 충전설비로 충전 개시 혹은 정지 등의 지시를 보낸다.

전기자동차 직류 충전설비의 목표(target) 전압, 전류, 출력등급 등의 수치 파라미터 (parameter) 들과 배터리 최대 전압은 C5와 C6을 통해 통신한다. 접지선(ground line) FE는 절연 감시장치(isolation monitoring device)에 연결된다. 이 시스템의 데이터 통신회로는 CAN통신 기반으로, CAN을 위한 물리계층 구성은 ISO 11898에서 제공된다.

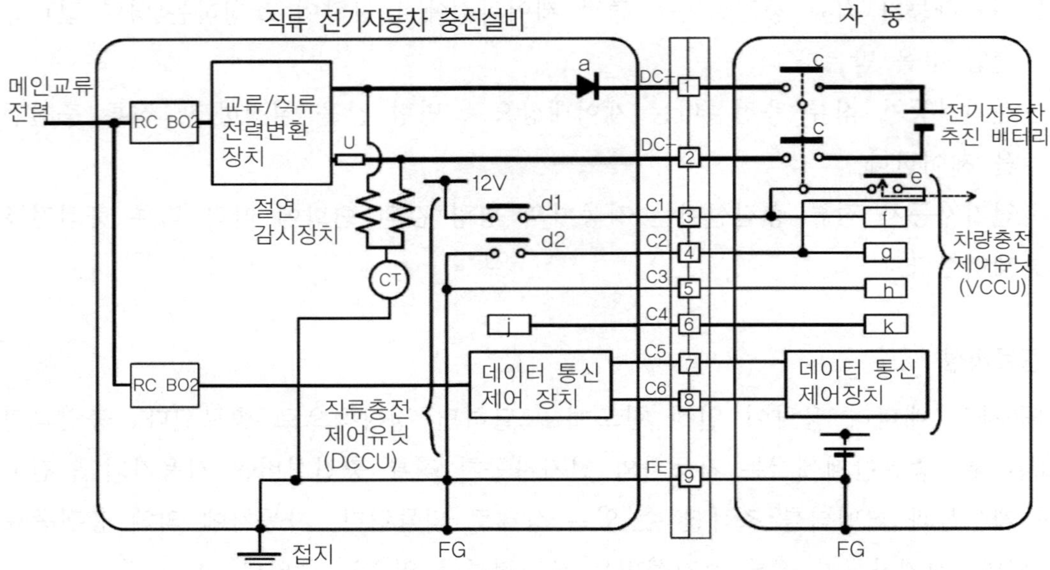

「그림」 49. 전기자동차 직류전용 충전시스템의 인터페이스 회로도(1)

「표」 [그림 49]의 기호 정의

	기 호	정 의
전기자동차 직류충전 설비	a	역전류 방지 다이오드
	d1	전기자동차 직류 충전설비의 시작/정지상태에 따른 충전설비로부터 전기자동차까지의 제어 신호 스위치
	d2	전기자동차 직류 충전설비의 시작/정지상태에 따른 충전설비로부터 전기자동차까지의 제어 신호 스위치
	j	자동차 내 스위치 K의 ON신호 감지장치
	RCBO1	과전류 보호장치를 포함한 잔류 전류장치
	RCBO2	과전류 보호장치를 포함한 잔류 전류장치
	U	퓨즈

	기 호	정 의
자동차	c	자동차 내 주 회로 스위치(전기자동차 접촉기(Contactor))
	e	자동차 내 주 접촉기(Contactors) 턴 온 계전기(Relay)
	f	전기자동차 직류 충전설비의 스위치 D1의 ON 신호감지 장치
	g	전기자동차 직류 충전설비의 스위치 D2의 ON 신호감지 장치
	h	충전 커넥터의 연결을 감지하는 신호감지 장치
	k	충전시작 스위치
	PE	보호용 접지
접속회로	DC+	전력공급(positive)
	DC-	전력공급(negative)
	C1	전기자동차 직류 충전설비의 시작/정지상태를 나타내는 제어신호 라인
	C2	전기자동차 직류 충전설비의 시작/정지상태를 나타내는 제어신호 라인
	C3	커넥터 연결상태를 나타내는 제어신호 라인
	C4	충전을 위하여 자동차에 대한 허가를 승인하는 제어 신호라인
	C5, C6	데이터 통신회로
	FE	전기자동차 직류 충전설비와 전기자동차사이의 등전위 본딩 (Equipotential bonding) (기능성 접지)

(2) 충전제어 모드

이 시스템의 충전제어 모드는 정전류 충전(CCC)이다. 자동차에서 충전전류의 설정 값을 일정한 시간간격을 두고 충전기에 보낸다. 충전기는 그 설정 값에 일치하는 전류를 출력한다. 자동차에서 나오는 설정 값이 변할 경우, 충전기는 새로운 값에 맞추어 출력전류를 내 보낸다.

(3) 순서도

충전상태 포함 직류충전의 시스템 동작 레벨(level) 과정은 [그림 50]과 같다.

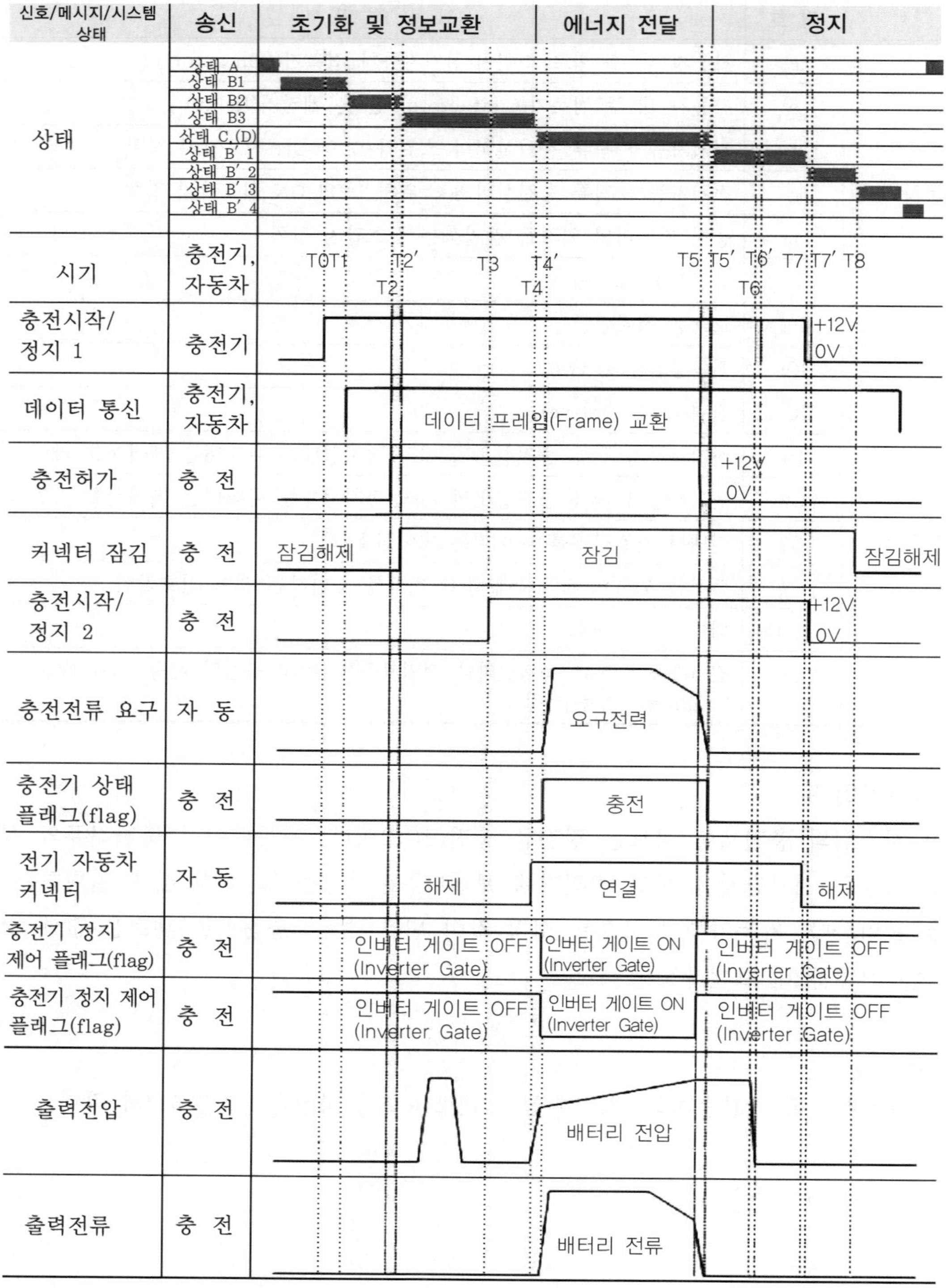

「그림」 50. 직류전용 충전시스템의 순서도

[2] 전기자동차 직류 커플러를 사용하는 전기자동차 직류 충전설비 시스템(2)

(1) 회로도

[그림 51]은 시스템의 회로도를 나타낸다. 전기자동차 직류 충전설비와 자동차 간의 통신은 파일럿(Pilot), 시동(Wake up), 데이터 통신회로를 통해서 이루어진다. 파일럿은 전기자동차와 충전기간에 직류충전 커플러의 연결상을 알리는 신호를 보낸다. 시동신호(Wake Up)는 직류 충전설비의 충전시작 상태 이후 전기자동차의 충전제어기를 시동시켜 전기자동차와 직류충전 설비간 데이터통신을 할 수 있도록 한다.

데이터 통신선을 통하여 전기자동차 직류 충전설비의 목표전압, 전류, 출력등급 등의 수치 파라미터(parameter) 들과 배터리 최대 전압은 C5와 C6을 통해 통신한다. 접지선(ground line) FE는 절연 감시장치(isolation monitoring device)에 연결된다. 이 시스템의 데이터 통신회로는 CAN통신 기반으로, CAN을 위한 물리계층 구성은 ISO 11898에서 제공된다.

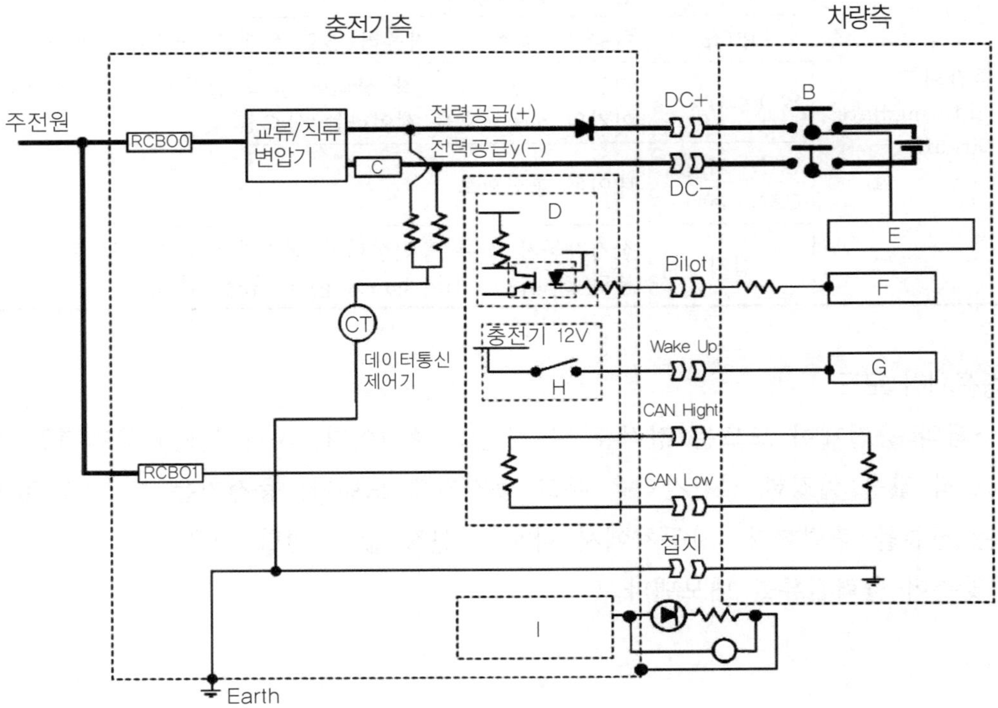

『그림』 51. 전기자동차 직류전용 충전시스템의 인터페이스 회로도(2)

[표] [그림 51]의 기호 정의

	기 호	정 의
직류 충전설비	A	역전류 방지 다이오드
	C	과전류 방지용
	H	직류 충전설비의 시작 상태에 따라 충전설비로부터 전기자동차의 충전 제어기의 시동신호를 제어하는 스위치
	I	직류 충전 커넥터 잠금장치
	RCB00	과전류 보호장치를 포함한 잔류 전류장치
	RCBO1	과전류 보호장치를 포함한 잔류 전류장치
전기자동차	B	전기자동차 내 직류충전용 주 접촉기(Relay)
	E	전기자동차 내 직류충전용 주 접촉기 제어회로
	F	파일롯 신호 인식회로
	G	충전제어기 시동신호 인식회로
중간회로 (Intermediate Circuit)	DC+	전력 공급(positive)
	DC−	전력 공급(negative)
	Pilot	차량 및 충전기간 커플러 연결 상태를 나타내는 신호선
	Wake Up	직류 충전설비의 시작 상태에 따라 전기자동차의 충전제어기의 시동신호를 제어하는 신호선
	CAN High, CAN Low	데이터 통신회로
	접지	전기자동차 직류 충전설비와 전기자동차 사이의 등 전위 본딩(Equipotential bonding) (기능성 접지)

(2) 충전제어 모드

시스템의 충전제어 모드는 정전류 및 정전압 충전이다. 자동차에서 충전전류 및 전압의 설정 값을 일정한 시간간격을 두고 충전기에 보낸다. 충전기는 그 설정 값에 일치하는 전류를 출력한다. 자동차에서 나오는 설정 값이 변할 경우, 충전기는 새로운 값에 맞추어 출력전류를 내보낸다.

(3) 순서도

직류충전의 시스템 동작 레벨(level) 및 타이밍은 [그림 52] 및 표에 구체화된다.

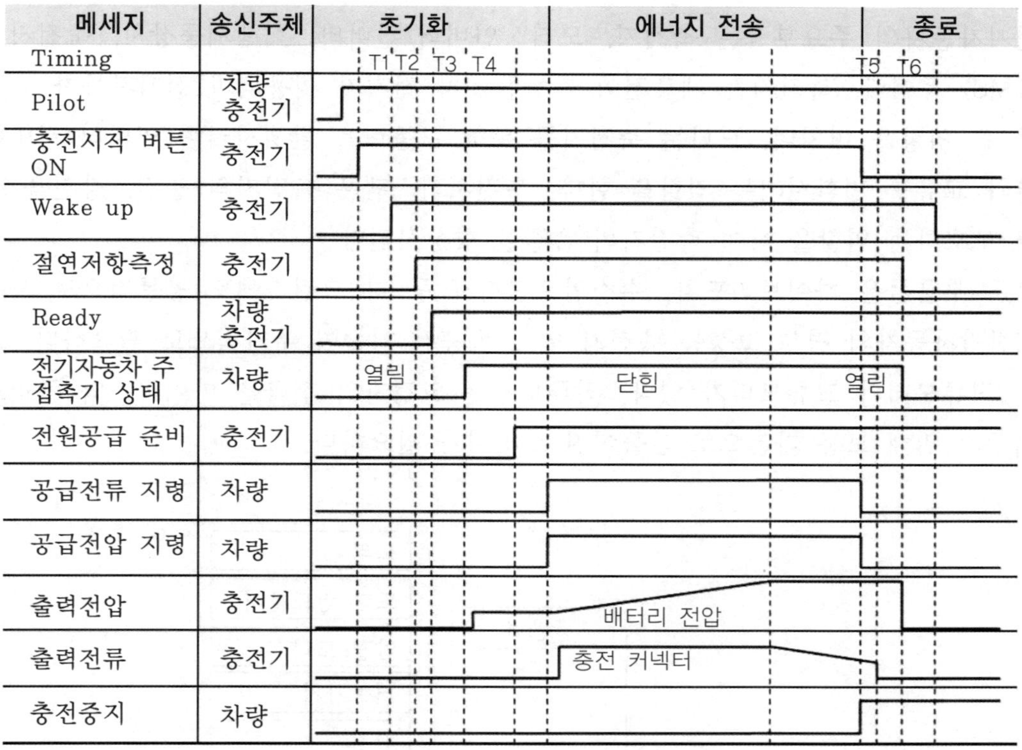

그림 52. 직류 충전 프로세스의 순서도

표 직류 충전 프로세스의 타이밍

구 분	타이밍	설 명
T1	3s 이내	충전시작 신호 이후 시동신호(Wake up) 발생시간
T2	10s 이내	시동신호(Wake up) 이후 충전기 측 절연측정 개시시간
T3	500ms 이내	절연 측정이후 Ready 정보 교환시간
T4	1s 이내	전기자동차 주 접촉기 닫힘 이후 전력 공급준비 시간
T5	200ms 이내	충전 중지 신호 이후 전류차단 시
T6	1s 이내	전기자동차 주 접촉기 열림 이후 시동신호(Wake up) 차단

5 전기자동차의 주요부품

전기자동차의 주요부품은 축전지, 모터, 인버터/컨버터, 회생제동장치, 축전지시스템(BMS) 등이다. 축전지는 재충전이 가능한 2차 전지가 이용되며 전기자동차 품질에 가장 큰 영향을 미치며, 모터는 축전지를 통해 구동력을 발생시키며 인버터/컨버터는 직류와 교류를 변환시키는 역할을 한다. 축전지시스템은 축전지의 충전, 방전을 조절하고 보호하는 역할을 하여 축전지의 품질을 향상시킨다.

모든 부품들은 하이브리드차, 수소연료전지차 등 타 그린카에도 공통적으로 사용되나, 전기자동차의 경우 고성능 축전지 및 고속충전 기술이 추가적으로 필요하다. 모터에는 직류모터와 교류모터가 있다. 직류모터는 고정자의 전극을 마이너스와 플러스로 바꿔주기 위해 보통 카본으로 만들어진 브러시가 필요하다.

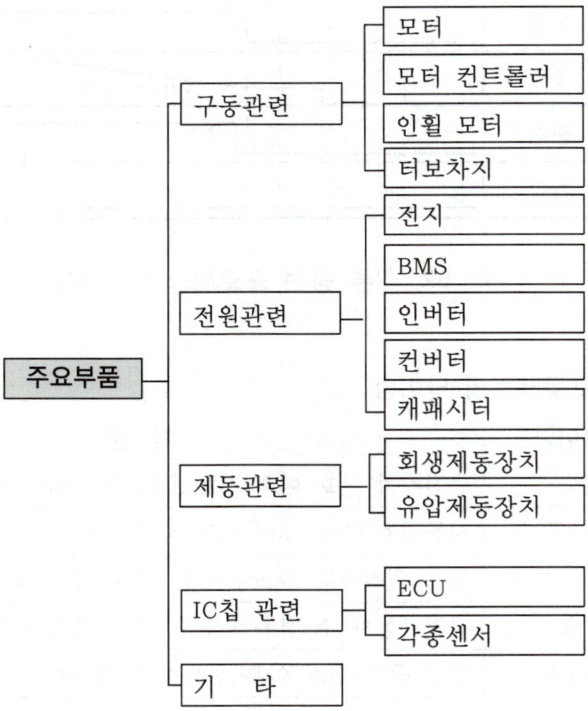

그림 53. 전기자동차의 주요부품

표 전기자동차 종류별 주요구성부품

부품명	하이브리드 전기자동차	전기자동차(EV)	수소연료 전기자동차
전기모터	●	●	●
배터리	●	●	●
BMS	●	●	●
인버터/컨버터	●	●	●
차량제어기	●	●	●
엔진	●	–	–
변속기	●	–	–
수소저장탱크	–	–	●
연료전지	–	–	●

표 내연기관차 VS 전기자동차 부품수 비교

구 분	내연기관차 부품수		전기자동차 부품수	
엔진부품	6,900개	23%	–	–
구동, 전달 및 제동장치	5,700개	19%	3,600개	19%
차체	4,500개	15%	4,500개	24%
현가(서스펜션) 및 제동	4,500개	15%	4,500개	24%
전장품, 전자부품	3,000개	10%	900개	5%
기타	5,400개	18%	5,400개	29%
합계	**30,000개**	**100%**	**18,900개**	**100%**

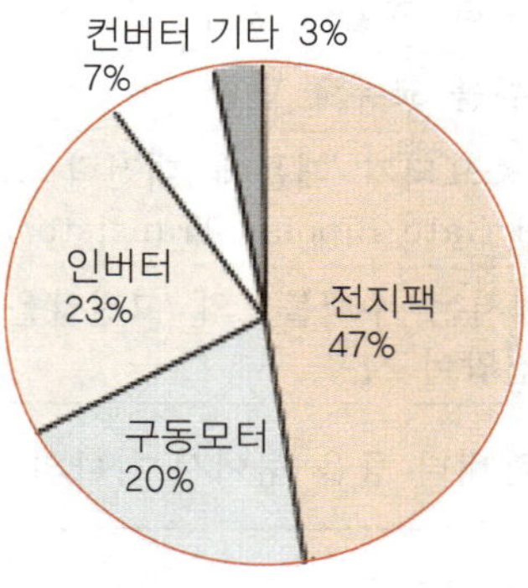

그림 54. 전기자동차의 중요 부품 비중

교류모터는 브러시가 필요 없으나 교류의 타이밍을 모터로 얻고 싶은 토크나 회전수에 맞춰 조정하는 것이 어려워 효율이 낮았다. 요즘에는 회전자와 고정자의 위치관계를 정확히 알아서 교류전류를 흘리는 방식이 개발돼 마치 브러시 없는 직류모터와 같은 성능을 낼 수 있다. 그리고 모터에 걸리는 전압은 회전수와 전류 양쪽에 관계된다.

전기자동차로 평지를 달리며 속도를 높이려면 전압을 올리면 되고 고갯길에서 같은 속도로 달리고 싶으면 전압을 올리고 회전수를 유지한 채 전류를 증가시키면 된다. 전기자동차는 축전지, 축전지 관리시스템, 전기모터 및 감속기, 인버터 및 충전기 등으로 구성되어 있으며 엔진이 없고 외부로부터 축전지에 전기를 충전하여 그 전기를 사용하여 운행하는 친환경자동차이다. 전기자동차의 모터는 전기에너지를 기계에너지로 변환하여 드라이브라인에 동력을 공급한다. 모터는 구동전원의 형태에 따라 직류모터와 교류모터로 구분할 수 있는데, 교류모터는 직류모터에 비해 구조가 비교적 간단하여 모터의 크기를 소형화, 경량화 할 수 있어 현재 전기자동차에는 주로 교류모터가 사용되고 있다.

전기자동차의 축전지는 핵심기술로서 기존의 납축전지에서 니켈-수소전지, 리튬이온전지, 리튬이온 폴리머전지 등 성능 및 안전성 등에서 개발과 발전을 거듭해오고 있다. 그러나 전기자동차의 활성화를 위해서는 더욱 에너지밀도를 높이고 공급가격을 낮출 수 있는 기술개발이 필요하다.

표 전기자동차의 주요 구성품

주요 구성품	특 징
축전지	리튬이온 전지, 리튬 폴리머 전지, 공기 아연 전지
모터	구동바퀴 모터-효율이 높음
인버터(Inverter)	전지의 직류를 교류로 변환
IGBT모듈(KEC)	대전력이 소요되기 때문에 대전력 스위칭 및 제어용 파워모듈/IGBT (Insulated Gate Bipolar Transistor)
DC/DC 컨버터 (Converter)	구동모터에서는 수백볼트의 고전압을 필요로 하지만 보조기기에서는 12V의 저전압이 사용
PCU(Power Control Unit)	인버터와 컨버터 등을 묶어서 하나의 모듈로 만들어 사용
ECU(Electronic Control Unit)	각 부문에서 추가로 ECU가 필요

주요 구성품	특 징
각종 X by Wire	Steer by wire, Brake by wire 등의 각종 X by Wire(현재의 벨트식 구동을 모터로 대체하여 제어하는 전선으로 연결되는 각종 시스템을 일컬음)도 그 중요도가 점차 높아질 것이다.
BLDC모터	· 각종 소형 일반모터로 사용 · 예전에는 직류모터 사용했으나 최근에는 교류모터나 브러시리스 모터 등을 사용하는 경향이 두드러짐 · 전기자동차 한 대에 대략 1,000개 이상의 모터가 탑재
변속기	인휠 방식일 경우에는 필요 없음
모터제어기	· 액셀페달 조작량 및 속도를 검출해서 거기서 의도한 구동토크 변화를 가져올 수 있도록 차속이나 부하 등의 조건에 따라 모터의 토크 및 회전속도를 제어한다. · 직류모터라면 전류의 크기를 제어 · 교류모터는 진폭이나 주파수/위상을 바꾸어서 자동차의 주행상황 변경한다.
회생제동장치	· 전기자동차의 에너지 소비를 줄여 주는 데 있어 매우 중요한 역할을 하는 것이 회생 브레이크다. · 전기자동차 모터는 발전기와 구조가 같아 전류를 흘리면 회전하고 반대로 밖에서 힘을 걸어 회전시키면 발전기가 됨 · 차를 감속시키거나 제동을 할 때 그 힘으로 모터를 회전, 전기를 발전시켜 축전지로 보내는 장치를 만들면 전기소모량을 많이 줄일 수 있다. · 엔진차를 전기자동차로 개조하는 경우 : 엔진 위치에 모터를 장착하고 트랜스미션과 디퍼렌셜기어를 그대로 사용하는 일이 많다. · 전기자동차에 사용되는 모터들은 저속에서 고속까지 무단으로 부드럽게 변환시킬 수 있기 때문에 반드시 변속기와 감속기가 필요하지는 않다. · 실제로 최근에 오리지널 전기자동차로 개발된 차들은 바퀴를 각각 하나씩 돌리도록 여러 개의 모터가 장착된다.

전기자동차의 구조는 동력원인 축전지와 구동력을 발생하는 모터 그리고 감속장치 등으로 구성되어 있다.

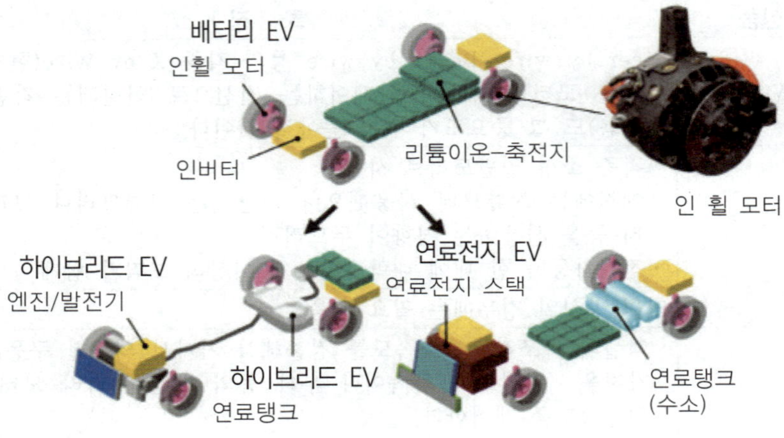

그림 55. 전기자동차의 종류 및 구조

표 전기자동차의 주요 구성품과 대응되는 가솔린자동차의 부품

구 분	전기자동차 주요 구성품	내연기관 주요 구성품
구동원	모터	엔진
에너지원	구동 축전지	연료탱크 및 연료
에너지변환	DC/AC 컨버터	알터네이터
충전기	충전기	-
제어기	모터제어기	엔진제어기(ECU)
발전기	회생제동장치	-
기동	-	시동모터

[1] 전기자동차에서 필요한 구성품

자동차가 내연기관의 힘이 아니라 순수하게 전기의 힘만으로 구동된다면 자동차 부품시장도 지금과는 많이 달라질 것이다. 가장 먼저 생각해 볼 수 있는 것은 자동차에서 에너지의 근원인 엔진이 모터로 바뀐다는 것인데 자동차를 굴러가게 할 정도의 힘이 있는 구동모터는 일반 직류모터의 효율로는 아직 구현하기 힘들고 교류모터라 하더라도 단상이 아닌 삼상모터가 사용된다. 삼상모터는 교류전압 및 전류가 sine파형으로 발생하게 될 때 3개의 발전코일이 있어 sine파형을 120도 간격으로 발생시키게 되어 효율이 높다.

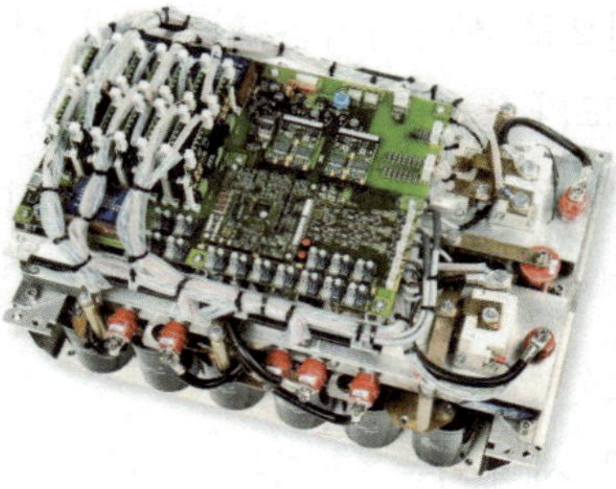

그림 56. IGBT

따라서 2차 전지로부터 전기를 공급받는 구동모터는 직류를 교류로 변환시켜주는 인버터(Inverter)가 필요하며 대전력이 소요되기 때문에 대전력 스위칭 및 제어용 파워모듈인 IGBT(Insulated Gate Bipolar Transistor)모듈(KEC)도 포함되어야 한다. 충전되는 전압과 구동모터에 사용되는 전압이 다른 경우라면 컨버터도 필요하다. 또한 구동모터에서는 수백볼트의 고전압을 필요로 하지만 보조기기에서는 12V의 저전압이 사용되기 때문에 DC/DC 컨버터(Converter)는 필수적이다.

현재의 자동차에서도 전장부품을 제어하기 위해 ECU(Electronic Control Unit)가 사용되고 있지만 전기자동차에서는 각 부문에서 추가로 ECU가 필요하게 된다. 가장 대표적인 것이 에어컨시스템인데 내연기관 자동차에서는 엔진에 연결된 벨트로 에어컨을 가동하지만 전기자동차는 정지한 상태에서 아무런 동력이 작동하지 않기 때문에 에어컨을 작동하기 위한 모터가 따로 필요하다(하이브리드자동차의 경우에도 정지 시에는 엔진이 정지하므로 마찬가지다).

따라서 이를 제어하기 위한 ECU도 새롭게 필요하게 되며 이때 모터의 과열을 방지하기 위해 기존의 냉매보다 우수한 냉매가 필요하다. 히터의 경우도 마찬가지이다. 냉각수가 데워지는 것을 이용한 기존방식에서 고전압을 이용한 전기가열식의 PTC 히터와 이를 제어하는 시스템이 필수적이다.

그리고 기어변속을 제어하거나 각종 부위의 온도를 감지하여 제어하기 위한 ECU도 필요하게 될 것이며, 지금도 계속 발전 중인 Steer by wire, Brake by wire 등의 각종 X by Wire(현재의 벨트식 구동을 모터로 대체하여 제어하는 전선으로 연결되는 각종 시스템을 일컬음)도 그 중요도가 점차 높아질 것이다. 전력을 공급하게 될 2차 전지는 보호회로를 통해 전지시스템(BMS : Battery Management System)으로 제어하게 되며 전지의 안전을 위해서는 BMS의 경쟁력을 키우는 것도 중요하며 아직 전지에 비해 밀도가 낮아서 전력원으로 사용하기는 힘들지만 저장장치로서의 Ultra Capacity 도 개발속도에 따라 그 중요도가 높아 질 가능성이 높다. 그리고 각 바퀴마다 모터를 장착하는 인휠(In wheel)방식의 경우는 위의 구성과는 약간 달라질 수 있다.

5.1. 모터

전기자동차의 파워트레인에 사용되는 모터는 크게 4가지로 구분할 수 있다. DC모터와 유도모터, 영구자석형 모터(Permanent Magnet Synchronous Motor, 이하 PMSM), SRM(Switched Reluctance Motor)가 그것이다. 특히 PMSM은 높은 효율과 저속에서 높은 토크를 제공해 저속특성이 우수할 뿐 아니라, 신뢰성과 내구성이 높고 유지보수가 간편하다는 특징으로 인해 현재 각광을 받고 있다.

5.1.1. 모터의 개요

전기자동차에서 모터는 구동용 모터 혹은 회생용 모터의 용도로 사용된다. 모터는 종래의 자동차 엔진 혹은 트랜스미션에 상당하며, 인버터에 의한 모터 회전수 제어로 주행속도를 제어한다. 전기자동차용 모터의 요구조건을 들면 다음과 같다.

① 전원은 축전지의 직류전원이다.
② 시동시의 토크가 커야 한다.
③ 구조가 간단하고 기계적인 내구성이 커야 한다.
④ 속도제어가 용이해야 한다.
⑤ 취급 및 보수가 간편하고 위험성이 없어야 한다.
⑥ 소형이고 가벼워야 한다.

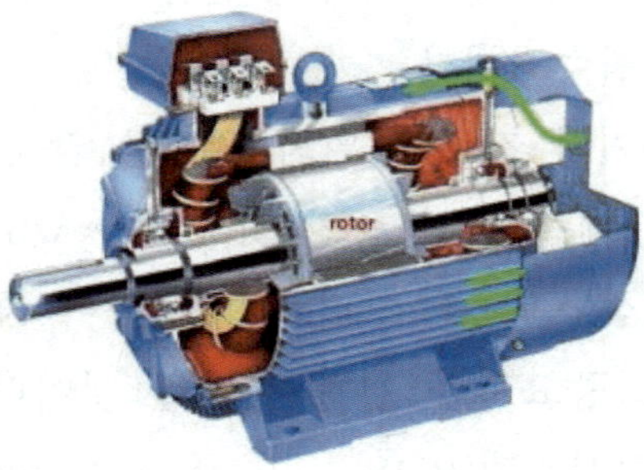

그림 57. AC모터의 구조

전기자동차에 사용되는 모터·제어기술도 점점 발달하여 고출력, 소형이면서 효율이 높은 시스템이 개발되고 있다. 모터·제어계통의 주요 과제로서 최근 개발상황은 다음과 같다.

① 고출력화 : DC모터를 AC모터로 변환함에 따라 출력과 EV의 동력성능(가속성능, 최고속도)이 크게 향상되어 가솔린자동차에 비하여 손색없는 수준에 도달하였다.

② 경량·소형화 : 고출력화를 추진하면서 고회전화(~10,000rpm 이상)함에 따라 모터가 경량·소형화되어 탑재중량이나 용적도 크게 감소하였다. 최근에는 1kW/kg의 출력 밀도를 초과하는 모터도 개발되고 있고, 모터와 동시에 감속기나 차동장치도 소형화되고 있다.

모터는 EV 구동력을 실현하는 중요한 부품이다. 승용차의 주행용으로 사용되는 모터의 경우, 출력은 10~60kW 정도가 일반적이다. 시판 차량을 개조한 EV나 소형 EV에서는 DC모터가 사용되지만, 주류는 AC모터이다.

교류모터는 같은 출력을 내는 직류모터에 비하여 가격이 3배 이상 싸며, 크기에 비하여 모터의 효율이 크며, DC모터는 구조가 단순하고 저렴하며, 토크도 높다. 하지만, 구조적으로 브러시가 필요하고 브러시는 마찰로 인해 1~2년 주기로 교체해야 하고 소음도 조금 발생하며 전기차 내구성에 대한 고객 인식 측면에서도 바람직하지 않다.

이에 비해 AC모터는 구조적으로 브러시가 없어서 보수가 거의 필요 없고, 자동차의 수명 이상의 내구성을 갖추고 있다. 내연기관차의 엔진과 비교하면, 보수 유지비용이 상대적으로 저렴하고, 수명이 더 길다.

DC모터는 단순히 전류에 비례하여 토크나 RPM을 컨트롤할 수 있기 때문에 제어방식 구현이 쉽다. AC모터는 DC모터에 비해 제어방식이 복잡하지만 1960년대부터 제어기술이 발전해 와서 기술적 완성도가 충분히 높고, 정밀하게 속도를 조절하기엔 오히려 DC모터보다 용이하다. 일반 DC모터에 비해 내부 발열문제가 적은 것도 장점이다.
전기자동차는 가솔린자동차에 비해서 세 가지 우위성을 가지고 있다.

① 바퀴를 제어하는 모터의 토크 응답시간이 1000분의 1초로 가솔린엔진의 10분의 1초에 비해 두 자리 숫자나 빠르다.

② 바퀴 하나하나에 모터를 장착하기 쉽기 때문에 타이어 각각을 독립적이며, 정확히 고속으로 제어할 수 있다.

③ 모터의 전류변화로부터 달리고 있는 노면의 상태를 파악할 수 있다.

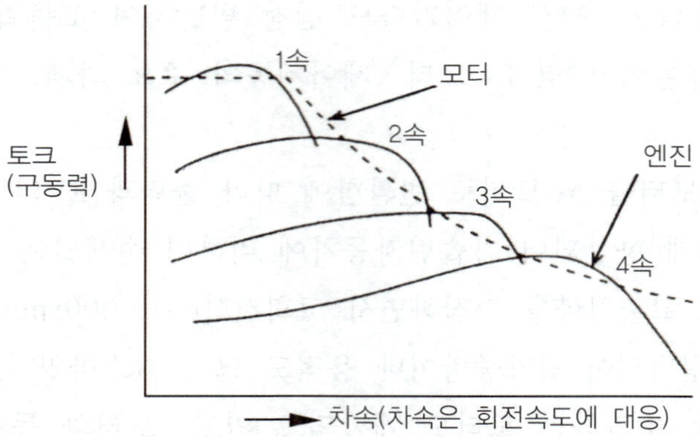

그림 58. 전기자동차 모터 및 엔진특성

우선 모터의 토크 응답이 빠르면 그만큼 바퀴를 보다 고속으로 보다 정교하게 제어할 수 있다. 타이어의 미미한 미끄러짐도 순간적으로 감지하여 즉시 타이어의 미끄러짐을 멈출 수 있다. 이에 따라 눈길에서도 보다 안정적으로 주행할 수 있다. 타이어의 제어성능을 더욱 높이려면, 바퀴 하나마다 모터를 붙여서 독립적으로 제어하면 좋다.

그림 59. 인휠 모터

가솔린자동차의 바퀴 하나하나마다 엔진을 붙이는 것은 코스트 면에서 현실적이지 않지만, 모터라면 그다지 큰 부담이 되지 않는다. 그것에 의해 자동차의 자세 안정성이 좋아지고, 승차감도, 안전성도 좋아진다.

인휠 모터는 모터가 바퀴의 안쪽에 있어서 자력으로 바퀴를 직접 회전시킨다. 알기 쉽게 이야기하면 전기모터의 회전자 자체가 바퀴가 되는 셈이다. 전기자동차 등에서 구동력을 발생시키는 전기모터가 타이어 휠 허브 내에 장착되는 경우이다. 기존 자동차는 엔진의 동력을 차축이나 기어박스를 통해 타이어에 전달하고 있다. 그러므로 중간에서 에너지 손실이 발생한다.

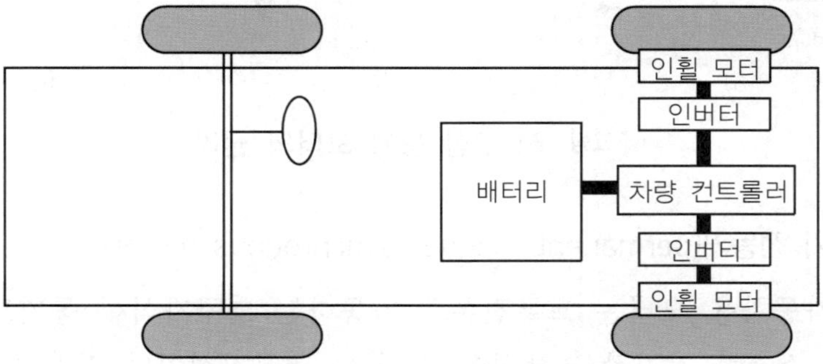

「그림」 60. 인휠 드라이브의 원리

그러나 인휠 모터는 모터가 바퀴를 직접 구동하기 때문에 에너지 손실이 적다. 또한 차축이나 기어박스 등이 없기 때문에 무게가 가볍고, 공간이 늘어난다. 인휠 모터는 전기자동차에 사용되지만, 모든 전기자동차가 인휠 모터를 탑재하는 것은 아니다. 하나의 엔진이 네 바퀴를 굴려야 한다는 틀에 박힌 발상을 뒤엎고 각각의 바퀴 안에 모터를 사용해 따로따로 돌리는 MIEV 컨셉트카는 자동차 역사에서 혁신에 가깝다.

현재 전기자동차 양산의 걸림돌이 되는 축전지 문제점이 해결된다면 인휠 모터 전기자동차는 새로운 자동차의 패러다임으로 각광받게 될 것이다.

5.1.2. 동기 모터(synchronous motor)의 종류

동기 모터도 플레밍의 왼손법칙으로 토크를 발생시키는데 동기 모터의 회전자는 여자된 코일이나 영구자석을 통해 스스로 자계를 만들기 때문에 효율이 높고 응답이 빠르다.

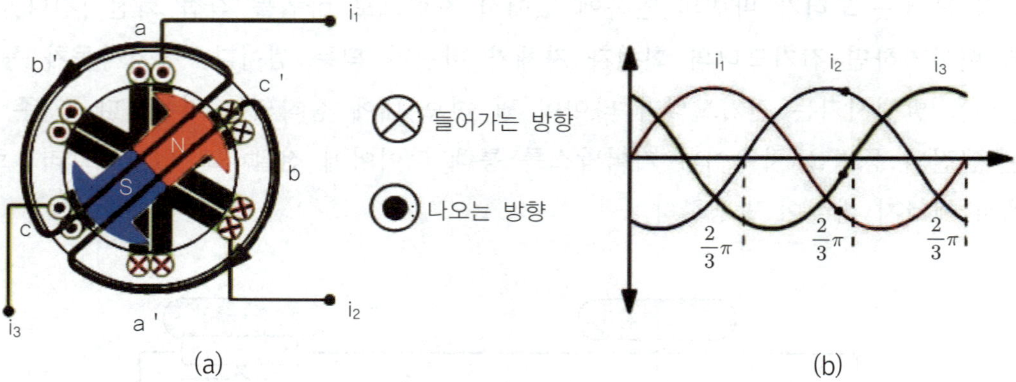

그림 61. 3상 동기 모터의 원리

[1] 영구자석 동기 전동기(permanent magnet synchronous motor)

하이브리드 자동차용 모터는 교류전류로 가동하는 영구자석식 동기모터가 사용되고 있다. 회전자에 스스로 자기장을 생성할 수 있는 영구자석이나 전자석이 존재하며, 이들이 상호작용하여 발생하는 자기배열 토크를 사용할 수 있다.

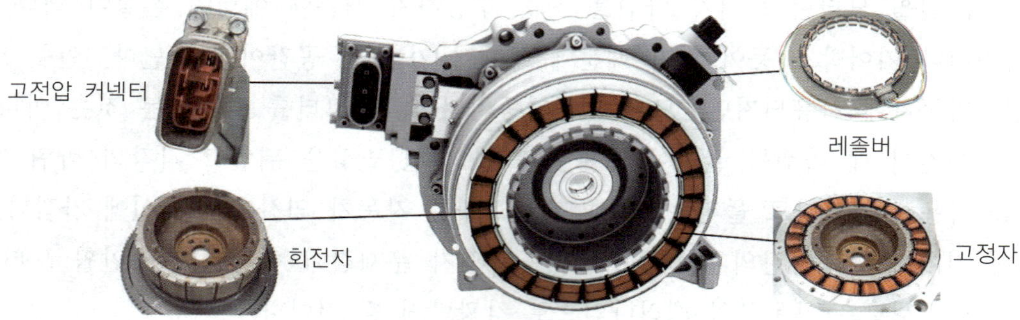

그림 62. 영구자석 동기 전동기의 구조

로터 주위에 배치된 고정자(스테이터)에 3상 교류전류를 통과시키면 모터 내에 회전자계가 발생한다. 로터의 회전위치를 레졸버가 검출하여 속도에 맞게 자계를 제어하면 로터에 설치된 영구자석이 회전자계에 흘러들어 회전토크가 발생한다.

토크의 강약은 흐르는 전류에 비례하고 이 전류를 제어하는 것에 의해 출력을 제어하는 게 가능하고, 회전자계와 로터자계의 각도를 제어하는 것에 의해 고 회전까지의 강한 토크를 발생한다. 특징은 다음과 같다.

① 유도전동기나 전자석 동기 전동기보다 고효율이다.
② 정류자, 브러시, 계자여자 회로, 슬립링이 없어 보수가 용이하다.
③ 회전속도가 전원 주파수에 의해 결정된다. 상용 교류의 주파수는 장기적으로 안정되어 있다.
④ 속도를 변화시키기 위해서는 가변전압, 가변주파수 제어 인버터가 필요하다.
⑤ 시동 및 정지 시에 독특한 음이 발생한다.
⑥ 정현파 벡터제어를 하기 위해, 회전자의 위상각을 검출하기 위한 홀소자 등을 사용한 센서가 사용되는 등, 최근에는 직류 버스의 과전류 보호용 분류기 전압으로부터 교류전류를 재현하여, 회전자 위치를 마이크로컴퓨터로 계산하는 센서리스 방식이 주류가 되어 가고 있다.
⑦ 구형파에 의한 제어는 역기전력을 검출하여 위상각을 검출하는 방법이 일반적이다.

(1) 표면형 영구자석 동기전동기(SPMSM: surface permanent magnet synchronous motor)

회전자 표면에 자석이 배치된 형태의 전동기로 SPM이라고도 한다. 회전자의 영구자석이 고정자 전자석의 극을 쫓아가려는 힘인 자기배열 토크를 주로 사용하며 이 힘은 회전자와 고정자 자속이 90도의 위상차를 가질 때 최대가 된다. 때문에 표면형 영구자석 동기전동기(SPMSM)는 모터 드라이브를 사용하여 고정자 회전자계를 제어하거나 기계적으로 회전자를 적정 회전수까지 강제로 돌려서 90도의 위상차를 유지, 회전자계와 고정자계를 동기화시켜 운전하게 된다.

SPMSM은 효율이 매우 높고 특성도 뛰어나 제어성이 우수하지만 회전자 표면에 영구자석을 직접 부착해야 하기 때문에 접착제와 테이프를 둘둘 감아 놓는 식으로 제작되는 경우가 많아 내환경성이 나쁘고 고 RPM으로 제작하기가 약간 불리한 단점이 있다. 또한, 회전자 인덕턴스가 위치와 무관하게 항상 동일하므로 센서리스 초기 시동이 불리하다.

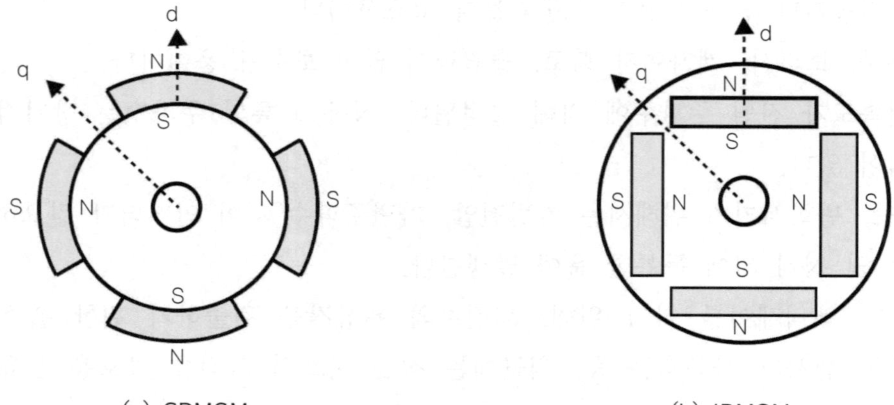

(a) SPMSM (b) IPMSM

「그림」 63. SPMSM와 IPMSM

(2) 매입형 영구자석 동기전동기(IPMSM: interior permanent magnet synchronous motor)

회전자 내부로 자석이 매입된 형태의 전동기이다. IPM이라고도 한다. SPM과 같은 원리로도 토크를 발생시킬 수 있지만 자석배치를 적절히 조정하여 돌극비를 크게 만들면 이 릴럭턴스의 기울기로 인해 발생하는 릴럭턴스(인턱턴스, 자기저항) 토크도 이용할 수 있다. 이 때문에 IPM은 릴럭턴스토크를 이용하기 위해 고정자와 회전자의 위상차가 90도에서 가변될 수 있으며 SPM보다 더 높은 출력밀도를 획득할 수 있다.

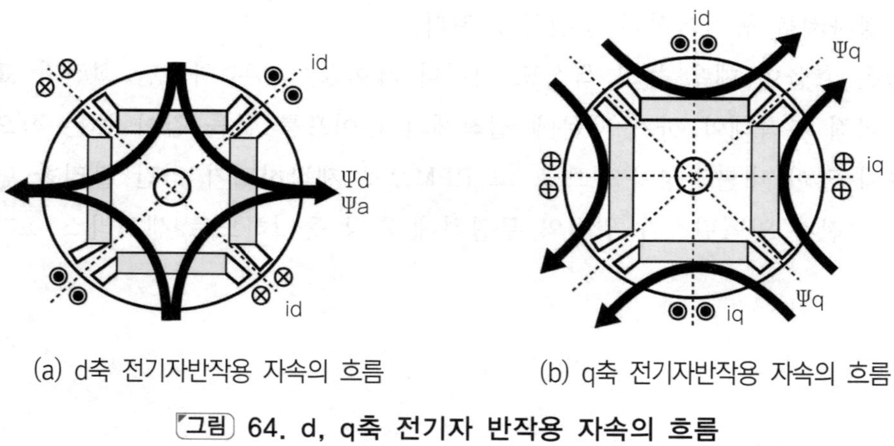

(a) d축 전기자반작용 자속의 흐름 (b) q축 전기자반작용 자속의 흐름

「그림」 64. d, q축 전기자 반작용 자속의 흐름

돌극비(saliency ratio)란 q축은 고정자 코어의 중심과 인접하는 2개의 영구자석 자극부의 사이를 통과하는 인덕턴스 Lq, d축은 고정자 권선에 의한 생성되는 자계와 영구자석의 자계와 일치시켰기 때문에 고정자 코어의 중심과 영구자석의 중심을 통과한 인덕턴스 Ld는 유효 공극의 증가로 감소하게 된다는 것이다. 한편 Lq/Ld를 돌극비라 하고 이에 비례하여 약계자 제어를 통한 광범위한 가변속 운전을 할 수 있는 것이다.

SPM에 비해 자석이 내부로 매입되어 있어 내구성이 좋고 효율도 더 높으나 토크 발생원이 이원화되기 때문에 전류 토크곡선이 비선형이 되어 성능곡선을 추정하기 어려워지므로 상대적으로 모터 상수의 변화에 취약해지며 SPM에 비해 제어성이 나빠지는 단점이 있다.

IPM은 회전자 위치에 따라 릴럭턴스가 다르게 나타나므로 고주파수의 전류를 주입해보면 전류파형의 변화가 확실히 나타난다. 이를 적절히 응용하면 100RPM 이하의 극저속 센서 리스제어도 가능하고 정지상태에서 N극과 S극의 판별 정확도를 크게 향상시킬 수 있다.

[2] 동기 릴럭턴스 전동기(SynRM : synchronous reluctance motor)

돌극비를 극단적으로 키워 릴럭턴스(인턱턴스, 자기저항) 토크만을 이용하는 전동기이다.

일반적인 전동기와는 달리 회전자의 구조가 마치 톱니바퀴 같은 모양으로 독특하게 설계된다는 특징이 있는데 이러한 구조에서 전기자에 전류를 인가하게 되면 전기자와 거리가 가까운 톱니바퀴 부분에서 톱니부분이 자화되면서 전기자에게 끌려오게 된다.

이런 원리를 이용하여 고정자계를 자기저항이 최소가 되는 회전자의 위치와 일정 각도 차를 유지하며 회전자를 견인하게 된다. 회전자에 영구자석이 사용되지 않으므로 희토류 의존도를 줄일 수 있고 저렴한 장점이 있지만 제어성과 원리가 상당히 까다로워서 영구자석 동기 전동기 이상으로 전자 의존도가 매우 높고 코깅이 상당히 크며 영구자석 전동기에 비해 출력밀도와 효율이 떨어진다.

표 동기모터의 구조에 따른 분류

항 목	동기 릴럭턴스모터 (SynRM)	매입자석 동기모터 (IPMSM)	표면자석 동기모터 (SPMSM)
스테이터 구조			
로터구조			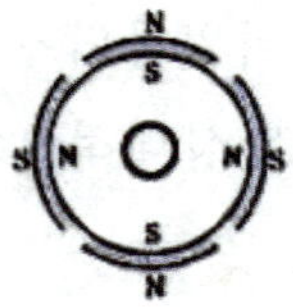
인덕턴스 및 쇄교자속분포	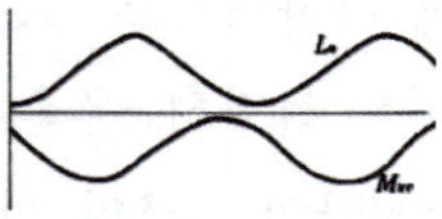	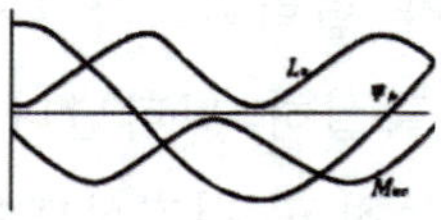	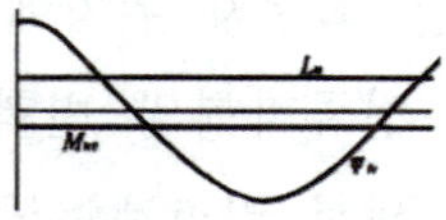

[3] 인덕션 모터(유도 전동기, induction motor)

스테이터부에 발생하는 회전 자계와 로터부에 생기는 유도자계와의 상호작용으로 회전력을 얻는다. 교류전원의 종류에 따라 크게 단상 유도전동기, 3상유도 전동기, 3상권선형 유도전동기 등이 있으며 일반적으로 3상 교류를 이용한다.

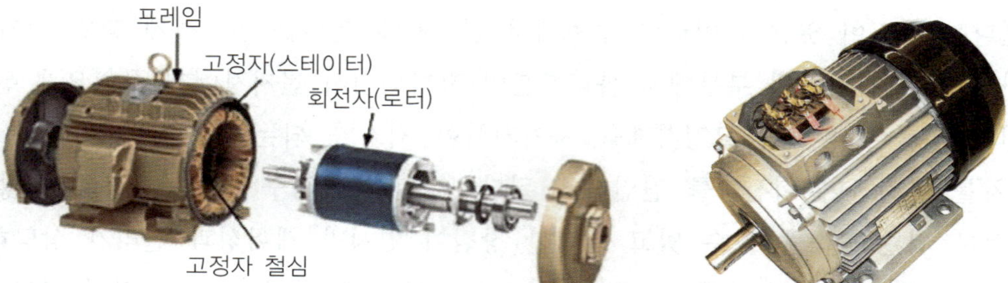

(a) (b)

그림 65. 인덕션 모터

유도전동기 모터의 원리는 고정자(스테이터) 권선에 흐르는 교류전류에 의해 발생하는 회전 자기장과 로터부에 발생하는 유도 전류와의 상호작용에 의해 생기는 회전력이다. 이 때문에 인덕션 모터를 유도모터라 한다. 구조로는 로터부(회전자)는 규소 강관을 적층한 것, 슬롯부는 구리나 알루미늄 등으로 노형으로 권선을 형성한 것이 사용되고 있다.

유도전동기의 스테이터에 공급되는 교류전력은 교류 주파수에 맞춰서 회전 자기장을 생성하고 로터는 스테이터보다 느린속도로 회전한다. 따라서 유도전동기 스테이터의 자기장은 로터에 대해서 변화하거나 회전한다. 이것은 유도전동기의 로터에 대향하는 전류를 유도하며, 실제로 전동기의 2차 권선은 외부 임피던스를 통해 단락되거나 닫힐 때 발생한다. 회전자속은 로터의 권선에 자기 선속을 유도하여 전류를 흐르게 한다. 로터권선에서 유도전류의 원인은 회전하는 스테이터 자기장이다. 로터 권선 전류의 변화에 맞서기 위해 로터는 회전하는 스테이터 자기장의 방향으로 회전하기 시작한다. 로터는 유도 스테이터 전류와 토크의 크기가 하중의 균형을 이룰 때까지 가속화한다.

로터의 속도가 동기속도 이하로 내려가면 로터 자계에서 회전속도는 올라간다. 로터에 유도된 자기장의 회전속도와 스테이터의 회전방향에서 필드 회전속도사이의 비율을 슬립이라 한다. 하중이 늘어나면 속도가 내려가고 슬립이 증가하여 부하를 돌리는데 충분한 토크가 발생한다. 이러한 이유로 유도전동기는 비동기 전동기라고 하기도 한다.

유도 전동기의 회전방향을 변경하는 방법은 3상 또는 단상시스템에 따라 달라진다. 3상의 경우 반전이 2상 도체의 접속을 교환함으로써 이루어진다. 단상 분상 전동기에서 반전은 주요 권선과 시동회로사이의 접속을 변경하여 이루어진다.

(1) 인덕션 모터의 특징

① AC전원의 동력용 모터에 적합하다.

② 구조가 간단하고 튼튼하다.

③ 가격이 저렴하고 수명이 길다.

④ 어느 정도의 정속성도 가지고 있다.

⑤ 경부하에서의 효율은 일반적으로 낮다.

⑥ 수하특성을 갖게 할 수 있다(로터의 도체저항을 올려주면 된다).

5.2. 전지

미래의 전기자동차 전지는 그 가격을 낮추고 에너지 축전용량 및 사용가능기간을 연장시키는 것이 필요하다. 기존의 내연기관에서 화석연료를 대체하는 근원적인 에너지원인 전기를 저장하는 장치이기 때문이다. 그러므로 전지 기술이야말로 성능 좋은 전기자동차를 만드는데 가장 핵심적인 사항이기도하다.

5.3. 인버터(Inverter), 컨버터(Converter)

인버터는 직류전력을 교류전력으로 변환하는 장치, 즉 역변환장치이다. 전지에서 얻은 직류전압을 조정하는 장치로 컨버터(converter, 변환기)라고 부른다. 전기차의 장착된 인버터는 구동모터를 구동시키기 위한 장치로서 매우 중요한 장치 중 하나이고 이것은 고전압 배터리의 직류(DC) 전력을 모터 구동을 위한 교류(AC)로 변환시킴으로서 유도전동기를 제어하는 역할을 한다. 즉 고전압 배터리로 받은 직류(DC) 전원(+, -)을 이용하여 3상 교류(AC) 전원(U, V, W)으로 변환시킨 후 제어 보드에서 입력받은 신호로 3상 AC 전원을 제어함으로써 구동모터를 구동시킨다.

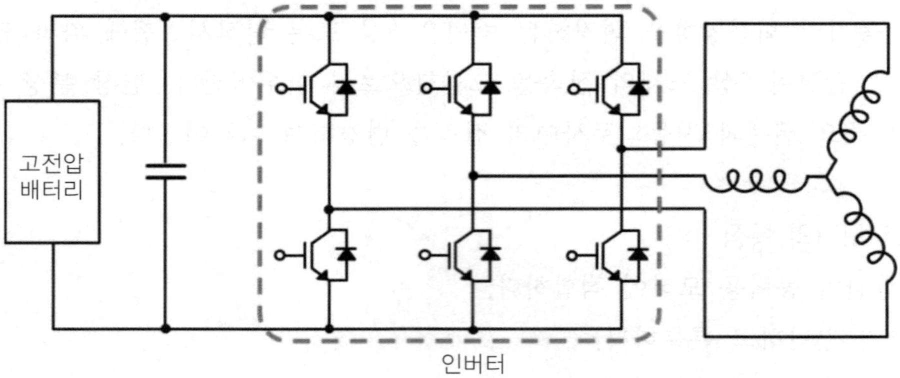

「그림」 66. 인버터

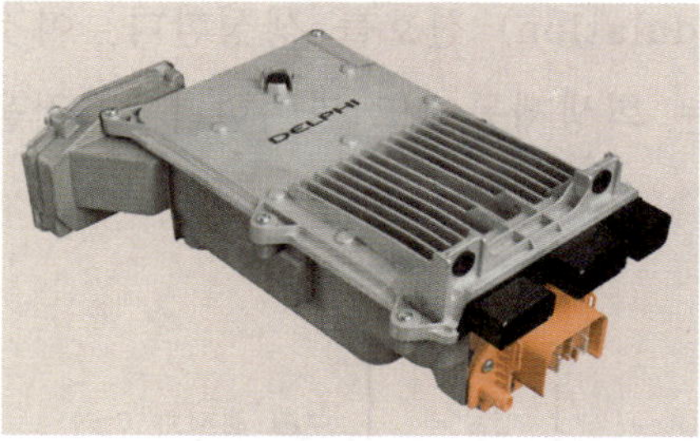

(a) 델파이

(b)

그림 67. 전기자동차 인버터

가속 시에는 고전압 배터리에서 구동모터로 에너지를 공급하고, 감속 시에는 구동모터에서 발생한 에너지를 다시 고전압 배터리에 충전함으로써(회생제동) 주행거리를 증대시킨다. 또한 인버터는 쿨링팬 및 전자식 워터펌프(EWP)를 제어한다.

인버터의 기능이 여러모로 전기차를 구동하는 데 있어 개입하는 부분이 많기 때문에 앞서 말했듯이 매우 중요한 부품 중에 하나이다. 가속 시뿐만 아니라 감속 시에도 관여한다. 인버터의 주요 내용과 기능을 정리하면 아래와 같다.

표 인버터의 주요 내용과 기능

분 류	항 목	내 용	주요항목
제어기능	토크제어	회전자 자속의 위치에 따라 고정자의 전류의 크기와 방향을 독립적으로 제어하여 토크 발생	- 전류제어 - 회전자 위치 및 속도검출
보호기능	과온제어	인버터 모터의 제한온도 초과시 출력 제한	인버터 및 모터온도에 따라 최대 출력 제한
	고장검출	- 외부 인터페이스 관련 문제점 - 검출 인버터 내부 고장 검출	- 인버터 외부연결 관리 고장 검출 - 성능관련 고장 검출 - 인버터 하드웨어 고장 검출
협조제어	차량운전제어	차량에서 필요한 정보 타 제어기와 통신	- 요구토크, 배터리 상태 EWP 등 정보수신 - 인버터 상태 정보수신

인버터는 차량제어 유닛(VCU : Vehicle Control Unit)의 모터 토크지령 계산을 위하여 모터 가용토크를 제공하고 VCU로부터 수신한 모터 토크지령을 구현하기 위하여

인버터 펄스 폭 변조(PWM : Pulse Width Modulation) 신호를 생성한다. 이것은 초퍼 제어의 한 종류이다. 앞서 말했듯이 인버터는 회생제동에도 관여한다. 그것을 설명하면 아래와 같다.

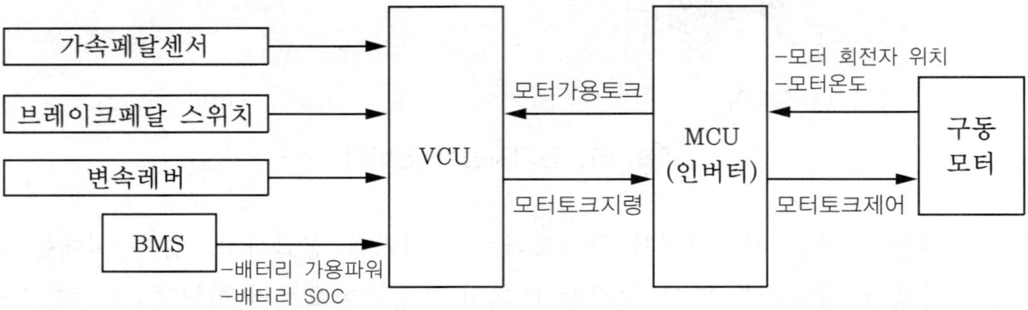

「그림」 68. 모터 구동제어 블록 다이어그램

교류모터의 경우는 직류전압을 교류전압으로 바꿔주며 전압을 조절해야 하므로 인버터(inverter, 뒤바꿈)가 필요하다. 직류전압을 손쉽게 조절하는 방법은 저항을 만들어주는 것이나 에너지손실이 많아 보다 효율이 높은 반도체소자가 개발되고 있다.

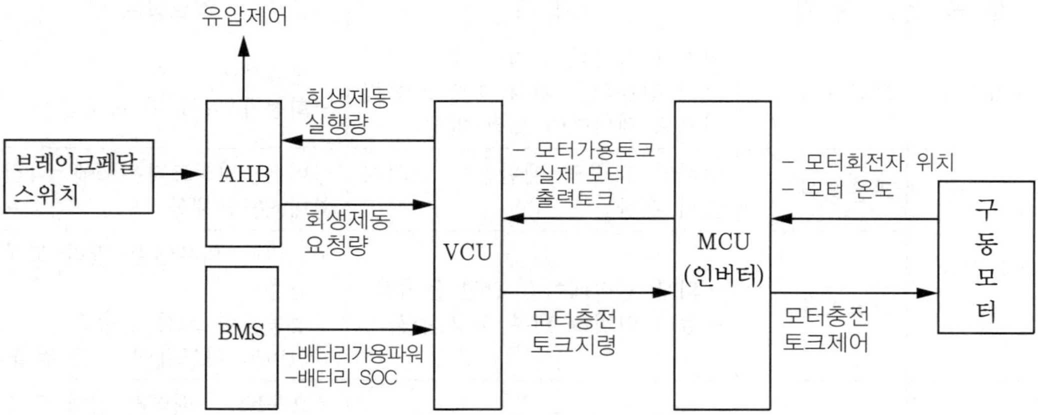

「그림」 69. 회생제동 시 인버터의 역할

인버터의 원리는 전력용 반도체(Diode, Thyristor, Transistor, IGBT, GTO 등)를 사용하여 상용 교류전원을 직류전원으로 변환시킨 후, 다시 임의의 주파수와 전압의 교류로 변환시켜 유도전동기의 회전속도를 제어하는 것이다. 유도전동기의 자속밀도를 일정하게 유지시켜 효율변화를 막기 위하여 주파수와 함께 전압도 동시 변화시켜야한다.

현재는 교류를 직류로 바꾼 후 다시 교류로 변환시키는 조그만 전자장치인 인버터를 사용하여 연속조정이 가능하다. 이것은 Hz를 변환시켜 회전운동의 속도를 변환시키는 것이다. 즉 우리나라 공장에 공급되는 전기를 예를 들면, 60Hz 교류를 직류로 변환하여 원하는 Hz의 교류로 다이얼만 돌리면 손쉽게 조정된다.

① 한전에서 공급하는 전기(상용주파수 60Hz)를 그대로 모터에 공급하면 모터는 최대속도인 1,800rpm으로 일정한 속도로 회전함(4극 모터 기준).

② 인버터를 사용하면 전원의 주파수를 바꾸어 공급하여 원하는 속도로 변경하여 사용할 수 있다. 예를 들면 출력 주파수를 1Hz로 하면 모터는 30rpm, 2Hz로 하면 60rpm, 30Hz면 900rpm으로 회전한다.

$$\text{모터 회전속도 } N(\text{rpm}) = \frac{120 \times \text{주파수}(f)}{\text{모터극수}(P)} = 30 \times \text{주파수}(f)$$

※ 일반 모터는 4극임

그러므로 일반적인 경우는 인버터가 없을 경우의 수단이겠지만, 인버터가 있음으로써 축전지의 직류를 교류로 쉽게 바꾸어 줄 수 있으며, 교류발전기와 교류모터의 장점으로 인하여 자동차의 긴 수명, 저 중량, 고효율, 공회전 시의 문제점 해결, 극한 환경에서의 성능발휘, 변하는 회전운동에도 일정한 운전조건 확립 등이 가능하게 된 것이다.

표 회로구성에 따른 인버터의 분류

구 분		동작 특성	비 고
전류형 (Current Source)		정류부(Rectifier)에서 전류를 가변하여 평활용 Reactor로 일정 전류를 만들어 인버터로 주파수를 가변함.	대용량에 채용
전압형 (Voltage Source)	PAM	정류부(Rectifier)에서 DC전압을 가변하여 콘덴서로 평활전압을 만들어 인버터부로 주파수를 가변함.	초기에 사용된 기술로 현재는 단종 됨.
	PWM	정류부(Rectifier)에서 일정 DC전압을 만들고 인버터로 전압과 주파수를 동시에 가변함.	최근 대부분의 인버터에 채용

- PWM : 펄스 폭 변조, Pulse Width Modulation
- PAM : 펄스 진폭변조, Pulse Amplitude Modulation

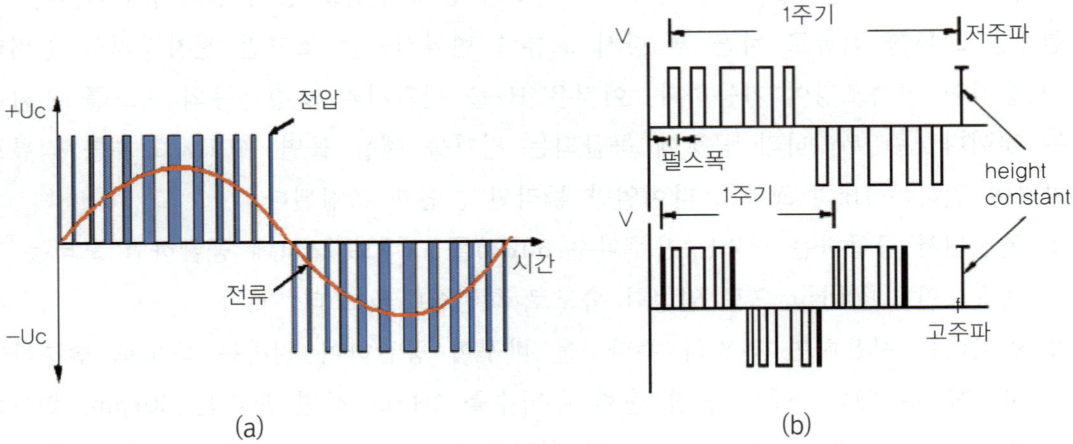

그림 70. PWM(펄스 폭 변조)

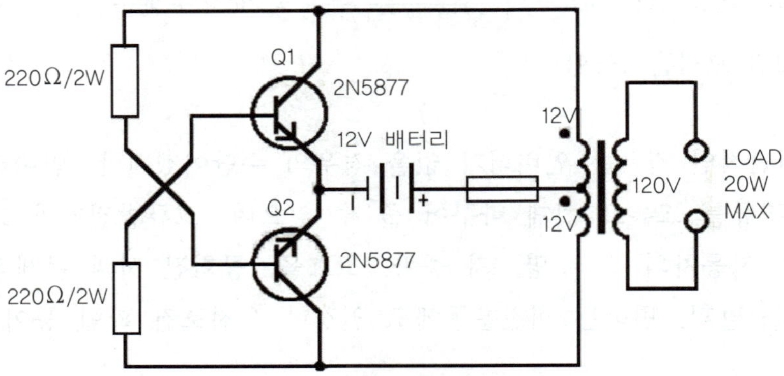

그림 71. 12V DC to 110V AC인버터

5.4. 모터제어기(MCU : Motor Control Unit)

액셀페달 조작량 및 속도를 검출해서 의도한 구동토크변화를 가져올 수 있도록 차속이나 부하 등의 조건에 따라 모터의 토크 및 회전속도를 제어한다. 이를 위한 시스템은 제어기라고 부른다. 운전자의 오른발의 움직임에 따라 모터의 토크와 회전속도를 제어한다. 여기서 전원은 전지이며, 일정전압의 직류전류를 얻을 수 있다.

직류모터라면 전류의 크기를 제어하기만 하면 되지만 교류모터일 경우에는 우선 교류로 변환하고, 다시 진폭이나 주파수/위상을 바꾸어서 자동차의 주행상황을 커버할 필요가 있다.

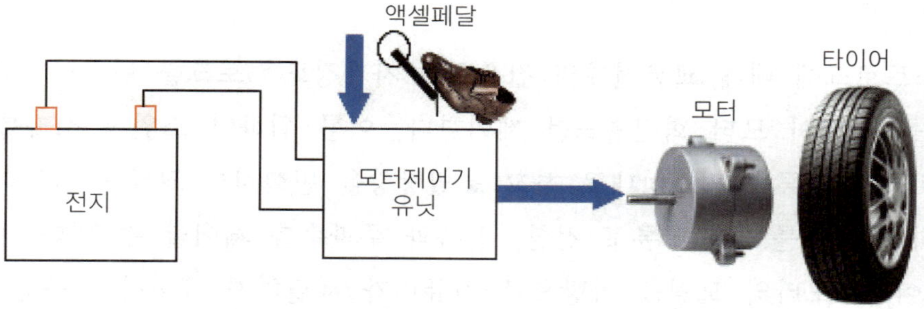

그림 72. 모터제어기의 동력전달과정

5.4.1. 직류 모터의 경우

가장 기본적인 직류모터의 제어방식은 회로 안에 넣는 저항의 크기 변화로 인하여 전류의 값을 변화한다. 여기서 저항의 값을 서로 다른 경로를 복수 준비하고, 순차 전환한다. 당연히 전류의 크기는 단계적으로 변화하고, 토크도 스텝형태로 변화하게 된다. 구식의 전차에서 발진시 등에서 이러한 상태를 경험할 수 있다. 그러나 오늘날 자동차의 경우는 이러한 러프한 제어, 토크는 불만을 느낄 것이다.

전류의 ON-OFF스위치 기능을 가진 반도체(트랜지스터 또는 사이리스터)에서 작게 회로를 ON-OFF하고 고주파 펄스상태의 전류를 만들어 낸다. 여기서 일정시간내의 통전시간= 펄스수를 제어해서 전류의 크기가 결정된다. 이 통전 시간률을 듀티비라고 한다. 전류를 상세히 쪼개는 것인데 제어결과는 아날로그 양이 되고, 리니어한 변화를 얻을 수 있다. 최근에는 펄스폭을 제어하는 수법도 있다.

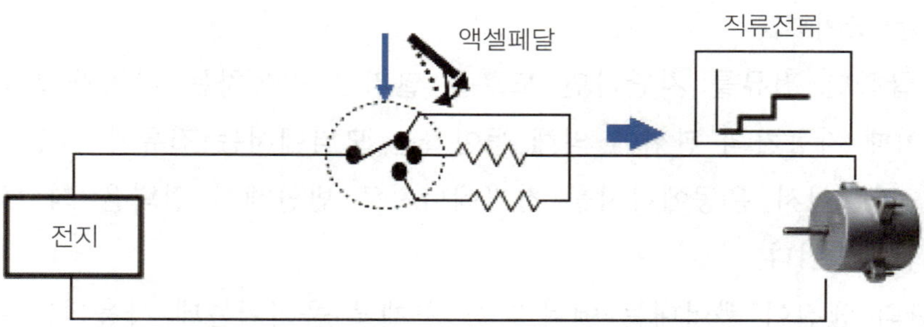

그림 73. DC모터 제어장치

5.4.2. 교류모터의 경우

엑셀·스트로크에 대해 교류전류의 진폭으로 자계강도= 토크를 변화시키고, 교류전류 주파수를 바꿔서 모터 회전속도를 제어한다. 이를 위하여 스위칭 소자를 1상으로 2개씩 준비해서 전류를 펄스상태로 하고 조밀방향을 변화시켜 교류를 만든다. 이것을 3조 사용하면 직류를 3상 교류로 전환, 진폭과 주파수를 제어할 수 있다. 이는 인버터의 기능이다. 모터의 모델을 바탕으로 컴퓨터가 세밀하게 제어하고 응답성을 향상시키는 기법을 "펙토르 제어"라고 한다.

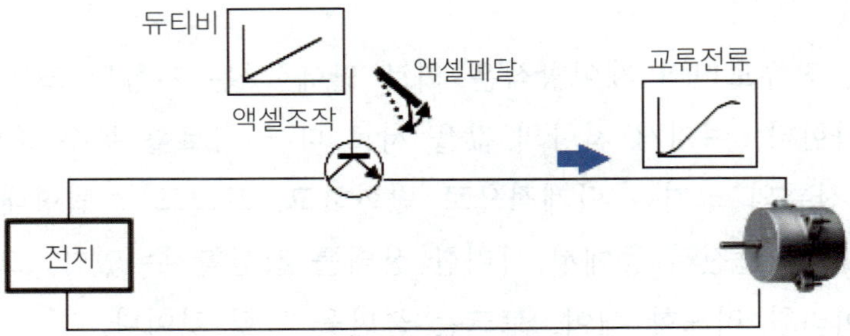

그림 74. 교류모터 제어장치

5.5. 회생 제동장치(Regenerative Braking System)

회생 제동장치(Regenerative Braking System)는 브레이크를 밟을 때 모터가 발전기의 역할을 하게 된다는 개념이다. 회생제동에 유압 마찰제동을 복합으로 사용한다. 기존 유압식 마찰제동은 자동차가 가지는 운동에너지를 마찰로 바꿔 공기에 방열하고 차속을 줄이는 장치다.

모터에 공급하던 전류를 차단하면 도로를 달리던 자동차는 바퀴가 모터를 돌리는 꼴이 된다. 이때 자동차의 관성에 의해 돌아가는 모터에서는 전류가 발생한다. 전동기를 발전기로 만들어서 운동에너지를 전기에너지로 변환해서 전력을 회수해 제동력을 발휘하는 제동방법이다.

내연기관의 엔진이 뿜어대는 에너지 등 차체를 움직이는데 사용되는 것은 연료에 포함된 총에너지의 약 16%밖에 안 된다. 나머지 에너지는 엔진 열과 마찰열로 사라지고 다른 부속장치(펌프류, 발전기) 등을 구동시키는데 사용된다.

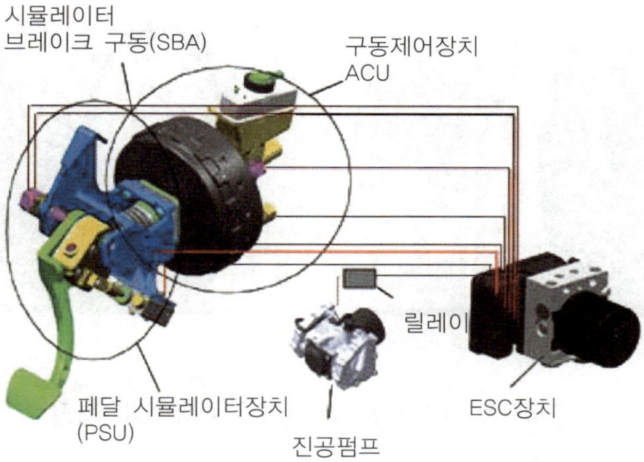

그림 75. EV 제동시스템의 구성

전기자동차의 에너지 소비를 줄여 주는 데 있어 매우 중요한 역할을 하는 것이 회생 브레이크다. 전기자동차에 사용되는 모터는 발전기와 구조가 같아 전류를 흘리면 회전하고 반대로 밖에서 힘을 걸어 회전시키면 발전기가 된다. 차를 감속시키거나 제동을 할 때 그 힘으로 모터를 회전, 전기를 발전시켜 축전지로 보내는 장치를 만들면 전기소모량을 많이 줄일 수 있다.

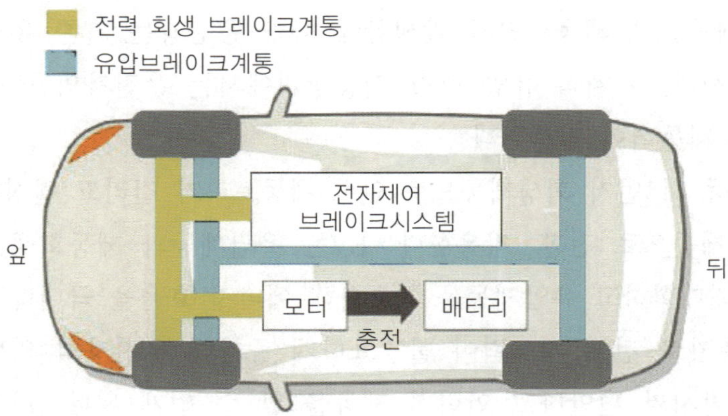

그림 76. 도요다 프리우스 제동장치의 개요

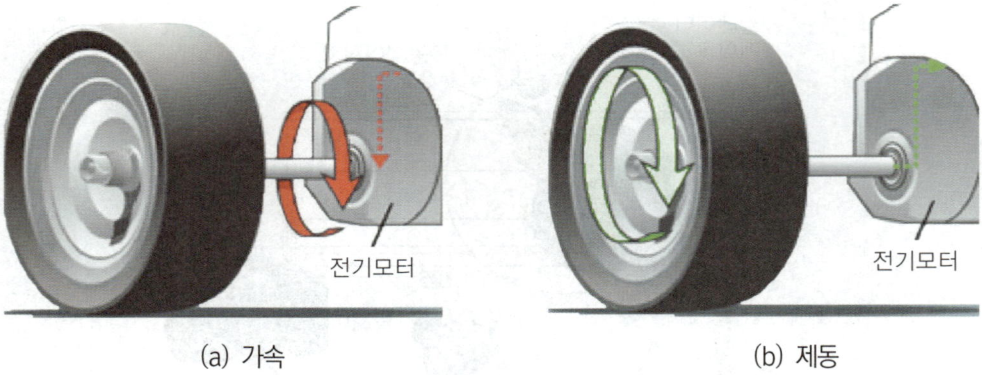

그림 77. HEV가속과 감속 시 에너지 저장

회생제동은 자동차의 운동에너지가 발전기(바퀴의 회전축)를 구동해 발생한 역기전력을 배터리로 회수하고 제동을 수행하는 제동기술이다. 발전기를 돌리려면 회전력이 필요한데 필요한 회전력은 버려지는 제동력(감속하는 바퀴 회전축)을 이용한다. 이때 운동에너지를 전기에너지를 변환해 이를 2차 전지에 저장 후 발진, 가속, 등판 시에 모터를 구동하며 에너지를 재이용하기 때문에 HEV의 전체 연비 개선량의 35% 달한다. 즉 가장 큰 장점은 배터리 SOC(State Of Charge)의 증가로 가속, 감속을 반복하는 도심 주행모드에서 연비효율을 높일 수 있다. 또 회생제동으로 유압마찰 제동량을 줄일 수 있어 브레이크 디스크 로터 및 브레이크 패드 등의 수명이 연장된다.

그러나 회생제동으로 제동토크가 발생함에 따라 운전자는 기존 유압 마찰제동과 다른 이질감을 느낀다. 기계식 유압 마찰 제동장치에서는 운전자의 페달 조작량에 대응하는 만큼 유압 제동력이 발생한다.

FF방식 EV제동 시 먼저 회생제동으로 인한 제동토크가 걸리고 일정한 조건을 만족하면 기계식 유압제동으로 전환·작용한다. EV는 유압제동과 제동회생을 적절히 배분해 회생 제동력을 최대화하고 유압제동을 최소화해 에너지 효율을 극대화하는 것이다.

회생제동의 추가로 전체 제동력이 불필요하게 증가해 운전자의 의도와는 달리 급격히 감속력을 유발시켜 편안하고 안락한 제동을 할 수 없게 된다. 다시 말해 EV는 운전자가 밟은 브레이크 페달량에 따라 회생제동을 제외한 기계식 유압 제동량의 크기가 달라진다는 것이다.

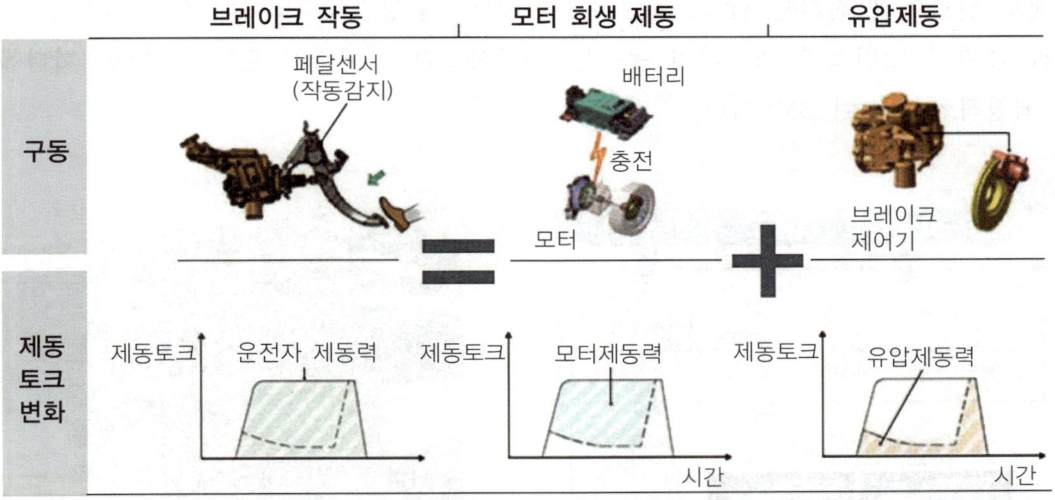

그림 78. 회생제동시스템의 작동

[1] 장점

① 연비개선 효과가 매우 크다.

② 세기를 자유롭게 제어할 수 있다.

③ 마찰재의 부담이 줄어든다.

④ 일종의 엔진 브레이크 효과를 얻을 수 있다.

[2] 단점

① 회생제동이 시작되는 시점에서 갑작스런 제동력으로 인해 운전자가 진동을 느끼기 쉽다.

② 운전자가 밟는 발의 힘과 제동력사이에는 회생제동력의 크기만큼 이질감이 생겨 운전자에게 혼란을 초래하기 쉽다는 점 등은 개선해야 한다.

5.6. 전지시스템(BMS : Battery Management System)

전지시스템(BMS)은 실시간으로 2차전지의 전류·전압·온도 등을 측정해 에너지의 충·방전상태와 잔여량을 제어하는 것으로, 타 제어시스템과 통신하며 전지가 최적의 동작환경을 조성하도록 환경을 제어하는 2차 전지의 필수부품이다.

전지시스템(BMS)이란 말 그대로 축전지를 관리하는 시스템이다. 2차 전지는 화학

소재로 만들어져 전기를 담고 있는 셀들이 모여 구성된다. 모여진 셀들간의 전기 함축과 출력의 밸런스를 조절하지 못하면 폭발사고가 일어나게 된다. 그만큼 까다롭고 또 핵심적인 기술이 BMS이다.

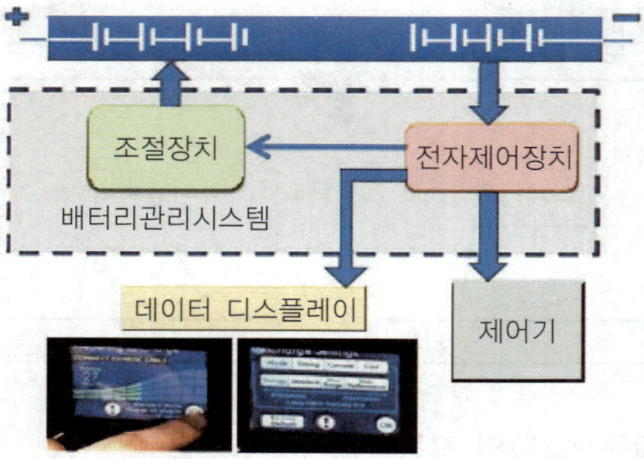

(a) 구성도

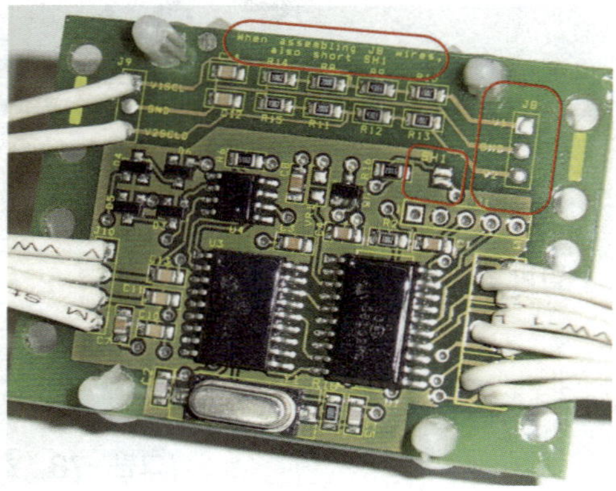

(b) 보드

그림 79. 전지시스템의 구성도 및 보드

전기자동차에 대한 BMS의 기능은 다음과 같다.

① 축전지를 이루는 개별 셀의 상태를 모니터링
② 응급의 경우에는 축전지를 분리
③ 축전지 체인 내에서 셀 매개 변수에 있는 불균형에 대한 보상
④ 축전지 충전상태에 대한 정보 제공
⑤ 축전지상태에 대한 정보 제공
⑥ 드라이버 디스플레이 및 경보에 대한 정보를 제공
⑦ 축전지의 사용가능 범위를 예측
⑧ 관련 차량 제어시스템에서 지시사항을 수락하고 구현
⑨ 셀을 충전을 위한 최적의 충전 알고리즘을 제공
⑩ 제공하는 스위치와 돌입 전류를 제한하는 충전이 단계 전에 부하 임피던스 테스트를 수 있도록 사전충전
⑪ 개별 셀을 충전에 대한 액세스 수단을 제공

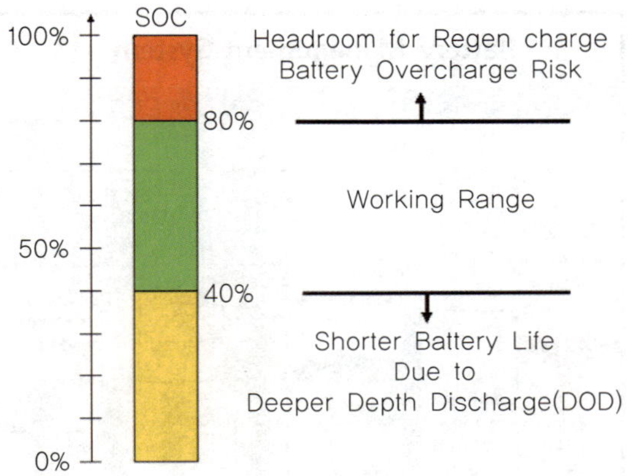

그림 80. HEV 전지의 작동범위

⑫ 차량 운영모드의 변화에 대응

실용적인 시스템에서는 BMS 따라서 단순히 축전지관리를 보다 차량기능을 통합할 수 있으며, 가속제동, 공회전 또는 중지여부, 차량운영의 원하는 모드를 결정하고 관련 전력관리 작업을 구현할 수 있게 한다. 축전지 관리시스템의 주요 기능 중 하나는 관용의 주변 또는 운영조건에서부터 셀을 보호하기 위해 필요한 모니터링 및 제어를 제공하는 것이다. 이것은 자동차 애플리케이션에서 특히 중요하기 때문에 거친 작업 환경이다. 뿐만 아니라 각각의 셀 보호와 같은 자동차시스템은 축전지를 분리뿐만 아니라 오류의 원인을 해결하여 외부 오류조건에 응답할 수 있도록 설계되어야 한다.

예를 들어, 냉각 팬이 망가졌을 경우 축전지 가열 표시등이 켜진다. 과열이 과도하게 되면 축전지가 분리될 수 있다. 축전지 감시장치(모니터링 유닛)는 하위 모듈을 통합하는 마이크로프로세서 기반의 단위이다. 이러한 하위 모듈은 반드시 별도의 물리적인 단위는 아니지만 별도로 표시된다.

각각 셀의 모니터링의 비용을 줄이기 위해, 축전지 모니터링 유닛은 단일 아날로그 또는 디지털 출력라인을 차례로 각각의 셀에서 전압을 스위치 멀티플렉싱 아키텍처를 포함한다. 비용절감은 아날로그 제어 및 디지털 샘플링 회로의 수를 줄이고 구성요소를 최소화하여 실현될 수 있다. 단점은 하나의 셀 전압을 동시에 모니터링 할 수 있다는 것이다. 고속 스위칭 메커니즘은 모든 셀이 순차적으로 모니터링 할 수 있도록 각각의 셀에 출력라인을 전환할 필요가 있다.

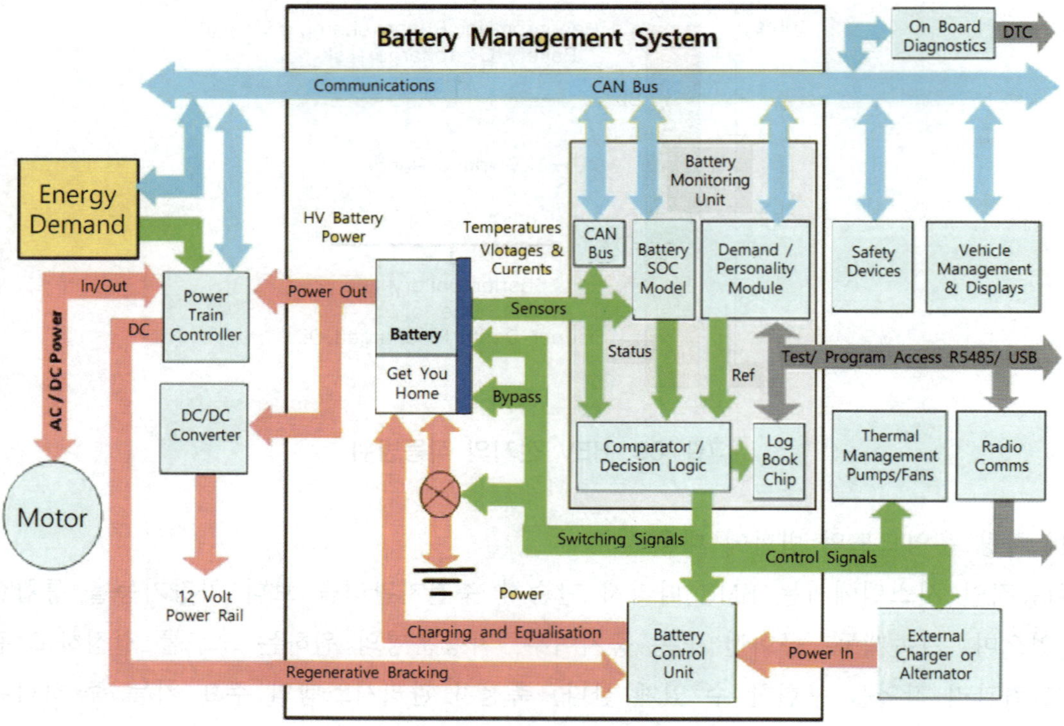

그림 81. 차량의 에너지 관리의 구성도

5.7. EPCU(Electric Power Control Unit)

전기차에는 EPCU라는 장치가 있다. 이것은 모터의 제어와 함께 차량의 전반적인 움직임을 제어 컨트롤 하는 장치로써 전기차에서 매우 중요한 부품 중 하나이다. 이것은

그림 82. 현대자동차 아이오닉 EV-EPCU

기존 내연기관 차량의 ECU(Electronic Control Unit), TCU(Transmission Control Unit)들과 비슷한 기능들을 한다.

EPCU는 인버터(MCU-Moter Control Unit)+LDC+VCU(Vehicle Control Unit)로 이루어져 있다. [그림 83]에서 볼 수 있듯이 3가지 부품이 전기차 내부에서 가장 큰 부피를 차지하고 있고 중요한 자리에 위치하여 있다.

인버터 하나만 놓고 보면 부피가 작지만 이것을 이루고 있는 EPCU와 OBC, 고전압 정션박스를 합치면 크기가 상당히 커진다. 그러므로 EPCU라고 이야기하면 그것에 인버터가 포함되어 있다고 생각되며, 전기차에서 매우 중요한 역할을 한다. 위치 또한 모터와 인접하여 있고 모터의 제어를 담당하므로 사실 배터리+EPCU+모터가 전기차의 모든 것이라고 보아도 무방하다.

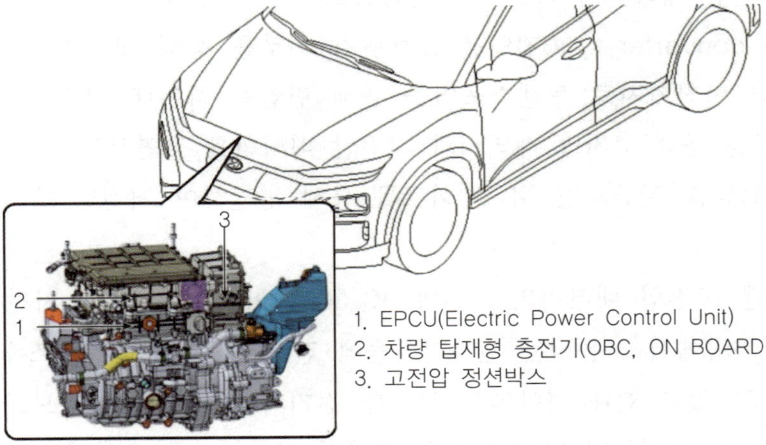

그림 83. 코나 EV EPCU 및 모터 어셈블리

[1] LDC(Low voltage DC-DC Converter, 저전압 직류 변환장치)

LDC는 저전압 직류 변환장치로서 전기차에는 알터네이터가(alternator, 교류발전기) 없다. 그에 따라 보조배터리를 충전할 수 있는 시스템이 없기 때문에 이것을 보완하기 위하여 LDC가 장착되어 있다.

LDC(Low voltage DC-DC Converter)는 고전압 배터리에서 12V 저전압 배터리로 변환시켜 주기 위한 컨버터 시스템입니다. 자동차의 대부분 부품들(전조등, 와이퍼, 펌프, 제어보드 등)은 12V에서 동작한다.

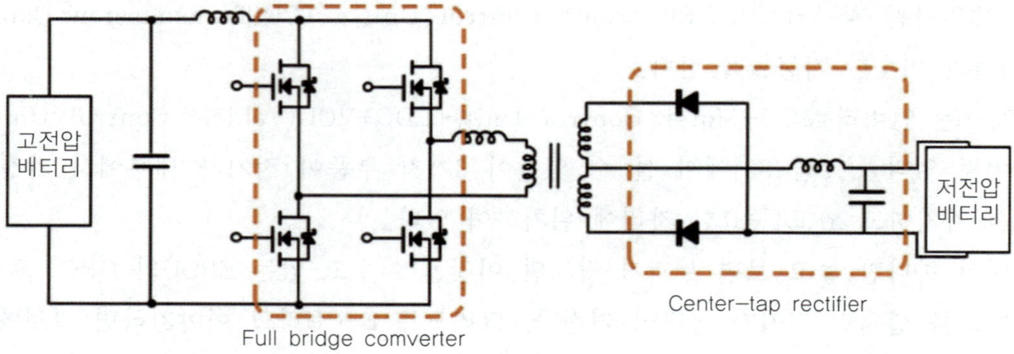

그림 84. LDC의 회로도

기존의 엔진이 있는 자동차는 엔진이 발전기 역할을 하여 12V를 생성하였지만 PHEV나 EV는 고전압 배터리에서 부터 저전압으로 변환시켜 준다.

① Full bridge converter : DC전압을 풀브릿지 회로를 통해 고주파의 AC로 변환한다. OBC와 마찬가지로 트랜스포머를 통해 변압을 하는데 저전압으로 변압한다. 트랜스포를 통해 고저압 배터리와 저전압 배터리를 절연시킬 수 있다.

② Rectifier : 교류를 정류시킨 뒤 LC회로를 통해 평활하여 저전압 배터리에 충전된다.

LDC가 하는 일은 고전압 배터리의 고전압(DC 360V)이 LDC를 거쳐 저전압으로(DC 12V) 변환되면서 차량에서 사용되는 전자기기들에 전력을 공급한다. 보조배터리도 충전하는 일을 겸하고 있고 현대/기아에서 출시한 전기차에는 유틸리티 모드라는 것을 지원하는데 이 모드로 지원하면 LDC를 거쳐 차량의 전자기기를 운영하는 것이다.

그러므로 장시간 내부 전자기기들을 이용하여도 방전의 염려가 없다. 하지만 기본으로 장착된 보조배터리의 용량이 다른 차종들에 비해 매우 작아(용량 20HR/5HR 45/ 36 보존용량 80) 보조배터리가 방전이 될 수 있으므로 주의를 기울여야 한다. 그러므로 1~2시간 정도 내부기기를 사용할 일이 생긴다면 반듯이 유틸리티 모드로 전환하여 사용하는 것이 바람직하다.

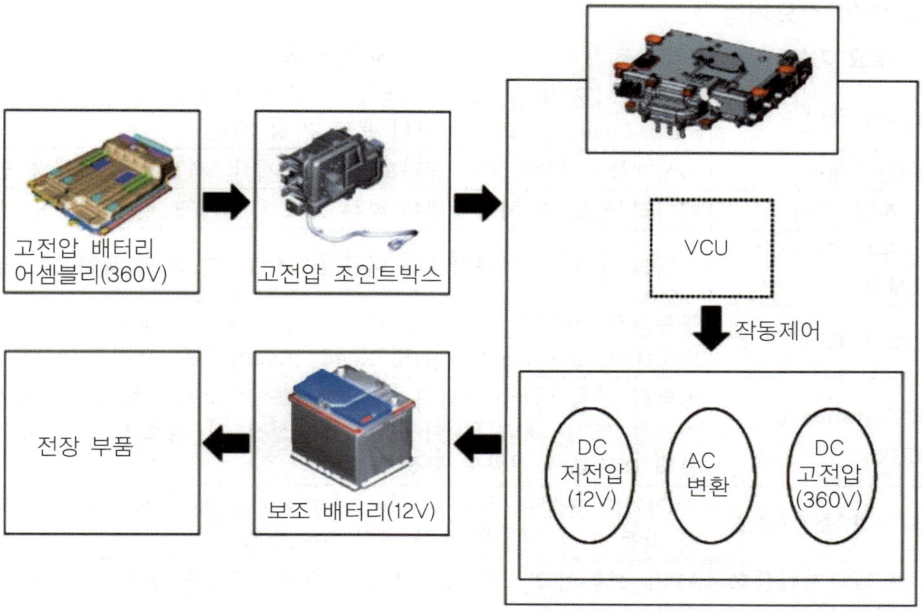

그림 85. LDC(저전압 직류 변환장치)

[2] VCU(Vehicle Control Unit, 차량제어 유닛)

VCU는 EPCU에서 중요한 부품 중 하나이다. 이름에서도 알 수 있듯이 차량 제어를 하는 데 있어 모든 관여를 한다. 구동모터 제어, 회생제동 제어, 공조 부하제어, 전장 부하 전원 공급제어, 클러스터 표시, DTE(Distance to Empty), 예약/원격 충전/공조, 아날로그/디지털신호 처리 및 진단 등 차량을 운행하는 데 있어 매우 중요한 일을 한다.

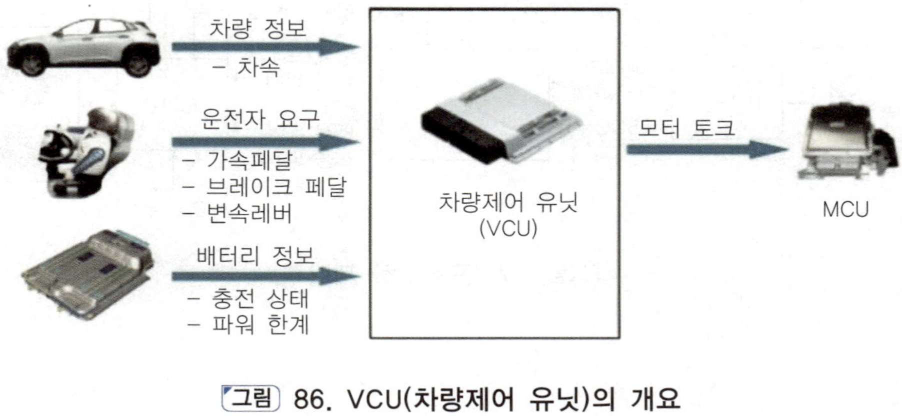

그림 86. VCU(차량제어 유닛)의 개요

표 VCU의 주요기능

주요 기능	주요 항목
구동모터 제어	배터리 가용 파워, 모터 가용토크, 운전자 요구(APS, Brake SW, Shift Lever)를 고려한 모터 토크 지령 계산
회생제동 제어	회생제동을 위한 모터 충전토크 지령 계산, 회생제동 실행량 연산
공조 부하 제어	배터리 정보 및 차량상태에 따른 LDC ON/OFF 및 동작모드 결정
전장 부하 전원 공급제어	배터리 정보 및 차량상태에 따른 LDC ON/OFF 및 동작모드 결정
클러스터 표시	구동파워, 에너지 Flow, ECO Level, Power Down, Shift Level Position, Service Lamp 및 Ready Lamp 점등 요청
DTE(Distance to Emjpty)	배터리 가용 에너지, 과거 주행 전비를 기반으로 차량의 주행가능 거리를 표시, AVN을 이용한 경로 설정 시 경로의 전비 추정을 통해 DTE표시 정확도 향상
예약/원격/충전/공조	TMU와의 연동을 통해 Center/스마크폰을 통한 원격제어, 운전자의 작동 시각 설정을 통한 예약기능 수행
아날로그/디지털신호 처리 및 진단	APS, 브레이크 스위치, 시프트 레버, 에어백 전개 신호처리 및 진단

(1) 공조부하 제어

공조 부하제어는 FATC(Full Automatic Temperature Control)는 운전자의 냉난방 요구 시 VCU에 AC/PTC 요청 파워를 송신하고 VCU의 허용 파워 범위 내에서 공조 부하를 제어한다. BMS는 이때 배터리 가용 파워 SOC 정보를 제공하고 VCU는 배터리 정보 및 FATC 요청 파워를 이용하여 최종 FATC 허용 파워를 송신한다.

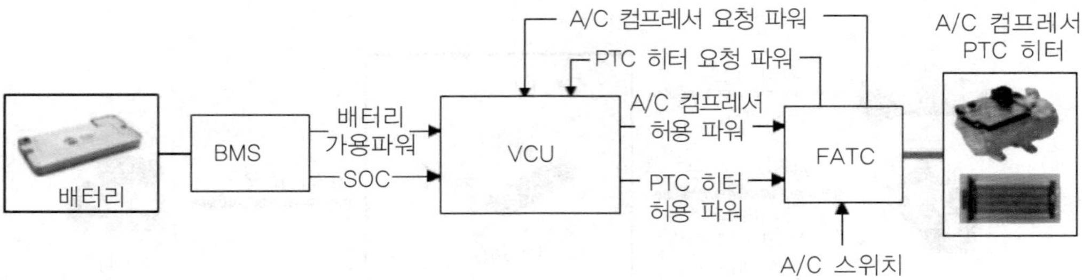

그림 87. 공조부하 제어

(2) 전장 부하 전원(12V)공급 제어시스템

대부분의 전기차에는 Alternator(발전기)가 없다. 그러므로 전장 부하 전원(12V) 공급 제어시스템이 이루어진다. 간단하게 이야기하면 고전압 배터리의 전기를 LDC (Low voltage DC DC Converter, 저전압 직류 변환장치)를 거쳐 12V로 변환하고 그것으로 보조 배터리를 충전하는 것이다.

전장 부하 전원(12V) 공급제어는 BMS가 배터리 가용 파워, SOC 정보를 제공하고 VCU는 배터리 정보 및 차량상태에 따른 LDC ON/OFF 및 동작모드를 결정한다. LDC는 VCU의 명령에 따라 고전압을 저전압으로 변환하여 차량 전장에 전원공급을 한다. 이것이 바로 Alternator(발전기)와 같은 기능을 하는 것이다.

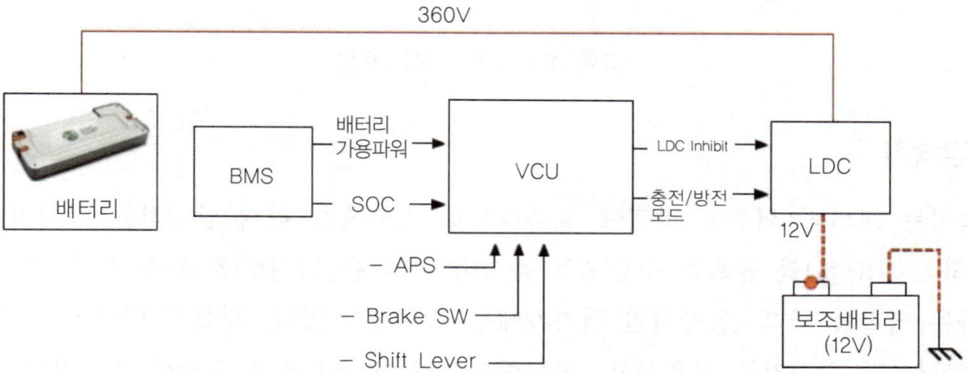

그림 88. 전장부하 전원(12V)공급 제어시스템

(3) DET

DTE(Distance To Empty, 남은 배터리로 갈수 있는 거리 계산) 이것을 계산하는 방식은 VCU가 배터리 가용 에너지, 도로정보 등을 계산하며 BMS는 배터리 가용 에너지 정보를 제공한다. AVN(Audio, Video, Navigation)은 목적지까지의 도로정보를 제공하여 DTE를 표시한다. 이러한 모든 과정이 이루어 진후 클러스터에 표시된다.

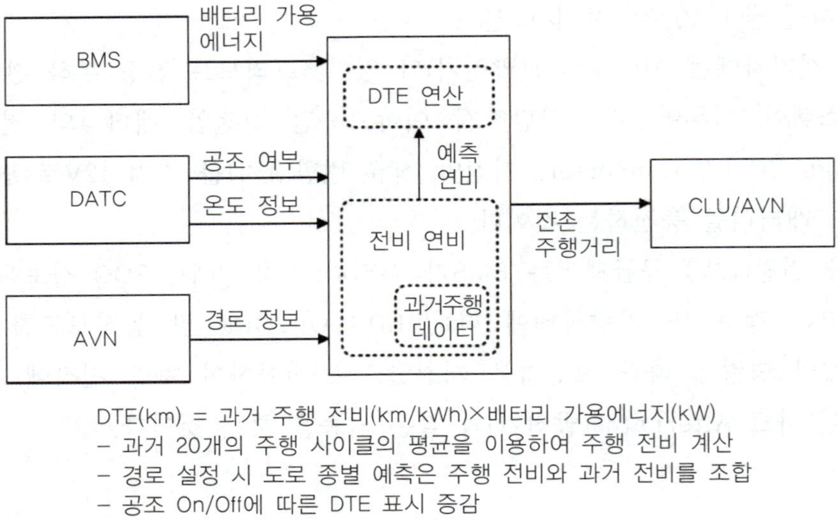

그림 89. DET 계산과정

5.8. 감속기

감속기는 모터의 회전을 바퀴에 효율적으로 전달하기 위해 탑재하는 장치이다. 모터의 회전수(RPM)를 필요한 수준으로 감속해 더 높은 회전력(토크)을 얻을 수 있도록 조정하는 역할을 한다. 일반적인 전기차에는 변속기가 없다. 정확히 말하면 다단 변속기가 아닌 1단 감속기를 사용하고, 변속충격이 없어 부드러운 운행이 가능하다.

(a) Offset Type A

(b) Offset Type(B)

(c) Inline Type

그림 90. EV 감속기

전기차에서 사용하는 전기모터는 회전을 시작하는 동시에 최대 토크가 출력할 수 있고, 고회전 영역에 일정한 토크를 발휘한다. 덕분에 가속페달을 밟으면 인버터를 통해 전압과 주파수를 조절할 수 있고, 번거로운 변속작업이 필요 없이 부드러운 가속이 가능하다. 이런 과정에서 모터의 토크를 더 끌어올려 효율적인 운행이 가능하도록 도와주는 것이 감속기다. 감속기의 가장 큰 역할은 모터의 회전수를 줄여서 토크를 높여주는 것이다.

전기모터는 빠른 속도로 돌아가는데 힘이 없을 때, 회전속도를 줄이고 힘을 세게 하는 것이다. 물론 변속기가 전혀 필요 없는 것은 아니다. 전기모터도 회전수가 고회전영역으로 올라가면 필요 전류량이 높아지면서 효율이 급격하게 떨어진다. 그리고 전기모터의 회전수도 한없이 올릴 수 없고, 결국 토크도 감소한다. 이런 이유로 인해 일반적인 전기차는 최고속도가 높지 않다.

현대자동차 코나 일렉트릭에 적용된 감속기 기어비는 7.981이다. 만약 시속 100km에서 모터 회전수가 5,000rpm이라고 가정하고, 2단 기어비를 4정도로 2배 높이면 회전수를 2,500rpm으로 낮추는 동시에 최고속도도 올릴 수 있다. 이런 이유로 포뮬러E와 일부 전기 슈퍼카에는 2단 변속기를 사용하는 경우도 있다.

하지만 일반적인 전기차는 변속기를 제거하고 얻는 이점이 많고, 실용 영역에서는 충분하기 때문에 1단 감속기어를 사용하고 있다. 변속기가 아닌 2개의 모터를 사용하는 방법도 있다. 테슬라 모델S는 감속비가 다른 모터 두 개를 사용해서 가속, 항속 주행상황에 맞춰 효율적으로 운행하는 방식을 사용한다. 이 방식도 2단 기어를 적용한 효과를 볼 수 있지만, 엄밀히 얘기해서 하나의 동력장치의 출력을 변속하는 과정이 없기 때문에 변속기라고 할 수 없다.

5.9. OBC(On Board Charger)

전기차 충전은 크게 급속충전과 완속충전으로 나누게 된다. 전기차의 온보드 차저는 완속 충전 시 외부 교류전원(AC)를 승압하고 직류전원(DC)으로 변환하여 전기차 배터리를 충전시키는 역할을 수행하는 장치이다. 조금 오래된 전기차에는 온보드 차저의 출력 용량이 3.3kW로 개발되었는데, 최근에는 6~10kW 사용하게 되면서 완속에서도 충전시간을 단축할 수가 있게 되었다.

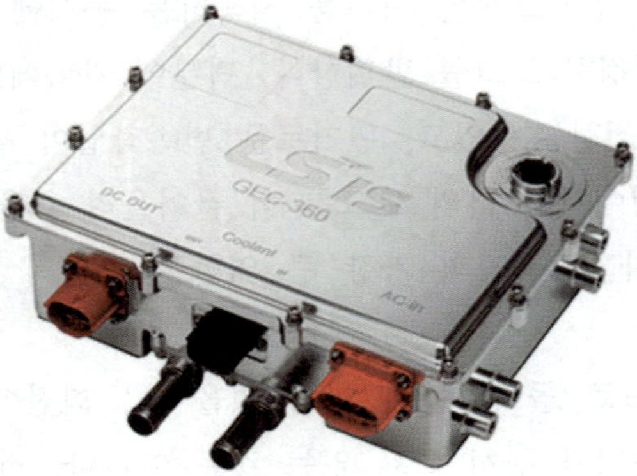

그림 91. OBC

OBC는 상용전원인 교류(AC)를 직류(DC)로 변환해 차량 내부 배터리를 충전하는 기능을 한다. OBC는 크게 3개의 부분으로 나눌 수 있다.

① PFC : 220V AC가 브릿지 다이오드를 통해 전파정류되며, 정류된 전압은 부스트 컨버터회로를 통해 power factor를 높이고 전압을 승압시킨다.

② Full bridge converter : 풀브릿지 회로를 통해 고주파의 AC로 변환시킨다. 고주파의 교류전압은 트랜스포머를 통해 높은 전압으로 변압합니다. 변압기를 사용함으로써 220V AC와 고전압 배터리를 물리적으로 절연시킬 수 있다.

③ Full bridge rectifier : 고전압 교류는 풀 브릿지 회로를 통해 정류되며, 정류된 파형은 LC 필터회로를 통해 DC전압으로 변환되어 배터리에 충전된다.

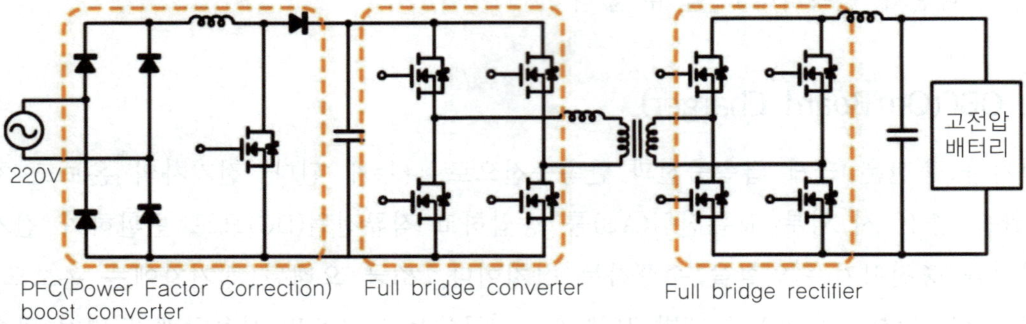

그림 92. OBC(On Board Charger)의 회로도

Chapter

4

수소연료 전지자동차 (FCEV)

1 수소연료 전지자동차

1.1. 수소연료 전지자동차의 개요

수소연료 전지자동차(FCEV : fuel cell electronic vehicle)는 수소(H_2)와 산소(O)가 반응해 물(H_2O)을 생성하고, 생성하는 과정에서 발생되는 전기적인 에너지를 저장해 전원으로 사용하는 자동차를 말한다. 즉, 수소를 직접 태우지 않고 수소와 공기 중 산소를 반응시켜 발생되는 전기로 모터를 돌려 구동력을 얻는 친환경자동차로 미래차라고 할 수 있다.

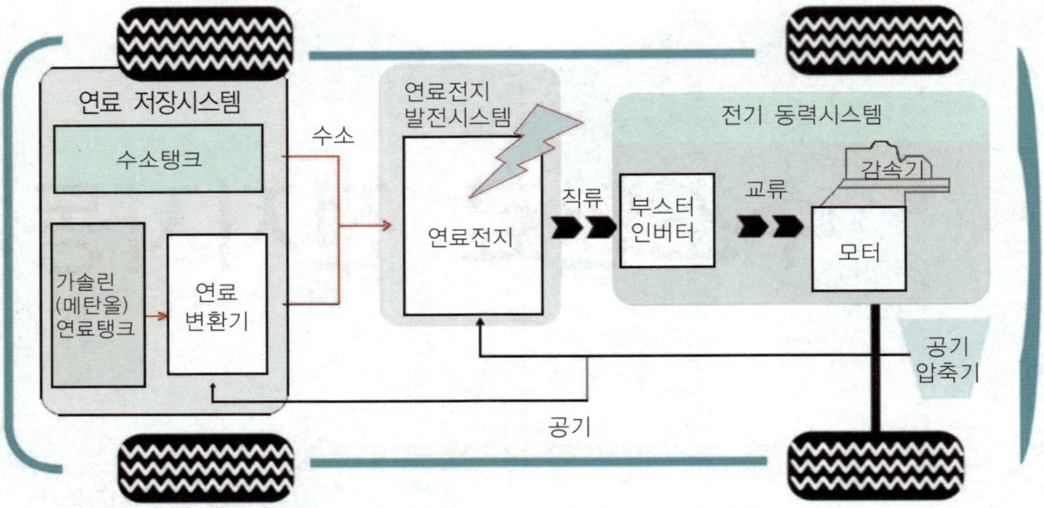

그림 1. 수소연료 전지자동차

전기자동차 등과 함께 차세대 교통수단 후보로 경쟁하고 있으며, 내연기관 차량에 비해 연료비가 싸고, 출력이 높으며, 이산화탄소 배출을 줄일 수 있고 전기자동차에 비해 충전시간, 주행거리 등에서 장점이 있다. 다만 아직까지 충전소 등 교통 인프라에서 전기자동차에 크게 밀리는 상황이다. 2020년 현재 수소차를 출시, 생산하는 회사는 현대자동차, 도요다, 클라리티, 벤츠 등이 있다. BMW에서도 출시예정이다. 수소는 이 세상에서 가장 풍부한 화학원소이며 우주를 이루는 원소의 90%가 수소이고 물의 2/3가 수소원자로 구성되어 있다.

수소는 연소하면서 다시 물을 만들어내기 때문에 고갈될 염려가 없고, 환경을 오염시키지 않으며 석유나 가스처럼 지구의 일부에 치우쳐 있지 않아 자원분쟁을 줄일 수 있다. 내연기관 엔진의 효율 30% 수준 대비 연료전지 40~60%로 효율이 높다.

표 동력원에 따른 효율 비교

구 분	Well to Tank 연료생산효율(%)	Tank to Wheel 차량효율(%)	Overall Efficiency 총괄효율(%)
가솔린 내연기관	88	18	16
디젤	89	22	20
HEV	88	30	26
EV	42	80	31
FCEV	75	48	36
FCEV(목표치)	70	60	42

그림 2. 수소연료 전지자동차의 흐름

전지는 크게 1차 전지와 2차 전지로 구분할 수 있다. 1차 전지는 충전이 불가능한 건전지가 대표적이며, 2차 전지는 리튬이온전지, 니켈수소전지 등이 있다. 연료전지는 연료를 주입하면 연속사용이 가능하기 때문에 3차 전지라고도 한다.

(a) 1차 전지 (b) 2차 전지 (c) 3차 전지 또는 연료전지

그림 3. 전지의 종류

수소와 산소를 결합시켜 전기를 생산하는 발전형 전지라고 구분되므로 전지라는 단어를 사용한다. 수소연료전지의 원리에 앞서 먼저 물의 전기분해에 대해 살펴보도록 하자. 순수한 물인 증류수는 전기가 통하지 않기 때문에 전해질을 이용하여 물을 전기분해하면 (−)극에는 수소가 발생하고 (+)극에는 산소가 발생된다. 즉, 물에서 산소와 수소를 발생시키기 위해서는 전기가 필요하며 수소가 연소되면 물이 생기게 된다. 즉, 수소에너지 자체의 개념은 수소와 산소인데 이 두 원소가 결합하면서 H_2O가 되는 반응이다.

이를 기본으로 연료전지라는 것은 수소를 주입하고 산소가 들어오게 되면 수소를 H+라는 이온으로 만들고 전자(e−)를 분리해서 음극으로 보낸다. 그리고 수소이온(H+)을 전해액 막을 통해 흘려보내면 산소를 만나기 때문에 전체적으로는 H_2O가 O_2를 만나면서 전기를 발생시키는 구조라고 보면 된다.

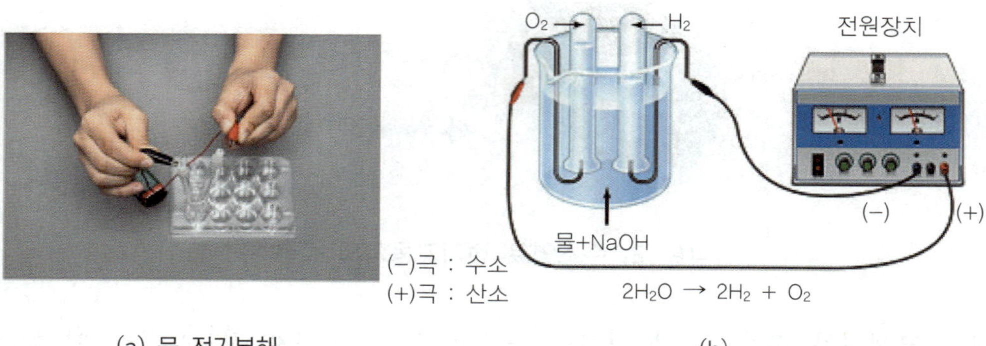

(a) 물 전기분해 (b)

그림 4. 물의 전기분해

이러한 연료전지는 하나의 단위전지가 여러 개 겹쳐진 적층구조를 이루고 있다. 전류는 단위전지 면적에 따라 전압을 저장하고 단위전지 개수에 따라 조절되기 때문에 수소연료전지는 전력을 자유자재로 결정할 수 있게 된다.

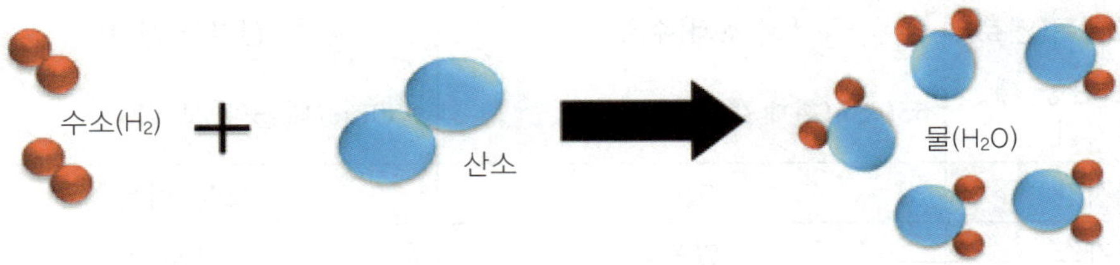

그림 5. 수소에너지의 개념

하지만 수소 연료전지자동차는 제조비용이 많이 든다는 치명적인 단점이 있다. 연료전지에 들어가는 50~70g의 백금 때문이다. 다른 부분은 기술이 발전되면 가격을 낮출 수 있지만, 연료전지의 가격은 낮추기가 쉽지 않다. 인프라 구축도 만만찮다. 충전시설 설치비용이 한 곳당 수십억 원이나 든다.

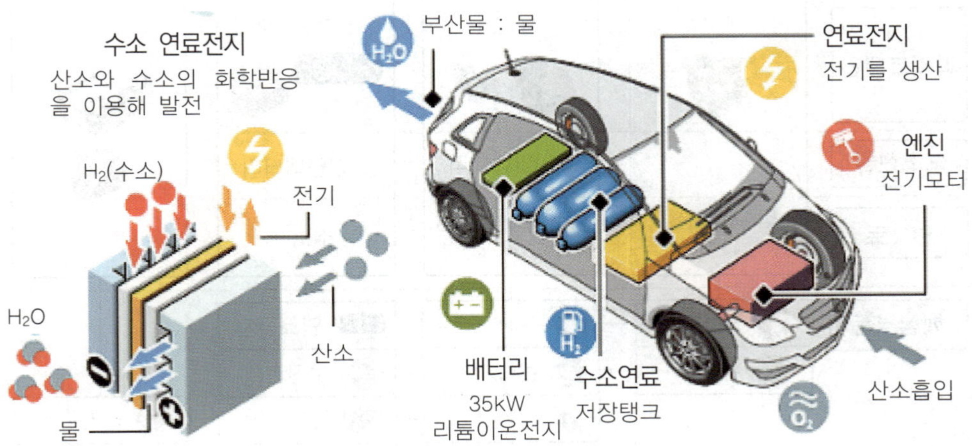

그림 6. 수소연료 전지자동차의 구조

현대차의 넥쏘의 1회 충전 주행거리는 609km로, 기존에 목표로 했던 580km를 뛰어넘을 뿐만 아니라 현재까지 글로벌 시장에 출시된 수소전기자동차 중 가장 먼 거리를 주행할 수 있다.

넥쏘의 복합연비는 96.2km/kg(17인치 타이어기준)이며, 한 번에 총 6.33kg의 수소를 충전할 수 있다.

표 수소차와 전기차의 비교

비교항목(연료)	수소차(수소)	전기차(전기)
한번 완충 때 주행거리	580km(현대차 투싼ix)	350km(테슬라 모델3)
충전시간	5분	15분 이상
배기가스	없음	없음
장점	• 대기중 미세먼지 제거 • 짧은 충전시간, 긴 주행거리	• 가격 저렴, 생산과정 단순 • 기존 전기 인프라 활용
단점	• 비싼 충전소 건설비용 및 연료 가격 • 백금 연료전지 등 부품이 비싸 높은 생산비용	• 짧은 주행거리, 긴 충전시간 • 배터리에 리튬·코발트 등 고가 소재사용

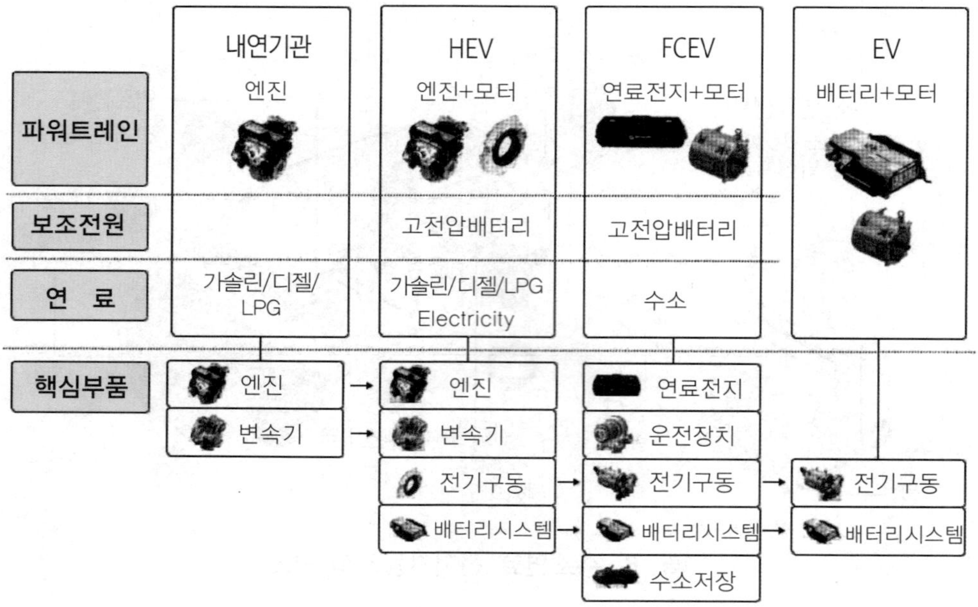

그림 7. 동력원에 따른 구성원

1.2. 수소자동차의 구분

1.2.1. 수소 연료자동차(Hydrogen Fueled Car)

수소 연료자동차는 수소를 연료로 이용하는 자동차이다. 수소를 직접 엔진에서 연소하는 자동차로서 이 차량은 지금의 휘발유나 경유 대신 수소를 연료탱크에 넣어서 차량을 움직이는 것이다. 물론 엔진의 각 부나 연료저장 및 공급장치는 수소에 적합화된 장치가 장착되어 있다. 수소가 에너지원으로서 가지는 장점은 연소하면 매우 적은 양의 질소산화물만을 발생할 뿐 다른 공해물질이 생기지 않는다는 점이다.

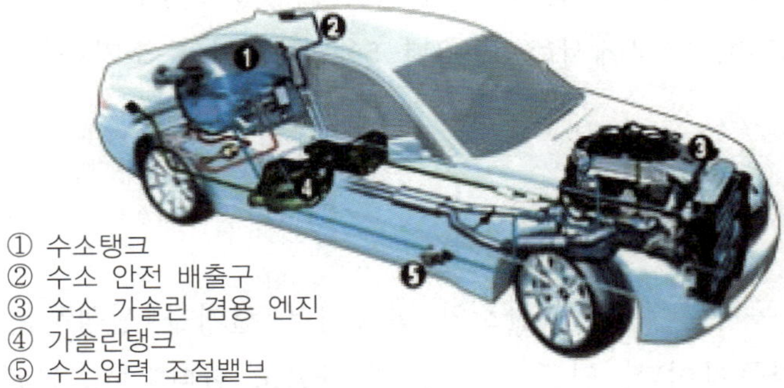

그림 8. 수소 연료자동차의 구조

또한, 수소는 지구상에 존재하는 거의 무한한 양의 물을 원료로 만들어내며, 사용 후에는 다시 물로 재순환되기 때문에 고갈될 걱정이 없는 무한 에너지원이다. 따라서 수소는 저공해자동차의 필요성이 대두되는 현대사회에서 자동차의 연료로서 환영받고 있다. 이외에도 수소는 산업용 기초 소재, 일반 연료, 수소비행기 등 넓은 범위에서 에너지원으로 사용되고 있다.

그림 9. 1924년 제작된 수소자동차 포드 모델 T

수소자동차를 실용화하는 데 가장 중요한 문제는 수소의 저장방법이다. 액체수소 저장탱크와 금속 수소화물을 이용한 수소저장탱크 등 두 가지 방법이 쓰인다. 액체수소를 이용하는 경우, 수소를 액화시키는 것이 어렵고 저장 도중에 수소가 손실될 수 있으며 저장탱크를 만드는 것 또한 쉽지 않다. 수소 저장탱크에 금속 수소화물을 이용하는 경우, 수소 저장합금이 무거운 금속이므로 이를 이용한 수소 저장탱크가 너무 무거워 어려움을 겪고 있다. 만일 현재의 연료통 정도되는 40L짜리 연료통을 부착한다면 수소 저장합금의 무게만 300kg이 넘게 된다. 따라서 이를 움직이는 데에만 엄청난 에너지가 필요하고, 다른 목적으로 저장합금을 수송하는 데에도 여간 어렵지 않다.

수소자동차는 미국・일본・독일 등의 선진국에서 오랫동안 연구되어 많은 실험차량들이 제작되고 있으며, 한국에서는 1993년 5월 최초의 수소자동차 '성균 1호'를 개발하였다.

1.2.2. 수소연료 전지자동차(Fuel Cell Vehicle)

수소연료 전지자동차는 수소를 산소와 반응시켜 전기를 생성하는 연료전지를 동력원으로 하는 전기자동차이다. 연료 전기자동차라고도 한다. 수소연료 전지자동차는 연료전지 안에서 수소와 산소가 화학반응이 일어나는 것에서 전기를 얻어 차를 움직이게 하는 것으로 연료전지가 엔진을 대체하는 것이다.

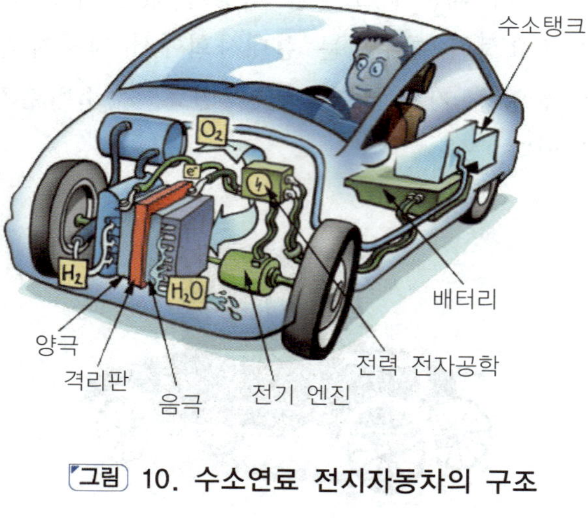

그림 10. 수소연료 전지자동차의 구조

수소전지의 양극인 니켈전극과 수소흡장(음극)전극이 일으키는 물의 전기적 분해 작용에 의해 전기가 발생되고 그 전기가 동력원이 되어 모터를 회전시켜 자동차를 움직이게 하는 것이다. 엔진이 없기 때문에 배기가스가 나오지 않는 친환경자동차이다.

1980년대 후반에 캐나다의 벤처기업인 '밸러드 파워 시스템즈'사가 연료전지를 작고 가볍게 만드는 데 성공하여 실용화 가능성이 높아졌다. 그 뒤 2002년 7월 일본의 혼다기연공업이 미국 캘리포니아주에서 세계 최초로 판매 인가를 얻어 상용화에 성공했고, 2003년에는 독일의 다임러크라이슬러가 연료전지 버스를, 2004년에는 미국의 포드자동차가 충전지 겸용 하이브리드자동차를 생산했다.

(a) BMW, 수소연료 경주차량

(b) GM 수소연료 전지자동차

(c) 현대기아 수소연료 전지자동차

(d) 현대기아 수소연료전지 버스

그림 11. 회사별 수소연료 전지자동차

1.3. 수소연료 전지자동차의 특징

1.3.1. 수소연료 전지자동차의 장점

[1] 높은 효율

연료전지는 전해질(electrolyte)의 종류에 따라 구분되고 이온 전도성에 대응하는 작동온도가 결정되는데 저온에서 작동하는 PEMFC의 경우 80℃ 정도이다. 이는 연료전지가 내연기관보다 상대적으로 저온에서 작동하는 이유를 잘 보여준다. 연료전지의 가장 큰 특징이자 장점은 높은 효율이다.

연료전지는 전기화학반응을 통해서 비교적 낮은 온도와 압력에서 화학에너지를 직접 전기로 변환한다. 따라서 화학에너지를 고온에서 역학적 에너지로 변환한 뒤 다시 전기에너지로 변환하는 발전시스템에 비해 비가역성이 적기 때문에 보다 높은 효율이 가능하다. 순수한 수소를 직접 연료전지에 사용하지 않더라도 기존 화석연료를 개질(Fuel Processing)해 생성된 수소를 연료전지로 사용할 경우 전체시스템 효율 또한 석유를 내연기관에서 사용했을 때보다 더 높을 수 있기 때문에, 비단 미래의 수소에너지 체계에서뿐만 아니라 과도기에서도 연료전지 연구는 충분한 가치가 있다. 연료전지는 현재의 내연기관을 대체하는 고효율의 친환경적인 에너지 변환기구로 여겨지고 있다.

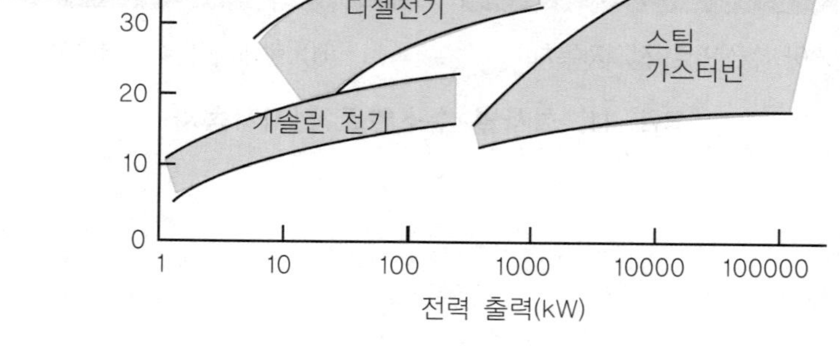

「그림」 12. 다양한 발전시스템의 전력변환 효율 비교

공해문제와 석유자원의 효율적 사용을 위해, 근본적으로는 미래의 수소에너지 체계를 대비하기 위해 연료전지를 이용해 고효율의 전기자동차를 개발하려는 국가적, 기업적 노력이 선진국을 중심으로 이루어지고 있다.

① 연료전지는 연료의 화학에너지를 전기에너지로 직접 발전하므로, 현재의 발전설비(내연기관, 증기터빈, 가스터빈)보다 일반적으로 효율이 높다.

② 현재의 발전 설비는 대형일수록 에너지 변환 효율이 높지만, 연료전지는 소형에서도 높은 효율을 얻을 수 있다.

[2] 친환경성

수소연료 전지자동차는 연료에 탄소(C)나 다른 불순물이 없고 수소와 산소가 만나 물이 생성될 뿐이므로 유해한 배기가스가 전혀 나오지 않는다.

① 연료전지는 대기 중에 유황산화물을 배출하지 않는다.

② 발전이 연소과정에 의존하지 않기 때문에 질소화합물이 거의 발생하지 않는다.

③ 대기오염물질, 수질오염물질의 방출이 거의 없다.

④ 지구온난화 물질인 이산화탄소의 배출의 저감이 가능하다.

⑤ 발전이 회전 및 왕복운동이 아닌 정지 상태에서 전기화학반응에 의해서 일어나기 때문에 저소음이다.

[3] 달리는 공기청정기

수소연료전지 스택이 효율적으로 작동하기 위해서는 미세먼지가 제거된 청정한 공기가 필요하므로 수소차는 달리는 동안 주변 공기를 빨아들여 정화한 후 수소연료전지에 사용하고 다시 배기구로 깨끗한 공기를 내보내게 된다. 공기중 먼지나 화학물질은 3단계 공기정화시스템을 통해 정화된다. 그래서 매연이 나오기는커녕 오히려 공기정화기로써의 기능도 수행할 수 있다.

현대 넥쏘의 경우 한 시간 주행 시 26.9kg의 공기를 정화할 수 있는데, 이는 성인 48.9명이 한 시간 동안 호흡하는 공기량에 해당한다. 다만 공기여과에 필요한 필터가 소모성이기 때문에 환경적으로는 장점이지만 차량 소유주 입장에서는 유지비가 늘어나는 단점이 될 수 있다. 3단계 공기정화시스템은 다음과 같다.

그림 13. 3단계 공기정화시스템

① 먼지 및 화학물질을 포집 하는 공기필터에서 초미세먼지 97% 이상이 제거한다.

② 막 가습기(가습막을 통한 건조공기 가습)의 표면에서 초미세먼지가 추가로 제거한다.

③ 연료전지 스택 내부 미세기공 구조의 탄소섬유 종이로 된 기체 확산층에서 제거한다.

[4] 저렴한 수소단가

과거에는 수소제조에 들어가는 비용이 기름값보다 비쌌지만, 현재는 천연가스 개질법이나 나프타 분해를 통해 저렴하게 수소의 대량생산이 가능해 1kg당 약 5,000원의 단가로 생산이 가능하다. 해당 기술들은 현재도 수소 대량생산에 쓰이고 있으며 일상적인 기술이다.

실제로 수소자동차들이 대량으로 늘어났을 때 어떻게 바뀔지는 알 수 없지만 일단 생산단가는 화석연료보다 훨씬 넉넉하게 확보된 상황이다. 정부에서는 『수소경제 활성화 로드맵』을 통해 수소가격 목표를 2030년 4,500원/kg, 2040년 3,000원/kg으로 발표한 바 있다.

[5] 빠른 충전

2018년 현대에서 공개한 넥쏘는 충전시간을 5분으로 예상하고 있다. 현재의 화석연료 주입시간과 거의 비슷해서 그냥 화석 연료자동차를 탔을 때처럼 연료 넣고 달리면 된다. 반면에 전기자동차는 충전시간을 짧게 하기가 어려워 최소 30분 이상의 시간이 필요하며, 이 때문에 장거리 주행 시에 불편함이 있다.

1.3.2. 수소연료 전지자동차의 단점

[1] 수소 생산시 이산화탄소 등 오염물질 배출

수소자동차는 매연이나 이산화탄소를 배출하지 않지만 수소를 생산하는 과정에서 온실가스인 이산화탄소를 대량으로 배출한다. 현재 수소를 생산할 수 있는 방법 자체는 많이 있지만 전기분해는 경제성이 낮고 대량생산과 경제성을 확보하려면 천연가스 개질법 등의 화석연료를 가공한 방법이 최선이다.

그러나 이 방법들은 필연적으로 온실가스를 배출하고 결정적으로 화석연료 의존도를 낮출 수가 없다는 문제가 있어서 대체연료를 쓰는 의미가 없어져 버린다. 또한 이산화탄소 포집 등의 각종 탄소 저감기술은 아직 대규모로 경제적으로 하기 힘들뿐더러, 수소의 생산은 민간에서 하기 때문에 탄소 저감을 안 해 버리면 그만이고 법으로 강제한다면 가격을 올려 받을 좋은 이유가 된다(다만 천연가스 개질은 80%를 넘나드는 높은 열효율을 가질 수 있으며 이를 통해 생산된 수소를 연료전지를 통해 발전에 사용하면 화력발전소에서 천연가스를 태워 전기를 생산했을 때와 비슷하거나 그 이상의 변환효율을 기대할 수 있다. 또한 이산화탄소의 발생원이 개질 공정만으로 국한되기 때문에 다른 에너지 생산방식에 비하여 추후에 이를 포집하기가 유리하다).

일부 석유 정제, 분해공정에서 부산물로 생성되는 수소를 활용하자는 의견도 있지만 그런 부생수소의 양이 절대 부족하다. 석유 정제과정에서 나오는 수소는 대부분 탈황공정이나 휘발유 개질(크래킹)의 수소첨가 등에 대부분 자가 소모되어 따로 판매할 만큼 남지 않고 판매되는 것은 대부분 나프타 분해공정의 부산물로 나오는 부생수소이다.

현재 한국에서 부생수소 연간 판매량은 26만톤 가량으로 이중 1/3 정도를 수소자동차용으로 쓴다고 해도 연간 43만대 정도의 승용차를 운행할 정도 밖에 안 되고 이는 2000만대가 넘는 차량의 2% 밖에 되지 않는다.

또한 그렇게 수소가 부산물로 나오는 산업은 애당초 수소생산이 목적이 아니기 때문에 이를 위주로 대량생산을 할 수도 없고 기존의 수요가 어디로 가는 것도 아니므로 경제성이 확보되는 것도 아니다. 결국 현재 공짜나 마찬가지인 부생수소 생산량이 부족해질 정도로 수소차가 대량 보급되면 결국 천연가스를 변환해 사용할 수밖에 없다.

[2] 수소 충전소 인프라 부족

폭발 시 안전거리 확보가 필수적이며 안전성 확보를 위한 자동화된 감시장치가 필수적이고 이 때문에 도심지와 인구 밀집지에 설치가 곤란하며 설치 및 운영비용이 상당히 높은데 충전하려는 사람은 거의 없으니 돈이 될 리가 없다. 따지고 보면 기존 LPG 충전소나 주유소와 비슷하나, 기존 전력 공급시설을 그대로 이용가능하고 전용 충전소를 짓더라도 변전시설 정도만 마련하면 되는 BEV에 비해 뚜렷한 열세이다.

또한 수소 인프라 구축이 대대적으로 이루어져야 하므로 많은 비용이 들게 되며, 특히 수소의 특성으로 인해 다른 에너지보다 충전시설의 규모당 초기비용이 훨씬 커지는 문제가 있다. 수소충전소 1군데 건설에 약 30억원이 든다고 한다. LNG 충전소는 10억 정도 든다. 충전시간도 최대 30분가량 걸린다. 전기자동차의 경우도 인프라 구축이 필요한 것은 마찬가지지만 그 난이도가 수소 에너지에 비해 엄청나게 낮으며 유지하기도 훨씬 쉽다. 전기 자체가 다루기가 쉽고 비용도 워낙 저렴하다보니 필요하면 아예 무인 충전소로 만들기도 쉽다.

[3] 충전시간의 현실

전기자동차에 비해 수소자동차의 가장 큰 장점인 빠른 충전시간이 현실 운용에서는 조금 달라질 수 있다. 충전 그 자체만으로는 5분 정도면 충분하지만 미리 탱크 압력에 맞추어 압축해서 저장해놓은 수소가 없으면 압축에 20분 정도의 추가시간이 소요될 수도 있다.

[4] 촉매제 단가

산소와 수소가 빠르게 반응하기 위해 필요한 촉매의 재료인 팔라듐, 백금, 세륨 등의 확보가 필요하며 이 때문에 연료전지의 가격이 너무 비싸다. 대략 현대모비스의 연료전지 스택이 부품 가만 3800만원 정도. 연료전지에서 촉매재료의 원가 비중은 40% 정도이다. 또 연료전지가 자동차에서 차지하는 원가비중이 50% 이상이다. 연료전지의 수명도 짧다. 이런 귀금속은 양이 많지 않기 때문에 이를 대체하기 위한 새로운 촉매의 개발이 연구되고 있다.

팔라듐, 백금, 세륨 등을 안 쓰는 연료전지도 있지만 700~800도 이상에서 동작하므로 일반적 차에서 사용하기는 어렵다(그러나 기본적으로 촉매는 반응에 직접 관여하거나 반응에 의해 소모되지 않기 때문에 사용법에 따라 필요량을 대폭 줄이는 것이

가능하다. 최근 기술개발에 힘입어 현재 연료전지에서 사용되는 백금의 양은 매우 빠른 속도로 줄어들고 있으며 실제로 혼다의 Clarity에는 오직 11g의 백금만 사용되어 촉매가 차지하는 원가 비중은 이미 비교적 무시할 수 있을만한 수준으로 줄어들었다).

[5] 안전과 수명

일반인의 우려와는 달리 수소 자체의 폭발 가능성은 그리 크지 않으므로 결정적 결점이라고 보기 어렵다. 하지만 여전히 가연성이 높은 고압가스이므로 취급과 안전에 매우 주의를 해야 하고 점검도 자주해야 하고 설비도 이에 맞게 안전성을 위해 강도와 신뢰성을 확보해야한다. 그러므로 수소자동차나 수소충전소 등은 비슷한 규모의 천연가스 차량이나 천연가스 충전소 등에 비해 원가가 높고 비용이 많이 들어갈 수밖에 없다.

또 고압의 수소는 장기간 사용하면 금속탱크나 금속파이프 등 금속을 약하게 하는 수소취성(hydrogen embrittlement)이 있기 때문에 금속이 고운가루로 부서져 수소가 새거나 폭발할 우려가 있어서 신뢰성을 확보하려면 일정기간 사용 후 파이프와 탱크 등을 교체해주거나 하므로 수명이 짧아 유지비가 많이 들어가게 된다. 토요타 미라이의 수소탱크 수명은 대략 15년으로 보고 있고 수소 주입구 옆에 특정 시기 이후로는 수소를 주입하지 말라는 경고 문구가 붙어있다. 연료전지 스택의 수명도 짧아 15~20만km 운행 10년 정도가 한계이다.

설비는 물론이고 수소 충전하는 것도 가스안전자격증을 갖추고 주기적으로 안전 교육을 받는 인력이 충전해야 하는데, 그래서 셀프 주유/충전도 가능한 내연기관차나 전기차와 큰 비용 차이가 난다.

[6] 복잡한 정비

수소차는 전기차의 특성을 그대로 가지고 있는데다 연료전지 스택 및 수소라인까지 포함된 복잡한 구조를 가지고 있어서 정비에는 추가 인프라가 필요하다. 예를 들어 수소탱크 및 파이프 관련 정비를 할 때는 탱크 내의 수소를 비워야 하는데 폭발 위험성 때문에 따로 특별히 관리가 되는 전용 외부공간에서만 허용이 되고 근처에 고층 빌딩이 있으면 아예 불허된다.

[7] 수소사용

사실 열량으로만 보면 수소 자체의 성능은 우수한 편이지만 우주에서 가장 가벼운 물질이라 부피가 너무 크다. 때문에 초고압으로 압축해서 투입해야 하는데 그래도 부피가 커서 승용차 정도에서는 공간을 아무리 넓혀도 7~8kg밖에 넣지 못하고 있으며, 이 때문에 실제로 한 번에 들고 다닐 수 있는 열량이 화석연료 자동차보다도 작아서 오히려 주행거리를 늘리는데 의외로 제약이 크고 LPG차와 마찬가지로 가스압력을 견딜 수 있는 둥근 형태의 탱크를 실어야 하기 때문에 화석연료보다 차지하는 부피가 더 크다. 이 때문에 차량 크기에 영향을 많이 받는데다, 차 설계에 제약이 많은 편이다.

물론 그렇다 하더라도 현재 수소연료 전지자동차들은 1회 충전당 주행거리가 600~800km에 달하고 이는 기존 내연기관 차량과 유사하나, 효율을 개선하여 1회 주유 당 주행거리가 1000km가 넘어가는 내연기관 자동차도 늘어나고 있기 때문에 수소차도 마찬가지로 동급의 화석연료 차량에 비해 주행거리가 길다는 장점이 있다고 보긴 어렵다. 그리고 운행용 수소야 좀 더 자주 주입하는 것으로 넘어갈 수 있는데 수소생산지로부터 충전소까지의 운송은 더 큰 문제다.

1.4. 수소가스의 제조기술

수소는 공기 중에 약 0.01%가 함유된 무색, 무취의 가연성가스로 비등점이 -252.5℃이며, 비중은 1기압 25℃에서 0.0695이고 확산속도는 1.8km/sec이다.

수소가스 제조기술은 천연가스, 석탄, 바이오매스의 분자구조에 포함되어 있는 수소를 열분해, 전기분해, 광분해 등에 의해 분리시키는 방법이 있다. 현재 상용화되고 있는 공업용 수소생산은 주로 탄화수소의 수증기 메탄 개질법이나 물 전기분해법 등으로 이루어지고 있다.

바이오매스(농작물, 농공업 잔여 유기물 등)를 분해해 수소를 얻거나 고온에서 물을 분해시킨다거나 하는 방법들이 고려되고 있으나 아직 장기적 관점에서도 전망이 밝지 않은 상황이다.

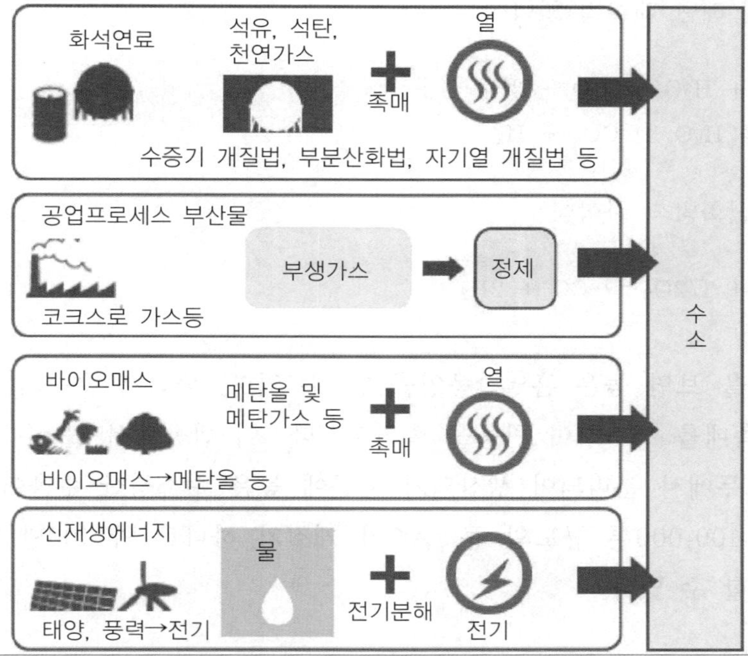

「그림」 14. 수소가스의 제조방법

1.4.1. 화석연료 열분해

화석연료를 열분해하여 수소가스를 제조하는 방법은 크게 천연가스 개질법과 석탄 가스화로 구분할 수 있다.

[1] 천연가스 개질법

세계적으로 거의 절반의 수소생산은 천연가스가 원료이며, 미국의 경우 95%의 수소는 수증기 메탄 개질법으로 생산하고 있다. 반면 우리나라에서는 대부분의 수소생산은 나프타를 열분해하여 얻고 있다. 우리나라는 전국 천연가스 공급 배관망의 인프라구축이 잘 이루어진 실정이며 천연가스 소비국으로 앞으로 공급이 더욱 증대될 것이다.

천연가스 개질법은 다시 수증기(스팀) 메탄 개질법과 부분산화 방식으로 구분된다. 수증기(스팀) 개질법은 수소생산에서 가장 저렴한 방법이며, 세계 총 수소생산의 거의 절반을 이 방법으로 제조하고 있다. 이는 천연가스의 주성분인 메탄(CH_4), 프로판(C_3H_8) 등을 촉매를 통해 고온(700~1,000도), 고압(3~25bar)의 수증기와 반응해 수소를 제조하는 기술이다.

• 수증기 메탄 개질법 화학식

$$CH_4 + H_2O \rightarrow CO + 3H_2$$
$$CO + H_2O \rightarrow CO_2 + H_2$$

• 부분 산화방식 화학식

$$CH_4 + 1/2O_2 \rightarrow CO + 2H_2$$

식들의 반응을 보면 높은 흡열반응임을 알 수 있다. 따라서 수증기 개질에서는 높은 온도에서 촉매를 첨가하여 반응을 촉진시킨다. 이 반응에서 볼 수 있듯이 수소는 메탄 과 물 모두에서 분리되어 생산되기 때문에 높은 수소생산 수율이 가능하다. 연간 수소 생산 100,000톤 규모의 큰 수증기 개질기 하나로 약 100만 대의 연료전지 자동차에 공급할 수 있다.

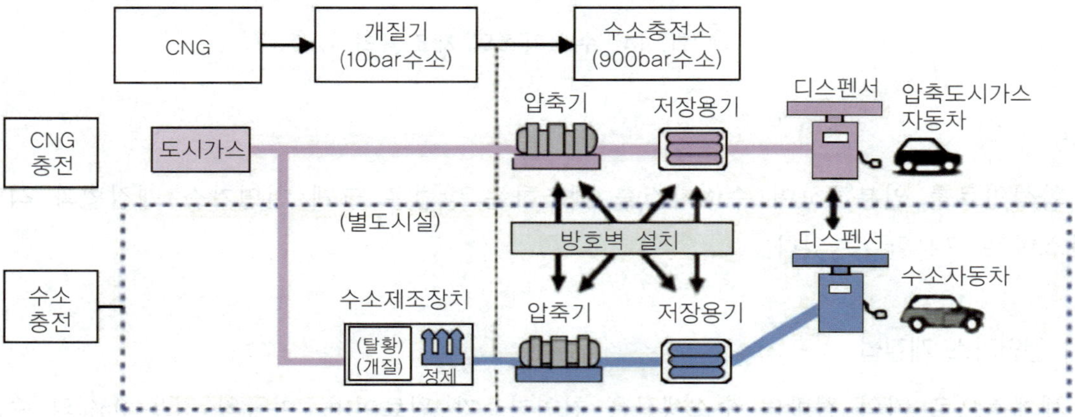

그림 15. 개질식 수소충전소의 구성도

현재는 다양한 수소/탄소 비를 갖는 원료를 처리할 수 있는 수증기 개질공정이 전 세계적으로 약 400여기가 보급되어 있다. 다만, 온실가스 발생량을 가솔린 자동차와 비교하면 60% 정도로 가솔린보다는 적지만 상당량의 CO_2가 발생한다. 또한 설비 자본 및 운영비 저감, 효율성 증진을 위해 공정개선 및 시스템 디자인개발, 촉매개발 등이 필요하다.

부분 산화기술은 탄화수소가 산화되는데 필요한 산소 양을 제한하여 반응시킴으로서 수소를 생산해내는 방법이다. 천연가스와 적은 양의 산소와의 반응으로 이루어지며, 수소와 일산화탄소가 주요 산물이다. 메탄의 부분 산화반응은 산소가 소요될 때까지의 메탄가스의 빠른 연소와 이에 뒤따르는 수소와 일산화탄소가 생성되는 비교적 느린 반응으로 이루어진다.

이 반응은 특정한 환경에서는 스스로 유지되고, 최소의 에너지 비용으로 높은 수준의 변환을 일으킬 수 있는 장점이 있다. 그러나 반응온도에 따라 차이는 있으나, 수소와 CO 외에 CO_2, C, H_2O 등이 1,200℃까지 소량으로 나온다. 공기를 산소 원으로 사용할 때는 NOx가 배출되는 단점도 있다.

표 천연가스 개질에 의한 수소 제조방법의 비교

수소 제조방법	CH_4 및 첨가물	반응온도 (℃)	수율(%)	발생가스	특 징	비 고
스팀개질법	CH_4/H_2O	800~900	75	수소, CO_2, CO	공정이 복잡	가장 많이 상용중임
부분산화법	CH_4/O_2 (공기)	1100~1200	–	CO, CO_2, soot, H_2O, NOx	공해 발생	에너지효율 높음

[2] 석탄가스화 방식

석탄가스화 방식은 산소, 수증기와 함께 석탄에 열을 가하여 일산화탄소, 이산화탄소, 수소가 혼합된 가스를 생성시키고 이중에서 수소를 막(membrane)을 통해 분리하거나, 흡착기를 통해 포집하는 방법이다. 이는 대규모 집중식 수소제조에 가장 적합한 기술로서 제조과정에서 이산화탄소를 분리 포집할 수 있어 탄소저감에 유리하고, 설계에 따라 전력생산도 가능하다. 하지만 이산화탄소를 포집할 탄소 포집기술과, 이를 저장 및 처리할 기술이 뒷받침되지 않으면 이를 다시 배출시켜야 하므로, 관련 기술 연구가 시급하다.

- 석탄가스화 기술 화학식

$$CH_{0.8} + H_2O + O_2 \rightarrow CO_2 + CO + 3H_2$$

1.4.2. 물 전기분해

물 전기분해를 통한 수소가스 제조 기술은 다시 Alkaline(알카라인), PEM(전해법), Solid oxide(고체산화물) electrolysis로 구분할 수 있다.

[1] Alkaline(알카라인)

Alkaline electrolysis는 KOH(수산화칼륨)나 NaOH(수산화나트륨)이 녹아 있는 알칼리 수용액에서 음극(cathode)에서 생성된 수산화이온(OH^-)이 분리막을 통과해서 양극(Anode)으로 이동해 수소를 생산하는 방식이다. 이는 생산효율이 높고 수명도 상당히 길어 일부 이미 상업화하여 생산하고 있는 방식이다.

그러나 막이 불완전하여 수산화이온이 양극으로 이동하기도 전에 반응해 버리는 문제를 해결하지 못하고 있다. 또한 액체 전해질을 이용하기 때문에 전기저항이 높아 전력손실이 생긴다. 또한 생산가능 수소압력이 30bar 정도로 한정되며 2.4V에서 0.2~0.45A/cm^2 정도의 전류만 줄 수 있다.

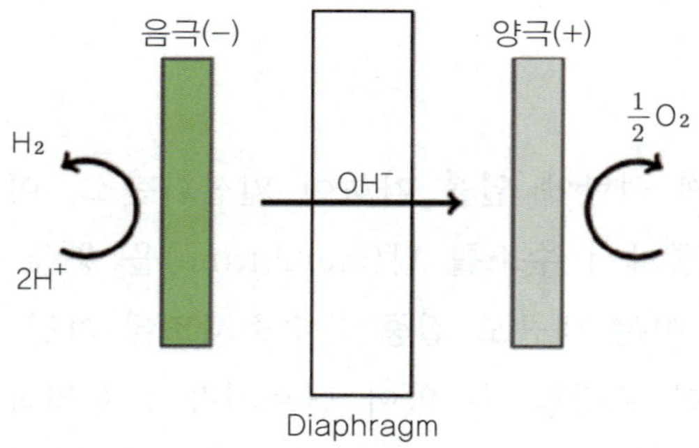

음극 : $2H_2O^+ + 2e^- \rightarrow H_2 + 2OH^-$

양극 : $2OH^- \rightarrow \frac{1}{2}O_2 + H_2O + 2e^-$

합계 : $H_2O \rightarrow \frac{1}{2}O_2 + H_2$

그림 16. Alkaline electrolysis의 원리 및 화학식

[2] PEM(전해법)

PEM(Polymer electrolyte membrane)이란 친환경적으로 수소를 생산하는 대표적인 방법으로 남는 전기로 물을 분해해 얻는 수전해에 사용되는 촉매를 의미한다. 따라서 PEM electrolysis 기술은 고분자 전해질막을 이용하여 얇은 구조의 전해질층 형성이 가능해서 수소이온의 전도도를 개선한 것이다. 생산가능 수소압력은 200bar 정도이며, Alkaline electrolysis보다 장치 크기가 10배 정도 줄어들 수 있다.

하지만 막의 두께를 조절하지 못했을 때 오히려 수소이온 전도도가 낮아지고 높은 압력 조건에서 잘 작동하지 못하기 때문에 이를 견딜 수 있는 재료를 사용하게 되면

비용이 상승하게 되고 Alkaline electrolysis보다 셀 전압이 낮다.

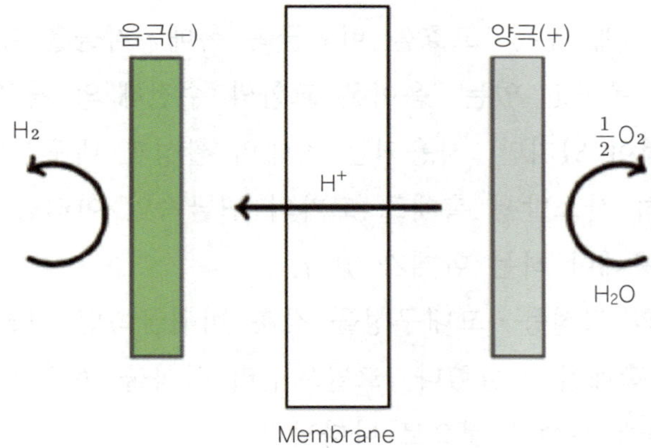

음극 : $2H^+ + 2e^- \rightarrow H_2$

양극 : $H_2O \rightarrow \frac{1}{2}O_2 + H^+ + 2e^-$

합계 : $H_2O \rightarrow \frac{1}{2}O_2 + H_2$

그림 17. PEM electrolysis의 원리 및 화학식

[3] Solid oxide(고체산화물)

Solid oxide electrolysis기술은 아직 개발단계에 있다. 이는 고온의 수증기를 음극에 주입해 수소와 산소이온으로 분해시키고, 이중 산소이온은 고체산화물(solid oxide)을 통과해 산소가 생성되는데, 이때 음극에서 발생한 수소를 정제하는 방식이다. 생산효율이 높고, 높은 압력에도 잘 작동하며, 귀금속이 없어도 되는 시스템이라는 장점이 있지만 고체산화물의 내구성, 생산단가 측면에서 아직 시장성이 없다.

하지만 물을 전기분해하는 시스템 중에서는 장기적으로 전망이 밝은 편이다. 현재, 물질이동을 막기 위한 연구와 열에 안정적인 세라믹소재를 만드는 연구가 진행 중이다.

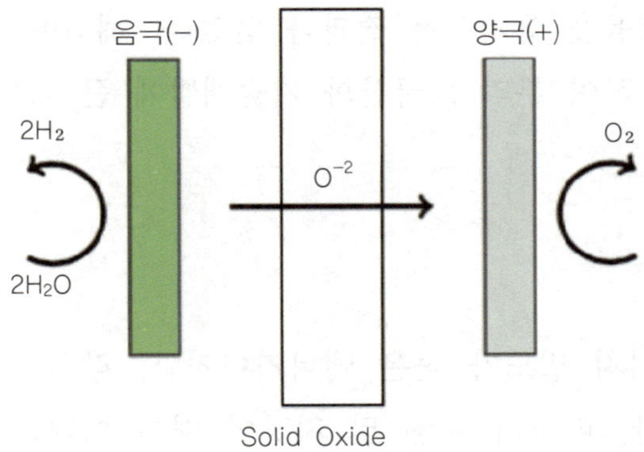

음극 : $H_2O + 2e^- \rightarrow H_2 + O^{2-}$

양극 : $O^2 \rightarrow \frac{1}{2}O_2 + 2e^-$

합계 : $H_2O \rightarrow \frac{1}{2}O_2 + H_2$

그림 18. Solid oxide electrolysis의 원리 및 화학식

[4] 개발현황

2019년도에 한국기계연구원 부설 재료연구소 표면기술연구본부 연구팀은 기존 귀금속 촉매보다 저렴하면서도 활성은 1.5배 높은 "고효율 비귀금속 촉매" 기술을 개발했다. 수전해 시스템 중에서도 가장 주목받고 있는 "음이온 교환막 수전해"의 경우, 저가의 비귀금속 촉매를 사용하는 장점이 있지만, 사용되는 촉매의 활성과 내구성이 낮다는 단점이 있다. 이 때문에 여전히 산소발생 촉매로 고가의 귀금속인 이리듐 산화물 또는 수소발생 촉매로 백금을 사용해야 하는 한계가 있다.

이런 문제를 해결하기 위해 저가의 고성능·고내구성을 갖춘 비귀금속인 코발트구리(CuCo) 산화물로 2차원 나노구조 촉매를 개발했다. 코발트구리 산화물 촉매의 활성은 기존 이리듐 산화물 촉매보다 1.5배 우수한 것으로 나타났다.

이와 함께 연구진은 촉매를 만들 때 수전해 시스템 전극 위에 증착되도록 합성공정을 단순화했다. 이를 통해 촉매층과 전극 기판의 접착성을 높여 전도성을 향상시키고, 기존 공정에 사용되는 접착제를 사용하지 않게 돼 높은 활성과 내구성을 확보했다.

2020년에 한국에너지 기술연구원은 수소·산소 섞임을 획기적으로 낮춰 수전해의 효율과 안정성을 확보한 분리막 개발에 성공했다고 밝혔다. 분리막은 수전해에서 생성된 수소와 산소가 섞이지 않게 하는 역할을 한다. 그러나 분리막의 세공사이로 수소와 산소가 만나 섞이는 위험성이 있어 폭발 위험과 가동률에 대한 한계를 지적받아왔다.

이를 극복하기 위해 연구진은 분리막의 세공 크기를 줄이면서도 전압효율은 유지하는 분리막을 개발했다. 일반적으로 분리막의 세공크기를 줄이면 저항이 증가해 전압효율이 하락하는데 연구진은 친수성 성분의 지르코니아입자를 분리막에 균질하게 분포하도록 합성하는 데 성공해 전압효율을 유지하는 결과를 얻었다. 해외에서 전량 수입하고 있는 분리막의 국산화가 가능하여 분리막 국산화 기술개발에 큰 기여를 할 것으로 기대된다.

1.5. 수소운송 및 저장기술

수소는 같은 무게에서는 가장 에너지 밀도가 높은 에너지이지만, 같은 부피에서는 가장 에너지 밀도가 낮은 에너지이다. 따라서 운송 및 저장이 매우 어려운 에너지라고 할 수 있다.

특히, 운송비용은 수소 에너지 가격의 30~40%를 차지할 정도로 크며, 이는 수소단가가 높게 유지되고 있는 원인 중 하나이다. 결국 운송 및 저장 효율을 높이려면 수소의 부피를 줄여야 한다. 이를 위해 압축 또는 냉각이 필요하기 때문에, 고압 압축이나 초 저온냉동을 할 수 있는 추가시설과 특수 운송수단이 필요하다. 따라서 기존의 수소저장 및 운송방식은 압축방식으로 수소를 압축시켜 파이프라인이나 튜브트레일러를 이용해 운반해왔다.

표 수소 운송방법에 따른 용량

수소운송방법	H_2(kg)
튜브 트레일러 용량범위	106~295
일반적인 튜브트레일러 용량	165
액화수소 탱크로리 용량 범위	2,363~4,253
일반적인 액화수소 탱크로리 용량	2,836

표 수소 운송방법에 따른 비용

($/kg)	액화수소	파이프라인	튜브 트레일러
생산비용	2.21	1.00	1.30
이송비용	0.18	2.94	2.09
총 비용	3.66	5.00	4.39

그러나 앞서 언급했듯이 압축에 필요한 여러 에너지 비용들이 추가되는 단점이 있다. 이에 최근 관심 받고 있는 액화수소 기술을 더 개발하여 운송비를 절감하는 것이 수소단가를 낮추는데 관건이다. 따라서 생산단가가 매우 저렴한 부생 수소가 전체 판매량의 절반을 차지하는 국내 환경에서 운송비를 절감하기 위해서는 부생 수소가 발생하는 산지, 수소 제조시설, 최종 소비지를 유기적으로 배치하여 운송거리를 줄이고 저장량을 최소화하는 시스템을 구축해야 한다.

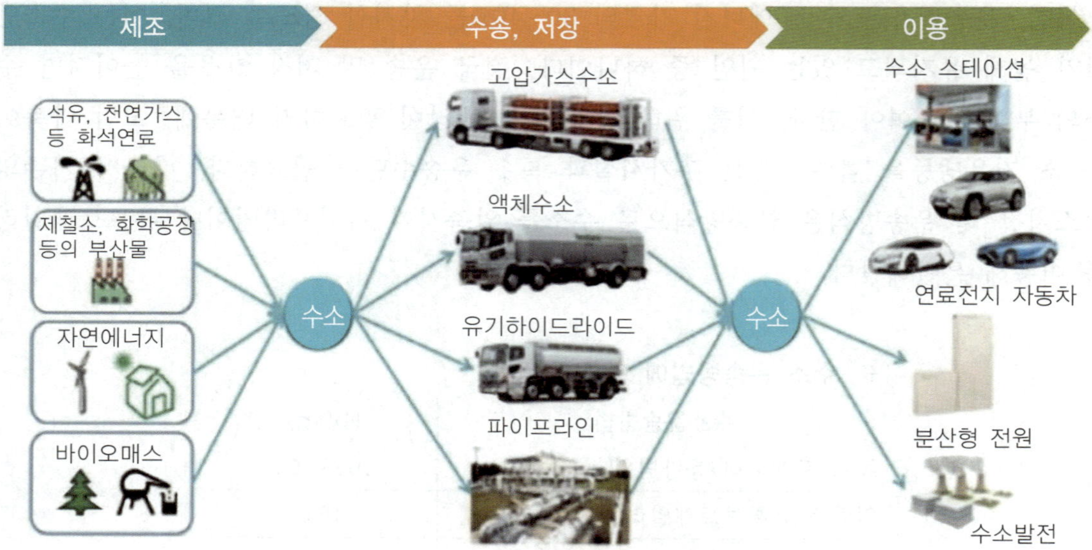

그림 19. 수소의 수송·저장방법

표 수소저장 및 운송방식

형 태		특 징
기존	압축방식	- 가장 일반적인 운송방식으로 파이프라인이나 트레일러로 수송 - 압축에 필요한 높은 에너지 비용이 단점
최근	액화수소방식	- 수소를 -253도씨로 액화, 체적은 1/800로 감소 - 육상 및 해상(선박) 운송방식으로 활용 - 압축방식 대비 12배 정도의 수송 효율 - 액화효율향상과 보일오프가스 저감이 향후 과제
	P2G(메탄화) 방식	- 수소의 대량 주입 및 운송가능 - CO_2의 재활용을 통한 배출량 삭감 효과 - 기존가스 인프라 활용 - 메탄화에 필요한 에너지 손실이 단점
	유기 하이드라이드 (MCH)방식	- 톨루엔을 수소와 반응, 메틸시클로헥산의 형태로 저장 및 수송 - 사용 장소에서 탈수소 반응을 통해 수소를 추출 - 압축방식 대비 8배 정도의 운송 효율 - 상온, 상압에서의 운송가능 및 취급용이 - 소형 탈수소장치의 실용화 필요

1.6. 우리나라 수소가스의 생산현황

현재 공정에서 남는 수소를 부생수소라고 칭하고 있다. 그러나 이는 성격에 따라 두 종류로 구분하여 살펴보아야 한다. 첫째, 잉여수소로 수소를 사용하는 공정에서 필요한 양을 모두 사용하고 남는 수소를 의미한다. 둘째, 부생수소로, 공정에서의 수소 사용여부와 상관없이 공정의 특성상 발생하는 수소를 뜻한다. 잉여수소는 주로 정유 산업에서 발생한다.

정유공장에서는 납사를 방향족 화합물로 전환하는 납사 개질공정에서 막대한 양의 수소가 생산되지만 그만한 양의 수소가 수소첨가 탈황공정과 수소첨가 분해공정에서 소모돼, 수소를 외부에 공급할 여력이 부족하다. 따라서 정유 공장에서는 부족한 수소를 공급하기 위해 별도로 납사 수증기 개질공정을 가동하거나 외부에서 수소를 공급받기도 한다. 따라서 잉여수소의 경우에는 대부분 공정으로 사용되기 때문에 실제 에너지원으로서의 수소 확보는 부생수소 활용으로 보면 된다.

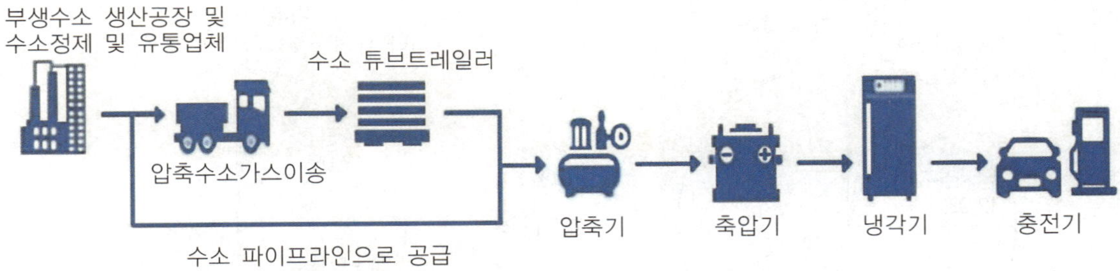

그림 20. 부생수소 공급방식

국내 수소 총생산량은 연간 190만톤 정도이며, 이중 판매되는 수소의 양은 약 14%에 해당하는 연간 26만톤 정도이다. 국내에서 생산되는 수소의 75%는 정유공장에서 발생한다. 이는 앞서 언급했듯이 잉여수소에 해당하는 수소이기 때문에 부생수소 관점에서는 큰 영향을 미치지 못한다. 다음으로 많이 생산되는 곳은 납사분해 공정으로 약 13% 정도이다. 가스회사에서는 부생수소 거래뿐 만 아니라 직접 수소를 제조하여 공급하는데, 그 양이 약 6.4%에 해당한다. 그리고 이렇게 직접 제조된 수소는 전체 판매량의 47.4%를 차지한다.

전체 생산량 중 2.8%를 차지하는 클로르-알칼리 공정(CA공정, 염소와 가성소다를 생산하는 공정)에서 나온 수소는 고 순도여서 가치가 높고, 공정에 다시 이용되는 수소가 거의 없기 때문에 판매량에서도 12%로 상당히 높은 비율을 차지하고 있다. 이렇게 국내 수소 생산량과 판매량은 서로 괴리가 크며 전체 판매량 중 47.4%가 직접 제조된 수소이고, 납사 분해공정, CA 공정과 기타 다른 유화공정에서 나온 이른바 부생수소가 전체 판매량의 51.4%를 차지하고 있다고 보면 된다.

부생수소의 판매가격은 보통 200~600만원/톤이다. 이러한 가격의 차이는 일차적으로 운송비에 있다. 파이프라인을 통해 부생수소를 판매할 경우에는 톤당 200만원이며, 튜브트레일러와 같이 차량으로 공급할 경우에는 톤당 600만원으로 단가가 올라가게 된다.

현재 국내의 수소운송은 파이프라인 운송이 88%, 튜브 트레일러 운송이 12%의 비중을 차지하고 있다. 국내의 울산, 여수, 대산, 반월·시화공업단지 등에 설치된 수소배관의 총길이는 약 200km 정도이며, 튜브 트레일러는 약 500대 정도가 운용되고 있다. 국내에서 거래되는 부생수소는 연간 10만톤 가량으로 연간 40~50만대의 수소차를 운행할 수 있는 규모이다.

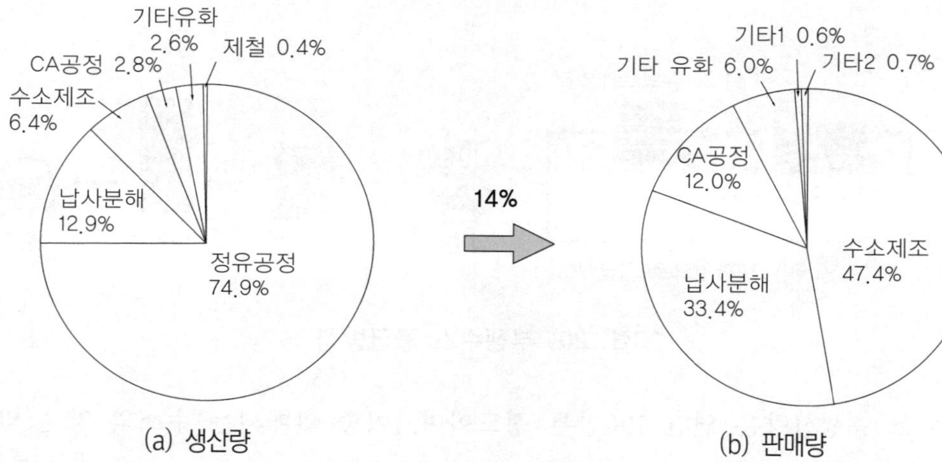

「그림」 21. 국내 수소 생산량 및 판매량

2025년까지 수소차 10만대 보급을 목표로 하고 있는 정부 목표를 기준으로 볼 때, 초기 수소차 산업형성에는 이미 충분한 양의 부생수소가 생산되고 있음을 알 수 있다. 다만, 새로이 부상하는 수소차 산업을 뒷받침하기 위해서는 수소를 시장에 추가로 공급하여야 한다.

부생수소의 활용을 위해서 운송은 중요한 문제이다. 따라서 먼저 이용할 수 있는 부생수소의 발생처와 정확한 양, 그리고 부생수소를 공급하여야 할 곳이 정의되어야 한다.

그 다음 수소충전소에서 부생수소 활용을 촉진하기 위해서는 운송비의 저감이 필요하다. 현재의 튜브트레일러 운송방식은 180기압으로 충전된 Type 1 용기를 사용하고 있는데, 이를 500기압으로 충전된 Type 3 또는 Type 4 용기로 대체하면 운송비를 1/3로 저감할 수 있다. 이를 위해서는 관련 법규의 개정 및 기술의 개발이 필요하다. 장기적으로는 지역적 특성을 고려하여 수소 파이프라인 설치의 경제성도 검토되어야 할 것이다.

산업통상자원부는 2019년 “수소 생산기지 구축사업” 지원 대상으로 강원 삼척, 경남 창원, 서울 강서 3개 지역을 최종 선정했다고 밝혔다. 정부가 발표한 “수소경제 활성화 로드맵” 중 분산형 수소 생산기지 구축사업의 일환으로서 LPG·CNG 충전소 또는 버스 차고지 등 수소 수요지 인근에서 LNG 추출을 통해 수소를 생산해 수소버스 충전소에 우선적으로 공급하고 잔여 량은 인근 수소충전소에 공급하기 위한 사업이다.

생산 기지당 하루 약 1,000~1,300kg을 생산해 약 30~40대 버스에 공급할 예정이며, 수소 판매가격은 울산, 대산 등 부생수소 지역 공급가격에 맞춰 결정할 예정이다. 산업부는 생산기지가 완공되면 수소 수요 인근지에서 직접 수소생산 및 공급이 가능해져 운송비가 절감되고 최종 소비자에게 보다 저렴하게 수소공급이 가능할 것으로 기대하고 있다. 앞으로 정부는 이러한 생산기지를 수소충전소(2022년까지 310기 예정)와 연계해 구축함으로서 수소 수요에 맞게 차질 없이 공급되도록 노력하겠다고 밝혔다.

2 연료전지의 개요

원래 연료전지는 우주선에 동력을 공급하기 위해 개발됐다. 수소와 산소는 로켓의 연료와 산화제로, 연료전지에서 생기는 물은 승무원의 음료수로 고안된 것이다.

연료전지란 무엇인가? 화학에너지가 전기에너지로 직접 변환되어 전기를 생산하는 능력을 갖는 전지(Cell)이다. 종래의 전지와는 달리 외부에서 연료와 공기를 공급하여 연속적으로 전기를 생산한다. 간단하게 말하면, 연료전지는 연료를 전지에 투입하면 전기나 열, 물을 생산하는 전지이다.

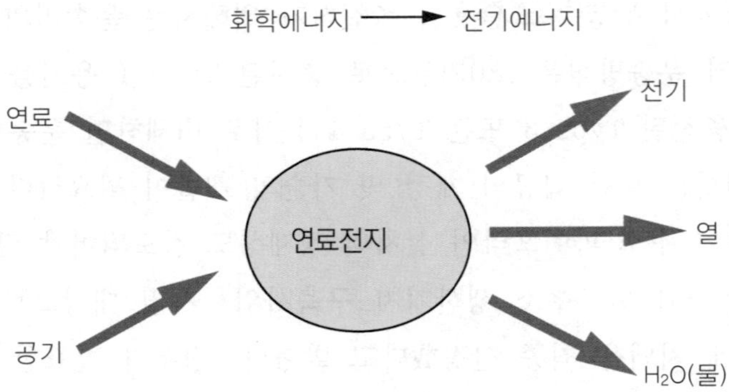

「그림」 22. 연료전지의 반응작용

연료전지는 우리의 생활을 크게 바꾼다. 그 미래의 모습은 이렇다. 휴대전화나 노트북 컴퓨터의 배터리가 연료전지로 바뀐다. 생활에 필요한 모든 전력을 한 집에 1대씩 놓인 연료전지가 공급한다. 모든 자동차가 연료전지를 싣고 가격이 폭등하는 화석연료가 아닌 자연 에너지를 이용해 만들어지는 저가의 수소로 달린다. 세상의 모든 원동기와 전원이 연료전지로 바뀔지도 모른다.

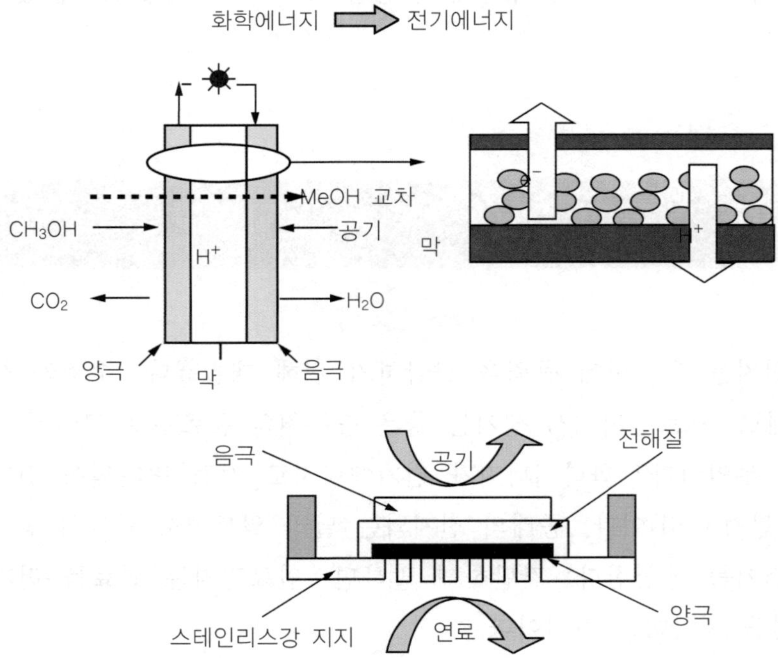

「그림」 23. 연료전지의 반응작용

연료전지는 환경 친화적이라는 장점이외에도 고효율이라는 장점을 자랑한다. 그렇다면 연료전지의 효율은 기존의 화력발전에 비해 얼마나 높을까. 예를 들면 25℃에서 수소-산소 연료전지로 수소 2g(1몰)와 산소 16g(1/2몰)를 반응시키면 18g(1몰)의 물이 생기면서 이상적으로는 1.229V의 전압이 발생한다. 이것은 약 56.9kcal의 열량에 해당하는데, 수소-산소의 원래 반응열은 68.6kcal이므로 연료전지를 통하면서 56.9kcal은 전기에너지로 나머지 11.7kcal은 폐열로 방출되는 셈이다. 따라서 전기에너지로 활용될 수 있는 효율은 이상적으로는 약 89%나 된다.

그러나 실제로 연료전지에서 전류가 흐르기 시작하면 연료가 공급되는 속도만큼 전기화학반응이 빠르지 않고 구성요소간의 저항이 있을 뿐 아니라 전극에서 연료나 산소의 농도차이가 생기는 등 여러 요인에 의해 얻을 수 있는 전압이 이상적인 값보다는 낮다. 그래서 현 수준에서 실제효율이 40~60% 정도다. 그러나 이 효율도 화력발전(40~50%)이나 내연기관의 효율(18~22%)보다는 높은 값이다. 결국 연료전지는 기존의 화력발전보다 효율이 높고 질소화합물, 황화합물, 매연 등을 배출하지 않는다.

2.1. 전기의 발생원리

연료전지의 원리를 따져 보기 전에 전기의 발생원리부터 생각해보자.

생활에 필요한 전기는 어떻게 얻어지는 것일까. 현재 대부분의 전기는 석탄, 석유, 천연가스 등의 화석연료를 연소시켜 발전하는 화력발전 방식으로 얻어진다. 이러한 화력발전은 연료의 화학에너지가 열에너지에서 기계적 에너지로, 여기에서 다시 전기에너지로 변화하는 3단계의 과정을 거쳐 전기를 발생시키는 발전방식이다. 즉 연료의 화학에너지를 연소를 통해 열로 변화시키고, 이를 다시 기계적 터빈 회전력을 통해 전기에너지를 발생시키는 변환과정인 것이다.

하지만 연료전지는 중간과정 없이 화학에너지에서 바로 전기에너지로 직접 변환된다.

수소와 산소를 반응시키면 연소반응에 의해 열이 발생하면서 물이 되는데 이때 수소와 산소를 직접 반응시키는 대신 연료전지를 통해 전기화학반응이 일어나게 하면 물과 열 이외에도 전기를 발생시킬 수 있다. 즉 연료전지란 수소 등의 연료가 갖고 있는 화학에너지로부터 전기에너지를 연속적으로 직접 발생시키는 발전장치이다.

연료를 계속 공급하는 한 전기를 계속 발생시킬 수 있기 때문에 일회용인 건전지, 사용 후 재충전이 필요한 2차 전지와는 달리 연속적인 발전기 또는 에너지 변환기의 역할을 수행한다.

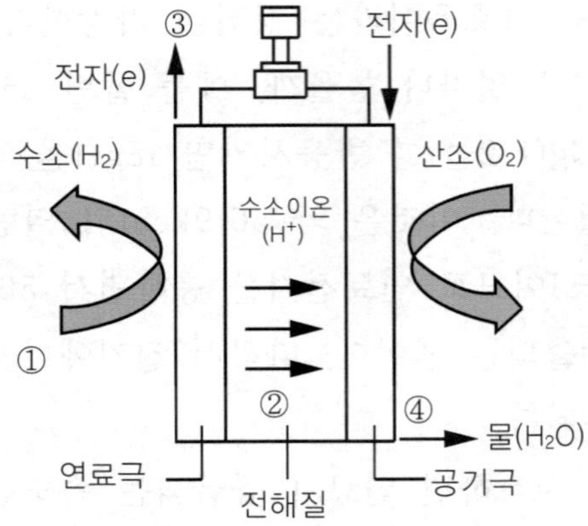

① 연료극에서 수소가 수소이온과 전자로 분해
② 수소이온은 전해질을 거쳐 공기극으로 이동
③ 전지는 외부회로를 거쳐 전류를 발생
④ 공기극에서 수소이온과 전자, 산소가 결합해 물이 된다.

그림 24. 연료전지의 전기발생원리

연료전지는 공기극과 연료극의 전극, 두 극사이에 위치하는 전해질로 구성되어 있다. 연료전지의 구성요소 중 전극은 전기화학반응을 진행시킬 수 있는 일종의 촉매역할을 하고, 전해질은 생성된 이온을 상대 극으로 전달시켜주는 매개체 역할을 한다. 연료 극에는 수소, 공기 극에는 공기(또는 산소)가 공급되어 각 전극에서 전기화학반응이 진행된다.

이렇게 구성된 연료전지 한 쌍을 단전지(Single Cell)이라 하며 연료극과 공기극간의 전압은 약 1V 내외가 된다. 이러한 단전지를 직렬로 연결하면 원하는 만큼의 전압을 얻을 수 있다.

2.2. 연료전지의 화학반응

연료전지(Fuel Cell)는 수소와 산소의 화학반응으로 생기는 화학에너지를 직접 전기에너지로 변환시키는 기술을 이용한 전지이다. 즉 연료와 산화제를 전기화학적으로 반응시켜 전기에너지를 발생시키는 장치이다. 이 반응은 전해질 내에서 이루어지며 일반적으로 전해질이 남아있는 한 지속적으로 발전이 가능하다.

$H_2 + 1/2O_2 = H_2O$ + 전기

음극(cathode) : $H_2 \rightarrow 2H^+ + 2e^-$

양극(anode) : $1/2O_2 + 2H^+ + 2e^- \rightarrow H_2O$

전체(overall) : $H_2 + 1/2O_2 \rightarrow H_2O$ + 전류 + 열

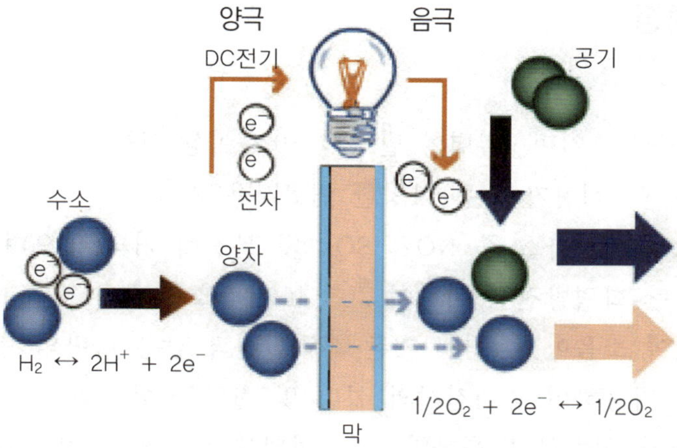

그림 25. 연료전지의 원리

연료전지는 "전지"라는 말이 붙어있기는 하지만 일반적인 전지와는 다르다. 전지는 닫힌계에 화학적으로 전기에너지를 저장하는 반면, 연료전지는 연료를 소모하여 전력을 생산한다. 또한 전지의 전극은 반응을 하여 충전·방전상태에 따라 바뀌지만, 연료전지의 전극은 촉매작용을 하므로 상대적으로 안정하다. 생성물이 전기와 순수인 발전효율 30~40%, 열효율 40% 이상으로 총 70~80%의 효율을 갖는 신기술이라고 할 수 있다.

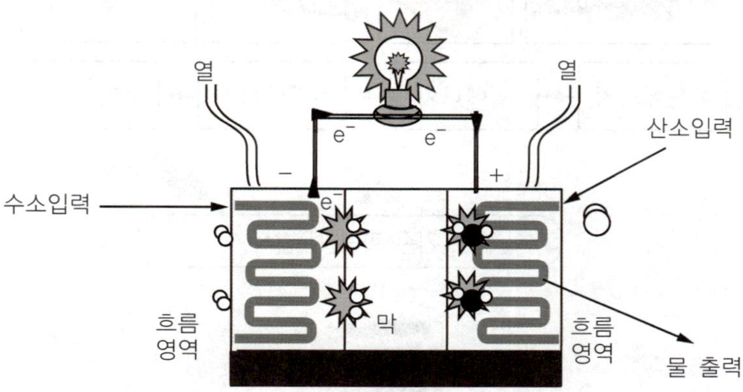

그림 26. 연료전지의 전기발생원리

2.3. 연료전지의 특징

[1] 연료전지의 장점

① 발전효율이 40~60%이며, 열병합 발전시 80% 이상 가능

② 천연가스, 메탄올, 석탄가스 등 다양한 연료사용 가능

③ 환경공해 감소 : 배기가스 중 NOx, SOx 및 분진이 거의 없으며, CO_2 발생량에 있어서도 미분탄 화력발전에 비하여 20~40% 감소

④ 회전부위가 없어 소음이 없으며, 기존 화력발전과 같은 다량의 냉각수 불필요

⑤ 도심부근 설치 가능하여 송배전시의 설비 및 전력 손실적음

⑥ 부하변동에 따라 신속히 반응하며, 설치형태에 따라서 현지 설치용, 분산 배치형, 중앙 집중형 등의 다양한 용도 사용가능

[2] 연료전지의 단점

① 초기 설치비용이 고가

② 수소공급, 저장 등 인프라 구축 어려움

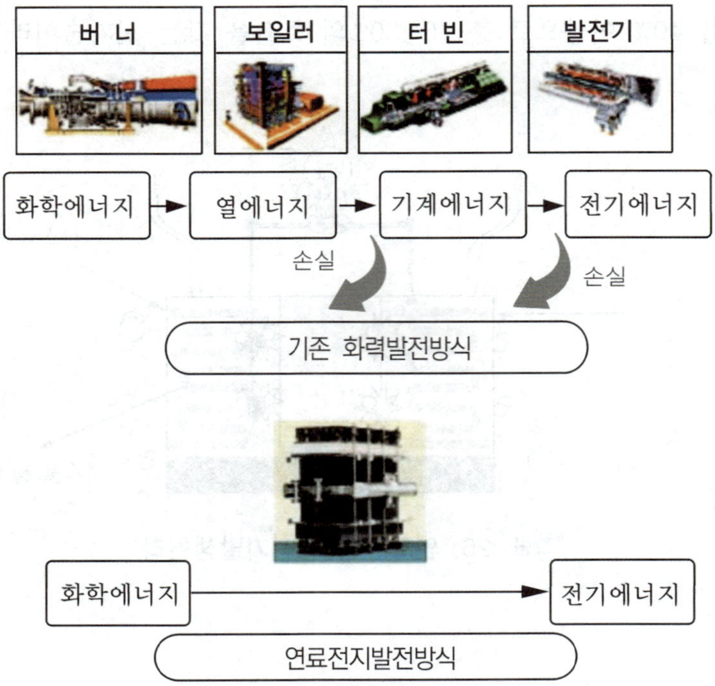

그림 27. 화력방식과 연료전지 발전방식의 비교

2.4. 연료전지의 발전원리(단위전지)

기존의 가솔린 내연기관이 석유(가솔린) 등 혼합연료를 폭발시킨 힘으로 구동축을 돌리는 데 비해, 연료전지는 전기모터가 구동축을 돌리게 되어 있다. 이때 전기모터를 돌리는 에너지를 생산해 내는 것이 바로 연료전지이다.

연료전지의 구조는 전해질을 사이에 두고 두 전극이 샌드위치의 형태로 위치하며 두 전극을 통하여 수소이온과 산소이온이 지나가면서 전류를 발생시키고 부산물로서 열과 물을 생성한다. 연료전지의 음극(Cathode)을 통하여 수소가 공급되고 양극(Anode)을 통하여 산소가 공급되면 음극을 통해서 들어온 수소분자는 촉매(Catalyst)에 의해 양자(H^+)와 전자로 나누어진다.

나누어진 양자와 전자는 서로 다른 경로를 통해 양극에 도달하게 되는데, 양자는 연료전지의 중심에 있는 전해질(Electrolyte)을 통해 흘러가고 전자는 외부회로를 통해 이동하면서 전류를 흐르게 하며 양극에서는 다시 산소와 결합하여 물이 된다. 연료중 수소와 공기 중 산소가 전기 화학반응에 의해 직접 발전한다.

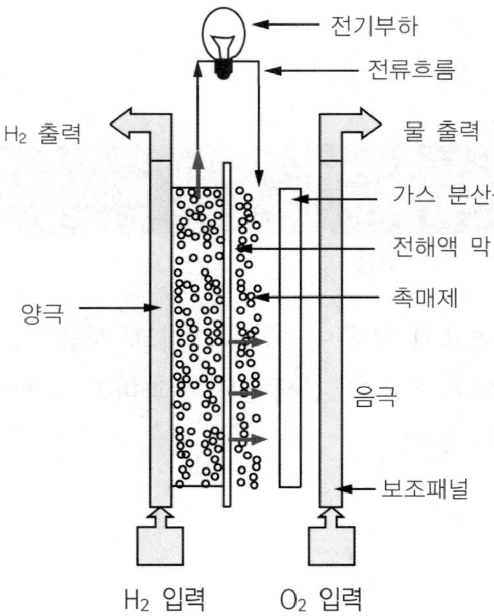

「그림」 28. 연료전지의 발전원리

① 연료극에 공급된 수소는 수소이온과 전자로 분리한다.

② 수소이온은 전해질층을 통해 공기극으로 이동하고 전자는 외부회로를 통해 공기극으로 이동한다.

③ 공기극 쪽에서 산소이온과 수소이온이 만나 반응생성물(물)을 생성하며, 최종적인 반응은 수소와 산소가 결합하여 전기, 물 및 열 생성한다.

연료와 산화제로는 여러 가지를 이용할 수 있다. 수소 연료전지는 수소를 연료로, 산소를 산화제로 이용하며, 그 외에 탄화수소, 알코올 등을 연료로, 공기, 염소, 이산화염소 등을 산화제로 이용할 수 있다. 연료전지의 발전 효율은 40~60% 정도로 대단히 높으며, 반응과정에서 나오는 배출열을 이용하면 전체 연료의 최대 80%까지 에너지로 바꿀 수 있다. 게다가 천연가스와 메탄올, LPG(액화석유가스, propane gas), 나프타, 등유, 가스화된 석탄 등의 다양한 연료를 사용할 수 있기 때문에 에너지자원을 확보하기 쉽다. 또한 연료를 태우지 않기 때문에 지구 환경보호에도 기여할 수 있다. 또한 질소산화물(NOx)과 이산화탄소의 배출량이 석탄 화력발전의 각각 1/38과 1/3 정도이며, 소음도 화력발전 방식에 비해 매우 적다는 장점이 있다.

3 연료전지의 종류

연료전지는 작동온도, 연료의 종류에 따라 그리고 사용하는 전해질의 종류에 따라 각각 구분 가능하다. 그러나 이온이 전해질을 통과하고 교환으로 전극사이에 전기가 흐른다는 근본 원리는 모두 같다.

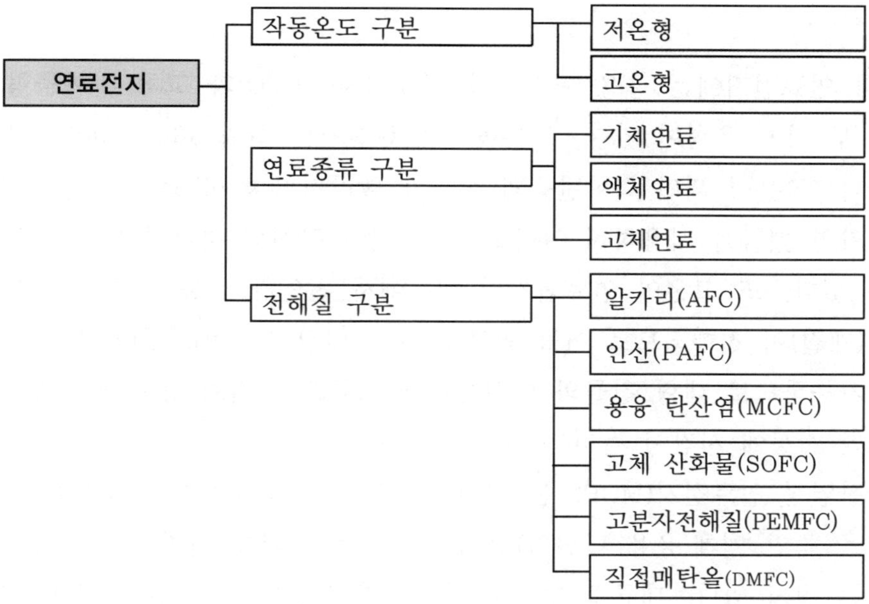

「그림」 29. 연료전지의 종류

3.1. 작동온도에 따른 구분

3.1.1. 저온형

저온형은 일상생활 현장에서 활용된다. 저온형은 고온형 연료전지에 비해 훨씬 저온(섭씨 200도 이하)에서 작동된다. 저온형의 공통 장점은 시동이 단시간에 된다는 것과 크기를 작게 할 수 있다는 점이다. 그러나 고가의 백금전극이 필요해서 장비 비용이 높은 것이 단점이다. 인산형 연료전지(PAFC)는 섭씨 200도 정도에서 작동한다. 전해질에는 인산 수용액을 쓴다. 1967년에 개발이 시작되고 1980년대부터 미국과 일본을 중심으로 호텔이나 병원 등에 도입되었다. 연료전지의 네 가지 유형 중에서 가장 먼저 상품화되었다. 고체 고분자형 연료전지(PEFC)는 섭씨 100도 미만이라는 상온에 가까운 온도에서 작동한다. 전해질에는 수용액이 아니라 수지로 만든 얇은 막을 사용한다.

그 결과 장비 전체를 얇게 할 수 있기 때문에 소형에 적합하다. 제미니 우주선에 실린 것도 이 유형의 연료전지다. 자동차에서 가정용, 휴대전화 등의 이동기기에 이르기까지 용도가 넓어 가장 활발히 연구되고 있다.

3.1.2. 고온형

고온형의 연료전지에는 용융 탄산염형 연료전지(MCFC)와 고체 산화물형 연료전지(SOFC)의 두 가지 유형이 있다. 고온형의 연료전지는 섭씨 500~1,000도라는 고온에서 작동한다. 고온이 되면 화학반응의 속도가 빨라지고 특히 촉매가 필요 없게 된다. 그래서 고가인 백금을 사용하지 않아도 되는 것이 장점의 하나이다. 고온의 배출열도 활용할 수 있다. 또 고온인 연료전지의 내부에서 천연가스 등의 연료가 수소로 전환되는 과정(개질)이 진행되므로 이들 연료를 수소 대신 쓸 수도 있다. 발전효율이 높고 고출력이 가능하므로 대형 건물의 발전장치나 대규모 발전소 등에 알맞다. 그러나 워밍업을 위한 시동에 시간이 걸리는 단점이 있다.

용융 탄산염형 연료전지(MCFC)는 섭씨 650도 전후의 고온에서 작동한다. 전해질에는 탄산염을 녹인 액체(용융 탄산염)를 쓴다. 수소 이외에 천연가스나 석탄가스 등을 연료로 쓰는 일도 있다. 대규모 발전소 등에서의 이용이 기대된다. 고체 산화물형 연료전지(SOFC)는 섭씨 1,000도 부근의 고온에서 작동한다. 전해질에는 고체인 세라믹을 쓴다.

MCFC와 마찬가지로 대규모 발전소 등에서의 이용이 기대된다. 더욱이 작동온도를 내리는 기술개발이 이루어지면 가정용 전원으로도 쓸 수 있는 것으로 전망되어 크게 주목된다.

3.2. 연료의 종류에 따른 구분

3.2.1. 기체연료

연료전지의 보편적인 연료로써 사용되며 수소, 탄화수소, CO(석탄가스화) 등이 있다.

3.2.2. 액체연료

부산물이 생성되어 이에 대한 부산물의 처리 문제가 발생하지만 환경오염율은 고체연료에 비해 거의 없다. Alcohol, Aldehyde, 히드라진(N_2H_4), 석유계 탄화수소가 사용된다.

3.2.3. 고체연료

고체연료는 화학 연소반응이 환경오염에 심각한 영향을 미치는 부산물을 생성하여 이에 대한 처리문제가 발생하지만 연료전지 구현이 비교적 간단한 편이어서 비용 절감을 기대할 수 있다. 석탄, 목탄, 코크스 등이 쓰인다.

3.3. 전해액에 따른 구분

연료전지의 가장 보편적인 구분방법으로 연료전지에 사용되는 전해액에 따른 구분이다. 알칼리 연료전지(AFC), 인산 연료전지(PAFC), 용융 탄산염 연료전지(MCFC), 고체 산화물 연료전지(SOFC), 고분자 전해절 연료전지(PEMFC), 직접매탄올 연료전지(DMFC) 등이 있으며 이들 전해액에 연료전지 구분은 표와 같다.

표 연료전지의 전해액에 따른 구분

	알칼리 (AFC)	인산형 (PAFC)	용융 탄산염형 (MCFC)	고체 산화물형 (SOFC)	고분자 전해질형 (PEMFC)	직접 매탄올 (DMFC)
전해질	알칼리	인산염	탄산염	세라믹	이온교환막	이온교환막
촉매	니켈	백금	Perovskites	니켈	백금	백금
동작온도 (℃)	100 이하	220 이하	650 이하	1,200 이하	80 이하	80 이하
효율(%)	85	70	80	85	75	40
용 도	특수용	중형건물 (200kW)	중. 대형건물 (100kW~MW)	소・중・대용량 발전(1kW~MW)	가정・상업용 (1~10kW)	소형이동 (1kW 이하)
	우주선, 잠수함	분산형 열병합 수송용	열병합, 대형발전소	열병합, 대형발전소	수송용, 분산형	수송용, 분산형
특 징	-	CO내구성큼, 열병합대응 가능	발전효율 높음, 내부개질 가능, 열병합대응 가능	발전효율 높음, 내부개질 가능, 복합발전 가능	저온작동 고출력밀도	저온작동 고출력밀도
선진수준	우주선	200kW	MW 이상	MW 이상	1~10kW 보급중	500W
국내수준	-	50kW	250kW	1kW	3kW	50W

* AFC(alkaline fuel cell), PAFC(phosphoric acid FC), MCFC(molten carbonate), SOFC(solid oxide), PEMFC(polymer electrolyte membrane), DMFC(direct methanol) → 순서대로 기술발전 단계임

표 연료전지의 구성물질

구 분	특 성	촉 매	운전온도
알칼리형(AFC)	수산화칼륨(액체)	platinum on carbon	80℃
인산형(PAFC)	인산(액체)	platinum on PTFE/ carbon	200℃
용융 탄산염형 (MCFC)	Lithium or potassium carbonate(액체)	니켈 또는 니켈 화합물	650℃
고체 산화물형 (SOFC)	Yttria-stabilized zirconia(고체)	니켈/Zirconia cermet	1000℃
고분자 전해질형 (PEMFC)	나피온 Dow 폴리머	platinum on carbon	85~100℃
직접 메탄올형 (DMFC)	Polymer Membrane	Pt-Ru or Pt/C	25~130℃

표 연료전지

종 류	발전온도	전해질	주연료	기술수준	적용대상
알칼리형(AFC)	상온- 100℃		수소	사용중	특수목적
인산형(PAFC)	150~200℃	인산(H_3PO_4)	천연가스 메탄올	상용화단계	분산전원
용융탄산염 (MCFC)	600~700℃	용융탄산염 (Li_2CO_3-K_2CO_3)	천연가스 석탄가스	개발단계	복합발전 열병합발전
고체산화물 (SOFC)	700~1000℃	고체산화물 Yttria-stabilized zirconia	천연가스 석탄가스	개발단계	복합발전 열병합발전
고분자 전해질형 (PEMFC)	상온-100℃	이온(H+)전도성 고분자 막	수소 메탄올	개발 및 실증단계	소형전원 자동차

3.3.1. 알칼리형 연료전지(AFC : Alkaline Fuel Cell)

알칼리 연료전지는 전해질로써 수산화칼륨과 같은 알칼리를 사용한다. 연료로서 순수 수소를 쓰며, 산화제로써는 순수 산소를 쓴다. 운전온도는 대기압에서 60~120 ℃이다. 양극(Anode)의 촉매는 니켈망에 은을 입힌 것 위에 백금-납을 사용하고, 음극(Cathode)은 니켈망에 금을 입힌 것 위에 금-백금을 쓴다.

알칼리 연료전지의 고효율화의 기본적인 목적은 자동차산업의 전원 공급용이다. 알칼리 연료전지는 알칼리가 이산화탄소에 민감하기 때문에 인산형 연료전지의 개발보다

늦게 개발되었다. 알칼리 연료전지시스템에서 수소의 저장과 이산화탄소의 경제적인 제거는 알칼리 연료전지의 상업화에 가장 중요한 요소이다. 자동차의 경우에 알칼리 연료전지가 확보할 수 있는 시장비율은 경쟁성 기술에 의하여 영향을 받을 것이다.

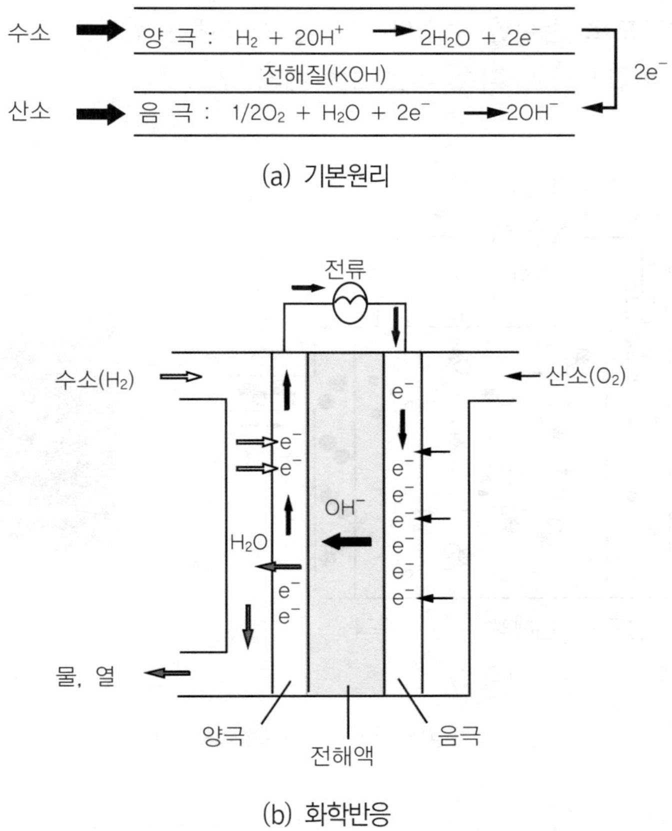

「그림」 30. 알칼리 연료전지의 화학반응

알칼리 연료전지 기술전망은 수소저장과 대규모 상업화를 시작하기 전에 유통망의 개량을 필요로 한다. 과학자들에 의하여 오랫동안 주장되어 온 수소를 기초한 미래자동차의 경제성은 알칼리 연료전지의 상업화를 선호하게 될 것이다.

알칼리형 연료전지는 일반 민생용은 아니지만 순수소, 순산소를 원료로 발전하는 우주선의 전원용으로 사용된다. 1962년에는 우주 및 군사용으로 연구 시작되어 이용되었고, 현재는 인산형 연료전지(Acid Fuel Cell)의 개발로 인하여 특수 분야에서만 연구수행 중이며 국내의 경우 기초연구가 수행 중에 있다.

[1] 알칼리형 연료전지의 특징

① 전해질로 진한(85%) KOH(수산화칼륨 용액)을 사용하는 고온용(205도)과 묽은 (35~50%) KOH를 사용하는 저온용(120도)가 있다.

② 전해질은 매트릭스(주로 석면)안에 체류시켜 사용한다.

③ CO_2에 취약하므로 순수한 수소와 산소를 사용해야 된다.

④ 반응속도를 촉진시키기 위해 주로 고압에서 운전한다.

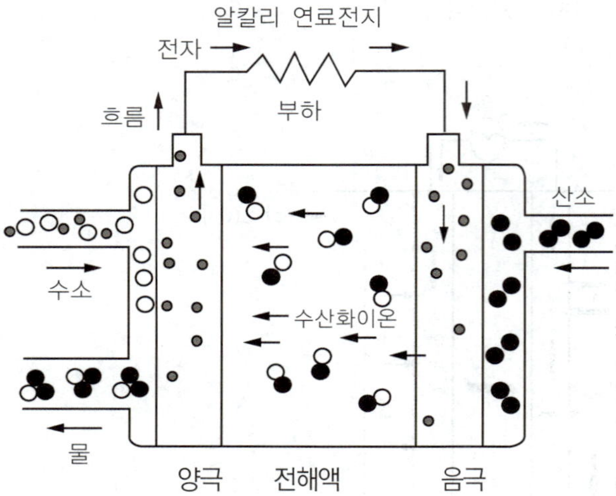

(a)

(b)

그림 31. AFC Stack

3.3.2. 인산형 연료전지(PAFC : Phosphoric Acid Fuel Cell)

인산형 연료전지(PAFC)는 액체 인산을 전해질로 이용하는 연료전지이다. 인산형 연료전지 기술은 20년 이상 개발되고 개선되어 왔고, 전기 생산에 비교적 순수한 수소(70% 이상)를 요구한다. 인산형 연료전지 내의 전극은 탄소 지지체의 표면적 위에 촉매로써 백금이나 백금 혼합물을 포함한다. 전극은 카본지(carbon paper)로 이루어지는데, 백금 촉매를 이용하기 때문에 제작 단가가 비싸다.

그러나 카본지의 백금은 연료로서 공급되는 수소가스 내에 포함되는 일산화탄소에 의해 손상되지 않는다. 수소와 산소의 반응이 일어나는 양극(anode)과 음극(cathode) 및 전해질인 인산을 함유하고 있는 매트릭스로 구성된다. 양극, 음극은 기체 확산층과 촉매층으로 구성되며 기체 확산층은 반응기체를 촉매층의 전 면적에 고르게 분산시키고 촉매층은 활성 site에 분포한다. 다른 형태의 연료전지보다 상용화에 가장 근접해 있으며 발전효율이 비교적 높은 편이다.

그러나 고가의 백금촉매를 대신할 새로운 촉매개발문제가 시급하며 신뢰도 및 수명과 성능향상을 위한 개발도 필요하다. 인산형 연료전지의 운전온도는 약 200℃이다. 이것은 인산 전해질의 안정도를 위하여 허용하는 최대값이다.

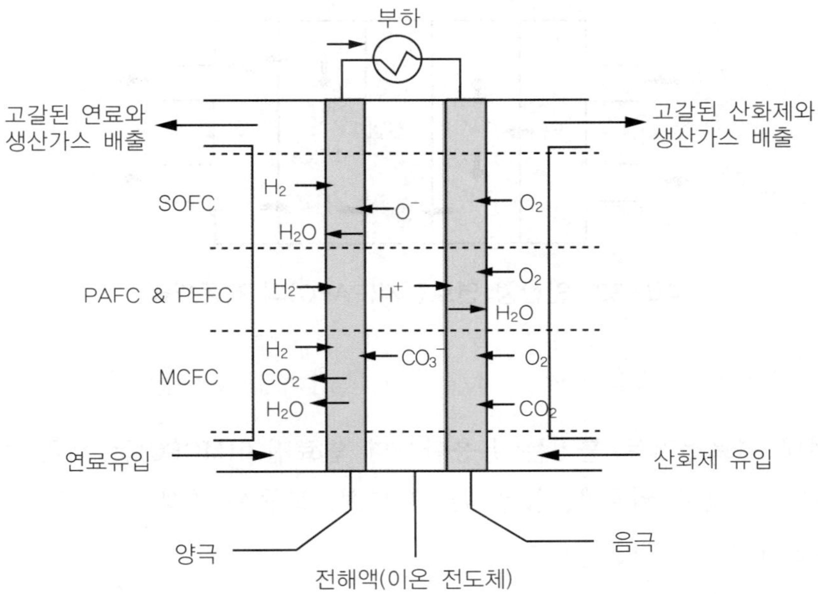

그림 32. 인산형 연료전지(PAFC)

이 기술로 현재까지 순수한 발전효율은 40~50% 정도이다. 이 수준보다 높은 효율을 갖기 위해서는 전지와 스택 구성품의 지속적인 개발에 의한 종합시스템제어에 의존하여야 한다.

일례로 인산형 연료전지의 반응이 발열반응이므로 연료전지가 반응온도인 200℃로 유지함이 최적의 운전조건이 된다. 따라서 연료전지 반응 시 반응열을 냉각시켜야 하며 이때 생성되는 반응열을 이용하면 효율을 70% 이상 높일 수 있다. 인산은 저온 연료전지를 위한 전해질로써 필요한 수명을 가진 그런 유일한 물질로 알려져 있다. 이것이 낮은 이온 도전율을 가지고 있다 할지라도 이것의 안정도는 전류 상태를 증진시키는 전지 개발에 기여하였다.

인산형 연료전지 응용은 휴대용, 자동차용 및 고정용 전원을 포함한다. 한편, 액체 인산은 40℃에서 응고되어 버리기 때문에 시동이 어려우며, 지속적인 운전 또한 제약이 따른다. 그러나 150~200℃의 운전 온도에 이르게 되면 반응 결과물로 생성되는 물을 증기로 바꾸어 공기나 물의 가열에 이용할 수 있게 된다. 이렇게 발생되는 열과 전력을 합했을 때 전체 효율은 80%에 이르며, 고정형 연료전지 시장에서 그 입지를 넓혀가는 중이다.

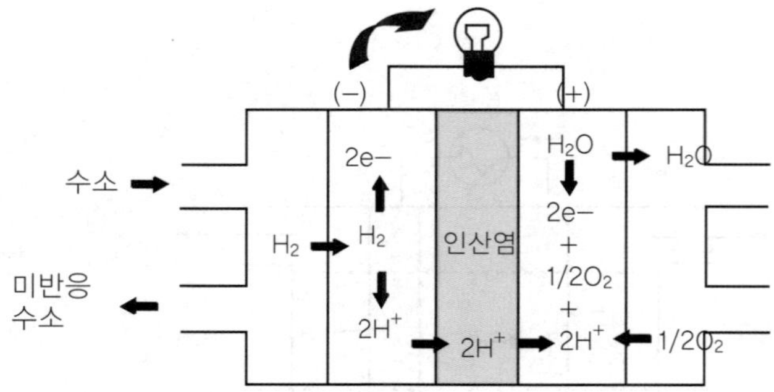

「그림」 33. 인산형 연료전지(PAFC)의 작동원리

3.3.3. 용융탄산염 연료전지(MCFC : Molten Carbonate Fuel Cell)

통상 제2세대 연료전지로 불리는 용융탄산염 연료전지(MCFC)는 다른 형태의 연료전지와 마찬가지로 높은 열효율, 높은 환경친화성, 모듈화 특성 및 작은 설치공간이라는 장점을 갖는다.

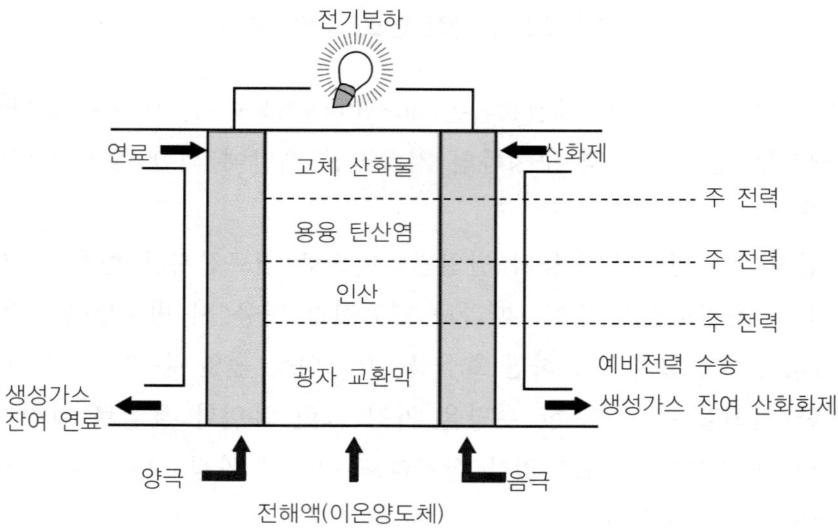

「그림」 34. 용융 탄산염 연료전지(MCFC)의 작동원리

한편, 650℃의 고온에서 운전되기 때문에 인산형 연료전지(PAFC) 또는 고분자 전해질 연료전지(PEMFC)와 같은 저온형 연료전지에서 기대할 수 없는 추가적인 장점들을 갖고 있다.

전해질은 용융탄산염이 사용되고, 고온에서 운전되기 때문에 백금대신 저렴한 니켈 촉매가 사용되며 백금 전극에서 피독물질로 작용하는 CO를 수성가스 전환반응을 통해 연료로 이용한다. 니켈촉매의 사용으로 비용절감의 장점이 있지만 고온에서의 부식성이 높은 용융탄산염을 사용하기 때문에 내식성 재료의 개발이 필요하며 장기 운전시에는 성능이 저하되기 때문에 단기운전에 적합하다.

고온에서의 빠른 전기화학반응은 전극재료에 쓰이는 촉매로써 백금대신 저렴한 니켈의 사용을 가능케 하여 경제적인 생산이 가능해진다. 그리고 백금전극을 이용할 경우 백금성분에 독성물질로 작용하는 일산화탄소마저도, 니켈전극을 이용할 경우 수성가스 전환반응을 통하여 연료로 이용할 수 있게 된다. 따라서 일산화탄소를 발생시킬 우려가 있어 백금을 이용하는 저온형 연료전지에는 사용하기 힘든 석탄가스, 천연가스, 메탄올, 바이오매스 등 다양한 연료를 용융탄산염 연료전지에는 이용할 수 있다.

또한, 용융탄산염 연료전지의 높은 작동 온도는 연료전지 스택 내부에서 전기화학반응과 연료개질반응이 동시에 진행될 수 있게 하는 내부개질 형태를 허용한다. 이러한 내부 개질형 용융탄산염 연료전지는 전기화학반응의 발열량을 별도의 외부 열교환기 없이 직접 흡열반응인 개질반응에 이용하므로 외부 개질형 용융탄산염 연료전지보다 전체 시스템의 열효율이 추가로 증가하며, 시스템구성이 간단해진다.

용융 탄산염형 연료전지의 전해질은 낮은 용융점을 가지는 탄화리튬과 탄화포타슘의 혼합물이다. 전극은 다공성 니켈로 만든다. 전극의 부식성과 내구성은 아직 개발에 중요한 애로점이다. 용융 탄산염형 기술의 산 또는 알칼리 연료전지 기술보다 뚜렷한 장점은 일산화탄소, 이산화탄소 및 수소에 대하여 내성이 있는 점이다. 이것은 일산화탄소와 이산화탄소를 분리하는 공정을 필요로 하는 다른 것들보다 초기 투자비가 낮고 시스템설계가 매우 단순해지는 결과를 가져온다. 용융 탄산염형 연료전지의 운전온도는 약 650℃이고, 전지스택의 열로 전지 내부의 탄화수소 기체의 개질을 허용한다. 내부개질의 장점은 30% 또는 그 이상의 비용을 감소시킨다.

용융 탄산염 연료전지는 운전온도가 높아 정상 운전되는 동안 용융탄산염 전해질의 결핍과 증발로 인하여 양이 줄어든다. 이것이 운전의 안정성과 현재 용융탄산염형 연료전지의 유효 수명의 제한점이다.

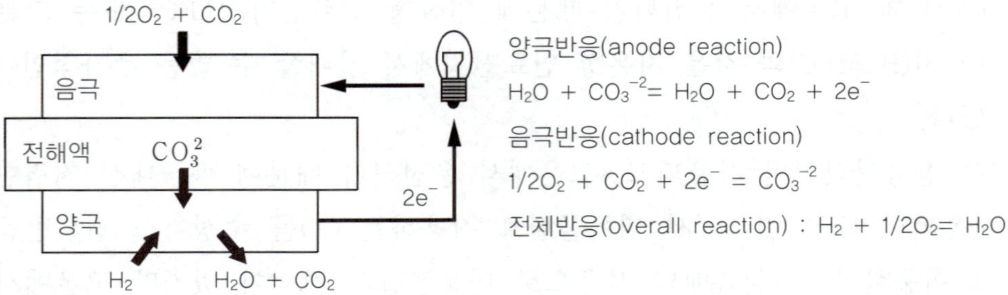

그림 35. 용융탄산염 연료전지(MCFC)

3.3.4. 고체산화물 연료전지(SOFC : Solid Oxide Fuel Cell)

3세대 연료전지로 불리는 고체산화물 연료전지(SOFC)는 산소 또는 수소이온을 투과시킬 수 있는 고체산화물을 전해질로 사용하는 연료전지로써, 1937년에 Bauer와 Preis에 의해 처음으로 작동되었다.

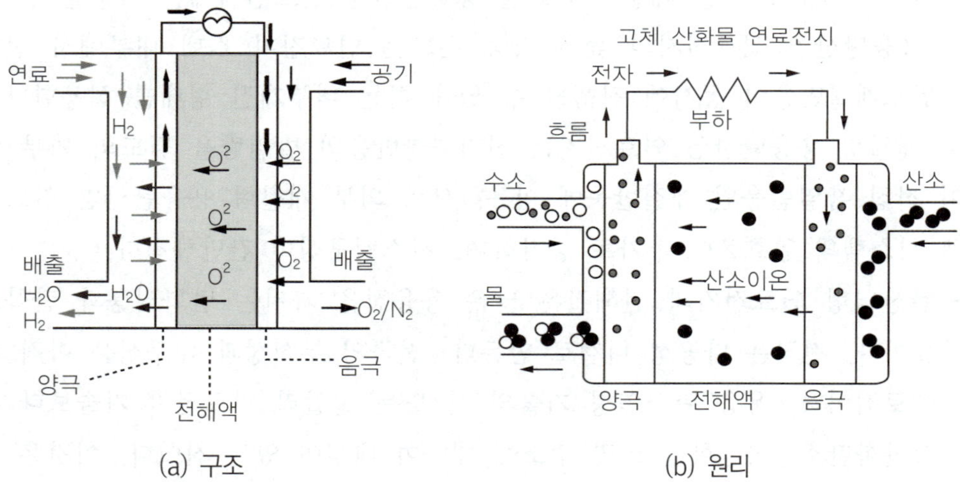

그림 36. 고체산화물 연료전지

고체산화물형 연료전지의 특징은 탄화수소를 직접 전기로 변화시킬 수 있는데 있다. 전해질은 안정화된 산화이트늄으로 가스가 스며들지 않은 산 이온이 효율적으로 접촉하고 있는 얇은 산화지르코늄 층이다. 캐소드(Cathode)는 안정된 산화이트늄으로 된 지르코늄으로 만들어졌고, 애노드(anode)는 니켈-지르코늄 세라믹합금으로 만들어졌다. 전해질로서 신소재인 지르코니아(ZrO_2)가 사용되며 작동온도가 700~1000℃로서 매우 고온에서 작동된다. Pt 촉매 없이 반응의 가속화가 가능하며 재료의 부식 및 전해질의 손실, 보충에 대한 문제가 없다.

전지 구성요소가 모두 고체이므로 다양한 형태의 제작이 가능하다. 현재까지 개발된 고체산화물 연료전지의 형태는 다음과 같다.

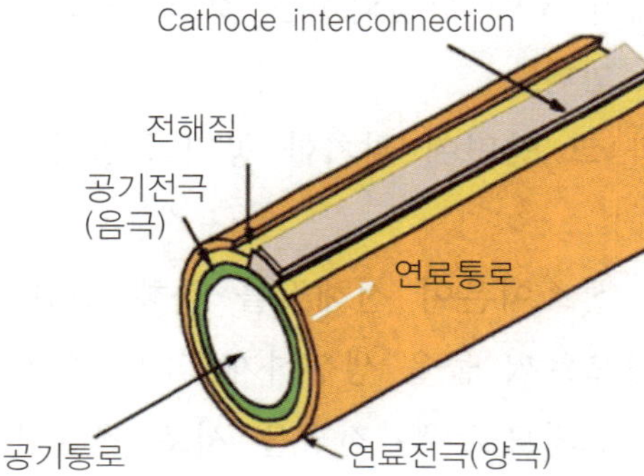

(a) 원통형

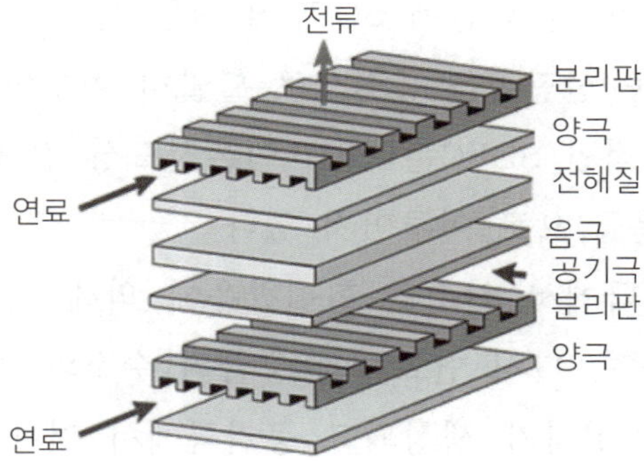

(b) 평판형

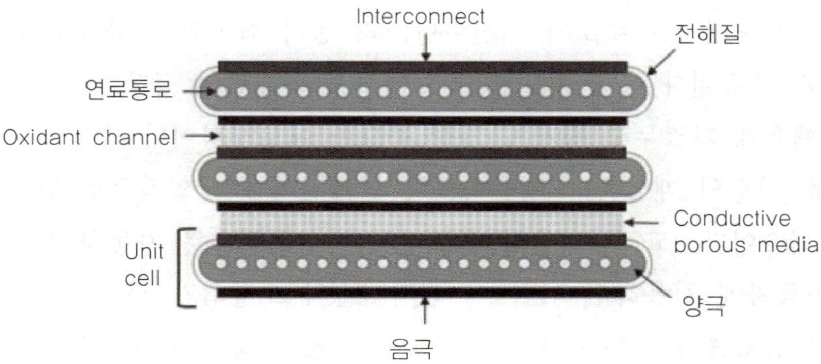

(c) 평관형

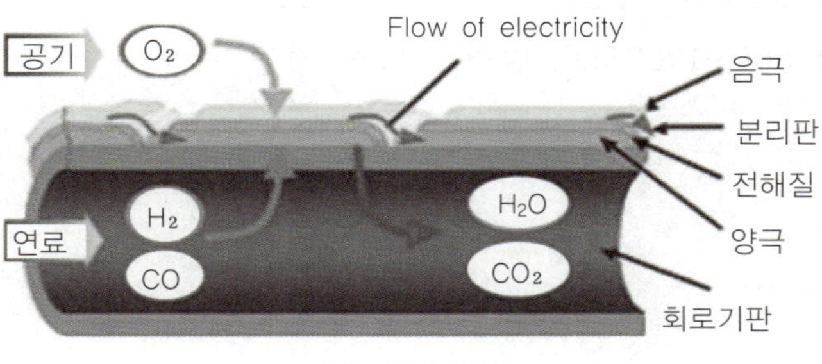

(d) 세그먼트형

그림 37. 고체산화물 연료전지(SOFC)의 형태

SOFC는 현존하는 연료전지 중 가장 높은 온도(700~1000℃)에서 작동한다. 모든 구성요소가 고체로 이루어져 있기 때문에 다른 연료전지에 비해 구조가 간단하고, 전해질의 손실 및 보충과 부식의 문제가 없다. 또한 고온에서 작동하기 때문에 귀금속 촉매가 필요하지 않으며, 직접 내부 개질을 통한 연료공급이 용이하다. 고온의 가스를 배출하기 때문에 폐열을 이용한 열 복합 발전이 가능하다는 장점도 지니고 있다. 이러한 장점들 덕분에 SOFC에 관한 연구는 21세기 초에 상업화하는 것을 목표로 미국, 일본 등 선진국을 중심으로 활발히 이루어지고 있다.

일반적인 SOFC는 산소 이온전도성 전해질과 그 양면에 위치한 공기극(양극) 및 연료극(음극)으로 이루어져 있다.

공기극에서 산소의 환원반응에 의해 생성된 산소이온이 전해질을 통해 연료극으로 이동하여, 다시 연료극에 공급된 수소와 반응함으로써 물을 생성하게 되며, 이때 연료극에서 전자가 생성되고 공기극에서 전자가 소모되므로 두 전극을 서로 연결하여 전류를 발생시키는 것이 기본 작동원리이다.

고체산화물형 연료전지의 가장 독특한 특성은 운전온도는 약 1000℃로써 매우 높다는 것이다. 이 온도에서는 수소와 일산화탄소의 전기 화학적 산화반응이 일어나고 촉매 없이 연료가 개질된다. 운전온도 1000℃에서 금속재료의 적당한 열적-기계적 강도를 요구하기 때문에 가스누출 방지가 가장 중요한 애로사항이다.

세라믹 재료 기술의 개발은 고체산화물형 연료전지가 상업적으로 발전을 시작하기 전에 필요한 기술이다. 고체산화물형 연료전지는 상업적으로 자동차 응용에 연구되어지고 있다. 자동차에 사용하기 위한 이 전지기술의 모형화가 전지 전원 공급형 자동차가 아닌 전위밀도를 요구하는 것과 접목시키는 것이 궁극적인 목적이다.

SOFC의 특징은 다음과 같다.

① 탄화수소를 직접연료로 사용, CO로부터 안전함

② 운전온도는 약 500~1000도로 열병합 발전 가능

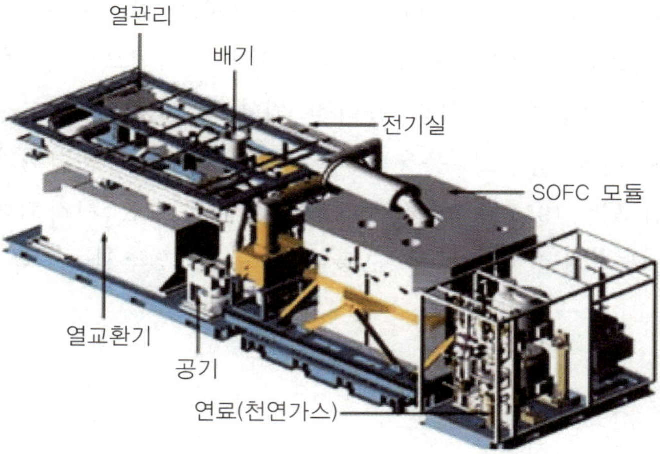

그림 38. Siemens의 열병합 발전용 SOFC시스템

3.3.5. 고분자 전해질 연료전지(PEMFC : Polymer Electrolyte Membrane Fuel Cell)

수소이온을 투과시킬 수 있는 고분자막을 전해질로 사용하는 고분자 전해질 연료전지(PEMFC)는 다른 형태의 연료전지에 비하여 전류밀도가 큰 고출력 연료전지로서, 100℃ 미만의 비교적 저온에서 작동되고 구조가 간단하다.

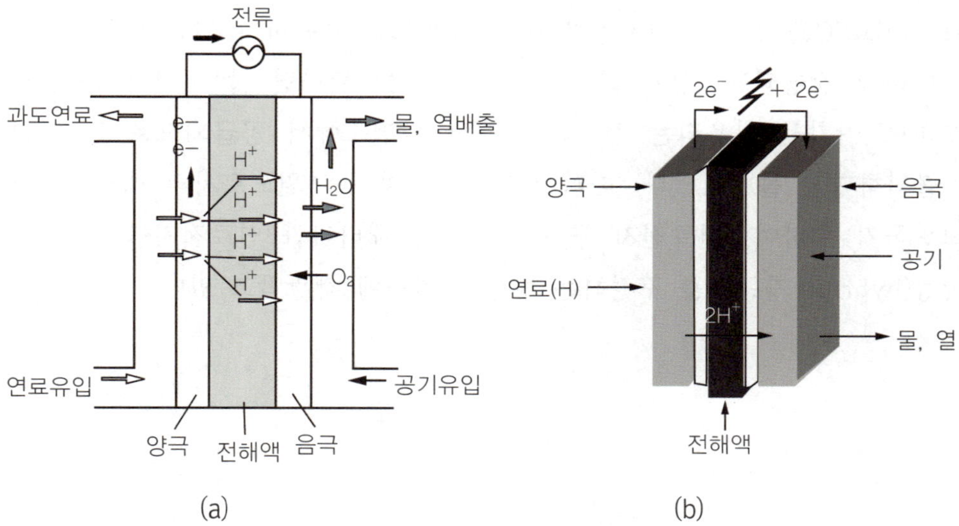

그림 39. 고분자 전해질 연료전지(PEMFC)

또한 빠른 시동과 응답특성, 우수한 내구성을 가지고 있으며 수소 이외에도 메탄올이나 천연가스를 연료로 사용할 수 있어 자동차의 동력원으로서 적합한 시스템이다. 이와 같은 PEMFC는 무공해자동차의 동력원 외에도 분산형 현지 설치용 발전, 군수용 전원, 우주선용 전원 등으로 응용될 수 있는 등 그 응용범위가 매우 다양하다. PEMFC에 대한 연구는 1955년 미국의 GE에서 처음으로 시작되어 1962년에 이미 1kW급 PEMFC 스택 2개로 이루어진 모듈을 Gemini 우주선 3호부터 12호에 사용하였다.

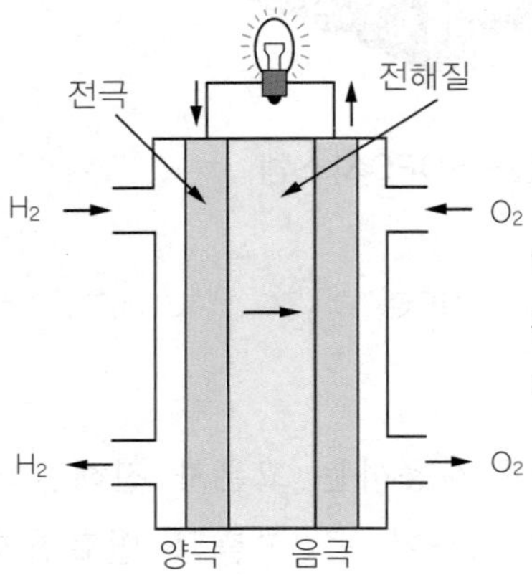

양극반응(anode reaction) : $2H_2 \rightarrow 4H^+ + 4e^-$

음극반응(cathode reaction) : $O_2 + 4H^+ + 4e^- \rightarrow 2H_2O$

전체반응(overall reaction) : $2H_2 + O_2 \rightarrow 2H_2O$

그림 40. 고분자 전해질 연료전지 화학식

이후로 PEMFC를 연료 전지자동차 등 민간용으로 응용하기 위한 연구가 전 세계적으로 활발하게 진행되고 있다. 전기자동차가 상용화된다면 많은 전기 충전소의 설치가 필요하며 여기서 사용되는 전기는 대규모 발전소에서 공급되므로 결국 오염원의 이동에 불과하다고 볼 수 있다. 따라서 전기자동차 동력원으로서의 배터리에 대한 단점을 보완하기 위하여, 연료전지 구동방식 또는 배터리와 연료전지를 동시에 사용하는 혼합형(hybrid) 자동차를 구성하는 방법이 최근에 각광받고 있다.

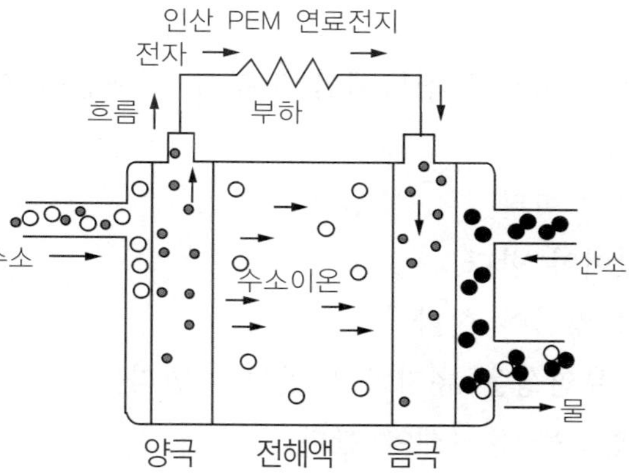

「그림」 41. 고분자 전해질형 연료전지 원리

우리나라에서는 1990년대부터 대학을 중심으로 단위 전지에 대한 기초연구를 시작하였으며, KIST 연료전지 연구센터에서도 1996년부터 고분자 전해질 연료전지 원천기술 개발을 시작한 후 2000년 5kW급 스택을 제작하여 연료전지, 배터리 하이브리드 골프카트에 적용한 바 있다.

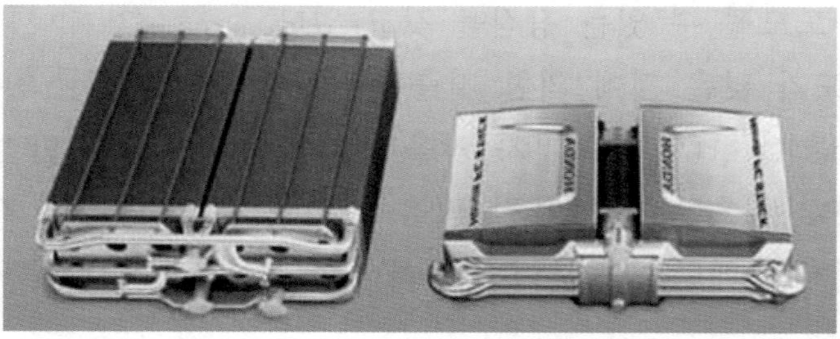

「그림」 42. 혼다의 PEMFC stack

[1] 고분자 전해질형 연료전지의 특징

① 고분자 막을 전해질로 사용한다.
② 촉매로 백금을 사용함으로써 비교적 고가이다.
③ 저온에서 운전됨으로써 시동성이 우수하다.
④ 고체 막을 전해질로 사용함으로써 취급이 용이하다.
⑤ 주로 자동차, 가정용으로 개발한다.

[2] PEMFC 물성

PEMFC는 수소이온(proton)의 전달체인 고분자 전해질이 핵심소재이며, 다음과 같은 물성을 지녀야 한다.

① 이온 전도성이 커야 한다.
② 전자 전도성이 없어야 한다.
③ 가스 투과가 되지 않아야 한다.
④ 건조 상태에서도 유연성을 유지하고 있어야 한다.
⑤ 적절한 두께, 편평도를 유지해야 한다.
⑥ 형상 안정성과 기계적 강도가 있어야 한다.
⑦ 열과 가수분해, 산화환원 반응에 대한 안정성이 있어야 한다.

3.3.6. 직접 메탄올 연료전지(DMFC : Direct Methanol Fuel Cell)

직접 메탄올 연료전지(DMFC)는 메탄올을 직접, 전기 화학반응시켜 발전하는 시스템이다. 전해질은 이온 교환막에 인산을 담지시킨 것이다. 작동온도는 150℃로 비교적 저온이다. PEFC와 비교하여 개질기를 제거할 수 있으며, 시스템의 간소화와 부하응답성의 향상이 도모될 수 있는 장점을 갖고 있다.

그러나 반응속도가 낮은 것에 의한 저출력 밀도, 다량의 백금촉매의 사용과 메탄올과 산화제의 Cross Over(고체 고분자 막을 통과하는 것) 등의 단점도 있다. 직접메탄올 연료전지(DMFC)는 고분자 전해질 막을 사이에 두고 양쪽에 각각 음극과 양극이 위치한다. 음극에서는 메탄올과 물이 반응하여 수소이온과 전자를 생성한다.

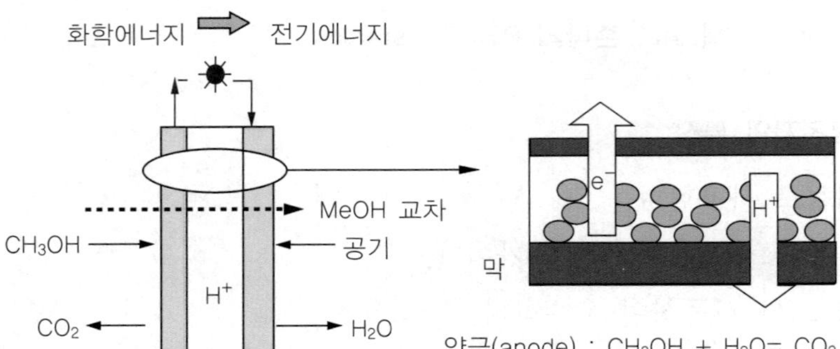

양극(anode) : $CH_3OH + H_2O = CO_2 + 6H^+ + 6e^-$
음극(cathode) : $1.5O_2 + 6H^+ + 6e^- = 3H_2O$
전체(overall) : $CH_3OH + 1.5O_2 = CO_2 + 2H_2O$, Eo= 1.18V

「그림」 43. 직접 메탄올 연료전지의 구조

생성된 수소이온은 전해질 막을 통해 양극 쪽으로 이동하고, 양극에서는 수소이온과 전자가 산소와 결합하여 물을 생성시킨다. 이때 전자가 외부회로를 통과하면서 전류를 발생시키는 것이 작동원리이다.

실제 사용시에는 출력을 높이기 위해 이러한 단위전지를 여러 개 묶어서 스택을 만들어 사용하는데, 일반적인 연료전지의 스택에서는 양극판(bipolar plate)을 사용하지만 마이크로 연료전지에서는 단극판(monopolar plate)을 사용한다. DMFC는 고분자 전해질 연료전지(PEMFC)와 똑같은 구성요소를 사용하지만, 메탄올을 개질하여 수소로 만들 필요가 없이 직접 연료로 사용할 수 있기 때문에 소형화가 가능하다. DMFC는 PEMFC에 비해 출력밀도는 낮지만, 연료의 공급이 용이하고 2차전지에 비해 높은 출력밀도를 갖기 때문에 자동차의 동력원으로서 2차 전지를 대체할 수 있는 가능성이 매우 높은 것으로 알려져 있다.

3.4. 연료전지의 개발현황

국내에서는 IBS 나노입자 연구단의 연구진이, 수소연료전지의 나노합금촉매 연구성과를 미국화학회지(JACS) 온라인판에 게재하였다. 연구팀은 백금과 철 나노입자를 이용해 합금을 만드는 방법으로, 백금의 구성 비율을 기존 대비 50% 낮추었다. 또한 얇은 탄소원자막을 입혀, 고열에서 백금과 철 나노입자의 팽창을 억제하였다.

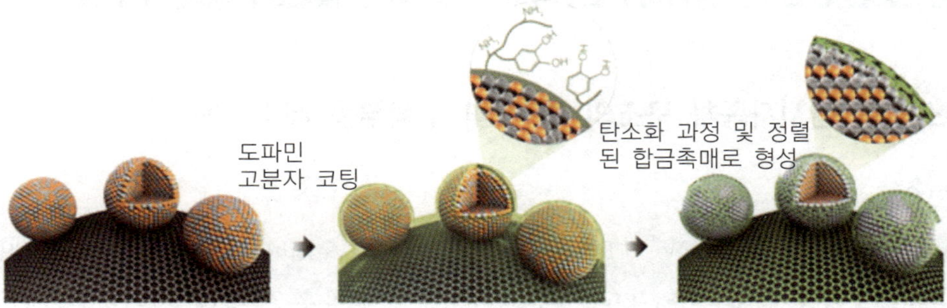

그림 44. 탄소다공체 위 백금과 철합금 촉매(좌)와 도파민을 도포한 모습(중, 우)

이와 동시에 촉매들끼리 뭉쳐지는 현상을 원천 차단했다. 그 결과 현재 상용 중인 수소연료전지의 10배가량인 1.6mA/g의 성능을 보였으며, 제품수명에 가까운 10,000회의 가속화 구동실험에도 성능저하가 없었다. 실제 상용화 단계의 연료전지시스템에서는 연속 100시간 구동에 단 3.4%의 성능 저하만을 보였다. 이번 연구는 저비용, 고성능, 고안정성의 촉매특성을 모두 만족시키는 획기적인 결과를 가져왔다. 이로써 수소연료전지 차량의 보급 확대와 향후 연료전지 기반사업의 획기적 전환점을 가져올 것으로 기대를 모으고 있다.

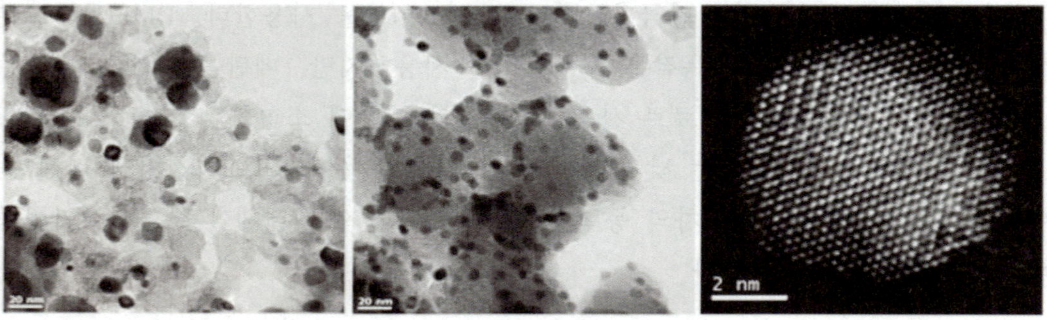

그림 45. 탄소원자막이 없는 상태의 촉매합금(좌) 탄소원자막 생성상태의 촉매합금(중, 우)의 전자현미경 사진

4 수소연료 전지자동차의 구조

4.1. 수소연료 전지자동차 구조의 특징 및 구성부품 레이아웃

4.1.1. 특징

수소연료 전지자동차(FCEV : Fuel Cell Electric Vehicle)는 연료전지 스택(Stack)이라는 특수한 장치에서 수소(H_2)와 산소(O_2)의 화학반응을 통해 전기를 생산하고, 이 전기 에너지를 사용하여 구동모터를 돌려 주행하는 자동차를 말한다. 즉 수소연료전지 자동차는 공기와 산소연료를 이용하여 전기를 생성한다.

연료전지에서 생산된 전기는 인버터를 통해 모터로 공급된다(모터/인버터 일체형). 또한 스택에서 생산된 전기의 충·방전을 보조하기 위해 별도의 고전압 배터리가 적용된다. 이 과정 중에 유일하게 배출하는 배기가스는 수증기이다(수소 전기차 특징).

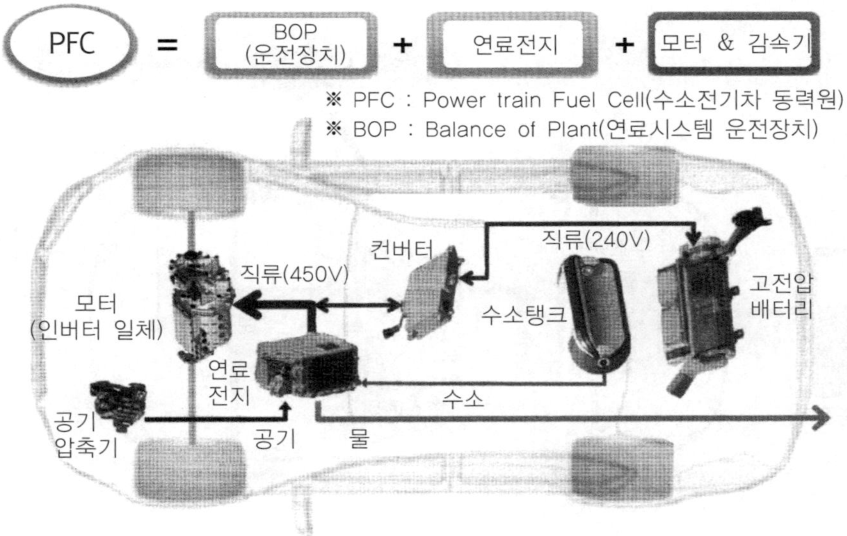

『그림』 46. 수소연료 전지자동차의 연료전지시스템

수송용 수소연료 전지자동차 중에 자동차의 주동력으로 사용되는 연료전지는 대표적으로 프로톤 교환막 연료전지(PEMFC : Polymer Electrolyte Membrain Fuel Cell)이며 기본이 되는 연료는 수소이다. 수소 이외에 메탄올, 가솔린, 디젤, 천연가스와 같은 연료를 사용할 경우에는 이들 연료로부터 수소를 생산하기 위해 별도의 연료변환기를 장착해야 한다.

수소연료 전지자동차 개발초기에는 연료 변환기가 장착된 시스템의 연구가 활발하였으나 시간이 지나면서 연료 변환장치를 자동차에 장착하지 않고 수소 충전소에서 연료변환을 통해 생산된 수소를 충전하는 방식으로 연료공급의 개념이 바뀌고 있다. 현재는 고압 수소탱크를 사용하여 연료 변환장치 없이 직접 가압된 수소를 연료로 사용하는 것이 일반적인 추세이다. 수소연료 전지자동차를 연료에서 구동에 이르기까지의 에너지 흐름의 관점에서 보면 연료저장시스템, 연료전지발전시스템, 전기 동력시스템으로 나눌 수 있다.

고압 수소탱크에서 연료전지로 연료인 수소가 공급되며 전기 화학반응에 필요한 산소는 대기 중의 공기로부터 공급된다. 한번 연료전지 스택에 공급된 수소는 대기 중으로 방출되는 것이 아니라 수소 이용률을 높이기 위해 수소탱크의 수소와 혼합되어 다시 연료전지 스택에 공급된다.

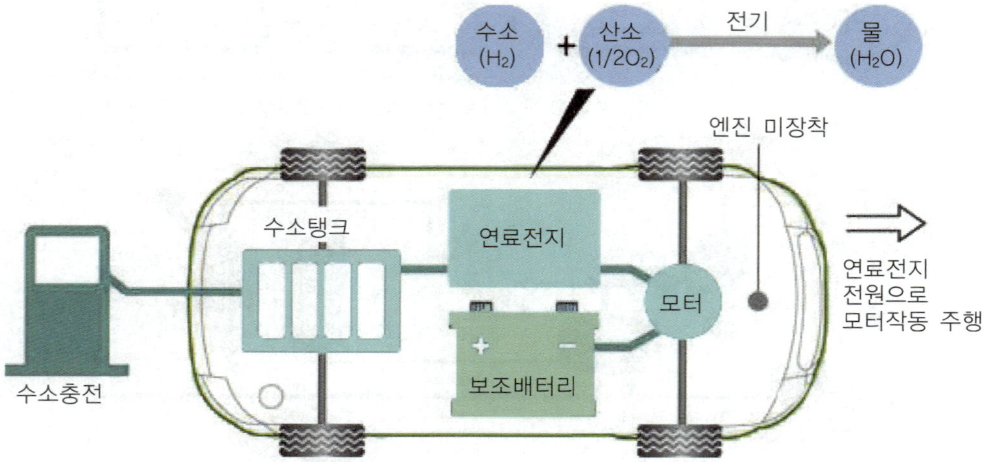

그림 47. 수소 전지자동차의 구조

이런 방법을 통해 연료의 소비를 줄일 수 있을 뿐만 아니라 대량의 수소가 공기 중으로 방출되어 발생할 수 있는 위험을 줄일 수 있다. 공기와 수소의 반응에 의해 연료전지 스택에서 생성된 직류전기는 인버터를 통해 바뀐 뒤 전기 구동모터에 공급된다. 구동모터에서 발생되는 회전운동 에너지는 감속기를 통해 적절한 회전수로 감속되어 바퀴에 전달된다.

BOP(스택 운전장치)
- 스택에 수소 및 공기공급
- 화학반응시 발생하는 열관리

연료전지 스택
- 수소와 공기를 사용하여 전기생산
- 수소+산소=전기+물

구동모터 및 감속기
- 구동력 발생 및 전달
- 인버터(3상 공급) 필요

그림 48. PFC의 구성품

연료전지시스템을 좀 더 상세히 살펴보면 자동차의 엔진역할을 하는 연료전지 발전모듈에 연료인 수소를 공급하기 위한 연료공급계, 산화제인 공기를 공급하기 위한 공기 공급계 및 연료전지 발전모듈과 연료전지시스템의 열, 물 관리를 위한 열 및 물

관리계, 연료전지시스템의 운전/제어를 위한 연료전지 제어기 및 제어기술부로 구분할 수 있다.

수소연료 전지자동차의 동력발생은 연료전지가 전기에너지 외의 별도의 기계적인 구동력을 발생시키지 않기 때문에 회전력을 필요로 하는 모든 섀시부품들이 전기로 구동된다. 워터펌프, 에어컨 컴프레서 등은 전기모터로 구동되며 진공을 형성하기 위해 별도의 진공펌프가 필요하다. 이러한 전기구동 모터 및 장치들을 운전하기 위해서는 각 부품들의 전압사양을 맞추어 주어야 한다. 수소연료 전지자동차(FCEV)의 주행상황에 따른 구동원리는 하이브리드(HEV)차량과 아주 유사하다.

[1] 평지 주행시

차량에 부하가 적을 경우, 스택에서 생산된 전기로 모터를 구동한다.

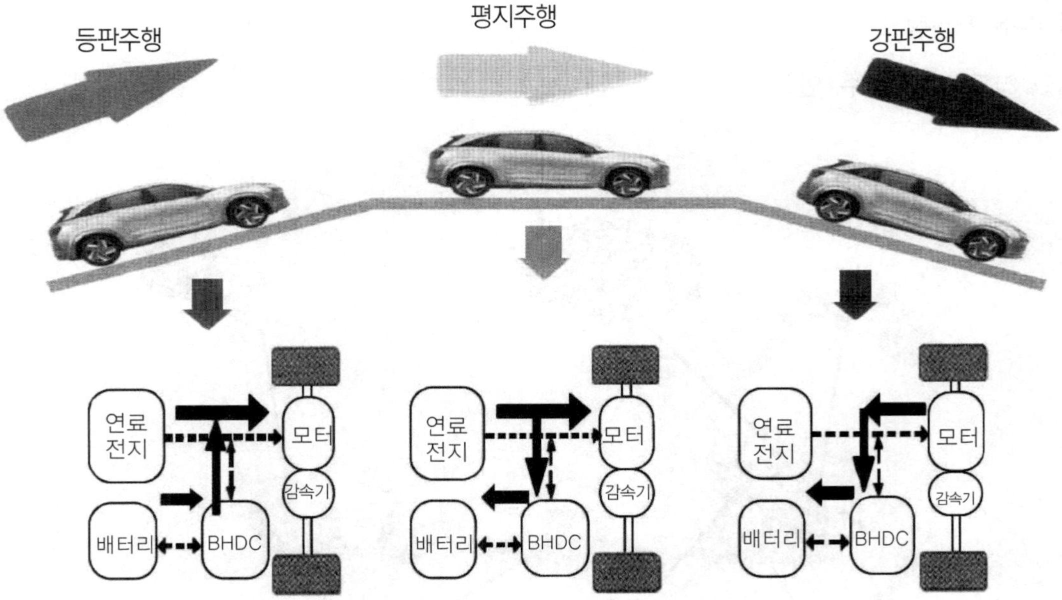

그림 49. 수소연료 전지자동차의 주행특성

[2] 등판 주행시

차량에 부하가 클 경우, 스택의 전기 생산량을 높여(수소 및 공기공급 많아짐) 모터에 공급되는 전압을 높인다. 또한 스택에서 생산된 전기가 부족할 경우 고전압 배터리에 저장된 전기를 추가로 사용하여 모터를 구동한다.

[3] 강판 주행시

차량에 부하가 없을 경우, 스택으로 공급되는 연료를 차단하여 스택을 차단하여 스택을 정지시킨다. 또한 회생제동으로 생산된 전기는 고전압 배터리를 충전하여 연비를 향상시킨다(회생제동으로 생산된 전기는 스택으로 가지 않고 고전압 배터리 충전에 사용된다).

4.1.2. 구성부품의 레이아웃

[1] 수소 저장탱크

① 연료전지의 주 연료

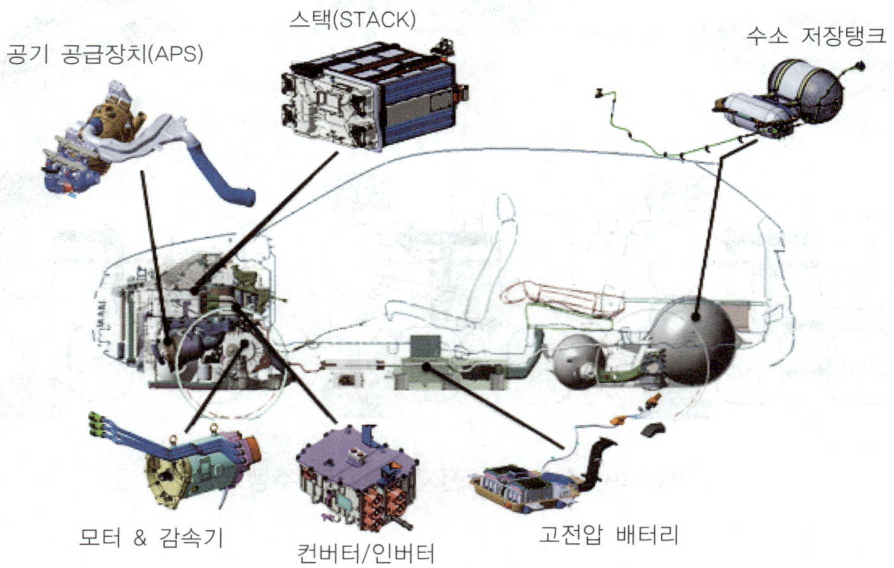

(a)

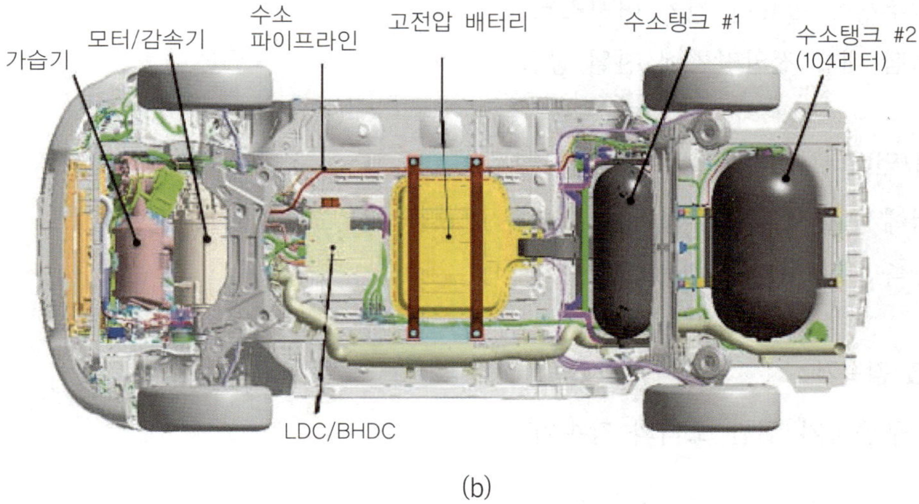

(b)

「그림」 50. 수소연료 전지자동차의 구성부품

② 탱크 내 수소저장(700bar)

③ 스택(stack)으로 공급

[2] 공기 공급장치(APS)

① 스택 내에서 수소와 결합해 물(H_2O) 생성

② 순수 산소형태가 아니며 대기공기로 스택으로 공급

③ 공기 청정도를 위해 전용 에어클리너 적용

[3] 스택(stack)

① 연료전지 핵심부품

② 주행에 필요한 전기, 전류발생

③ 공급된 수소와 공기 중 산소가 결합되어 수증기 생성

④ 얇은 막 형태로 겹겹이 쌓인(Stack) 형태

[4] 고전압 배터리

① 스택에서 발생된 전기저장

② 회생제동 에너지(전기) 저장

③ 차량주행에 필요한 전기 어시스트

④ 시스템 내 고전압장치에 전원 공급

[5] 컨버터/인버터

① 스택에서 발생된 직류전기를 모터가 필요한 3상 교류전기로 변환

② 차량측 12V 배터리 전원으로 변환

[6] 모터 & 감속기

차량을 구동하기 위한 모터와 감속기

[7] 연료전지시스템 어셈블리

연료전지 룸 내부에는 스택을 중심으로 수소 공급시스템과 고전압회로 분배역할을 하는 정션박스, 그리고 공기를 흡입하여 스택내부로 불어 넣을 수 있는 공기 공급시스템, 그리고 스택의 온도조절을 위한 냉각시스템 부품 등이 있다.

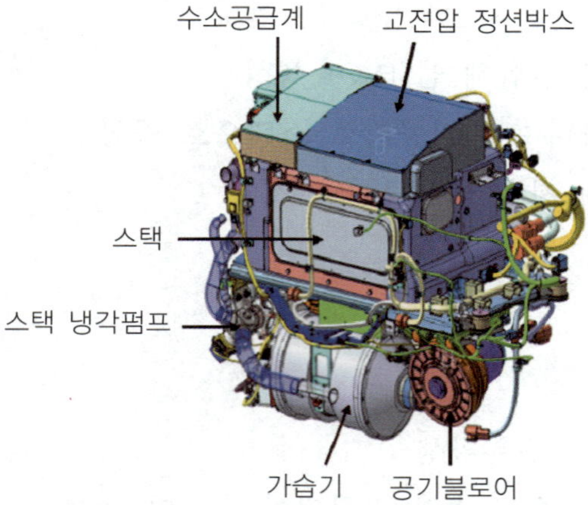

그림 51. 연료전지시스템 어셈블리

4.2. 수소연료 전지시스템

4.2.1. PFC(Power Train Fuel Cell)의 구성

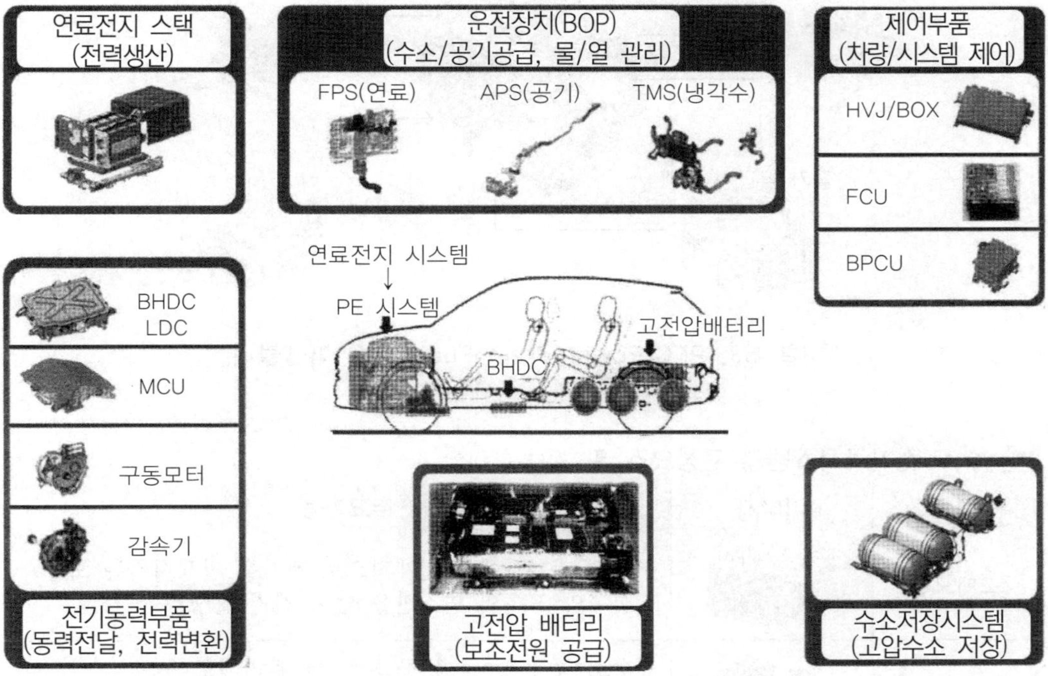

「그림」 52. 수소 전기차시스템의 구성(NEXO기준)

FCEV(Fuel Cell Electric Vehicle)차량의 동력원인 전기를 생산하고 이를 통해 차량을 구동하는 시스템이 구성된 전체 모듈을 PFC(Power train Fuel Cell)라 한다.

PFC는 크게 연료전지 스택(Stack)에 수소를 공급하는 FPS(Fuel Processing System), 공기를 공급하는 APS(Air Processing System), 스택을 냉각시키는 TMS (Thermal Management System), 스택에서 생산된 전기로 차량을 구동하는 모터 및 감속기로 구성된다.

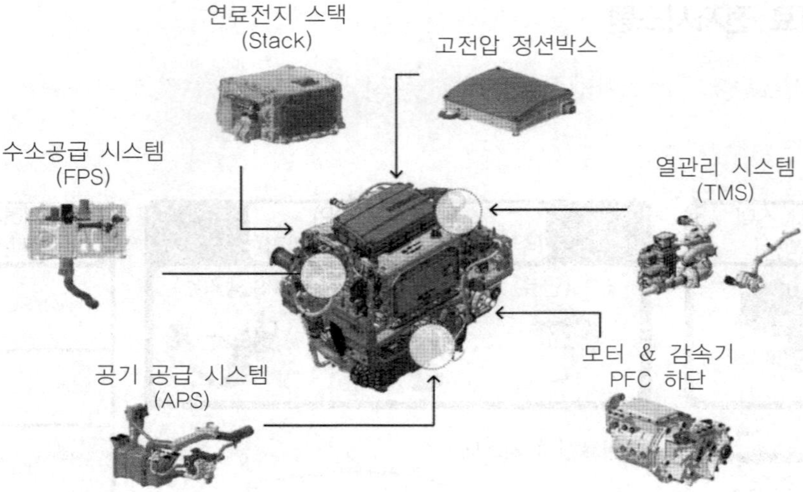

그림 53. PFC(Power Train Fuel Cell) 어셈블리

표 수소 전기차시스템의 구성요소 및 기능

구성요소	이미지	주요기능
스택모듈	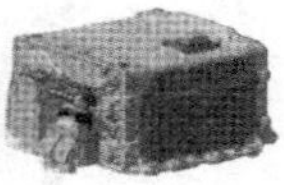	- 수소 전기차에서 실제적으로 전기를 발생시키는 모듈 - 별도의 고온의 연소반응 없이 전기 발생
운전시스템 (BOP)		- 수소 공급계, 공기 공급계, 열 관리계로 구성 - 연료전지 시스템을 최적의 조건으로 운전할 수 있도록 구현하는 운전 장치의 통칭
BPCU		운전장치에 사용되는 공기압축기 구동 제어기(제어보드, 게이트 보드, 캐패시터, IGBT, 전류센서, 홀더로 구성됨)
인버터		- 직류전원을 가변전압 및 가변주파수 형태의 교류로 변환하는 장치 - 구동모터의 구동력/회생력 제어
FCU		- 연료전지 스택에서 최적의 효율로 전기를 발생시키고 주변 장치들을 제어하는 연료전지 시스템 통합제어 - 클러스터와 액셀, 브레이크 등을 관리하는 차량제어 기능 - 고전압 배터리와 스택에서 생성되는 전기를 분배

4.2.2. 연료전지 스택(Stack)

수소차 구성요소 중 원가 비중 약 40%를 차지하는 연료전지 스택의 구성요소는 막 전극 접합체(MEA : Membrane Electrode Assembly), 기체 확산층(Gas Diggusion Layer), 분리판(Bipolar Plate), 개스킷(Gasket) 체결기구, 인클로저 등이 있다. 수소 연료전지차도 기본적으로 전기차이기 때문에 전기모터가 엔진 대신 사용되는데 이를 구동하는데 필요한 전기에너지를 확보하기 위해서는 다수의 셀을 직렬로 연결하여야 하며 이를 스택이라고 한다.

Cell은 두 기체(수소와 산소)의 반응을 높이기 위해 적용된 소자와 냉각수 흐름과 각 부위의 기밀을 유지하기 위한 부분으로 구성된다. 각 Cell은 약 0.5~1V의 전압을 출력할 수 있기 때문에 약 440장의 Cell을 적층 구조로 조립하면 250~450V 전압의 연료전지 Cell을 완성한다. 스택은 운전부하에 따라 다르나 계산식에 의해 단순계산을 하면 약 5kg의 수소가 산소와 완전결합을 한다면 약 45L의 물이 생성된다.

(a) 스택모듈(100㎾ 급)

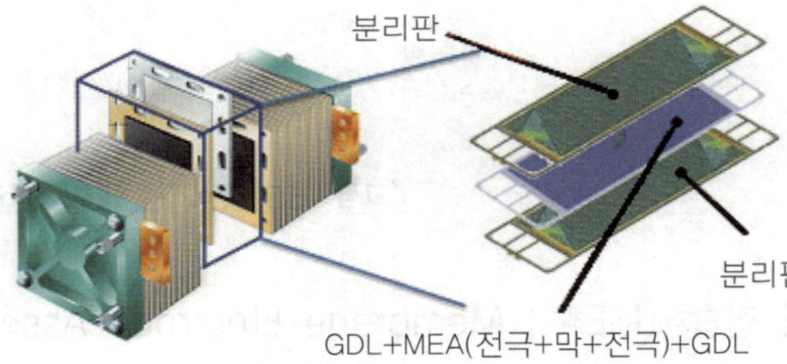

GDL(gas diffusion layer) : 가스 확산층
MEA(membrane electrode assembly) : 전극, 촉매, 고분자 전해질 막

(b) 스택 내부구성

그림 54. 연료전지 스택

수소 연료전지 셀은 프로톤 전도성의 고체 고분자 전해질막 양면에 한 쌍의 백금촉매전극을 설치하고 수소가스를 연료가스로 한쪽의 전극에 공급, 산소가스 또는 공기를 산화제로 다른 전극에 공급하여 전기전력을 얻는 장치이다.

[1] 스택(stack)의 전기발생 원리

연료전지의 공기극에는 에어클리너를 거친 공기(산소)가 공급한다.

① 촉매에 의해 공기 중 산소만 반응하며, 2개의 산소원자로 분리한다.

② 분리된 산소원자들은 강한 음전하를 띠게 되어 수소이온(H^+)을 끌어당겨 전해질 막을 쉽게 통과하도록 보조한다.

③ 전해질 막을 통과한 2개의 수소이온과 이를 끌어들인 산소원자. 외부 회로로부터 전달된 2개의 수소전자는 결합하여 물 분자(H_2O)를 생성한다.

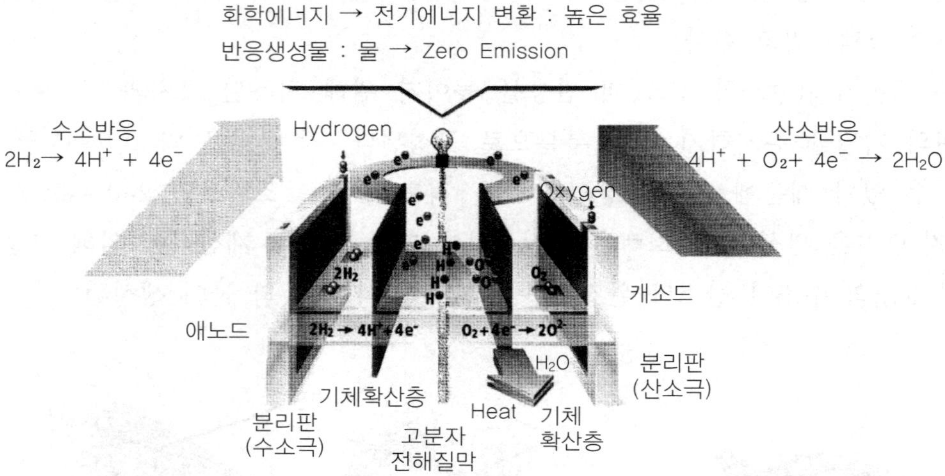

그림 55. 전기발생의 원리

[2] 막전극 집합체(MEA : Membrane Electrode Assembly)

현대차 등 수소연료전지 원가의 약 43%의 비중을 차지하는 막전극 집합체(MEA)는 연료극과 공기극 사이에 위치하는 전해질 막(Membrane)이 접합되어 있는 구조이다.

막전극 집합체(MEA)는 수소의 전기화학적 반응을 통해 전기에너지를 생산하는 역할을 한다. 따라서 효율적인 MEA제조는 연료전지의 성능향상을 위해 매우 중요하다. 연료극과 공기극에는 백금촉매가 사용된다. 백금촉매가 쓰이는 이유는 기본적으로 연료극으로 H-H, 즉, H_2가 들어오게 되면 H^+라는 이온으로 만들어야 하는데 그러려면 H-H 결합이 깨져야 한다. 이때, 백금촉매를 쓰게 되면 H-H가 PT(백금)와 결합하면서 H-PT(백금) 결합이 된다. 즉, 각 H가 PT와 결합하는 구조가 된다는 것이다. 그런데 H-H 결합을 깨는 것보다 H-PT(백금) 결합을 깨는 것이 훨씬 쉽다. 그래서 H^+ 이온으로 만드는 반응을 할 때 더 에너지가 적게 들게 하기 위해서 H를 PT에 붙였다가 떼어내는 것이다.

이러한 기본 성질을 바탕으로 결국 반응면적을 늘리는 것이 중요한데 면적을 늘리려면 면보다는 면 위에 원소가 떨어져 있는 것이 표면적이 훨씬 크다. 즉, 하나의 백금 particle(입자)이 작아지면 작아질수록, 그리고 입자들을 판으로 깔아놓지 않고 최대한 분산시켜 놓아야 표면적이 넓어지는 것이다. 이때 백금을 분산시키기 위한 기본판에 카본이 들어간다. 즉, 카본이 기본 판이 되고 백금을 그 위에 작은 나노사이즈 입자 형태로 최대한 분산시키는 기술이다. 그렇다면 전해질 막(Membrane)은 원하는 이온만 통과하게 하는 장치이다.

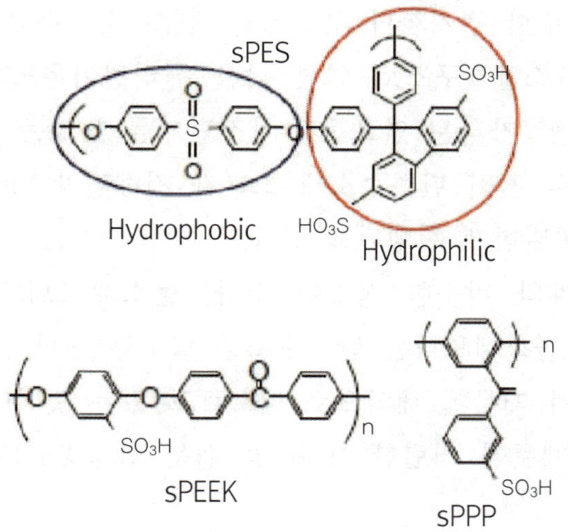

그림 56. 연료전지용 탄화수소의 전해질막

사실 연료전지쪽만 보면 전해질 막(Membrane)은 수소이온만을 선택적으로 통과시키는 이온전도막이다. 다만, 그 외에 BOP라는 주변 운전장치 중 핵심부품인 수분제어장치(막 가습기)에도 멤브레인 기술이 사용되고 있다. 연료전지 스택에서는 이온전도막으로써의 전해질 막(Membrane) 기술을 중심으로 살펴보고자 한다.

연료전지 전해질 막은 주기능인 수소이온 전달 이외에 기체 상태의 산소, 수소를 차단하며 전자의 직접전달을 방지하기 위한 절연체 역할도 한다. 따라서 이온전도막은 수소 이온 전도성이 높은 대신, 전자 전도성은 낮아야하고 반응기체의 이동이 적어야 한다. 한마디로 수소의 이온상태를 제외한 다른 모든 것을 차단하는 소재를 사용해야 한다. 전해질 막은 나피온이라는 불소계 고분자로 나피온은 일종의 불소계 화합물이다.

불소계 화합물에 대해 간단히 설명하자면 다음과 같다. 물은 모든 물질 중에서 가장 극성이 높다. 이유는 산소가 전자를 많이 끌어들이고 수소는 전자를 끌어들이지 않기 때문에 수소 쪽은 (+)가 되고 산소 쪽은 (-)가 되기 때문이다. 반대로 탄소와 수소가 결합하면 극성이 매우 낮다.

그런데 불소계 화합물은 극성이 높은 물하고도 섞이지 않고 극성이 낮은 탄화수소하고도 섞이지 않는 성질을 가지고 있다. 이러한 기본적 성질을 바탕으로 물과 친한 친수성 높은 원소들을 많이 붙여 놓았다. 그렇다보니 친수성 높은 원소들만 모여 있는 곳에 미세구멍이 형성되는 것이다. 그래서 이곳을 통해서만 수소이온이 통과할 수 있는 것이다. 이처럼 우수한 전기화학 특성에도 불구하고, 복잡한 제조공정으로 막의 가격이 매우 비싸며, 불소알킬구조로 인한 낮은 유리전이온도가 단점으로 지적되고 있다. 특히 나피온의 비싼 가격은 연료전지 생산단가를 높이는 주요 요인이 된다. 이에 대한 대안으로 등장한 것이 탄화수소계 고분자 전해질막으로 그 중에서도 방향족 고분자의 개발이 가장 활발하게 진행되고 있다.

방향족고분자는 불소계와 비슷한 성질이 있다. 불소계 고분자처럼 물을 밀어내고 탄화수소도 밀어내는데 불소계보다는 탄화수소를 덜 밀어낸다. 그렇지만 불소계 고분자와 어느 정도 비슷하기 때문에 대안으로 떠오르고 있는 것이다. 장점으로는 탄화수소는 도처에 깔려있기 때문에 저렴한 재료 및 쉬운 합성방법으로 막의 단가를 크게 낮출 수 있다.

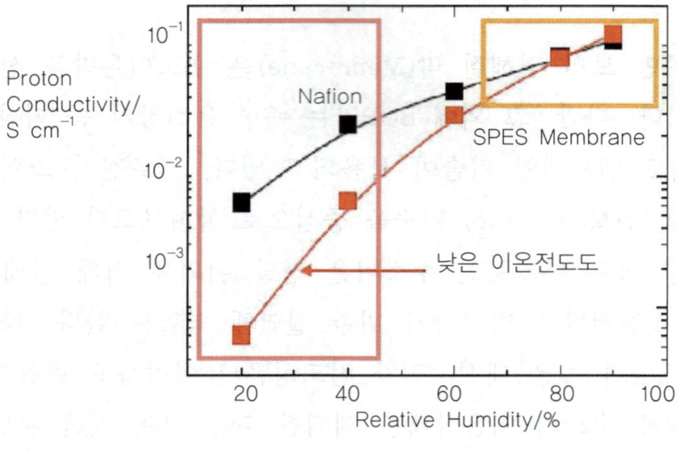

그림 57. 탄화수소계, 이온전도도의 습도의존성

또한 높은 유리전이온도를 보유하여 100도 이상에서의 장기운전에서도 높은 치수안정성이 유지된다. 다만, 고온·저습도에서 낮은 이온전도도를 보인다. 탄화수소계 고분자는 탄화수소를 완벽하게 밀어내지 못하기 때문에 일부 반응이 일어나 수소이온만 안정적으로 통과시키지 못할 수도 있다. 이렇게 되면 자동차가 열화가 되어 연료전지를 오래 쓰지 못하게 된다.

막전극 집합체(MEA)에서 촉매와 멤브레인은 그 함량에 서로 영향을 준다. 우선 촉매에서는 백금을 많이 넣을 경우, 단가가 올라가기 때문에 함량을 줄이고 싶어 한다. 예를 들어 멤브레인이 수소이온을 잘 통과시켜주면 낮은 전압으로도 작동이 가능해진다.

그러나 잘 통과시켜 주지 못하게 된다면 백금을 많이 넣을 수밖에 없게 된다. 따라서 탄화수소계 전해질막이 사용되어서 멤브레인 가격이 낮아진다고 하더라도 수소이온 통과에 한계가 있게 된다면 백금 촉매 단가가 높아질 수밖에 없는 것이다. 이에 멤브레인에 대한 기술개발이 막전극 집합체(MEA)의 가장 핵심이라고 할 수 있다.

[3] 가스확산층(GDL : Gas Diffusion Layer)

연료전지는 일반적으로 세퍼레이터, 가스확산층, 촉매층, 전해질막, 촉매층, 가스확산층, 세퍼레이터 순서대로 적층하여 구성된다. 가스확산층은 세퍼레이터로부터 공급되는 가스(수소, 산소)를 촉매로 확산하는 역할을 한다. 이를 위해 높은 가스 확산성, 전기 화학반응에 수반하여 생성되는 물을 세퍼레이터로 배출하기 위한 높은 배수성, 발생한 전류를 취출하기 위한 높은 도전성이 필요하다.

이를 위해 두께 방향의 가스 확산성과 배수성을 높임으로써 발전성능을 높게 하고 평면방향의 투기도를 작게 함으로써 세퍼레이터의 홈사이에서 가스의 쇼트 컷을 억제할 수 있게 한다. 또한 다공질층 표면의 평활성이 우수한 가스 확산층을 제공하고자 하는 기술이 개발되고 있다. GDL에서 많이 쓰는 탄소섬유는 폴리아크릴로니트릴(PAN)계, 피치계, 레이온계, 기상 성장계 등을 들 수 있다. 그 중에서도 기계강도가 우수한 PAN계, 피치계 탄소섬유가 많이 쓰이고 있다.

GDL도 결국 확산성과 배수성을 높이는 소재기술이 핵심이다. GDL쪽에는 앞서 언급했듯이 고강성 구조로 두께의 박막화(㎛ 이하의 얇은막화), 강성을 유지하는 기술로 가고 있으며 이를 통해 가격을 30% 정도 저감하고자 하고 있다.

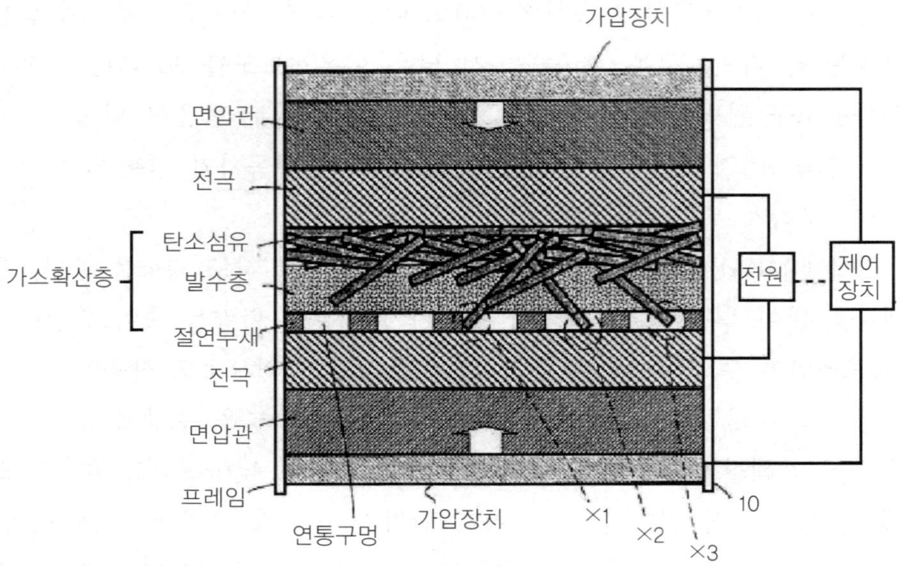

그림 58. 연료전지 가스확산층(GDL)의 제조장치

이에 따라 연료전지 전체로 보면 1% 정도의 가격 저감효과가 나타나게 된다. 발수층은 절연부재 위에 얇은 막을 코팅하여 물이 닿는 순간 표면에 스며들지 않고 튕겨 주도록 하는 층이다.

[4] 분리판(Separator)

분리판(Separator)은 수량적으로 막전극접합체(MEA)와 함께 많이 사용되는 부품 중 하나이다. 분리판은 각 단위전지 셀(MEA)의 수소극과 인접 셀의 공기극에 전기적으로 접촉하고 있다. 수소와 공기는 분리판 양면에 있는 유로를 통하여 각 전극 내부에 공급된다. 연료전지에서 분리판은 반응가스의 공급/분리뿐 아니라 전기 전도, 반응에서 생성된 물의 배출, 내부 열관리 등의 주요 역할을 수행한다. 연료전지용 분리판은 그 기능에 따라 몇 가지 중요한 물성이 필요하다.

첫째, 연료전지에서 전극반응으로 생성된 전자가 분리판을 통해서 이동하는 전기적 통로 기능을 수행해야 하기 때문에 전기적 전도성이 있어야 한다.

둘째, 전극반응에 참여하는 반응가스(수소, 산소 또는 공기)를 공급하고 반응으로 생성된 물을 외부로 즉시에 배출하는 통로 역할이다. 외부에서 공급된 반응가스가 전극내부의 촉매까지 도달해야 하므로 반응가스가 균일하게 분포하도록 분리판 유로가 설계되어야 한다.

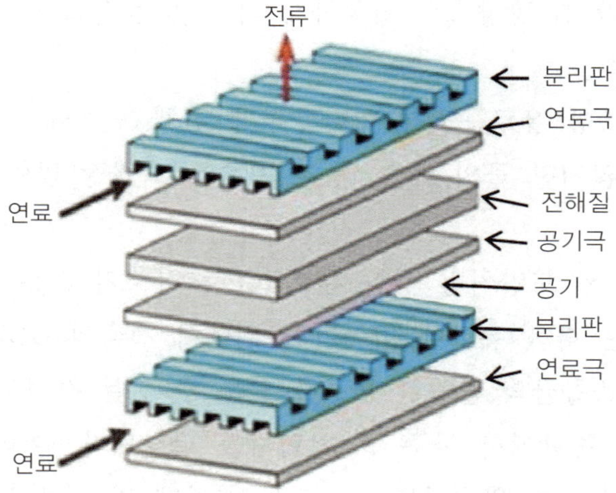

그림 59. 연료전지 스택안 분리판 위치

또한, 공기극에서 전극반응으로 생성된 물이 유로를 통하여 원활하게 외부로 배출할 수 있는 적절한 소수성 표면(유기물계통 중에서 친수성이 적은 것. 폴리에틸렌계, 실리콘발수제, 테프론, 실리콘수지, 고무계열 제품 등) 특성도 갖추고 있어야 한다.

셋째, 각 셀의 수소극과 공기극에 공급된 반응가스가 혼합되지 않도록 하는 분리역할을 할 수 있어야 한다. 안정성 관점에서 수소극에 공급된 작은 분자의 수소가스는 분리판 기공을 통해 공기극 쪽으로 투과되지 말아야 한다.

흑연판이나 탄소복합소재는 어느 정도의 기공을 가지고 있다. 이에 흑연계 분리판에서는 수소가스 투과에 대한 아주 낮은 허용치를 요구한다. 금속의 경우에는 기공이 없어 수소가스 투과는 문제가 되지 않는다. 하지만 얇은 두께(~0.1mm)의 금속 분리판 소재에서 부식이나 다른 예기치 못한 요인으로 결함이 발생할 경우에는 안정성에 문제가 발생할 수 있다. 따라서 금속 분리판은 고내식성의 소재로 제작되어야 한다.

넷째, 연료전지에서 전극반응은 발열반응이므로 연속적인 운전에서 내부온도가 상승한다. 고분자막 이 건조되면 전해질막 특성이 저하되므로 분리판 소재는 빠른 열전도 특성을 가져야 한다.

균일한 반응가스 공급 및 원활한 물 배출 역할을 담당하는 분리판의 기본 유로구조는 크게 4가지 유형으로 나눌 수 있다.

첫째, 불연속적인 핀 형태의 돌기가 있는 유로구조이다. 이는 다른 유로에 비하여 물배출이 용이하지 않고 균일한 가스의 공급 및 배분이 어려운 특징이 있다.

둘째, 가스의 유로가 한 방향으로 평형하게 되어 있는 유로구조이다. 이 또한 핀 구조와 같은 단점이 있다.

셋째, 구불구불한 S형 유로구조가 있다. 전극 전체 면적에 가스의 균일한 공급과 배분을 하기는 쉽지 않지만 물의 배출기능이 우수하고 가장 많이 사용되고 있는 구조이다.

넷째, 양손을 깍지 낀 모양처럼 생긴 유로구조는 유로가 서로 연결되어 있지 않다. 따라서 공급된 가스는 다음 유로에 넘어가기 위해서 전극의 GDL층을 통과해야 하므로 물의 배출이나 가스공급의 균일한 분포를 얻을 수 있는 장점이 있다.

그러나 유로입구와 종단에서 아주 큰 압력차를 나타낸다. 이러한 불연속 유로구조에서 물을 원활히 배출하기 위해서는 공급되는 산화제 가스(공기)의 압력(약 5기압)이 상대적으로 높아야 한다.

이러한 문제점을 해결하기 위하여 미국의 UTC사에서는 거의 상압 하에서도 운전이 가능하도록 깍지형 가스 유로구조 및 냉각유로를 구비한 다공성(2~3㎛ pore, 30~35% 기공도) 분리판을 사용하여 반대편에 형성된 냉각유로를 통하여 물이 배출되도록 함으로서 압력차를 해결하는 방법을 제안하기도 하였다. 이러한 분리판 기본 유로구조는 각 형태에 따라 장단점이 있으므로 실제 연료전지의 분리판에서는 기본 유로를 그대로 사용하지 않고 물의 배출과 균일한 반응가스의 공급에 적합하도 록 변형된 복합 유로구조를 사용하는 것이 일반적이다.

최근에는 자연에 있는 구조물에서 유로구조를 본뜬 biomimetic(생체모방) 유로구조를 갖는 분리판도 개발되고 있다. 유로구조는 연료전지 본체인 스택 모듈의 성능에 큰 영향을 미치므로 연료전지 스택 모듈 제조사마다 스택구조에 적합한 고유의 유로구조를 분리판에 적용하고 있다. 분리판의 경우, 현재 국산화율이 100%인 상태이다.

POSCO는 세계 최초로 POS470FC를 개발했는데 이는 코팅 없이도 내식성과 전도성이 우수한 것으로 알려져 있다. 따라서 금을 코팅한 기존 금속 분리판 대비 원가는 40% 가량 낮고 무게는 30% 경량화한 것으로 파악된다. 분리판 설계 및 제조는 대부분 연료전지 개발 주체와 함께 진행한다. 분리판은 연료전지 내부구조 설계에 대한 핵심기술을 내포하여 정보 노출에 민감하기 때문이다.

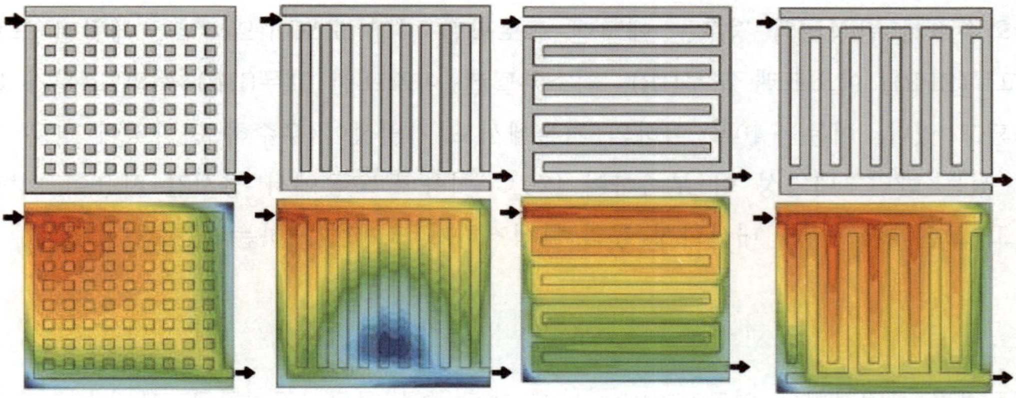

그림 60. 분리판의 기본 유로구조

[5] 개스킷

연료전지 스택은 수백 개의 단위 셀들이 반복적으로 적층되어 만들어지는데 각각의 단위 셀에는 반응기체 및 냉각수의 기밀성을 확보하기 위해 고무 개스킷을 사용한다. 또한 수백 개 의 단위 셀들이 일정 압축하중을 받고 있기 때문에 고무 개스킷은 10년 내구성을 보장할 경우 8만 시간 이상 일정량 압축된 상태에 놓이게 된다.

스택은 일반적으로 다양한 온도, 압력 및 상대습도 조건에서 작동되는데, 무엇보다도 중요한 것은 사용기간 내내 기밀을 유지하여 야 한다. 이를 위해서는 장기간 높은 탄성을 유지해야 하며, 압축변형에 대한 저항성이 매우 높아야 한다. 스택용 고무 개스킷은, 불소계 탄성체, 실리콘계 탄성체 및 탄화수소계 탄성체가 일반적으로 널리 사용되고 있다. 이전에는 연료전지용 개스킷으로서 내열성, 내산성, 탄성 등 종합적으로 물성이 우수하고 가장 신뢰도가 높은 불소계 고무를 사용하였으나, 사출 성형성과 내한성이 좋지 않고 가격이 비싼 단점이 있어 양산 적용에는 문제가 있다. 또한, 불소계 고무를 과산화물로 가교하여 30℃ 이하의 저온에서도 사용 가능하게 만들 수 있으나, 수백 개의 개스킷을 초고가의 저온용 불소고무로 대체하기에는 부담이 크다.

실리콘계 탄성체의 경우는 폴리디메틸실록산 등의 일반 실리콘 고무와 고가의 불소화 실리콘과 같은 개질 실리콘 고무로 분류되며, 고체도 사용가능하나, 연료전지 스택용으로는 정밀 사출성형에 유리한 액상 실리콘 고무가 보다 많이 사용되고 있다. 탁월한 사출 성형성을 발현한다는 장점이 있지만, 실리콘이 불순물로 용출되어 백금 촉매를 피독하고 셀 성능을 감소시키는 단점이 있어 연료전지용으로 적합하지 않다.

탄화수소계 탄성체의 경우는 에틸렌 프로필렌 디엔 모노머(EPDM), 에틸렌 프로필렌 고무(EPR), 이소프렌 고무(IR), 이소부틸렌-이소프렌 고무(IIR) 등의 고무가 많이 사용되고 있다. 이는 -40℃ 이하의 저온에서도 기밀성이 우수하고 가격이 낮은 장점들이 있는 반면, 내열성 이 부족하여 120℃ 이상의 고온에서 장시간 사용이 어렵다. 그리고 고온에서 탄성, 내산화성 등의 물성저하가 크게 발생하는 문제점이 있다.

4.2.3. 연료전지 운전장치

연료전지 운전장치는 연료전지(Stack)에 연료(수소)공급, 공기공급, 냉각수를 공급하는 크게 3가지로 구분된다. 연료전지 운전장치는 스택(Stack) 좌·우 및 하단에 각각 구성되어 있다. 운전시스템에서 주의할 점은 각 라인의 일부가 다른 라인과 연결된다는 것이다. 수소공급시스템의 일부라인은 공기공급시스템과 연결되어 수소 배출 및 생성수(물) 배출을 하고 있다. 또한 열관리시스템은 스택 냉각 위주로 적용되어 있다.

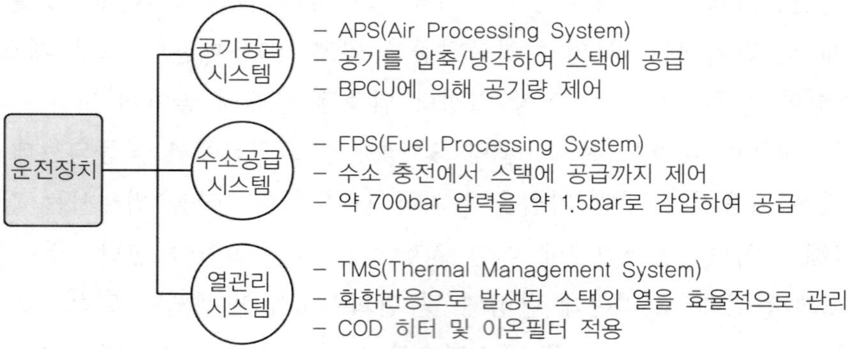

운전시스템 외에 별도의 냉각장치가 적용되어 있다. 바로 고전압 부품을 사용하는 제어기 및 인버터, 구동모터, 공기공급시스템의 냉각은 전장 냉각수를 활용하여 시스템 온도를 유지한다.

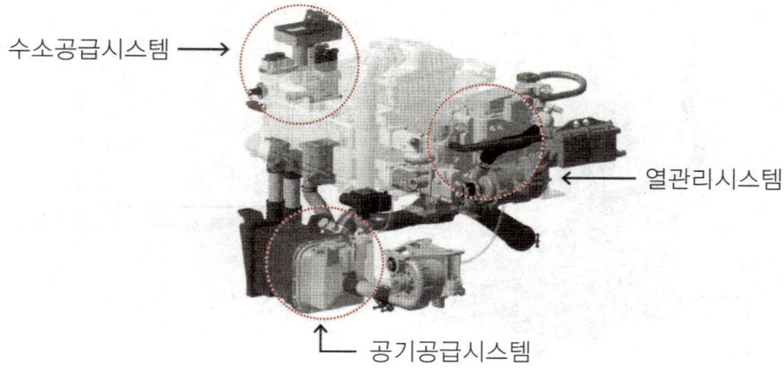

그림 61. 연료전지 운전장치의 구성

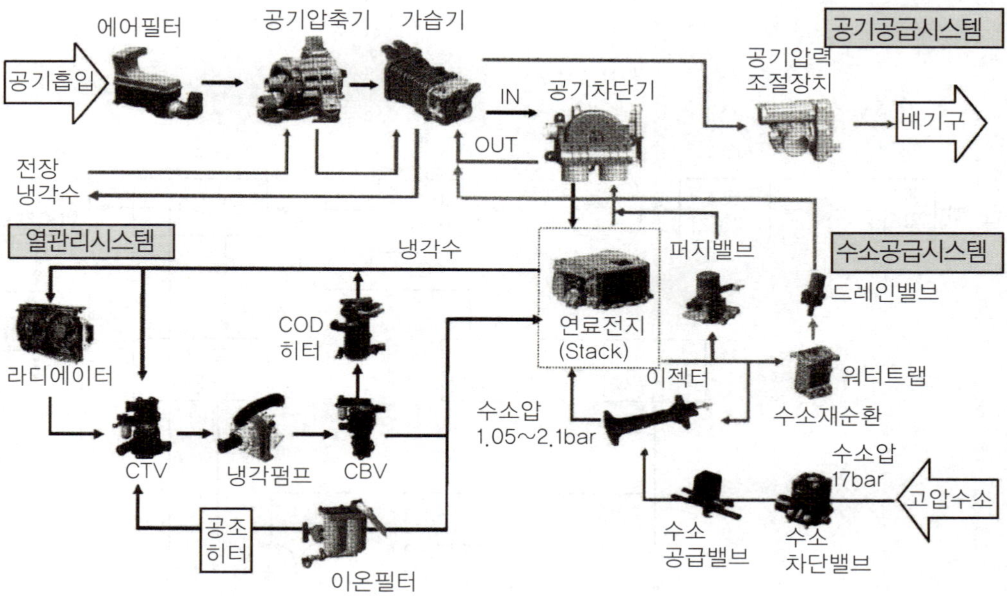

그림 62. 연료전지 운전장치의 전체 구성도

[1] 에어 공급시스템(APS : Air Processing System)

공기 공급시스템이란 전기화학반응을 위해 연료전지 양극에 산소를 공급하는 장치를 말한다. 이는 전기차에 들어가지는 않지만 내연기관차에 들어가 있는 부품이 거의 그대로 들어간다고 보면 된다.

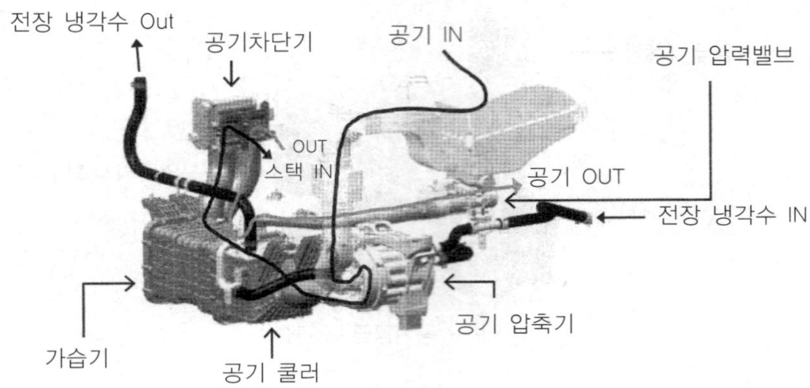

「그림」 63. 에어 공급시스템

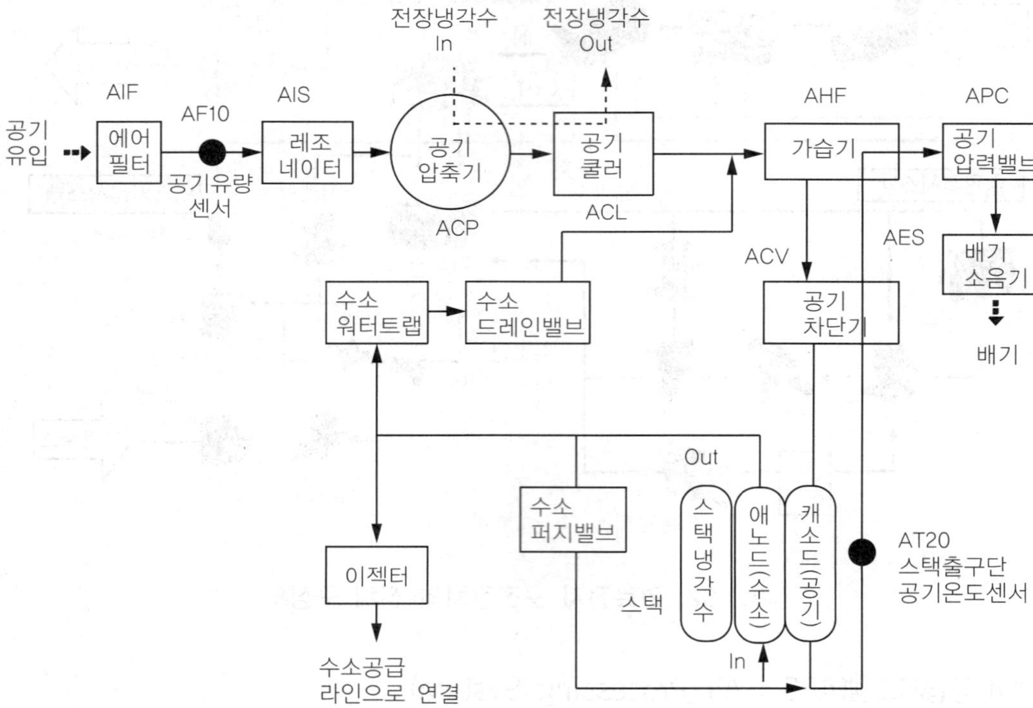

「그림」 64. 에어 공급시스템의 흐름도

공기 공급시스템은 공기 중에 포함된 이물질을 여과하는 에어클리너와, 에어클리너에서 여과된 공기를 압축하여 공급하는 공기 블로워 및 공기 블로워를 제어하는 컨트롤 박스를 포함하여 구성된다. 이중, 공기 블로워는 공기를 압축하여 스택에 공급하는 연료전지차의 핵심장치로 4만 RPM 이상 초고속 회전을 요하기 때문에 연료전지 파워의 10%가 여기에서 손실된다.

(1) 공기흐름 순서

① 흡입공기는 고효율 에어필터와 소음감소를 위한 레조네이터를 지나 공기압축기로 흡입된다.

② 공기압축기는 최대 10만 RPM으로 회전하며 공기를 스택으로 밀어낸다.

③ 공기 쿨러에서 냉각된 공기는 가습기로 들어가 수분을 보충하여 습한 공기상태로 된다.

④ 습한 공기는 공기차단기의 Inlet을 통해 스택으로 공급되고, 스택을 지난 공기는 다시 공기차단기의 Outlet을 통해 가습기로 되돌아간다.

⑤ 가습기를 통과한 공기는 공기 압력밸브를 지나 배기로 배출된다.

(2) 에어필터

연료전지는 순수한 산소만 필요하다. 여기에 유해가스나 먼지가 유입되면 이상 화학 반응이 발생해 내구성이 크게 떨어진다. 흡기공기의 청정도 관리는 연료전지차의 생명이다. 연료전지 차량은 흡입공기에서 먼지 입자와 유해 가스(아황산가스, 부탄)를 걸러 내는 화학 필터를 사용한다. 20,000km마다 주기적으로 필터를 교환해야 한다. 필터의 구조는 다음과 같다.

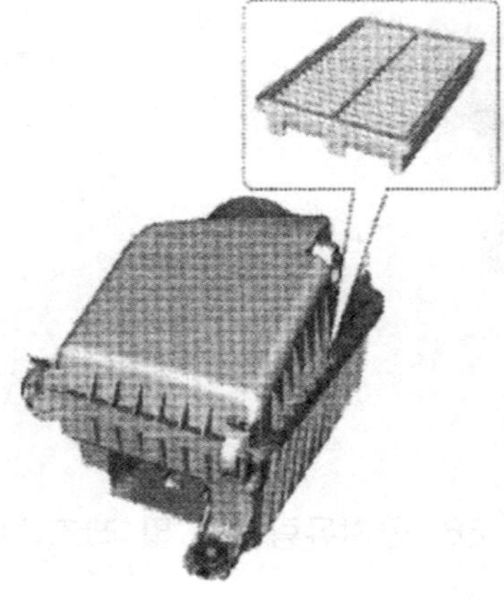

그림 65. 에어필터

① 파티클층 #1 : 입자상 물질을 포집하며 수준의 통기 저항과 높은 수준의 입자 포집 효율성을 지녀야 한다.

② 카본층 : 다양한 화학물질, 아황산 및 부탄(탄소)을 포집한다.

③ 파티클층 #2 : 입자상 물질과 미세입자를 포집한다. 그것은 폴리프로필렌(PP)성분의 고성능 정전 부직포로 만들어 진다.

④ 커버층 : 입자층을 보호하기 위한 피막으로 필터의 후 공정 프로세스에서 물리적 형태를 유지한다.

(3) 공기유량센서 및 레조네이터

1) 공기유량센서

공기량 센서는 에어클리너 커버와 에어 인테이크 호스사이에 위치하며 스택에 유입되는 흡입공기의 양을 측정하여 FCU로 입력한다. 흡입공기 통로에 있는 가열 필름(hot film type)의 온도를 유지하기 위해 흐르는 전류값으로 공기량을 간접 측정한다.

2) 레조네이터

흡입공기의 소음감소 및 공기의 저장을 위해 적용되었으며 에어클리너 후단에 연결된다.

(a) 공기유량센서 (b) 레조네이터

그림 66. 공기유량센서 및 레조네이터

(4) 공기압축기(ACP : Air Compressor)

공기 블로어는 압축장치 및 고속모터로 구성되며 연료전지 스택에 공기를 공급한다. 모터 구동시 발생하는 열을 냉각하기 위해 전장 냉각라인에 연결되어 있다. 공기압축기는 BPCU와 BLDC 3상 회로로 구성되어 있어 제어에 따라 최대 10만 RPM으로 회전한다. 회전을 통해 유입된 공기를 약 2bar까지 압축할 수 있다.

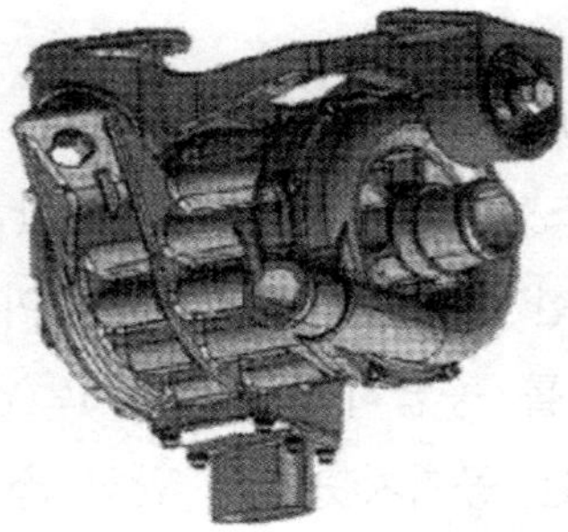

그림 67. 공기압축기

(5) 공기 쿨러 및 가습기

1) 공기 쿨러

공기압축기에 의해 압축된 공기는 약 130℃까지 온도가 상승하기 때문에 공기 밀도가 낮아진다. 상승된 공기를 약 85℃ 정도로 냉각시키는 역할을 공기 쿨러가 담당한다. 공기 쿨러는 효율적인 공기 냉각을 위해 공기압축기와 가습기사이에 적용되며 전장 냉각라인에 연결되어 공기를 냉각시킨다.

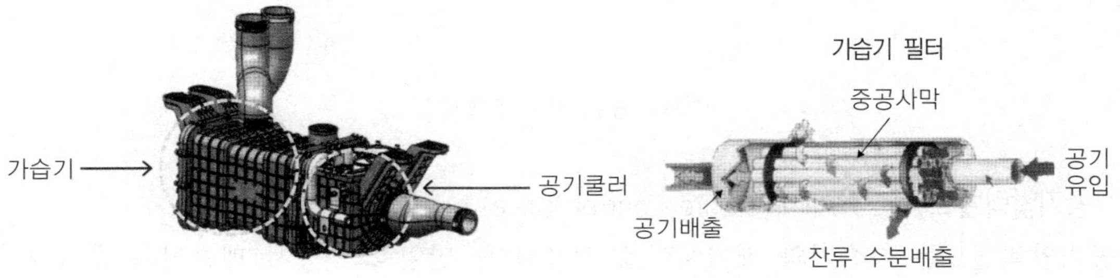

그림 68. 공기쿨러 및 가습기

2) 가습기

가습기는 공기 쿨러와 일체로 구성되어 스택으로 공급되는 공기에 수분을 공급한다. 가습기 내의 중공 사막을 통해 스택으로 들어가는 흡입공기에 스택에서 배출된 수분을 전달하여 스택 내부 각 Cell에서 수소반응(H^+)이 잘 일어나도록 하는 촉매역할을 한다. 혹한기에 막 가습기내에 수분이 빙결되는 경우가 있긴 하지만 수분의 양이 적기 때문에 막 가습기 작동에는 문제가 되지 않는다.

(6) 공기 차단기(ACV : Air Cut-Off Valve)

가습기에서 공급된 공기를 스택으로 공급한다. 또한 스택에서 사용된 공기를 가습기로 배출시키는 통로 역할을 한다. 연료 전지시스템이 활성화되기 위해서는 항상 공기 차단기가 열려 신선한 공기를 공급하고 사용되고 남은 공기를 배출해야 한다. 하지만 IGN Off시(Ready Off)에는 공기차단기가 닫혀 스택으로 들어가는 공기(입구 측/출구 측)를 막아 IGN Off 후 잔류가스에 의해 스택에서 전력이 생산되는 것을 방지한다.

(a)

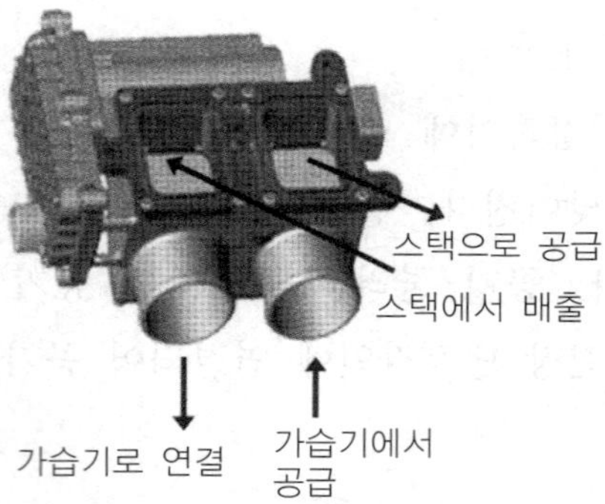

(b)

「그림」 69. 공기 차단기

(7) 공기압력밸브(APC : Air Pressure Control Valve)

공기압력밸브는 가습기와 배기사이에 적용된다. 만일 스택에서 배출되는 공기가 저항 없이 배기로 배출되면 공기압축기에서 공급하는 압력 때문에 공기가 스택에 머물며 수소와 반응할 수 있는 시간이 줄어든다.

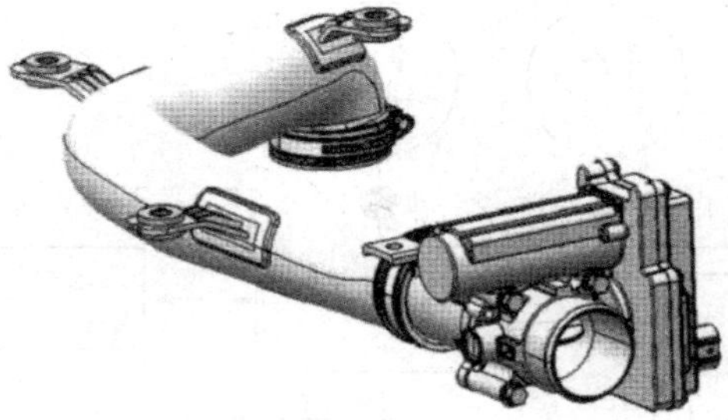

「그림」 70. 공기압력밸브

따라서 공기압력밸브를 두어 부하에 따라 열림량을 조절하여 스택내부 공기단에 걸리는 배압을 형성한다. 이러한 제어에 의해 스택에 공급된 공기는 수소와 충분한 반응을 할 수 있다.

[2] 수소 공급시스템(FPS : Fuel Processing System)

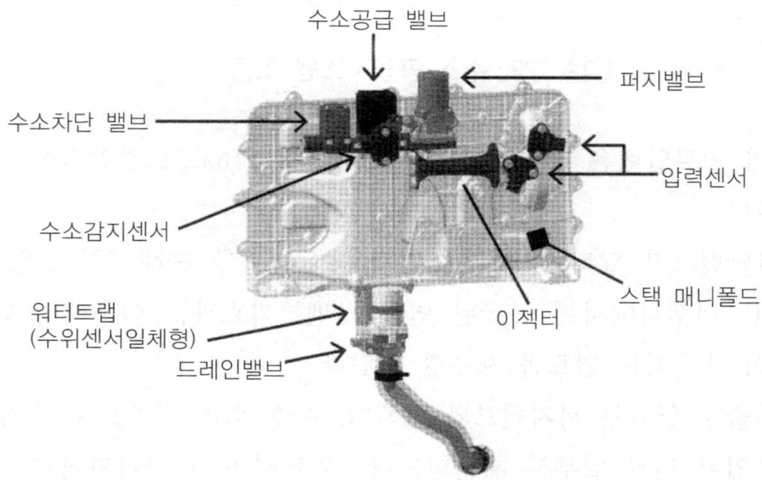

「그림」 71. 수소공급시스템의 구조

(1) 수소연료 흐름순서

① 3개의 수소탱크는 솔레노이드밸브(온도센서 일체)와 체크밸브를 통해 고압 레귤레이터까지 대기한다.

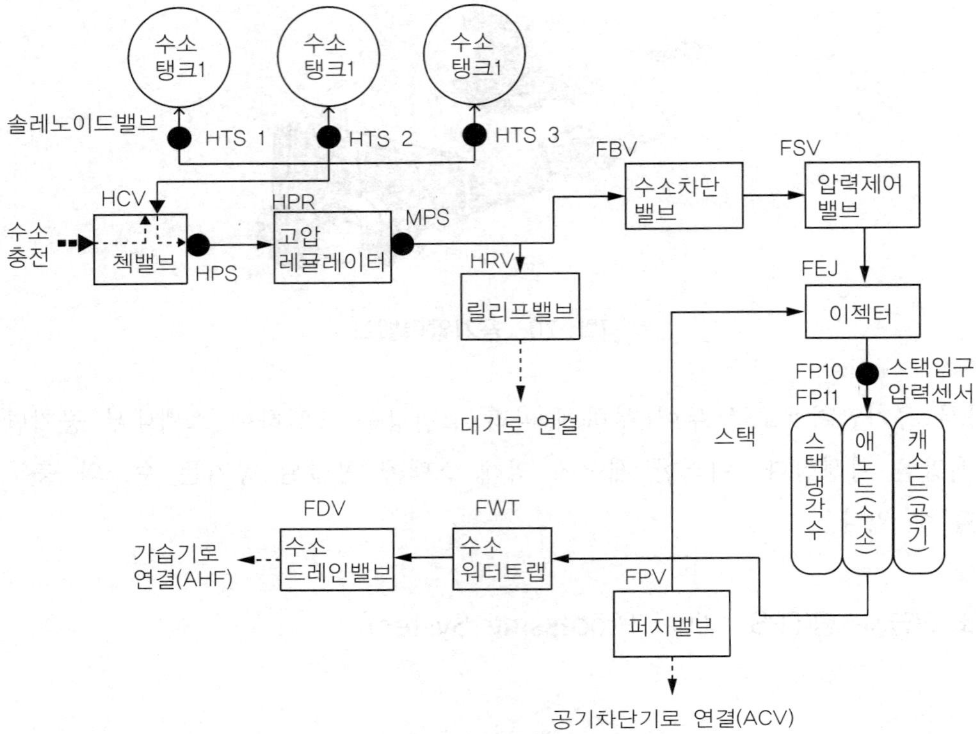

그림 72. 수소 공급시스템 흐름

② 약 700bar의 연료압력은 레귤레이터를 지나면서 17bar로 감압되어 수소 차단밸브로 공급된다.

③ Ready시 차단밸브가 열리면 연료는 압력제어 밸브를 통해 2차 감압 후 이젝터로 공급된다. 이젝터에서는 공급된 연료를 벤투리효과를 이용해 스택에 공급하고, 스택에서 배출되는 연료를 재순환 시킨다.

④ 스택에서 배출된 연료는 퍼지밸브와 이젝터, 수소 워터 트랩으로 흘러간다.

⑤ 이젝터로 유입된 연료 일부는 재순환되며, 수소 순도가 떨어지면 퍼지밸브를 구동하여 대기로 배출한다.

⑥ 수소 워터 트랩은 스택 수소층에서 발생된 생성수를(물) 모았다가 드레인밸브를 통해 외부로 배출한다.

(2) 수소 저장탱크

부피가 큰 수소를 압축하여 저장한다. 고압가스를 저장하는 연료탱크를 타입별로 살펴보면, 총 Type 1~4로 구분된다. Type 1은 완전 스틸(강철)로 이루어진 연료탱크이고 Type 2는 탱크통 일부를 유리섬유로 감은 것, Type 3은 탱크통을 완전 탄소섬유로 감은 형태이다. 그리고 Type 4는 비 강철 라이너, 즉, 고밀도 플라스틱 라이너를 완전 탄소섬유로 감아서 완성한다.

CNG버스 연료탱크나 LPG 가스탱크는 강철재질로 만든 Type 1방식이다. 반면, 수소전기차 연료탱크는 고강도 플라스틱 재질의 탱크를 탄소섬유 실로 감아 만든 Type 4방식의 초경량 복합소재 연료탱크로 만들어진다. Type 4 연료탱크는 탄소섬유로 만들어져 강철로 만든 Type 1, 2에 비해 60% 가량 가볍다. 이 때문에 연료손실도 적고 타이어나 브레이크 라이너의 수명도 비교적 길다는 장점이 있다.

수소전기차에 Type 4 탱크를 탑재한 가장 큰 이유는 수명과 안전성 때문이다. 700bar 고압의 수소를 충전하기 때문에 탱크가 '늘었다', '줄었다'를 반복하는데 이 과정에서 Type 1, 2 탱크는 금속 피로도가 쌓여 수명이 비교적 짧다. 반면, Type 4의 라이너는 플라스틱소재로 만들어져 복원력이 뛰어나 피로도에 강하다. 또한 고온에서 자가 가스방출시스템을 적용해 화재나 충격, 충돌에도 견딜 수 있도록 설계되어있다. 수소전기차 고객이 가장 우려하는 부분 중 하나는 수소연료탱크의 폭발위험이다. 그러나 수소연료 전지차는 애초에 폭발할 수 있는 화학적 환경이 조성되지 않는다.

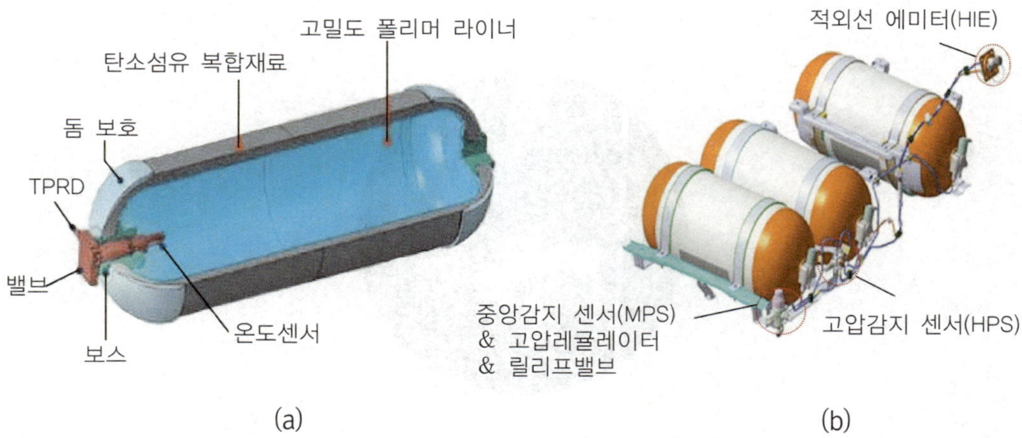

그림 73. 수소연료탱크의 구성

Type 4 연료탱크 제조방식을 보면 에폭시와 열경화성 수지 등을 합친 복합소재가 적용된다. 탱크가 고압에서도 잘 견딜 수 있도록 탄소섬유를 다양한 패턴으로 여러 겹으로 감은 형태이다. 실을 왼쪽, 오른쪽, 사선방향 등으로 둘러 감은 형태라는 것이다. 이렇게 특수 패턴으로 겹겹이 감긴 탄소섬유는 충격이나 큰 외부 충격을 받더라도 폭발하지 않고 살짝 찢어지면서 수소가스를 공기 중으로 날려 보낸다. 이는 탄소섬유의 탄력적인 재질 특성 때문이다. 그리고 수소는 지구상에서 가장 가벼운 원소이기 때문에 1초에 24m을 날아갈 정도로 확산이 빨라 누출과 동시에 공기 중으로 희석된다.

수소 저장탱크는 제조일로부터 15년, 5,000회 충전 이후 재사용할 수 없다(법규). 1회 충전은 가스충전 시 탱크 내부압력이 약 125bar 이상 상승할 경우 인정된다. 항상 700bar까지 완충할 경우 15년 동안 3,000,000km(5,000회×약 600km) 내구성을 갖는다. 안전을 위해 15년/5,000회 충전 이후 시스템이 정상일지라도 Ready가 되지 않아 주행할 수 없다. 따라서 충전횟수가 4,995회를 초과할 경우 서비스 램프를 점등시켜 사용자에게 경고(FCEV)한다.

(3) 고압감지 센서(HPS : High Pressure Sensor)

고압감지 센서는 3개의 탱크 라인이 집중되는 체크밸브 블록에 적용된다. 충전된 수소의 이상 고압을 감지하여 HMU(Hydrogen Storage System Management Unit)로 전송한다.

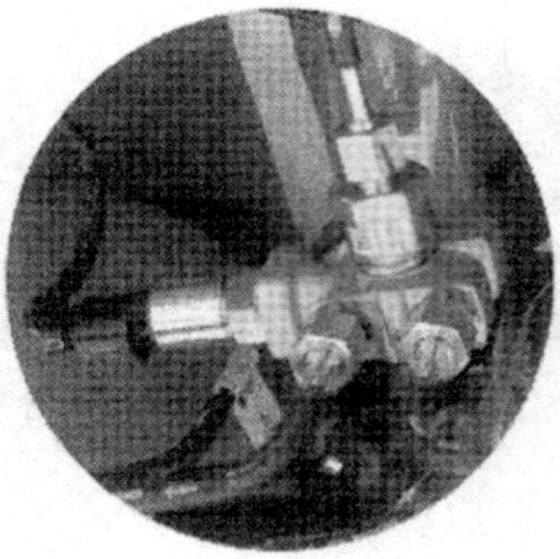

「그림」 74. 고압감지 센서

최고 900bar까지 감지할 수 있으며 FCU(Fuel Cell Control Unit)는 이 신호와 연료 온도(HTS 내부) 신호를 기준으로 연료량을 결정한다. 또한 HMU는 감지된 압력과

온도에 따라 수소충전 상태(수소 양, 충전속도)를 제어한다. 체크밸브는 수소 주입구와 고압라인을 차단하는 역할을 한다.

(4) 중압감지 센서(MPS : Mid Pressure Sensor) & 고압 레귤레이터 & 릴리프밸브

체크밸브 블록에서 합쳐진 3개의 고압라인을 감압시키는 고압 레귤레이터와 이를 감지하는 중압 감지센서 그리고 감압한 연료가 약 22bar 이상일 경우 중압을 대기로 방출 시키는 안전장치인 릴리프밸브가 하나의 블록으로 구성된다.

수소저장 탱크에서 공급된 700bar의 압력은 고압 레귤레이터를 지나면서 약 17bar로 감압되어 스택의 연료차단 밸브로 공급된다.

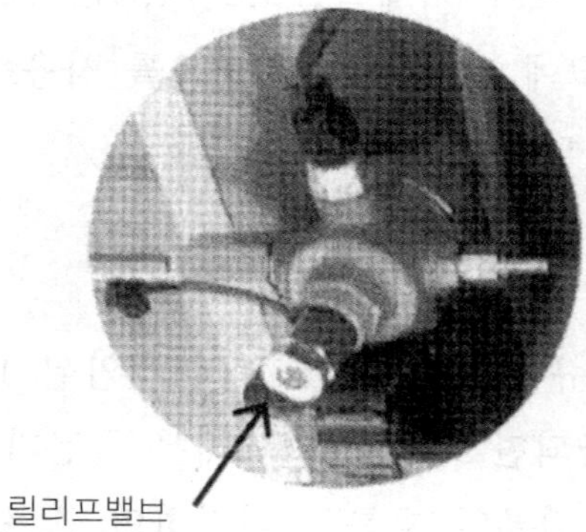

「그림」 75. MPS&고압 레귤레이터&릴리프밸브

(5) 수소탱크 밸브(HTS : Hydrogen Tank Solenoid)

수소탱크 밸브는 탱크 각각에 하나씩 적용되며 HMU가 제어한다(총 3개 적용). 밸브에는 탱크 내부에 저장된 수소를 공급라인으로 연결하는 솔레노이드밸브, 수소를 수동으로 차단할 수 있는 매뉴얼 차단밸브, 탱크 내부온도를 감지하는 온도센서가 일체로 구성된다. 또한 탱크 내부온도가 상승할 경우 저장된 수소를 외부로 방출시킬 수 있는 온도감응 안전밸브가 내장되어 있다.

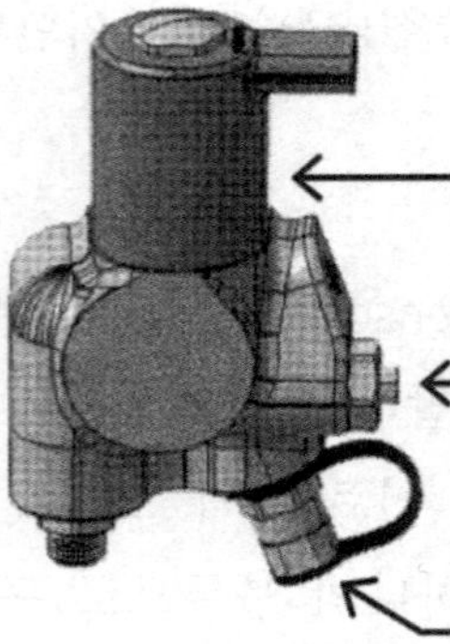

「그림」 76. 수소탱크밸브

특정 탱크의 솔레노이드밸브가 기계적인 고장이(HMU가 제한하지 않는 고장일 경우) 발생할 경우 나머지 탱크에 저장된 수소 연료를 사용하여 주행할 수 있다. 하지만 주행거리가 현저하게 줄어든다.

(6) 수소 차단밸브(FBV : Fuel Block Valve)

수소 차단밸브는 고압 어큐뮬레이터에 의해서 감압된 17bar의 수소를 스택으로 공급한다. 밸브에 전류가 공급되면 전기장에 의해서 플런저가 위쪽으로 움직이게 된다. 이때 수소가 통과를 한다. 전류의 흐름을 차단하면 스프링에 의해서 플런저는 다시 내려오면서 수소공급은 차단된다. FCU의 신호에 의해 구동된다.

(7) 수소압력 제어밸브(FSV : Fuel Supply Valve)

연료 차단밸브에서 공급된 17bar의 연료를 스택에서 전력을 생산하는데 필요한 만큼 압력을 조절하는 밸브이다. 일반적인 운전조건일 경우 17bar로 입력받은 연료를 1~2bar로 감압하여 스택에 공급한다. FCU의 신호에 의해 구동된다.

(8) 수소 퍼지밸브(FPV : Fuel Line Purge Valve)

스택 내부의 수소 순도를 높이기 위해 사용된다. 스택으로 공급된 수소는 산소와 화학반응 후 버려지는 것이 아니라 이젝터를 통해 재순환되어 남아있는 수소의 화학반응을 유도한다. 이때 재순환과정에서 수소의 순도는 점점 낮아진다.

그림 77. 수소연료 제어밸브류

스택에서 일정량의 수소를 소비할 때, 퍼지밸브는 수소의 순도를 높이기 위해 열려 수소를 배출한다. 즉, FCU는 항상 일정 수준 이상으로 수소의 순도를 유지하기 위해 퍼지밸브를 개방하고 새로운 수소를 공급한다. 퍼지밸브는 약 0.3초간 동작하여 스택 내 잔여 수소를 배출한다.

(9) 수소입구 상·하단 압력센서

스택으로 공급되는 연료압력을 감지하는 센서이다. 측정된 압력은 FCU로 입력한다.

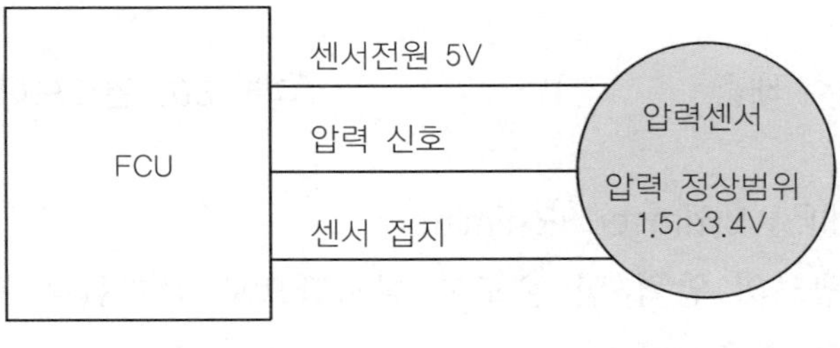

그림 78. 수소입구 상·하단 압력센서

(10) 생성수 배출

① 워터 트랩(FWT) : 스택 내부 수소 확산영역에서 물을 저장한다. 최대 200ml를

저장할 수 있다.

② 생성수 레벨센서 : 워터트랩의 저장된 수분의 양을 감지한다. 워터트랩에 저장된 물이 110ml 이상 모아진 경우 수분 레벨센서가 감지하여 FCU로 신호를 보낸다. 수분 레벨센서는 전기신호로부터 전극의 물로 인해 발생되는 정전용량의 변화를 감지한다. 높은 유전율을 가진 물질이 접근하는 경우, 센서는 증가하는 유전율을 감지하고, 물이 그에 접촉하는 것을 나타내기 위해 전기신호를 출력한다.

③ 드레인 밸브(FDV) : 드레인 밸브는 FCU의 구동에 의해 워터트랩에 저장된 물을 공기 공급라인의 가습기로 보낸다. 드레인 밸브 어셈블리 내부에는 밸브의 빙결을 막는 히터와 밸브의 개폐상태를 감지하는 위치센서가 내장된다.

[그림] 79. 생성수 배출

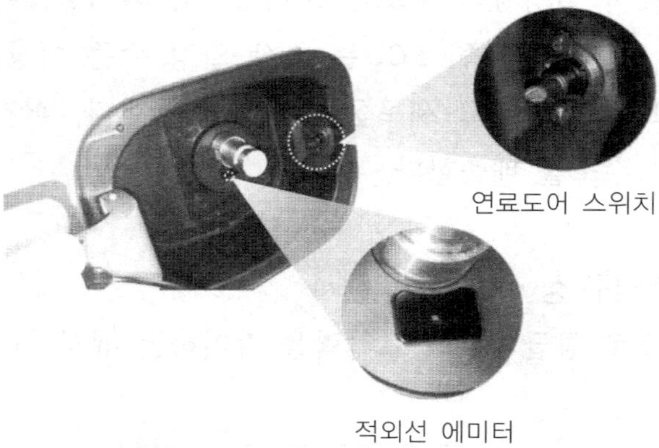

[그림] 80. 연료도어의 구성

(11) 적외선 에미터(HIE : Hydrogen IR Emitter)

HMU는 수소저장탱크의 압력 및 온도를 실시간으로 감지한다. 이 정보는 수소가스 충전시 중요한 정보로 활용된다.

수소 충전건이 차량과 연결되면, HMU는 적외선 에미터를 통해 충전관리시스템(수소 충전소)에 현재 수소저장탱크의 압력 및 온도를 전송한다(일방향 통신). 이 신호를 수신한 충전시스템은 탱크 부하에 맞는 속도로 수소 충전을 조절한다(신호 수신부는 충전건에 내장).

적외선 에미터 고장으로 탱크정보를 확인할 수 없을 경우에는 기본적으로 저속으로라도 충전이 되어야 한다. 만일 충전소가 표준을 따르지 않을 경우 수소충전은 불가능할 수 있다.

(12) 연료 도어스위치

① 신호전송 : HMU가 연료도어 상태를 감지하여 FCU로 전송한다.

② 연료도어가 열리면 : 안전을 위해 연료도어가 열린 상태에서는 Ready가 되지 않는다.

③ Ready 상태에서 연료도어 동작 : Ready 상태에서는 연료도어가 열리지 않는다.

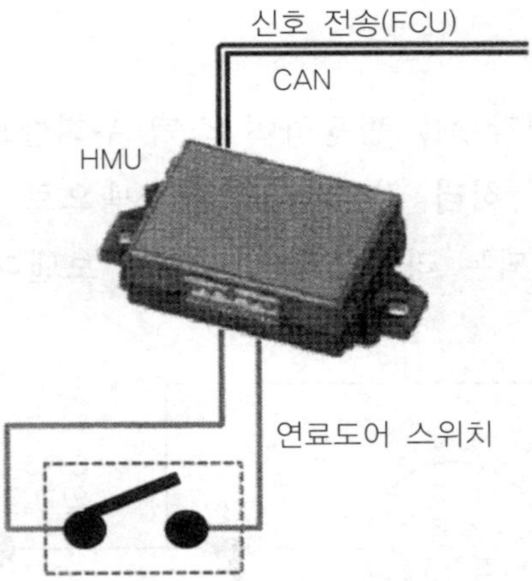

「그림」 81. 연료도어 스위치

[3] 열관리시스템(TMS : Thermal Management System)

(1) 스택 냉각수 흐름순서

스택 냉각수 흐름은 일반운전, 과열, 냉 시동으로 구분된다.

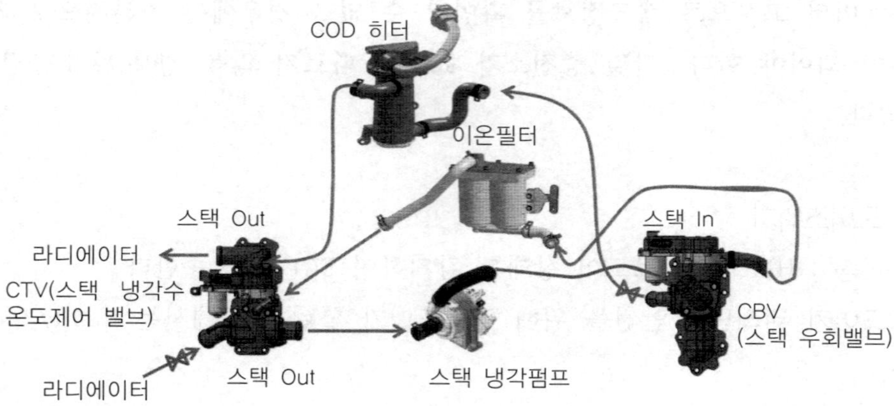

「그림」 82. 열관리시스템의 구성

1) 일반운전 시 흐름

① 스택 냉각수 펌프에 냉각수를 펌핑하여 스택 우회밸브(CBV)로 보낸다.

② CBV는 평상시에 COD 히터 라인을 막고 스택으로 연결되는 라인과 실내 히터 코어(이온필터)로 연결되는 라인으로 냉각수를 보낸다.

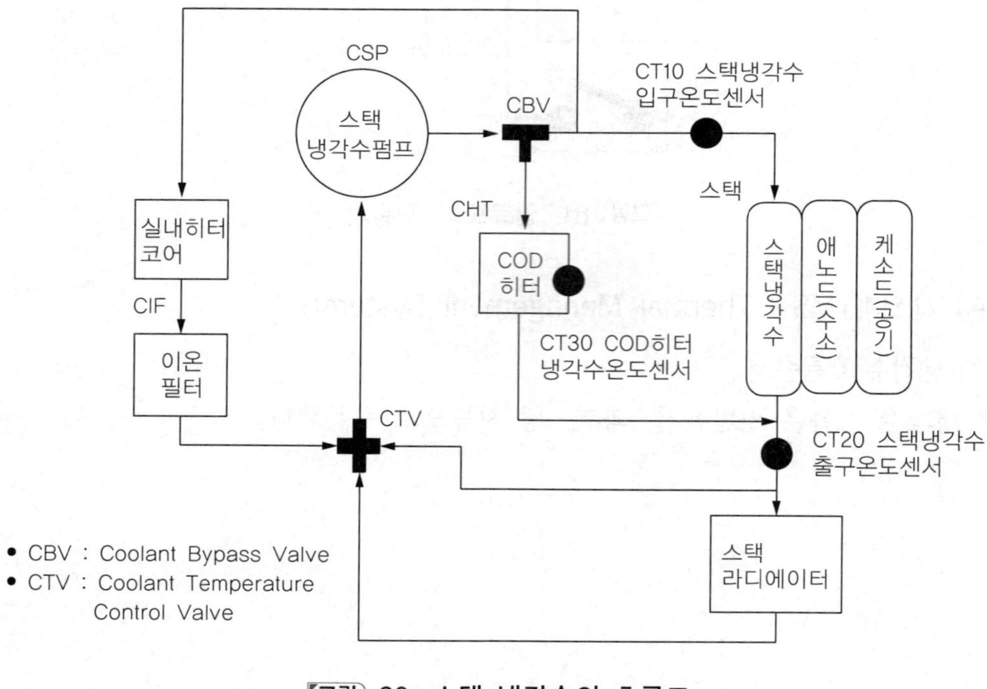

「그림」 83. 스택 냉각수의 흐름도

③ 스택을 통과한 냉각수는 스택 냉각수 온도제어 밸브(CTV)를 지나 냉각수 펌프로 유입된다. CTV는 냉각수 온도가 상승하지 않을 경우 스택에서 유입되는 냉각수를 냉각수 펌프로 연결하고, 라디에이터에서 유입되는 냉각수는 차단된다.
④ CBV를 통과한 냉각수 중 일부는 실내 히터 코어와 이온필터를 지나 CTV로 유입되어 냉각수 펌프로 들어간다.

- 일반운전 시 흐름 : CSP → CBV → 스택 → CTV → SCP
- 상시흐름 : CSP → CBV → 히터코어 → 이온필터 → CTV → CSP

2) 과열 시 냉각수 흐름
① 스택 냉각수 펌프에 냉각수를 펌핑하여 스택 우회밸브(CBV)로 보낸다.
② CBV는 평상시에 COD히터 라인을 막고 스택으로 연결되는 라인과 실내 히터 코어(이온필터)로 연결되는 라인으로 냉각수를 보낸다.
③ 스택을 통과한 냉각수의 대다수는 라디에이터를 지나 냉각된 후 온도제어 밸브(CTV)로 유입된다. 이 냉각수는 냉각수 펌프로 유입되어 순환된다.
④ 스택을 통과한 냉각수 일부는 라디에이터 앞 단에서 분기되어 CTV로 유입된다. CTV는 FCU CAN신호에 따라 라디에이터를 통과한 냉각수와 통과 이전의 냉각수를 적절히 섞어 온도제어를 수행한다(유량제어-전자 서모스탯 역할).

- 과열시 흐름 : CSP → CBV → 스택 → 라디에이터 → CTV → CSP

3) 냉시동 시 냉각수 흐름
① 스택 냉각수 펌프에 냉각수를 펌핑하여 스택 우회 밸브(CBV)로 보낸다.
② CBV는 냉시동 시 스택으로 연결되는 라인을 차단하고 COD 히터로 라인을 연결한다.
③ COD 히터를 통해 데워진 냉각수는 CTV로 입력되어 다시 냉각수 펌프로 유입된다. 이때 스택은 CBV에 의해 냉각수가 공급되지 않은 상태이므로 스택 자체에서 발생되는 열로 히팅을 한다.
- 냉시동 시 흐름 : CSP → CBV → COD 히터 → CTV → CSP

(2) 스택 냉각수 펌프(CSP : Coolant Stack Pump)

스택 냉각수 펌프는 스택의 우측상단에 위치하며, 내부 인버터에 의해 구동되는 전동식 펌프이다. 고전압 정션박스에서 E-COMP와 같은 라인으로 250~450V 전원을 입력 받아 인버터에서 3상으로 변환된 뒤 펌프를 구동한다. FCU와 통신을 통해 회전수를 제어하고 워터펌프는 연료전지 냉각시스템의 냉각수를 순환시키는 역할을 한다.

(3) COD 히터(CHT : Coolant Heater)

COD 히터는 내부에 발열체(저항)을 가지고 있으며 COD 릴레이를 통해 고압회로와 연결된다. COD 히터는 4가지 역할을 수행한다.

① COD(Cathode Oxygen Depletion)기능 : 연료전지 셀의 내구성 향상을 위해 IGN Off시 스택에 남아 있는 잔류 전류를 강제 반응시켜 소진하는 기능이다.

② 냉시동기능 : 냉 시동조건이 되면 냉각수 흐름을 펌프와 COD 순환으로 만들어 빠른 시간에 냉각수 온도를 높인다. 영하 30℃ 기준일 경우, 약 30초 동안 COD 히터를 가열하여 냉각수 온도를 올린다. 이때 클러스터를 통해 "시동 대기 중입니다."라는 문구를 출력한다.

그림 84. 스택 냉각수 펌프

그림 85. COD 히터

③ 회생제동 기능 : 회생제동 시 회생된 에너지는 고전압 배터리를 충전하는데 사용된다. 하지만 고전압 배터리 SOC가 높을 경우에는 회생된 에너지를 소진해야 한다. 이때 COD 히터를 사용하여 회생된 에너지를 발열로 소진한다. 따라서 회생 제동이 장시간 동안 되더라도 COD 히터를 통한 소진으로 연속적인 효과를

볼수 있다(약 15분 이상 소진가능).

④ 급속 고전압 소진 : 충돌, 절연파괴 같은 위급상황 발생 시 고전압시스템 차단 후 잔류하는 고전압을 COD 히터를 통해 소진한다. 위급상황 발생 시 60초 이내에 60V 이하로 감압할 수 있다.

COD 히터는 고전압 회로(+)와 두 개의 릴레이로 연결된다. 하나는 NC타입의 릴레이로 IGN Off시 항상 고전압과 COD 히터를 연결하고 Ready시 연결을 차단한다(스택 내부 잔류 전력소진). 다른 하나는 NO타입으로 항상 떨어져 있다가 Ready 시 필요에 따라 FCU가 고전압과 COD 히터를 연결한다(②, ③, ④번 조건시). COD 히터 접지는 항상 고전압 메인접지에 연결된다.

(4) 이온필터(CIF : Coolant Ion Filter)

스택 냉각수의 이온을 필터링하여, 차량의 전기 전도도를 일정 수준으로 유지하여 전기 안전성을 확보(운전자 감전방지, 절연저항 유지)해 주는 기능을 한다. 스택 냉각수를 혼합하여 사용할 수 없다. 만일 전장 냉각수를 스택 냉각수로 넣을 경우 절연파괴가 되어 차량운행이 되지 않는다. 이온필터는 60,000km주행 시 마다 교환해야 한다.

그림 86. 이온필터

(5) 밸브류

1) 스택 우회 밸브(CBV : Coolant Bypass Valve)

CBV는 3Way밸브로 냉각수 펌프(CSP)에서 펌핑되는 냉각수를 스택 또는 COD 히터로 연결한다. 일반적인 운전조건일 경우 펌프에서 펌핑되는 냉각수는 스택으로 유입되어 냉각작용을 한다. 하지만 냉 시동조건에서는 CBV가 동작하여 펌프에서 유입된 냉각수를 스택이 아닌 COD 히터로 보내 냉각수 온도제어 밸브(CTV)를 통해 다시 펌프로 순환시킨다. 이때 COD 히터는 발열되면서 냉각수 온도를 상승시킨다.

2) 스택 냉각수온도 제어밸브(CTV : Coolant Temperature Control Valve)

CTV는 4Way밸브로, 써모스탯 역할을 한다. 일반적인 운전조건에서는 스택에서 유입된 냉각수를 펌프로 연결하지만 냉각수 온도가 상승하면 스택에서 유입되는 통로를 닫고 라디에이터에서 유입되는 통로를 펌프와 연결시킨다. 펌프에서 펌핑된 냉각수는 CBV를 지나 분기되어 항상 실내 히터 코어와 이온필터를 지나 CTV로 유입된다. 이 냉각수는 항상 CTV 내부에서 펌프와 연결된다.

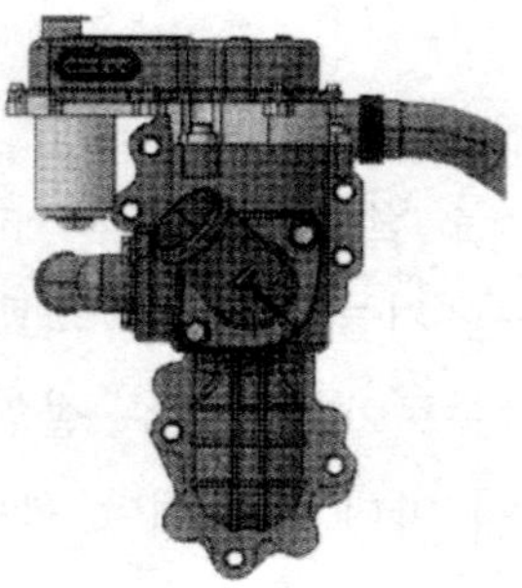

그림 87. 스택우회밸브

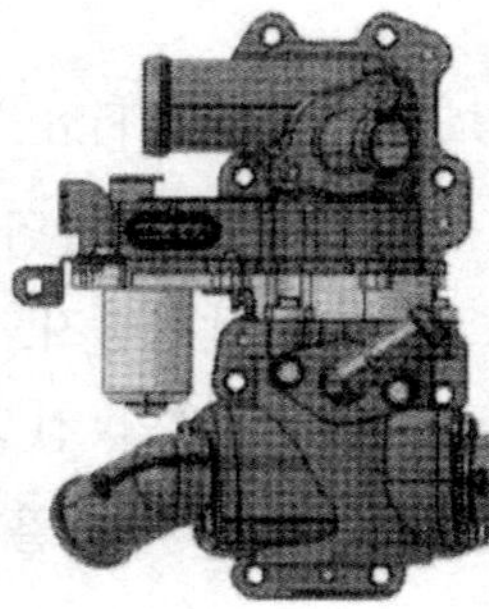

그림 88. 스택 냉각수온도 제어밸브

(6) 스택 냉각수 온도센서

스택으로 유입되는 냉각수 온도를 감지하여 FCU로 입력한다. 스택 입구 온도센서와 출구 온도센서 정보를 기준으로 냉각수 온도를 제어하여 스택이 과열되지 않도록 제어한다.

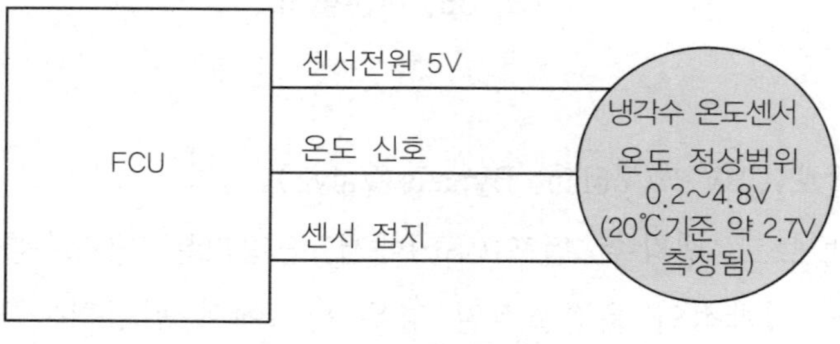

그림 89. 스택 냉각수 온도센서

(7) 라디에이터

1) 라디에이터

스택 라디에이터, 전장 라디에이터, 콘덴서가 일체로 구성되었다. 전장품 증가에 따른 대응을 위해 통기저항을 최소화하여 76kW급 고성능 라디에이터를 적용하였다. 또한 수냉식 컨덴서가 적용되어 공조 성능을 향상시켰다.

「그림」 90. 라디에이터

2) 쿨링 팬

라디에이터를 냉각시키는 쿨링팬은 좌·우 하나씩 총 두 개가 적용된다. 쿨링팬은 고전압 정션박스에서 DC전압을 입력 받아 내부 인버터회로에 의해 3상으로 제어된다. 두 팬은 각각 C-CAN에 구성되어 있어, FCU의 신호에 따라 냉각팬 속도를 제어한다.

(8) 전장 냉각수

FCEV 차량의 냉각라인은 두 종류이다. 하나는 스택을 냉각하는 장치이며, 다른 하나는 BPCU(Blower Pump Control Unit), 인버터, 구동모터와 같은 EV 전장품과 공기공급 시스템의 공기압축기와 공기 쿨러를 냉각시키는 전장 냉각라인이다.

전장 냉각수라인은 펌프에서 시작되어 분기되어 BHDC(Bi-Directional High Voltage DC-DC Converter), 공기압축기, 공기쿨러 등을 지나 라디에이터에서 냉각 후 다시 펌프로 순환된다. 온도제어는 써모스탯이 아닌 전장 냉각수 펌프의 회전수 조정으로 제어된다.

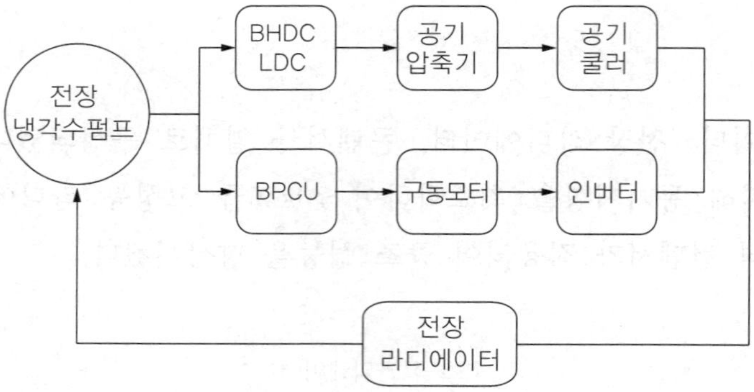

「그림」 91. 전장 냉각수시스템 흐름

4.3. 전력 변환시스템

4.3.1. 전력변환 흐름

전체적인 작동원리를 살펴보기 위해, 차량 시동을 걸 경우, 고전압 및 신호의 흐름을 대략적으로 파악해 보면 시동신호가 SMK(Smart Key System)를 통해 FCU로 입력이 되면, FCU는 PRA(Power Relay Assembly)를 작동시켜 고전압배터리를 작동시킨다.

고전압배터리에서 나온 에너지를 BHDC로 들어가고, BHDC는 승압과정을 거쳐 고전압 정션박스로 보내게 된다. 고전압 정션박스를 통해 MCU로 에너지가 전달되고, MCU는 직류전원을 3상 교류전원으로 바꿔 구동모터에 전달하여 차량은 주행하게 된다. 이와 동시에 고전압은 LDC로도 입력되어 12V배터리를 충전한다.

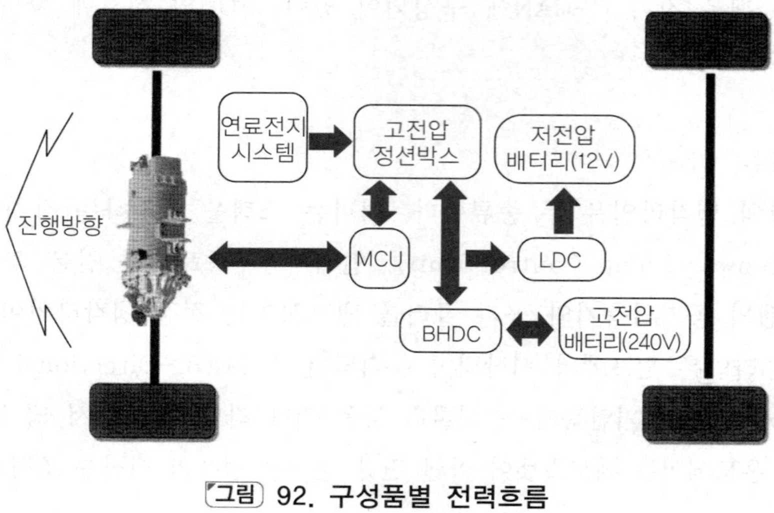

「그림」 92. 구성품별 전력흐름

[1] 전력변환 및 전송

① 고전압 정션박스(HV J/BOX) : 고전압회로 분배(450V), 릴레이 퓨즈
② 인버터(MCU) 120kW : 차량 구동모터 제어, 구동/회생 토크 제어
③ 컨버터(LDC) 1.8kW : 차량의 12V 전원공급, 보조배터리 충전
④ 구동모터 120kW : 구동토크 발생(최대 395Nm), 감속기/MCU 일체형

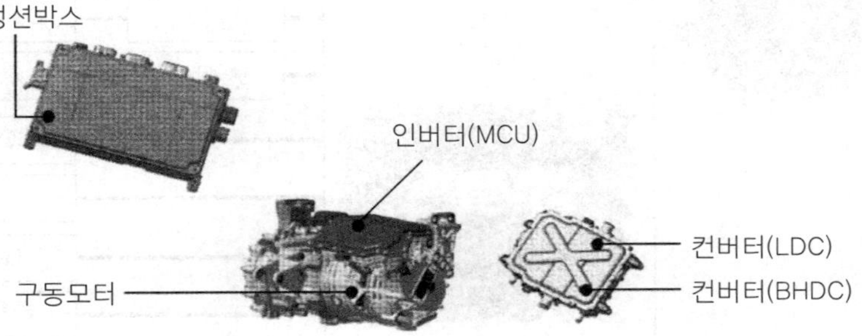

「그림」 93. 전력변환의 구성품

⑤ 컨버터(BHDC) 40kW 양방향 : 고전압 배터리 전력제어, 시동시 고전압 공급, 고전압 배터리 충・방전, 입력전압 160~275.2V, 출력전압 250~450V

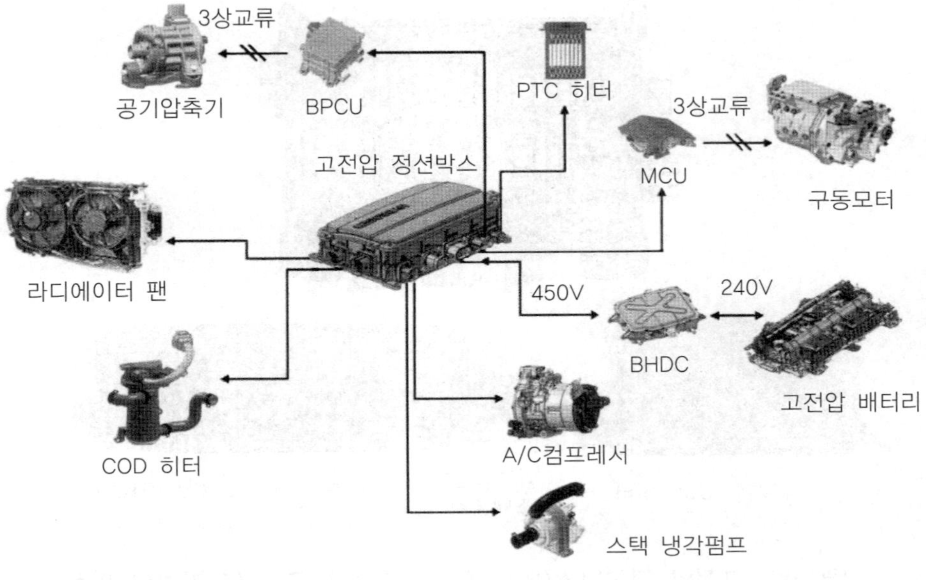

「그림」 94. 고전압 개통도

⑥ 연료전지에서 발생된 전원을 적합하게 분배하여 차량의 각 고전압 부품들에 동작 전원을 공급(전자파 차폐 플라스틱 커버적용, 하우징 일체형 방열 핀 구조적용, 고전압 커넥터의 인터락 적용)

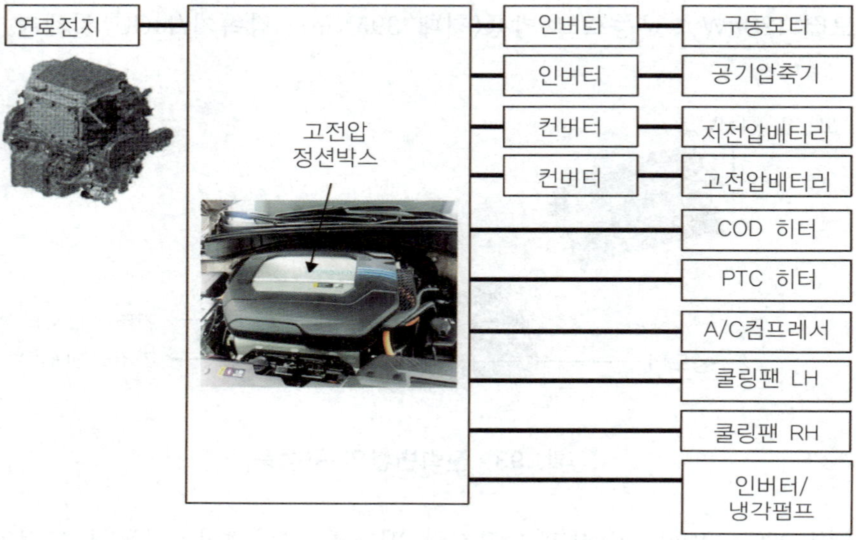

그림 95. 전원 구성도

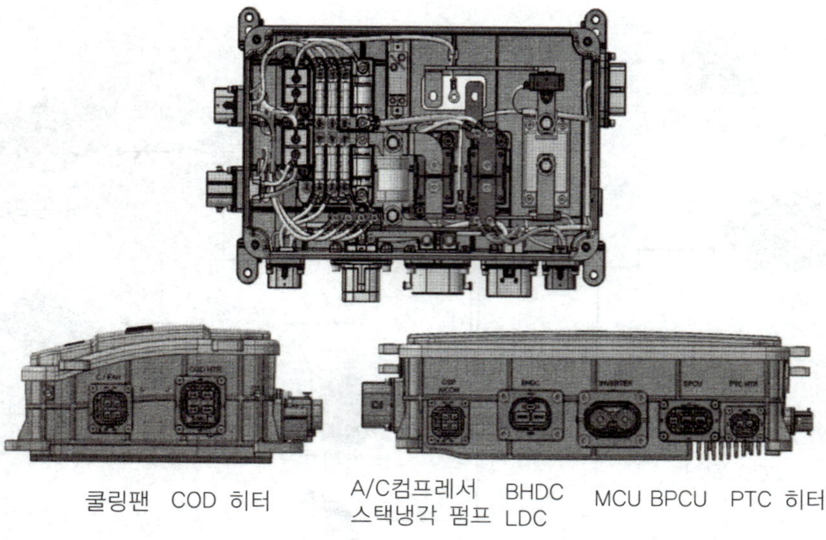

그림 96. 고전압 정션박스(HV J/BOX)의 내부구조 및 커넥터 위치

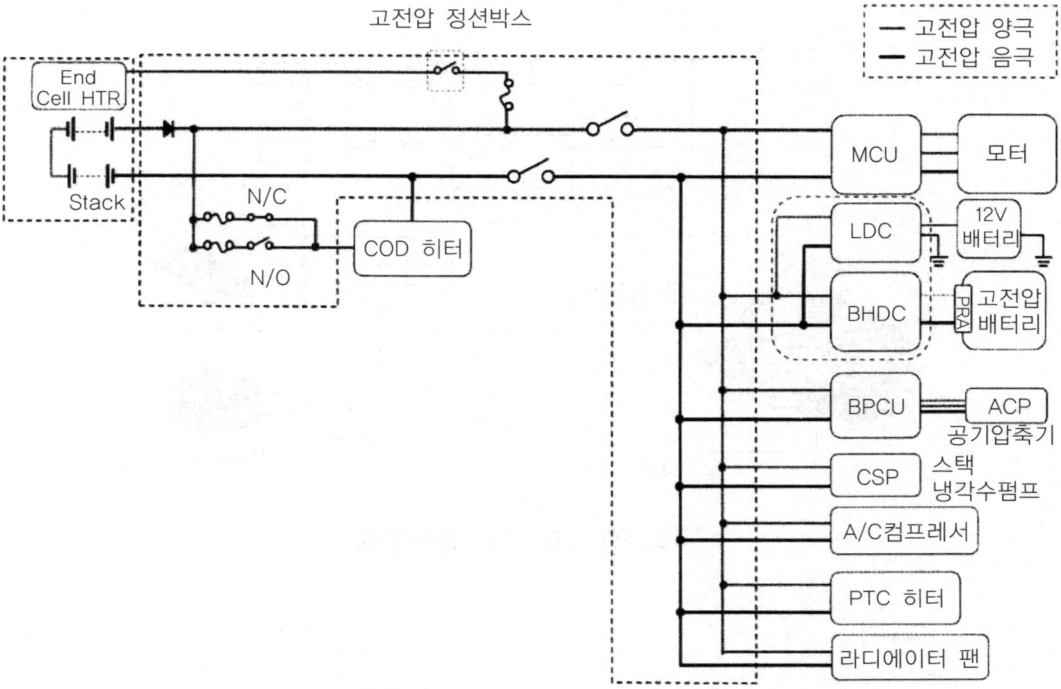

「그림」 97. 고전압 정션박스(HV J/BOX)의 전원 배분도

[2] DC-DC 컨버터

넥쏘 차량에는 두 개의 컨버터가 장착되어 있다. BHDC는 양방향 컨버터로서 모터를 구동할 때는 고전압배터리의 전압을 상승시켜 MCU를 거쳐 모터를 구동한다. 또한 스택에서 발생되는 전기 에너지와 모터의 회생제동 시 발생되는 전기에너지를 고전압 배터리로 충전할 때는 전압을 낮추어 충전한다.

BHDC가 적용된 이유는, 고전압 배터리의 전압은 스택전압보다 약 200V 낮기 때문이다. LDC는 저 전압 DC-DC컨버터로 스택 또는 BHDC에서 나오는 고전압을 12V로 낮추어 저전압 배터리(12V)를 충전한다. 충전된 저전압 배터리는 차량의 여러 제어기 및 12V 전압을 사용하는 액추에이터 및 관련 부품에 전원을 공급한다.

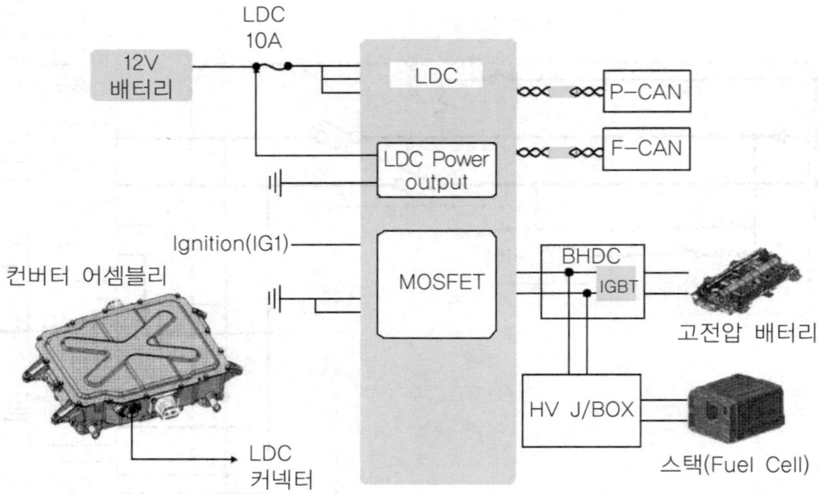

『그림』 98. LDC 입·출력회로

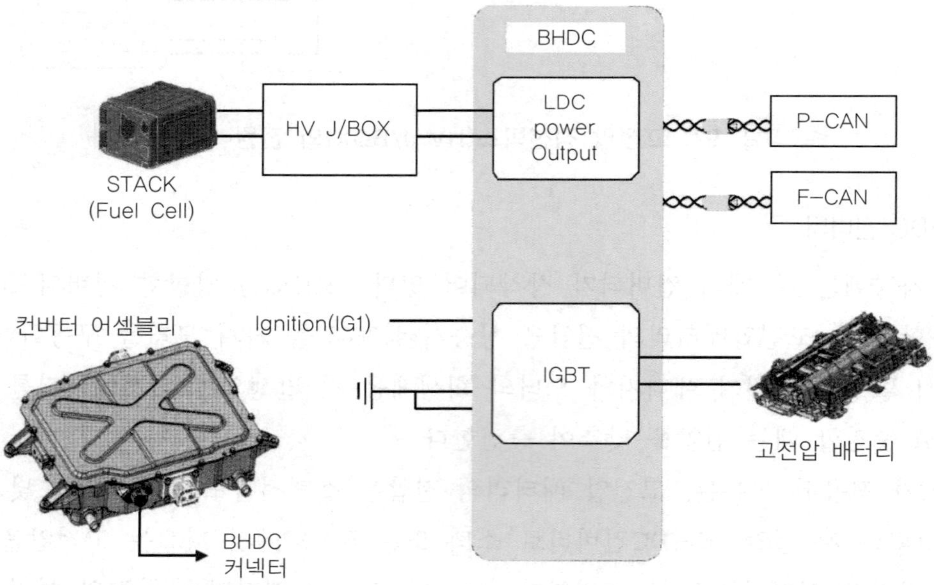

『그림』 99. BHDC 입·출력회로

[3] 고전압 냉각시스템

PE 부품 냉각은 고전압 전력부품(MCU, BHDC) 및 모터 과열방지를 위해 전동식 워터펌프를 적용한다. 전기식 워터펌프(CPP, Coolant PE Pump)는 전기시스템(구동모터, 인버터, BHDC 등) 내부로 냉각수를 순환시켜 전기장치들을 냉각시키는 장치이다.

개별부품의 온도가 한계점을 넘으면 냉각수펌프 동작을 위해 CPP에 작동신호를 보내고 일정온도 이하로 떨어지면 중지신호를 보내 CPP 작동을 멈춘다. CPP는 MCU가 고장 여부를 판단할 수 있도록 CAN 신호선을 통해 정상 여부를 알려주게 된다.

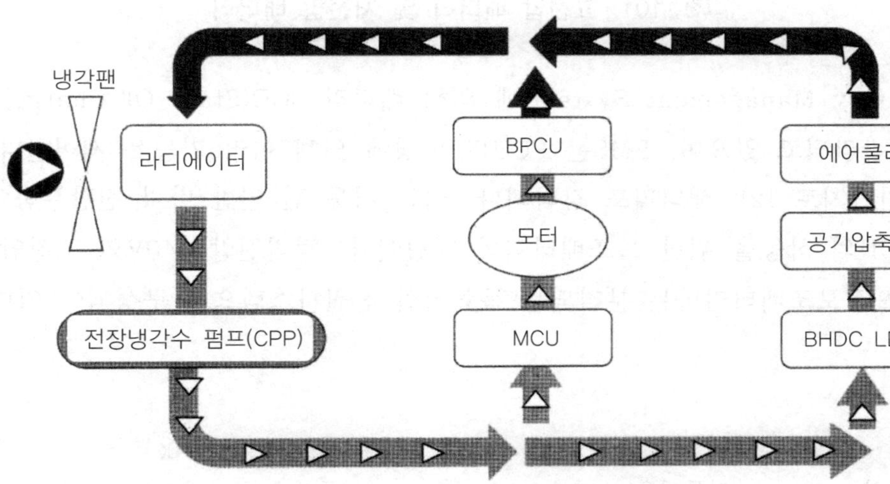

『그림』 100. 냉각 흐름도

4.3.2. 배터리시스템

[1] 고전압 배터리시스템

(1) 고전압 배터리시스템의 개요

FE 수소전기차에 장착되는 240V 고전압 배터리는 보조전원이며 차량 가속시 BHDC로 전기에너지를 공급하여, BHDC에서 승압된 고전압(450V)이 인버터에 공급되며, 인버터는 DC 고전압을 3상 교류로 전환하여 구동모터를 제어한다. 회생제동 시 모터를 통해 발전되는 교류 전기에너지는 MCU를 통해 직류로 변환된다. 이 직류 전기에너지는 BHDC에서 240V로 감압되어 고전압배터리에 전기에너지가 저장된다.

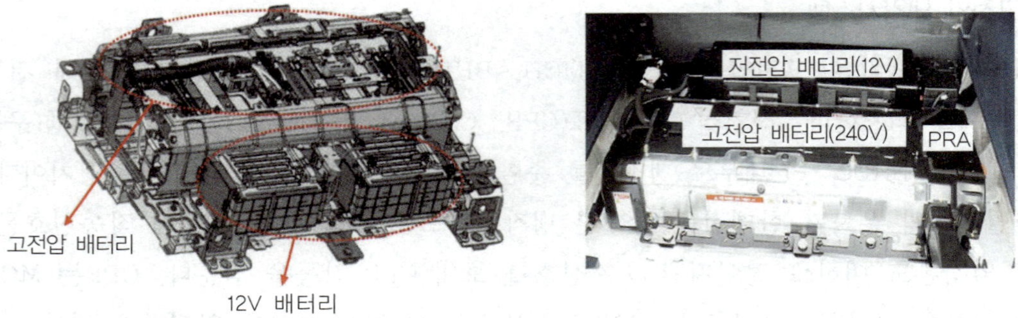

(a) (b)

그림 101. 고전압 배터리 및 저전압 배터리

BMS(Battery Management System)에 의해 배터리 SOC(State Of Charge) 및 셀 전압 등이 관리되고 있으며, BMS는 FCU의 명령에 의해 여러 기능을 제어한다. 일반 차량과 마찬가지로 12V 배터리도 장착되나, 이는 시동 전 일반 바디 전장부품이나 각종 제어 ECU의 작동을 위한 보조배터리의 개념이다. 정격전압 240V의 고전압배터리 시스템은 12V 보조배터리와는 분리되는 독립적인 전원시스템으로 구성되어 있다.

(2) 제원

항 목	넥쏘	투싼 IX
타입	리튬이온 폴리머(LiPB)	리튬이온 폴리머(LiPB)
정격전압	240V	180V
정격용량	6.5Ah	5.3Ah
셀수	64	48
가용전압	160~275V	120~206V
정격에너지	1.56kW	0.95kW
이미지	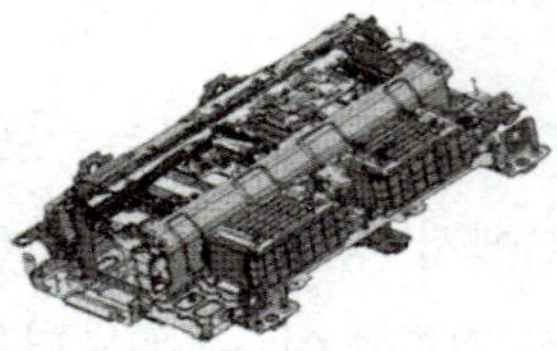	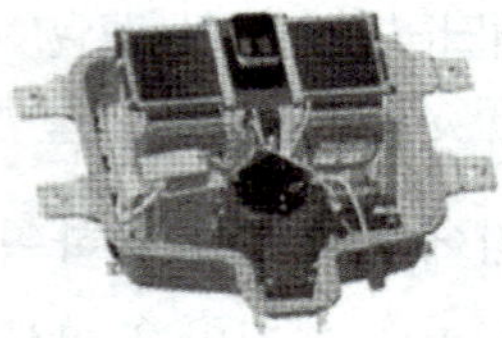

① 리튬이온 폴리머 배터리(Li-ion Polymer) : 리튬이온 배터리의 성능을 그대로 유지하면서 폭발위험이 있는 액체 전해질 대신 화학적으로 안정적인 폴리머(고체 또는 젤 형태의 고분자 중합체)상태의 전해질을 사용하는 배터리

② 폴리머 상태의 전해질 사용으로 높은 안전성, 다양한 형상의 설계가 가능(저온에서 사용 특성은 떨어짐)

③ 배터리 셀 : 배터리 최소단위, 3.75V

④ 배터리 모듈 : 배터리 셀을 직렬로 연결, 1개의 온도센서 장착, 셀 별 전압 감지(BMS로 전송)

(a) 셀 (b) 모듈

「그림」 102. 리튬이온 폴리머 배터리 셀 및 모듈

(3) 역할 및 제어흐름

① 스택의 전기부하 보조(차량가속 시 전기에너지 공급)

② 초기 차량운전 시동

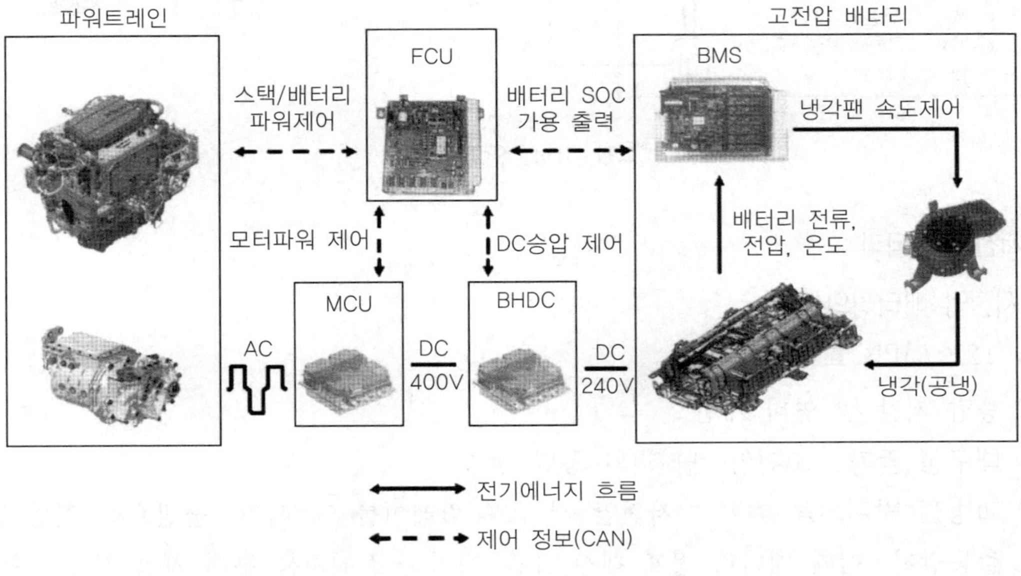

「그림」 103. 역할 및 제어흐름

③ 고전압 배터리를 통한 모터 구동 시 전기에너지 흐름 : 고전압 배터리 → PRA → BHDC → 고전압 정션박스 → MCU(인버터), 교류 → 모터

(4) 안전 플러그(Safety plug)

안전 플러그(세이프티 플러그)는 고전압 배터리 또는 고전압 관련부품 취급 시에는 작업자의 감전사고을 예방하기 위해 반드시 안전플러그를 탈거하여 고전압 배터리 연결회로를 차단시키고 작업에 임해야 한다.

또한 안전플러그 제거 후라도 인버터 내부의 커패시터(콘덴서)에 충전되어 있는 고전압을 방전시키기 위해 5~10분가량 대기해야 한다.

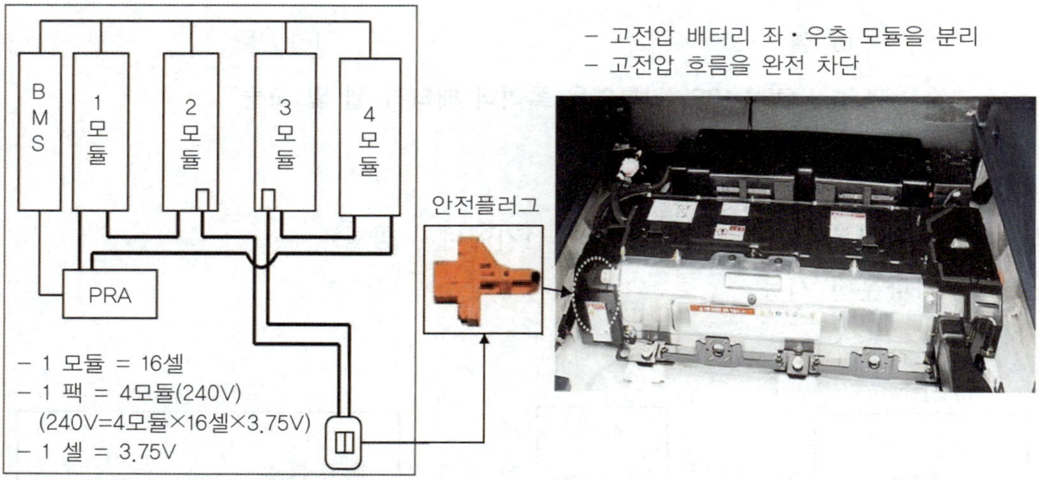

그림 104. 안전플러그

[2] 저전압 배터리

(1) 저전압 배터리의 개요

1) 12V LIPB 효과

① 중량 저감 및 연비 개선

② 내구성 증가 : 고전압 배터리와 동일 수명

③ 과방전 방지기능 추가 : 저전압 시 12V 릴레이를 Off시켜, 불필요한 견인/긴급출동방지, 이때 배터리 점프 대신, 12V 재접속 스위치를 통해 차량 시동 가능

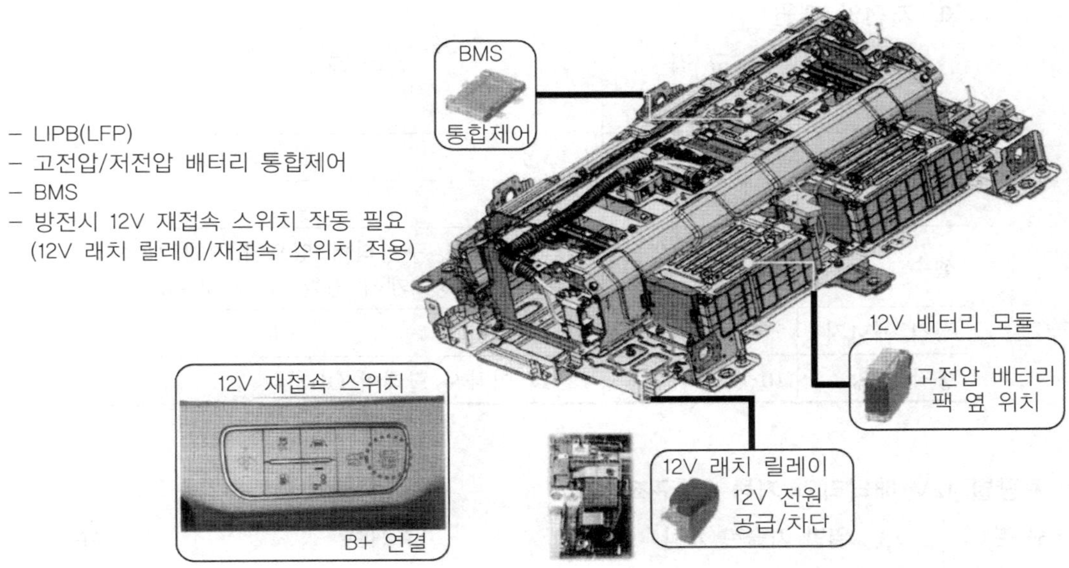

그림 105. 저전압 배터리

2) 주요 특징

① 12V 리튬이온 폴리머 배터리가 적용되었으며, 고전압 배터리 옆에 위치한다.

② PRA와 동일한 역할을 하는 저전압(12V) 차단 릴레이가 적용되어, BMS는 과방전을 감지할 경우 릴레이를 Off시켜 전원을 차단한다. 재접속 스위치를 누를 경우 릴레이가 동작하여 다시 전원이 공급된다.

③ 재접속 스위치를 눌러 전원을 공급한 후 Ready 상태에서 30분 이상 보조 배터리를 충전시켜야 한다(스위치 작동 후 일정시간 시동을 걸지 않으면 과방전 방지를 위해 12V 릴레이가 다시 Off된다).

④ 기존 친환경 차량에 적용된 BMS는 고전압 배터리만 제어했던 반면, 넥쏘에서는 BMS가 고전압 배터리와 저전압 배터리를 통합 제어하며 저전압 배터리 전류 센서와 온도센서 신호가 BMS로 송신된다.

⑤ 냉각팬은 고전압과 저전압 배터리를 통합 냉각시킨다.

표 저전압 제원

항 목	규 격	비 고
타입	LiPB(LFP)	
정격 전압	12.8V	3.2×4
정격 용량	60Ah	
셀수	16(4s2p×2EA)	2개의 모듈로 구성되어 있으며, 1개 모듈은 8셀로 구성(2개씩 병렬로) 각 30Ah
정격 에너지	768Wh	
동작 전압	10~13.8V	12.8V 이하시 릴레이 Off

표 차량별 12V 배터리의 기능 및 구조 비교

구 분	일반 가솔린 차량	LF HEV	FE
12V 충전	시동 후 엔진동력 이용 알터네이터 동작에 따른 12V 배터리 충전	시동 후(HEV Ready 후) 엔진동작/미동작 → 고전압배터리 → LDC → 12V배터리 충전	←
12V 배터리 방전 case	IG ON(미시동) 장기방치, 엔진 시동 불량, 알터네이터 고장 등	← LDC 고장, 고전압 배터리 SOC 낮음(엔진 시동불량기인)	←
12V 배터리 점프시동	외부 12V 전원(배터리 등) 이용 점프 시동 가능	←	←
추가 기능	-	-	12V 래치 릴레이 적용, 12V 재접속 스위치 적용

(2) 저전압 회로도

1) 12V배터리 제어 절차

① BMS는 IG ON/ACC마다 작동하여 배터리 셀 전압/전류를 체크하고, 12V 래치 릴레이 상태를 점검한다.

② 12V 리튬배터리 과방전(SOC 10%)시, BMS는 12V 릴레이 Off신호를 제어한다.

③ 이 상태에서 운전자가 12V 재접속 스위치를 누르면, BMS는 Wake up된다.

④ Wake up된 BMS는 12V 릴레이를 ON시킨다.

⑤ 12V 릴레이 ON 이후 시동을 걸지 않으면 일정시간 이후 릴레이가 OFF된다.

⑥ 12V 릴레이 ON이후 시동을 걸면 LDC를 통한 12V배터리 충전이 이루어진다.

⑦ 만약 운전자가 재접속 스위치 동작 없이 배터리 점프를 하더라도, IG ON/ACC모드에 진입하면 BMS는 12V 릴레이 ON제어한다. 이에 다음 시동 시, 배터리 점프를 할 필요 없이 정상시동이 가능하다(반드시, 재접속 후 시동 걸어 충전필요).

2) RTC(Real Time Clock)

key off시, 1시간마다 wake up 실시하여 전압/전류 체크한다.

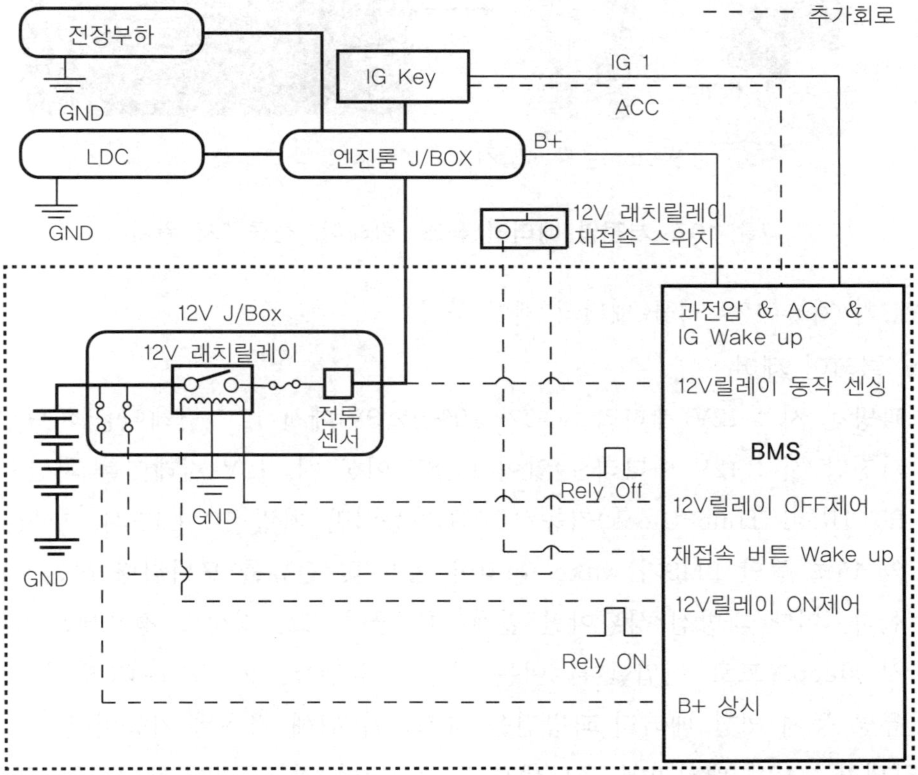

그림 106. 저전압 배터리 회로도

3) 과전압(14.8V 이상)

리튬 배터리 특성 상 14.8V 이상 충전 시, 과열로 인해 배터리 수명이 줄어든다. 만약 RTC 주기로 작동되기 전에 14.8V 이상 전압이 감지되면 BMS는 wake up되어, 12V 릴레이를 Off시켜 준다. 참고로 19V로 한 시간 유지 시, 배터리 수명이 절반으로 줄어든다. 외부 충전기로 충전 시, 14.8V 이하의 충전기로 충전이 필요하다.

(3) 제어

1) 12V 리튬 배터리 과방전 시(SOC 10%, 12.8V)

BMS 감지 → 12V 릴레이 Off(B+ 탈거효과) → 차량 Ready상태 진입불가 → 운전자 12V 릴레이 재접속 스위치 On → 12V릴레이 On → 차량 Ready가능

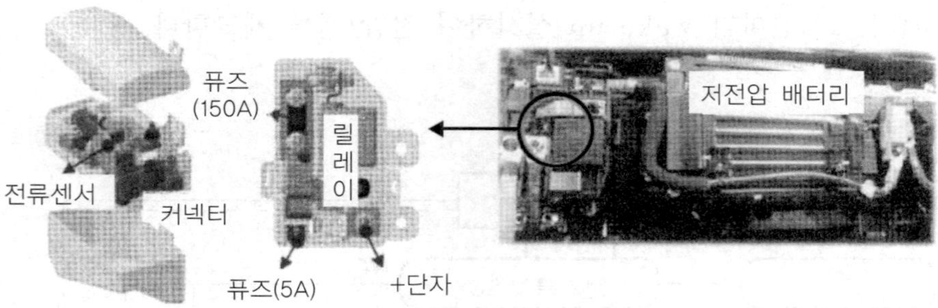

「그림」 107. 저전압 배터리 퓨즈, 릴레이, 전류센서 위치

2) BMS의 기능(12V 리튬 배터리 제어 증상)

① 12V 릴레이 제어

㉮ 과방전 시 : 12V 배터리 SOC가 10%(12.8V)에서 12V 릴레이를 차단한다.

㉯ 과전압 시 : 12V 배터리 전압이 14.8V 이상 시, 12V 릴레이를 차단한다.

㉰ RTC(Real Time Clock)기능 : RTC기능이란 차량 IG OFF시, 1시간 주기로 약 15초 동안 BMS가 wake up되어 전압 및 전류를 모니터링 하는 것을 의미한다. 이때 과방전 상황이면 릴레이를 끊어주고, 정상일 경우에는 BMS가 다시 sleep모드로 진입한다. 이는 차량이 암전류, IG ON/ACC방치, 블랙박스 튜닝 등에 의한 배터리 과방전을 방지하기 위해 적용된 기능이다.

② 냉각제어 : 12V 배터리에 온도센서가 장착되어 있고, 12V 배터리는 고전압배터리와 통합 냉각된다. 12V 배터리 온도가 40도 이상에서 냉각 팬이 구동된다.

③ 셀 밸런싱

④ 12V LIPB 보충전 기능 실시

㉮ 12V 릴레이가 떨어진 후, 재접속 스위치로 ON된 상황에서 IG ON시 보충전 진입

㉯ 고전압 SOC 20% 이상 & 12V 배터리 SOC 65% 이하에서 진입

㉰ 12V 배터리 SOC 65% 이상 시 보충전 종료 이후 메인릴레이 Off(LDC 고장, 고전압 배터리 SOC 15% 이하 시에는 12V 배터리 SOC와 상관없이 종료됨)

(4) 과방전 판단조건

과방전 판단조건은 2가지 조건으로 나뉜다.

1) SOC 10% 이하(전압 12.8V 이하)

BMS는 과방전을 판단하여 12V 릴레이를 Off시킨다. 이후 운전자가 12V 재접속 스위치를 눌러 12V 릴레이를 ON시키면 Ready(시동)진입이 가능하다. 그러나 이때 Ready 상태로, 진입시키지 않고 방치하면, 수초 동안 클러스터 경고 메시지가 팝업되며, 이후 BMS는 과방전 방지를 위해 다시 12V 릴레이를 Off시킨다(IG ON에서는 메시지가 팝업되지만 Key-Off와 ACC에서는 메시지가 팝업되지 않는다).

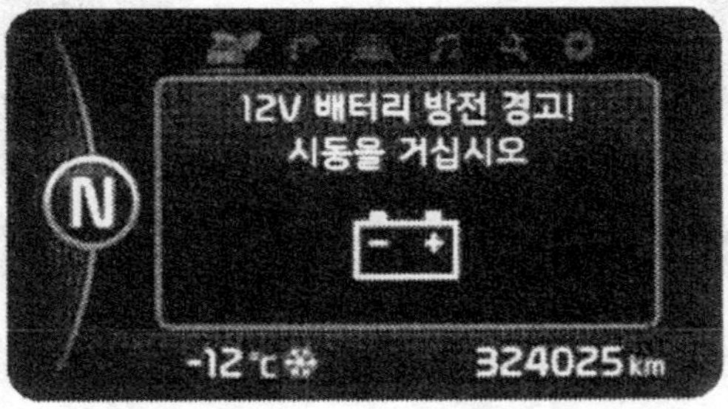

「그림」 108. 12V 배터리 방전 클러스터 경고 메시지

※ 재접속 스위치 작동 후 아래시간 이내에 시동 걸어 충전시킬 것
- Key Off : 재접속 이후 1분 30초, - ACC/IG ON : 재접속 이후 15초

2) 전압 9V 이하

1) 절차를 몇 번 만족하거나, 시스템에 문제가 생겼을 경우에는 전압 9V 이하로 배터리 전압이 떨어진다. 9V 이하가 되어 12V 릴레이가 Off된 경우, 재접속 스위치를 누른 후 가능한 빠른 시간 안에 Ready 상태로 진입시켜 보조 배터리를 충전을 시켜야 한다. 만약 배터리 전압이 아주 낮아 재접속 스위치를 눌러도 12V 릴레이 ON이 불가한 경우에는 배터리 점프를 해야 하며 엔진 룸 정션 블록의 (+)단자에서 가능하다.

4.4. NEXO 구성부품의 위치

[1] PE룸(연료전지 룸)의 부품위치

「그림」 109. PE 룸(연료전지 룸)의 부품위치

[2] 언더 플로워의 부품위치

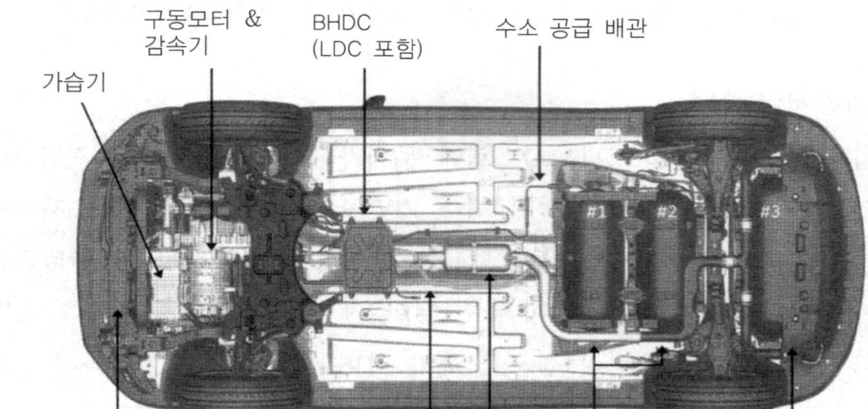

「그림」 110. 언더 플로워의 부품위치

[3] PFC 어셈블리의 구성품

단품명	역 할	제어하는 모듈/전원
공기쿨러	스택으로 공급되는 공기를 약 85℃로 냉각	단품
가습기	스택으로 공급되는 공기에 일정량의 수분을 공급	단품
전장 냉각수 펌프	전장 PE부품 냉각용 펌프	P- CAN에 연결 12V 저 전압
공기 압축기	스택으로 압축공기를 공급하는 컴프레서	P, F-CAN에 연결 3상 고전압(BPCU)
스택 냉각수 펌프	스택 냉각용 펌프	P-CAN에 연결 직류 고전압(인버터 내장)
COD 히터	IGN Off시 스택의 잔류 전력을 소진	단품/직류 고전압 연결
SVM	스택의 셀 전압 모니터링	P/F CAN에 연결
인버터	MCU의 명령에 따라 구동모터 제어	MCU
모터 및 감속기	동력발생 및 감속	단품/3상 고전압(인버터)

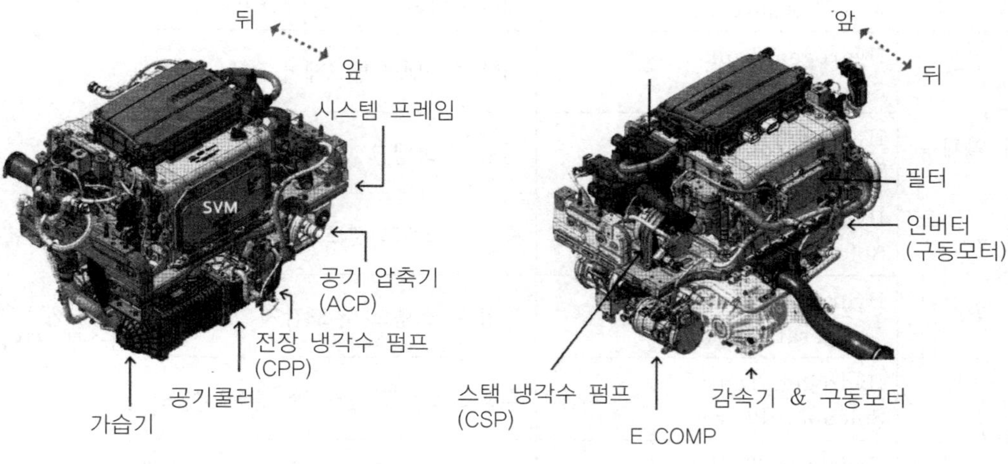

(a) 차량전방 기준 (b) 차량후방 기준

「그림」 111. PFC 어셈블리의 구성품

[4] 수소 연료탱크

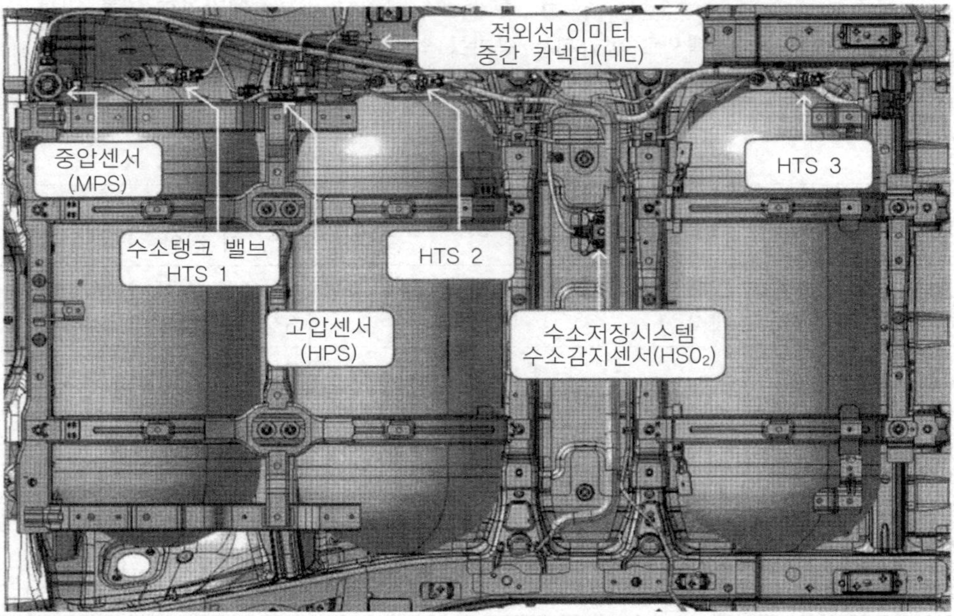

단품약어	약어풀이	역 할	제어하는 모듈
MPS	Mid Pressure Sensor	레귤레이터 후단 중압감지	HMU(수소저장 시스템 제어기)
HTS 1 (밸브/ 센서 일체형	Hydrogen Tank Solenoid-Front	전방 수소탱크 밸브제어 솔레노이드	
	Hydrogen Tank Temperature-Front	전방 수소탱크 온도감지	
HTS 2 (밸브/ 센서 일체형	Hydrogen Tank Solenoid-Mid	중앙 소소탱크 밸브제어 솔레노이드	
	Hydrogen Tank Temperature-Mid	중앙 수소탱크 온도감지	
HTS 3 (밸브/ 센서 일체형	Hydrogen Tank Solenoid-Rear	후방 소소탱크 밸브제어 솔레노이드	
	Hydrogen Tank Temperature-Rear	후방 수소탱크 온도감지	
HPS	High Pressure Sensor	고압라인 압력측정	
HS02	Hydrogen Detection Sensor	수소 저장탱크 측 연료누출 감지	
HIE	Hydrogen IR Emitter	충전소와 적외선통신(발신전용)	

그림 112. 수소 연료탱크

[5] PFC 어셈블리의 앞, 좌측, 측면

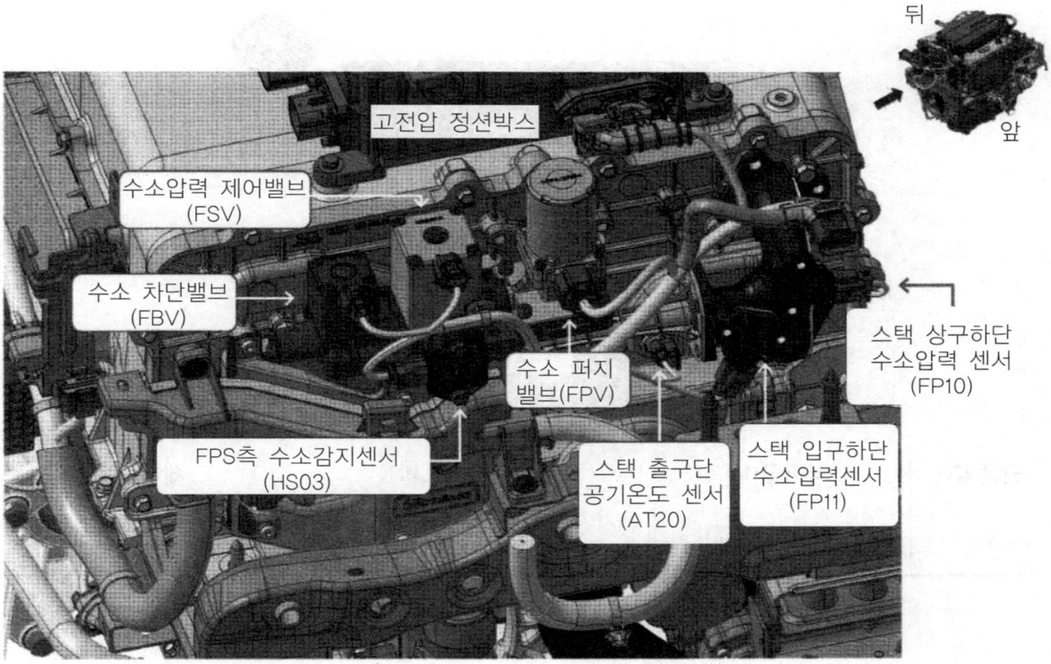

단품약어	약어풀이	역 할	제어하는 모듈
FSV	Fuel Supply Valve	스택 연료공급 제어	FCU
FBV	Fuel Block Valve	스택 연료공급 차단밸브	
HS03	Hydrogen Detection Sensor-FPS	FPS측 수소 누출감지 센서	
FPV(밸브/센서 일체형)	Fuel Line Purge Valve	스택 수소연료 배출	
	Fuel Line Purge Valve Heater	퍼지밸브 해동용 히터	
	Fuel Line Purge Valve Position Sensor	퍼지밸브 열림감지 센서	
AT20	Air Temperature Sensor Stack Outlet	스택 출구단 공기온도 센서	
FP10	Fuel Pressure Sensor Stack Inlet	스택입구 상단 연료 압력센서	
FP11	Fuel Pressure Sensor	스택입구 하단 연료 압력센서	

「그림」 113. PFC 어셈블리 앞/좌측/측면

[6] PFC 어셈블리의 앞·좌측

단품약어	약어풀이	역 할	제어하는 모듈
ACV	Air Cut-Off Valve	공기차단밸브, 시동 Off시 스택으로 유입/배출되는 공기 차단	P-CAN에 연결

그림 114. PFC 어셈블리의 앞·좌측

[7] PFC 어셈블리의 뒤·상단

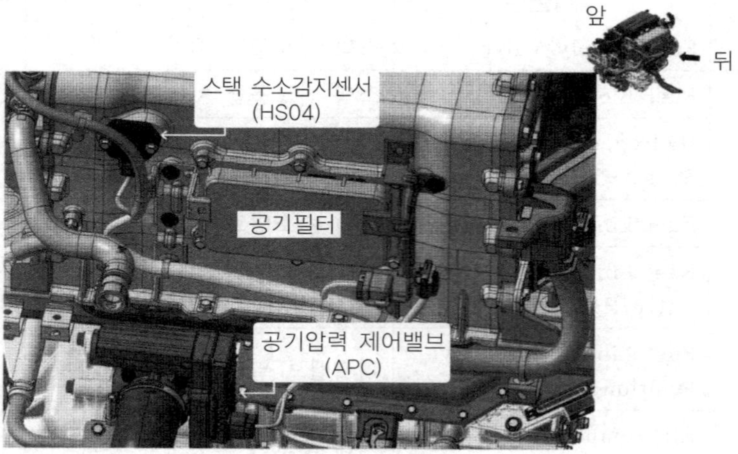

단품약어	약어풀이	역 할	제어하는 모듈
HS04	Hydrogen Detection Sensor Stack	스택 측 수소 누출감지 센서	FCU
APC	Air Pressure Control Valve	시스템운전 압력 조절	P-CAN에 연결

그림 115. PFC 어셈블리의 뒤·상단

[8] PFC 어셈블리의 뒤 · 하단

단품약어	약어풀이	역 할	제어하는 모듈
FDV(밸브/센서 일체형)	Fuel Line Drain Valve	스택 연료라인 생성 수(물) 배출	FCU
	Fuel Line Drain Valve Heater	드레인밸브 해동용 히터	
	Fuel Line Drain Valve Position Sensor	드레인밸브 열림 감지	
FL20	Fuel Line Level Sensor Stack Outlet	워터트랩 수위 감지센서	

그림 116. PFC 어셈블리의 뒤 · 하단

[9] PFC 어셈블리의 앞 · 우측, 측면, 상단

단품약어	약어풀이	역 할	제어하는 모듈
CSP	Coolant Stack Pump	스택 냉각수 펌프	P-CAN에 연결
CBV	Coolant Bypass Valve	냉 시동 향상을 위한 유량 제어밸브	
CT10	Coolant Temperature Sensor Stack Inlet	스택 냉각수 입구 단 온도센서	FCU

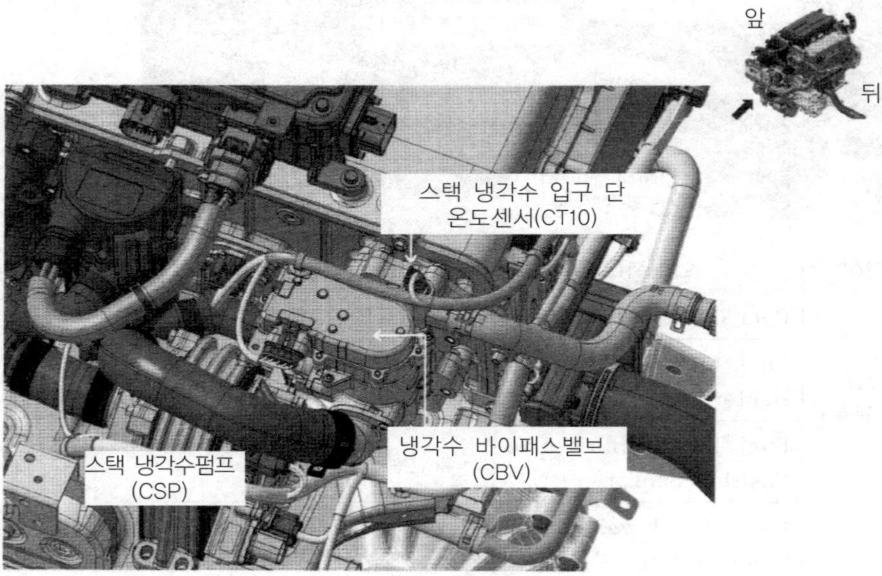

그림 117. PFC 어셈블리의 앞 · 우측, 측면, 상단

[10] PFC 어셈블리의 앞 · 우측, 측면

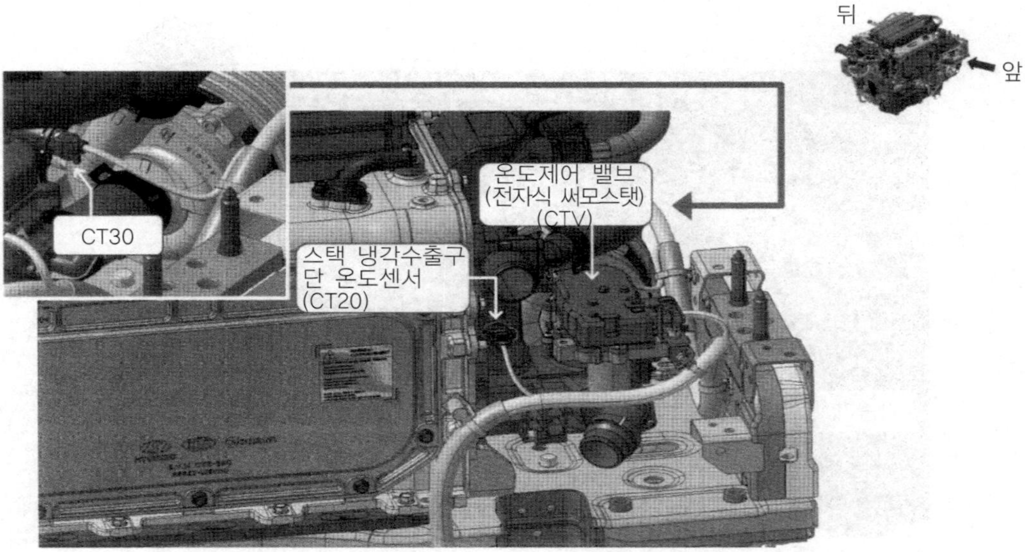

그림 118. PFC 어셈블리의 앞 · 우측, 측면

단품약어	약어풀이	역 할	제어하는 모듈
CT30	Coolant Temperature Sensor COD Heater	COD히터 냉각수 온도 센서	FCU
CT20	Coolant Temperature Sensor Stack Outlet	스택 냉각수 출구 단 온도 센서	
CTV	Coolant Temperature Control Valve	스택 냉각수 온도제어밸브 전자 써모스탯 냉각수온 정밀 제어	P-CAN에 연결

[11] PFC 어셈블리의 앞·하단

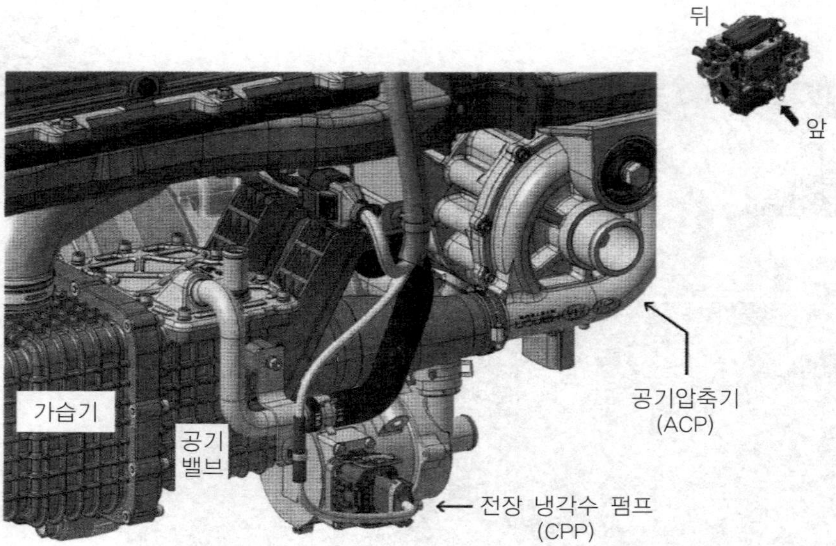

단품약어	약어풀이	역 할	제어하는 모듈
CPP	Coolant PE Pump	전장 냉각수 펌프	P-CAN에 연결
ACP	Air Compressor	공기압축기 스택에 공기 공급펌프	BHCU

그림 119. PFC 어셈블리의 앞·하단

[12] 기타 제어기 및 단품

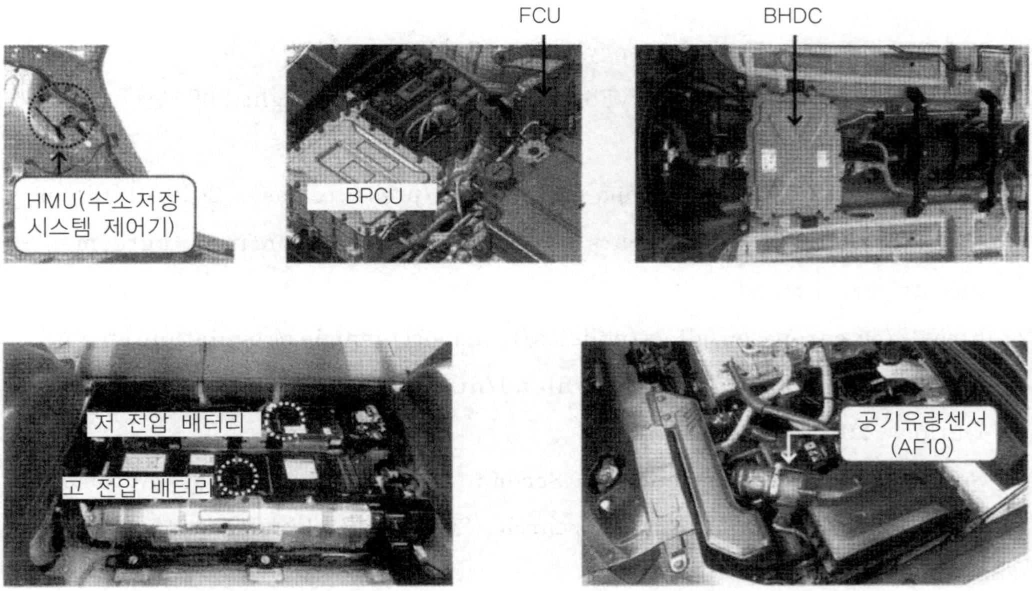

단품약어	약어풀이	역 할	제어하는 모듈
HMU	Hydrogen Management Unit	수소저장시스템(수소탱크) 제어기→수소탱크 솔레노이드밸브, 고압/중압 센서, HIE 제어	C/F CAN에 연결
BPCU	Blower Pump Control Unit	공기압축기 펌프 제어기	P/F CAN에 연결
AF10	Air Flow Sensor - Stack Inlet	흡입공기량 검출센서	FCU

그림 120. 기타 제어기 및 단품

참고문헌

1. IEA(InternationalEnergyAgency)Report(2009년)
2. AutomotiveWorldCarIndustryForecastReport,GlobalInsight(2004년)
3. IEA,Booz&Companyanalysis
4. https://www.consilium.europa.eu/en/press/press-releases/2019/01/16/co2-emission-standards-for-cars-and-vans-council-confirms-agreement-on-stricter-limits/
5. https://ec.europa.eu/clima/policies/transport/vehicles/regulation_en
6. https://webstore.iea.org/download/direct/2807?fileName=Global_EV_Outlook 2019.pdf
7. Sustainability Assessment of Second Life Application of Automotive Batteries, JRC Exploratory Research (2016-2017) Final technical report, August 2018
8. Estimation of CO2 Emissions of Internal Combustion Engine Vehicle and Battery Electric Vehicle Using LCA, Sustainability, 11, 2019
9. https://tech.nikkeibp.co.jp/atcl/nxt/column/18/00001/02195/
10. https://www.iea.org/etp2017/
11. https://tech.nikkeibp.co.jp/atcl/nxt/column/18/00938/00003/
12. 次世代自動車2018, 日経Automotive, 2018
13. A Comparative Study and Analysis of an Optimized Control Strategy for the Toyota Hybrid System, World Electric Vehicle Journal, September 2009
14. https://www.webcartop.jp/2018/05/240580/(2018년 5월)
15. https://car-mo.jp/mag/2018/11/7900/(2018년 11월)
16. https://www.moneyunder30.com/does-fuel-efficient-car-save-money (2019년 4월)
17. http://www.kama.or.kr/
18. https://www.jiji.com/jc/graphics?p=ve_eco_car20181027j-01-w450
19. Life cycle assessment of future electric and hybrid vehicles: acradle-to-grave systems engineering approach, 2016 https://discovery.ucl.ac.uk/

20. https://www.iea.org/weo2019/
21. The Wall Street Journal, Thursday, July 13, 2017
22. Hybrid Vehicles Gain Traction, Scientific American, April 2006 20. モビリティ革20.命2030−自動車産業の破壊と創造, 日経Automotive, 2016
23. BI인텔리전스
24. 환경부 KEITI 한국환경산업기술원
25. 현대자동차 하이브리드 정비지침서
26. 현대자동차 하이브리드 정비교육교재
27. 현대자동차 하이브리드 정비교육교재
28. 현대자동차 2019전국 교원자동차 기술 연수
29. NEDO, KET
30. SNE Research
31. 전기자동차 충전인프라 구축방안, 한국스마트그리드사업단, 정책연구보고서
32. 신소재경제, BNK투자